全国普通高等中医药院校药学类专业"十三五"规划教材（第二轮规划教材）

制药工程原理与设备

（第2版）

（供中药学、药学、制药工程、药物制剂专业使用）

主　　编　周长征　李学涛

副 主 编　江汉美　李春花　贲永光　苏　慧

编　　者　（以姓氏笔画为序）

马　山（山东中医药大学）

王　芳（济南大学）

仝　艳（河南中医药大学）

江汉美（湖北中医药大学）

李学涛（辽宁中医药大学）

李春花（河北中医学院）

李瑞海（辽宁中医药大学）

苏　慧（黑龙江中医药大学）

张兴德（南京中医药大学）

张丽华（陕西中医药大学）

罗　佳（成都中医药大学）

周长征（山东中医药大学）

贲永光（广东药科大学）

都　波（山东省医药工业设计院）

黄　莉（湖南中医药大学）

康怀兴（山东中医药大学）

魏　莉（上海中医药大学）

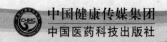

中国健康传媒集团

中国医药科技出版社

内 容 提 要

　　本教材是"全国普通高等中医药院校药学类专业'十三五'规划教材"（第二轮规划教材）之一，是根据本专业教学要求和课程特点，结合《中国药典》（2015 年版）和《药品生产质量管理规范》编写而成，主要介绍了制药生产过程中的典型单元操作与主要设备。本教材以动量传递、热量传递和质量传递为主线，系统地阐明制药工程的基本原理和实现制药单元操作的设备。动量传递过程包括流体流动、流体输送机械、分离与搅拌等；热量传递过程包括传热、蒸发等；质量传递过程包括蒸馏、干燥等。以药物制剂的生产工艺流程为顺序，分别介绍药物前处理设备、制剂的成型设备（包括固体制剂和液体制剂生产设备）、药品包装与包装设备等。此外，书中还介绍了制剂工程设计的内容。本教材为书网融合教材，即纸质教材有机融合电子教材，教学配套资源，题库系统，数字化教学服务（在线教学、在线作业、在线考试）

　　本教材主要供高等中医药院校中药学、药学、制药工程、药物制剂专业及相关专业教学使用，也可供制药行业从事研究、设计和生产的工程技术人员参考，作为医药行业考试与培训的参考用书。

图书在版编目（CIP）数据

制药工程原理与设备 / 周长征，李学涛主编 . —2 版 . —北京：中国医药科技出版社，2018.8
全国普通高等中医药院校药学类专业"十三五"规划教材（第二轮规划教材）
ISBN 978 - 7 - 5214 - 0264 - 3

Ⅰ. ①制… Ⅱ. ①周… ②李… Ⅲ. ①制药工业 – 化工原理 – 中医学院 – 教材②制药工业 – 化工设备 – 中医学院 – 教材 Ⅳ. ①TQ460

中国版本图书馆 CIP 数据核字（2018）第 097913 号

美术编辑　陈君杞
版式设计　诚达誉高

出版　**中国健康传媒集团** | 中国医药科技出版社
地址　北京市海淀区文慧园北路甲 22 号
邮编　100082
电话　发行：010 – 62227427　邮购：010 – 62236938
网址　www. cmstp. com
规格　889 × 1194mm $^1/_{16}$
印张　20½
字数　440 千字
初版　2014 年 7 月第 1 版
版次　2018 年 8 月第 2 版
印次　2018 年 8 月第 1 次印刷
印刷　三河市双峰印刷装订有限公司
经销　全国各地新华书店
书号　ISBN 978 – 7 – 5214 – 0264 – 3
定价　**48.00 元**

全国普通高等中医药院校药学类专业"十三五"规划教材（第二轮规划教材）

出版说明

"全国普通高等中医药院校药学类'十二五'规划教材"于 2014 年 8 月至 2015 年初由中国医药科技出版社陆续出版，自出版以来得到了各院校的广泛好评。为了更新知识、优化教材品种，使教材更好地服务于院校教学，同时为了更好地贯彻落实《国家中长期教育改革和发展规划纲要（2010－2020年）》《"十三五"国家药品安全规划》《中医药发展战略规划纲要（2016－2030 年）》等文件精神，培养传承中医药文明，具备行业优势的复合型、创新型高等中医药院校药学类专业人才，在教育部、国家药品监督管理局的领导下，在"十二五"规划教材的基础上，中国健康传媒集团·中国医药科技出版社组织修订编写"全国普通高等中医药院校药学类专业'十三五'规划教材（第二轮规划教材）"。

本轮教材建设，旨在适应学科发展和食品药品监管等新要求，进一步提升教材质量，更好地满足教学需求。本轮教材吸取了目前高等中医药教育发展成果，体现了涉药类学科的新进展、新方法、新标准；旨在构建具有行业特色、符合医药高等教育人才培养要求的教材建设模式，形成"政府指导、院校联办、出版社协办"的教材编写机制，最终打造我国普通高等中医药院校药学类专业核心教材、精品教材。

本轮教材包含 47 门，其中 39 门教材为新修订教材（第 2 版），《药理学思维导图与学习指导》为本轮新增加教材。本轮教材具有以下主要特点。

一、教材顺应当前教育改革形势，突出行业特色

教育改革，关键是更新教育理念，核心是改革人才培养体制，目的是提高人才培养水平。教材建设是高校教育的基础建设，发挥着提高人才培养质量的基础性作用。教材建设以服务人才培养为目标，以提高教材质量为核心，以创新教材建设的体制机制为突破口，以实施教材精品战略、加强教材分类指导、完善教材评价选用制度为着力点。为适应不同类型高等学校教学需要，需编写、出版不同风格和特色的教材。而药学类高等教育的人才培养，有鲜明的行业特点，符合应用型人才培养的条件。编写具有行业特色的规划教材，有利于培养高素质应用型、复合型、创新型人才，是高等医药院校教育教学改革的体现，是贯彻落实《国家中长期教育改革和发展规划纲要（2010－2020 年）》的体现。

二、教材编写树立精品意识，强化实践技能培养，体现中医药院校学科发展特色

本轮教材建设对课程体系进行科学设计，整体优化；对上版教材中不合理的内容框架进行适当调整；内容（含法律法规、食品药品标准及相关学科知识、方法与技术等）上吐故纳新，实现了基础学科与专业学科紧密衔接，主干课程与相关课程合理配置的目标。编写过程注重突出中医药院校特色，适当融入中医药文化及知识，满足 21 世纪复合型人才培养的需要。

参与教材编写的专家以科学严谨的治学精神和认真负责的工作态度，以建设有特色的、教师易用、学生易学、教学互动、真正引领教学实践和改革的精品教材为目标，严把编写各个环节，确保教材建设质量。

三、坚持"三基、五性、三特定"的原则，与行业法规标准、执业标准有机结合

本轮教材修订编写将培养高等中医药院校应用型、复合型药学类专业人才必需的基本知识、基本理论、基本技能作为教材建设的主体框架，将体现教材的思想性、科学性、先进性、启发性、适用性作为教材建设灵魂，在教材内容上设立"要点导航""重点小结"模块对其加以明确；使"三基、五性、三特定"有机融合，相互渗透，贯穿教材编写始终。并且，设立"知识拓展""药师考点"等模块，与《国家执业药师资格考试考试大纲》和新版《药品生产质量管理规范》（GMP）、《药品经营管理质量规范》（GSP）紧密衔接，避免理论与实践脱节，教学与实际工作脱节。

四、创新教材呈现形式，书网融合，使教与学更便捷、更轻松

本轮教材全部为书网融合教材，即纸质教材与数字教材、配套教学资源、题库系统、数字化教学服务有机融合。通过"一书一码"的强关联，为读者提供全免费增值服务。按教材封底的提示激活教材后，读者可通过 PC、手机阅读电子教材和配套课程资源，并可在线进行同步练习，实时反馈答案和解析。同时，读者也可以直接扫描书中二维码，阅读与教材内容关联的课程资源（"扫码学一学"，轻松学习 PPT 课件；"扫码练一练"，随时做题检测学习效果），从而丰富学习体验，使学习更便捷。教师可通过 PC 在线创建课程，与学生互动，开展在线课程内容定制、布置和批改作业、在线组织考试、讨论与答疑等教学活动，学生通过 PC、手机均可实现在线作业、在线考试，提升学习效率，使教与学更轻松。此外，平台尚有数据分析、教学诊断等功能，可为教学研究与管理提供技术和数据支撑。

本套教材的修订编写得到了教育部、国家药品监督管理局相关领导、专家的大力支持和指导；得到了全国高等医药院校、部分医药企业、科研机构专家和教师的支持和积极参与，谨此，表示衷心的感谢！希望以教材建设为核心，为高等医药院校搭建长期的教学交流平台，对医药人才培养和教育教学改革产生积极的推动作用。同时精品教材的建设工作漫长而艰巨，希望各院校师生在教学过程中，及时提出宝贵的意见和建议，以便不断修订完善，更好地为药学教育事业发展和保障人民用药安全有效服务！

中国医药科技出版社

2018 年 6 月

前 言
PREFACE

　　全国高等中医药院校药学类"十二五"规划教材《制药工程原理与设备》自2015年3月出版以来，已经过三年的教学实践，使用效果受到了同行们的广泛肯定。为了进一步深入贯彻落实国家教育部药学高等教育教学改革精神，适应新形势下高素质创新型、应用型人才培养要求，推动信息技术与教材的深层次融合，本教材在保留上版教材体系框架与结构的基础上，对部分内容进行了适当的调整和修改。

　　制药工程原理与设备是运用药学、工程学、经济学及其他相关学科的理论和方法研究和探讨制药过程中原料、半成品和成品的生产原理与制药装备的一门应用性学科。

　　本教材是全国普通高等中医药院校药学类专业"十三五"规划教材（第二轮规划教材）之一，依照教育部相关文件和精神，根据本专业教学要求和课程特点，结合《中国药典》(2015年版)和《药品生产质量管理规范》编写而成。

　　全书共分十三章，主要介绍了制药生产过程中的典型单元操作与主要设备。以动量传递、热量传递和质量传递为主线，系统地阐明制药工程的基本原理和实现制药单元操作的设备。动量传递过程是研究以流体力学为基础的基本原理和设备，包括流体流动、流量的测量与设备、流体的输送机械、非均相混合物的分离与机械、液体搅拌与机械等；热量传递过程是研究以热量传递为基础的基本原理和设备，包括加热、冷却、蒸发、冷凝以及换热器和蒸发器等；质量传递过程是研究以物质通过相界面的迁移过程为基础的基本原理和装备，如液体精馏、干燥、中药提取流程及其设备等；以药物制剂的生产工艺流程为顺序，分别介绍药物前处理设备、制剂的成型设备（包括固体制剂和液体制剂生产设备）、药品包装与包装设备等。此外，本书还介绍了制剂工程设计的内容。

　　本教材结合最新版GMP，体现制药工业的新技术和新设备，内容全面，层次清晰，深入浅出，实用性强。主要供中医药院校药学、中药学、制药工程、药物制剂专业及相关专业教学使用，可供制药行业从事研究、设计和生产的工程技术人员参考，也可作为医药行业考试与培训的参考用书。本教材为书网融合教材，即纸质教材有机融合电子教材，教学配套资源(PPT等)，题库系统，数字化教学服务(在线教学、在线作业、在线考试)。

　　由于编者水平有限，教材中难免存在不足或谬误，恳请各位同仁和广大读者多提宝贵意见，以便再次修订时修改提高。

编 者
2018 年 6 月

目 录
CONTENTS

绪　论

扫码"学一学"

制药工程原理与设备是运用药学、工程学、经济学及其他相关学科的理论和方法研究和探讨制药过程中原料、半成品和成品的生产原理与制药装备的一门应用性学科。它既可视为化学工程中的一个分支，又是制药工程中的重要组成之一。

一、制药生产过程与单元操作

制药生产过程中所包括的步骤通常分为两大类。一类是以化学处理为主的过程，在反应釜内进行反应，其制造方法、工艺流程、操作原理及反应装置均有很大差别，此类过程不属于本课程的讨论范畴。另一类是以没有发生化学反应的纯物理过程的加工处理为主，为了使制药过程能经济、有效地进行，以获得合乎要求的产品，在各种加工过程中，除了化学反应外，还有很多基本的物理过程，称为单元操作。例如原料的粉碎、筛分、混合、输送等前处理过程，半成品的提纯、精制等后处理加工，如采用沉降、分离、提取、蒸发、蒸馏和干燥等典型的单元操作。

单元操作按其遵循的基本规律分类：遵循流体动力学基本规律的单元操作、遵循热量传递基本规律的单元操作和遵循质量传递基本规律的单元操作。

在实际生产过程中，前处理与后处理过程中的单元设备数量较多，占用着工厂中的大部分设备投资费用和操作费用，因此，它们在生产过程中占有一定的地位，是制药过程中不可缺少的环节。

单元操作具有下列共同的特点：单元操作纯属物理性的操作，只能改变物料的状态或物理性质，其化学性质保持不变；同类单元操作其基本原理相同，操作设备往往可以通用；不同生产过程可以由共有的单元操作组合而成。

一个工艺制造过程从原料到产品，是由若干个单元操作串联而成。而每一个单元操作都是在一定的设备内进行的。不同的工艺过程存在较多的单元操作的共性，如操作原理、方法及设备等。这些单元操作在理论上和技术上均可相互沟通，相互借鉴。

例如，中药制药过程中的喷雾干燥与食品工业、化学工业中的喷雾干燥都是应用干燥这一单元操作来实现的；中药生产中提取液的浓缩与酿造工业中的乙醇的提纯都是通过蒸馏方法来完成的。从工业角度来看，这是两个截然不同的过程，各有其独特的工艺条件，从所采用的单元操作角度来看，无论是干燥操作还是蒸馏操作，它们在基本原理、设备类型、设计方法、过程放大、操作控制等方面均具有共同的规律性，即工程原理与所使用的机械和设备相似。

本书主要讨论以下内容：动量传递过程是以研究流体力学为基础的基本规律，如流体输送、沉降、过滤、离心分离、搅拌等；热量传递过程是研究热量传递的基本规律为基础及其单元操作，如加热、冷却、蒸发等；质量传递过程是研究物质通过相界面的迁移过程的基本规律，如蒸馏、干燥、固液提取等；机械过程是研究以机械力学为主要理论基础的过程，如粉碎、筛分、混合、固体输送、成型等。此外，还介绍了工艺设计部分。通过本课程的学习，可培养学生掌握制药典型机械和设备的基本原理、类型、结构、选型及其计算等有关知识，能运用于选型、开发、设计和操作。

二、物料衡算与能量衡算

在分析单元操作中，经常用到物料衡算、热量衡算、过程平衡与速率和经济核算等几个基本概念，它贯穿于本课程的始终，在这里仅作简单介绍。

1. 物料衡算　根据质量守恒定律，在某一设备输入物料的质量减去从设备输出物料的质量，等于累积在设备里的物料质量。它适用于任何指定的空间范围，并适用于过程所涉及的全部物料。当没有化学变化时，混合物的任一组分都符合于这个通式；有化学变化时，其中各元素仍然符合于这个通式。

对于连续操作的过程，若各物理量不随时间改变，即处于稳定操作状态时，过程中不应有物料的累积，即累积物料质量为零，则输入物料质量的总和等于输出物料质量的总和。

物料衡算的步骤：用物料衡算式可先定出衡算范围，规定一个基准，间歇过程以一次（一批）操作为基准，对于连续过程，则以单位时间为基准；用虚线划出衡算范围；定出衡算基准；列出衡算式并求解。

2. 热量衡算　热量衡算是能量衡算的一种形式，热量衡算的理论基础是能量守恒定律。根据此定律可以引出热量衡算表达式，即：

输入系统的热量－输出系统的热量＝系统向环境散失的热量（热损失）

上式中输入系统的热量应包括外界加入热量、反应物带入热量、放热反应所放出热量；输出系统的热量应包括反应产物带走的热量、吸热反应吸收热量、热损失等。作热量衡算时，由于焓是相对值，与温度基准有关，故应说明基准温度。习惯上选0℃为基准温度，并规定0℃时液态的焓为零。热量衡算的步骤与物料衡算基本相同。

3. 过程平衡与速率

（1）过程平衡　要确立过程能否进行、进行方向及最终可能状态，必须借助于平衡关系。过程平衡表明过程进行的方向和能够达到的极限。例如连通器中的液面最终是处于同一水平面，换热的极限是换热终了时冷流液体温度相同，药材浸出的极限是浸出物质自药材中扩散入溶液的量与自溶液扩散至药材的量相平衡。因此，利用平衡条件，可以找出当时条件下物料或能量利用的极限，为确定工艺方案提供依据。还可以用实际操作条件结果与平衡数据的比较作为衡量过程的效率，从而找出改进实际操作的方法。

（2）过程速率　即过程进行的快慢。过程速率决定设备的生产能力，过程速率越高，单位设备体积的生产能力越大。过程速率可以用如下的基本关系表达，即：

过程速率＝过程推动力/过程阻力

过程推动力是指过程在某瞬间距平衡的差额，它可以是压力差、温度差或浓度差。增大过程的推动力或减小过程的阻力均可提高过程速率。当过程推动力一定时，要提高过程速率，应考虑降低过程阻力来实现，其措施不应降低物料和能量利用率，否则会引起副反应或副作用发生，也不需增加过多的设备，因为由此增加生产成本。

4. 经济核算　在设计具有一定生产能力的设备时，根据设备形式、材料不同，可提出若干个设计方案。对同一设备，选用操作参数不同，直接影响到设备费和操作费。因此，要用经济核算确定最经济的设计方案。

三、单位制与单位换算

选择几个独立的物理量，根据方便原则规定单位，称为基本单位。由有关基本单位组合而成的单位称为导出单位。同一物理量若用不同单位度量时，其数值应相应地改变。这种换算称为单位换算，单位换算时，需要换算因数。

（1）绝对单位制　常用的绝对单位制有两种：①物理单位制（又称厘米克秒制，简称CGS 制）。其基本量为长度、质量和时间，它们的单位为基本单位。其长度单位是厘米，质量单位是克，时间单位是秒。力的单位由牛顿第二定律 $F = ma$ 导出，其单位为克·厘米/秒^2，称为达因。在过去的科学实验和物理化学数据手册中常用这种单位制。②绝对实用单位制（又称米千克秒制，简称 MKS 制）。其基本量与 CGS 制相同，但基本单位不同，长度单位是米，质量单位是千克，时间单位是秒。导出量力的单位是千克·米/秒^2，称为牛顿。

（2）工程单位制　选用长度、力和时间为基本量，其基本单位分别为米、千克力和秒。质量为导出量。工程单位制中力的单位（千克力）是这样规定的：它相当于真空中以 MKS 制量度的 1 千克质量的物体，在重力加速度为 9.807 米/秒^{2}下所受的重力。质量的单位相应为千克力秒^2/米，并无专门名称。

（3）国际单位制　简称为 SI 制。SI 是在 MKS 制基础上发展起来的，共规定了 7 个基本单位，除了 MKS 制中原有单位 m（米）、时间单位 s（秒）和质量单位 kg（千克）外，还加上热力学温度单位 K（开尔文）、电流单位 A（安培）、光强度单位 cd（坎德拉）和物质的量单位 mol（摩尔）。这些单位都有严格的科学定义。SI 有两大优点：一是它的通用性，所有物理量的单位都可由 SI 7 个基本单位导出；二是它的一贯性，任何一个 SI 导出单位都可出上述 7 个基本单位相乘或相除而导出。SI 中每种物理量只有一个单位，如热、功、能三者的单位都采用 J（焦耳），转换时无需换算因数。

四、GMP 与制药设备

1. GMP 认证　《药品生产质量管理规范》（GMP）是顺应人们对药品质量必须万无一失的要求，为保证药品的安全、有效和优质，从而对药品的生产制造和质量控制管理所作出指令性的基本要求和规定，中国将实施 GMP 制度直接写入了《药品管理法》。

GMP 是药品生产企业对生产和质量管理的基本准则，适用于药品制剂生产的全过程和原料药生产中影响产品质量的各关键工艺。GMP 中包括了人员、厂房、设备、物料、卫生、验证、文件、生产管理、质量管理、产品销售与收回、投诉与不良反应报告、自检等项的基本准则。

药品 GMP 认证是国家依法对药品生产企业（车间）及药品品种实施药品监督检查并取得认可的一种制度，是政府强化药品生产企业监督的重要内容，也是确保药品生产质量的一种科学、先进的管理手段。国家食品药品监督管理总局药品认证管理中心具体负责中国境内药品生产企业（车间）、药品品种和境外生产的进口药品 GMP 认证。药品 GMP 认证有两种形式，一是药品生产企业（车间）的 GMP 认证，另一种是药品品种的 GMP 认证。药品生产企业（车间）GMP 认证对象是企业（车间）。药品品种 GMP 认证对象是具体药品。

对新建、扩建和改建的药品生产企业及车间必须符合《药品生产质量管理规范》，并经认证后方可取得"药品 GMP 证书"。GMP 大体上分为硬件和软件两部分，厂房、空调、设备、给排水、电器等硬件到位只是条件，必须通过软件来组织、管理才是 GMP 的全部内容。

2. 确认与验证 验证就是证明任何程序、生产过程、设备、物料、活动或系统确实能达到预期结果的有文件证明的一系列活动。在《药品生产质量管理规范》（2010 年修订版）中将确认与验证正式列为一章，并规定了确认与验证的内容。

企业的厂房、设施、设备和检验仪器经过确认，采用经过验证的生产工艺、操作和检验方法进行生产、操作和检验，并保持持续的验证状态。

设计确认证明厂房、设施、设备的设计符合预定用途和本规范要求；安装确认应当证明厂房、设施、设备的建造和安装符合设计标准；运行确认应当证明厂房、设施、设备的运行符合设计标准；性能确认证明厂房、设施、设备在正常操作方法和工艺条件下能够持续符合标准；工艺验证应当证明一个生产工艺按照规定的工艺参数能够持续生产出符合预定用途和注册要求的产品。

确认和验证不是一次性的行为。首次确认或验证后，根据产品质量回顾分析情况进行再确认或再验证。关键的生产工艺和操作定期进行再验证，确保其能够达到预期结果。

3. 制药设备 制药设备可分为机械设备和化工设备两大类，一般说来，药物制剂生产以机械设备为主（大部分为专用设备），化工设备为辅。目前制剂生产剂型有片剂、针剂、粉针、胶囊、颗粒剂、口服液、栓剂、膜剂、软膏、糖浆等多种剂型，每生产一种剂型都需要一套专用生产设备。

制剂专用设备又有两种形式：一是单机生产，由操作者衔接和运送物料，使整个生产完成，如片剂、颗粒剂等基本上是这种生产形式，其生产规模可大可小，比较灵活，容易掌握，但受人为的影响因素较大，效率较低；另一种是联动生产线（或自动化生产线），基本上是将原料和包装材料加入，通过机械加工、传送和控制，完成生产，如输液剂、粉针剂等，其生产规模较大，效率高，但操作、维修技术要求较高，对原材料、包装材料质量要求高，一处出故障就会影响整个联动线的生产。

设备的设计、选型、安装、改造和维护必须符合预定用途，应当尽可能降低产生污染、交叉污染、混淆和差错的风险，便于操作、清洁、维护，以及必要时进行的消毒或灭菌。

五、制剂车间工艺设计简介

药厂的基本建设项目和技术改造项目都涉及车间设计问题。车间设计是一项综合性很强的工作，是由工艺设计和非工艺设计（包括土建、设备、安装、采暖通风、电气、给排水、动力、自控、概预算、经济分析等专业）所组成。

制剂车间设计质量关系到项目投资、建设速度和使用效果，是一项政策性很强的工作，也是一个多目标的优化问题，不同于常规的数字问题，不是只有唯一正确的答案，设计人员在做出选择和判断时要考虑各种经常是相互矛盾的因素，满足技术、经济和环境保护等的要求。在允许的时间范围内选择一个兼顾各方面要求的方案，这种选择或决策贯穿于整个设计工程。

设计工作应委托经过资格认证并获有由主管部门颁发的设计证书从事医药工业设计的设计单位进行。从事制药工业设计有 4 种资质，分别是：甲级、乙级、丙级和丁级资质，具有甲级和乙级的设计单位能承揽全国的医药工程设计，具有丙级的设计单位能承揽本地区的医药工程设计，具有丁级的设计单位只能承揽本单位的医药工程设计。

　　制剂厂设计是多专业的组合，在设计中大都以工艺为主导，工艺设计人员要对各专业提出设计条件，而相关专业又要相互提交设计条件和返回设计条件。因此，制剂车间设计是一个系统工程，工艺设计人员不仅要熟悉工艺，具有丰富的生产实践和各专业知识，还要熟悉各专业和工厂的要求，在设计中起主导和协调作用。作为建设单位的医药企业工程技术人员在整个工程建设程序中，特别是各阶段转换的衔接和后期工作中，应起积极的协调与组织作用。

扫码"练一练"

第一章　流体流动

流体是气体和液体的总称，具有流动性和压缩性。通常情况下，液体体积随压力变化很小，视为不可压缩流体；而气体体积随压力变化大，视为可压缩流体。流体不能承受拉力，只能承受压力。

在制药生产中所处理的物料有很多是流体。根据生产要求，往往需要将这些流体按照生产流程从一个设备输送到另一个设备。在制药厂中，管路纵横排列，与各种类型的设备连接，完成着流体输送的任务。除了流体输送外，制药生产中的传热、传质过程以及化学反应大都是在流体流动下进行的。流体流动状态对这些单元操作有着很大影响。为了能深入理解这些单元操作的原理，就必须掌握流体流动的基本原理。

由于流体的分子之间有空隙，处于随机运动中，流体的质量在空间和时间上的分布不连续，因此在研究流体流动时，常把流体视为由无数个流体微团（或流体质点）所组成，这些流体微团紧密接触，彼此没有间隙，这就是连续介质模型。流体微团（或流体质点）宏观上足够小，以致于可以将其看成一个几何上没有维度的点；同时微观上足够大，它里面包含着许许多多的分子，其行为已经表现出大量分子的统计学性质。把流体视为连续介质，其目的是为了摆脱复杂的分子运动，从宏观的角度来研究流体的流动规律。

第一节　流体静力学基本方程式

扫码"学一学"

流体静力学是研究流体在外力作用下达到平衡的规律。在工程实际中，流体的平衡规律应用很广，如流体在设备或管道内压力的变化与测量、液体在贮罐内液位的测量、设备的液封等均以这一规律为依据。

一、流体的密度

单位体积流体所具有的质量，称为流体的密度，其表达式为：

$$\rho = \frac{m}{V} \tag{1-1}$$

式中，ρ 为流体的密度，kg/m^3；m 为流体的质量，kg；V 为流体的体积，m^3。

密度属于流体的物性。影响气体密度的因素有：种类、压力、温度、浓度；影响液体密度的因素有：种类、温度、浓度。液体的密度随压力和温度变化很小，在研究流体的流动时，若压力和温度变化不大，可以认为液体的密度为常数。密度为常数的流体称为不可压缩流体。

流体的密度一般可在物理化学手册或有关资料中查得。

气体是可压缩的流体，其密度随压力和温度而变化。因此气体的密度必须标明其状态，从手册中查得的气体密度往往是某一指定条件下的数值，这就涉及换算问题。在压力和温度变化很小的情况下，也可以将气体当作不可压缩流体来处理。

制药生产中所遇到的流体往往是含有几个组分的混合物。通常手册中所列的为纯物质的密度，所以混合物的平均密度ρ_m需通过计算求得。

1. 混合液体的密度 各组分的浓度常用质量分率来表示。若混合前后各组分体积不变，则1kg混合液的体积等于各组分单独存在时的体积之和。混合液体的平均密度ρ_m为：

$$\frac{1}{\rho_m} = \frac{x_{wA}}{\rho_A} + \frac{x_{wB}}{\rho_B} + \cdots\cdots + \frac{x_{wn}}{\rho_n} \qquad (1-2)$$

式中，ρ_A、$\rho_B\cdots\rho_n$为液体混合物中各组分的密度，kg/m^3；x_{wA}、$x_{wB}\cdots x_{wn}$为液体混合物中各组分的质量分率。

2. 混合气体的密度 各组分的浓度常用体积分率来表示。若混合前后各组分的质量不变，则$1m^3$混合气体的质量等于各组分质量之和，即：

$$\rho_m = \rho_A x_{VA} + \rho_B x_{VB} + \cdots\cdots + \rho_n x_{Vn} \qquad (1-3)$$

式中，ρ_A、$\rho_B\cdots\rho_n$为气体混合物中各组分的密度，kg/m^3；x_{VA}、$x_{VB}\cdots x_{Vn}$为气体混合物中各组分的体积分率。

气体混合物的平均密度ρ_m也可用理想状态气体方程计算，此时应以气体混合物的平均摩尔质量M_m代替式中的气体摩尔质量M。气体混合物的平均分子量M_m可按下式求算：

$$M_m = M_A y_A + M_B y_B + \cdots + M_n y_n \qquad (1-4)$$

式中，M_A、$M_B\cdots M_n$为气体混合物中各组分的摩尔质量；y_A、$y_B\cdots y_n$为气体混合物中各组分的摩尔分率。

$$\rho_m = \frac{pM_m}{RT} \qquad (1-5)$$

单位质量流体具有的体积，称为流体的比体积，流体的比体积是密度的倒数。

液体的相对密度是指该液体的密度和4℃水的密度之比。

二、流体的静压强

1. 流体静压强的定义 流体垂直作用于单位面积上的力，称为静压强。其表达式为

$$p = \frac{F}{A} \qquad (1-6)$$

式中，p为流体的静压强，N/m^2、Pa或称帕斯卡；F为垂直作用于流体表面上的力，N；A为作用面的面积，m^2。

压强的单位有atm（标准大气压）、某流体柱高度、bar（巴）或kgf/cm^2，它们之间的换算关系为：

$$1atm = 1.033kgf/cm^2 = 760mmHg = 10.33mH_2O$$

$$= 1.0133bar = 1.0133 \times 10^5 Pa = 0.10133MPa$$

2. 绝对压强、表压强和真空度 压强的大小以两种不同的基准来表示：一是绝对真空；另一是大气压强。以绝对真空为基准测得的压强称为绝对压强，以大气压强为基准测得的压强称为表压强或真空度。

表压是压力表直接测得的读数，按其测量原理就是绝对压强与大气压强之差，即：

$$表压 = 绝对压强 - 大气压强$$

真空度是真空表直接测量的读数，其数值表示绝对压强比大气压强低多少，即：

$$真空度 = 大气压强 - 绝对压强$$

绝对压强、表压强与真空度之间的关系可用图 1-1 表示。

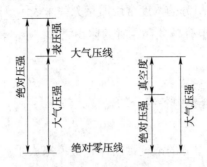

图 1-1 绝对压强、表压强和真空度的关系

三、流体静力学基本方程式

流体静力学基本方程是用于描述静止流体内部，流体在重力和压力作用下的平衡规律。重力可看成不变的，起变化的是压强，所以实际上是描述静止流体内部压力变化的规律。这一规律的数学表达式称为流体静力学基本方程，可通过下述方法推导而得。

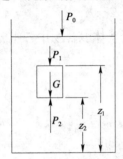

图 1-2 液柱受力分析

如图 1-2 所示，容器内装有密度为 ρ 的液体，液体为不可压缩流体，其密度不随压强变化。在静止液体中取一段液柱，其截面积为 A，以容器底面为基准水平面，液柱的上、下端面与基准水平面的垂直距离分别为 z_1 和 z_2。作用在上、下两端面的压强分别为 p_1 和 p_2。

重力场中在垂直方向上对液柱进行受力分析：

（1）上端面所受总压力 $P_1 = p_1 A$，方向向下；

（2）下端面所受总压力 $P_2 = p_2 A$，方向向上；

（3）液柱的重力 $G = \rho g A (z_1 - z_2)$，方向向下。

液柱处于静止时，上述三项力的合力应为零，即：

$$p_2 A - p_1 A - \rho g A (z_1 - z_2) = 0$$

整理得：

$$p_2 = p_1 + \rho g(z_1 - z_2) \tag{1-7}$$

如果点 1 处于容器的液面上，设液面上方的压强为 p_0，距液面 h 处的点 2 压强为 p，式 （1-7）可改写为

$$p = p_0 + \rho g h \tag{1-8}$$

式（1-7）、式（1-8）称为流体静力学基本方程式，说明在重力场作用下，静止、连续、均质、不可压缩的流体内部压强的变化规律。由式（1-8）可见：

（1）当容器液面上方的压强 p_0 一定时，静止液体内部任一点压强 p 的大小与液体本身的密度 ρ 和该点距液面的深度 h 有关。

（2）在静止的、连续的同一液体内，处于同一水平面上各点的压强都相等。该压力相等的平面称为等压面。

（3）当液面上方的压强 p_0 有改变时，液体内部各点的压力 p 也发生同样大小的改变，称为帕斯卡原理。

（4）式（1-8）可改写为：$\dfrac{p - p_0}{\rho g} = h$。

上式说明，压强差的大小可以用一定高度的液体柱表示。用液体高度来表示压强或压强差时，式中密度 ρ 影响其结果，因此必须注明是何种液体。

虽然静力学基本方程是用液体进行推导的，液体的密度可视为常数，而气体密度则随压强而改变。但考虑到气体密度随容器高低变化甚微，一般也可视为常数，故静力学基本方程亦适用于气体。

应注意，两点在静止的连通着的同一流体内，并在同一水平面上，为等压面，否则为非等压面。

四、流体静力学基本方程式的应用

（一）压强与压强差的测量

测量压强的仪表很多，现仅介绍以流体静力学基本方程式为依据的测压仪器。这种测压仪器统称为液柱压差计，可用来测量流体的压强或压强差，有以下几种。

1. U 形管压差计 U 形管压差计结构如图 1-3 所示，内装有液体作为指示液，指示液必须与被测液体不互溶，不起化学反应，且其密度 ρ_A 大于被测流体的密度 ρ。

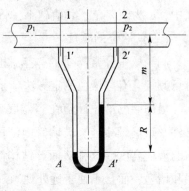

当测量管道中 $1-1'$、$2-2'$ 两截面处流体的压强差时，可将 U 型管压差计的两端分别与两截面测压口相连。由于两截面的压强 p_1 大于 p_2，所以在 U 形管的两侧便出现指示液液面的高度差 R。因 U 形管内的指示液处于静止状态，故位于同一水平面 A、A' 两点压强相等，即 $p_A = p_{A'}$，根据流体静力学基本方程可得：

图 1-3 U 型管压差计

$$p_A = p_1 + \rho g\ (R+m)$$

$$p_{A'} = p_2 + \rho g\ m + \rho_A g R$$

于是　　　　　　$p_1 + \rho g\ (R+m) = p_2 + \rho g\ m + \rho_A g R$

或　　　　　　　$p_1 - p_2 = (\rho_A - \rho)\ g R$ 　　　　　　(1-9)

式（1-9）表明，当压差计两端流体相同时，U 形管压差计直接测得的读数 R 实际上并不是真正的压差，而是两截面的压强之差。

同样的压差，用 U 形管压差计测量的读数 R 与密度差 $(\rho_A - \rho)$ 有关，故应合理选择指示液的密度 ρ_A，使读数 R 在适宜的范围内。

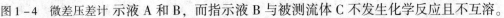

若被测流体是气体，由于气体的密度远小于指示剂的密度，则式（1-9）可简化为：$p_1 - p_2 \approx \rho_A g R$。

U 形压差计也可测量流体的压强，测量时将 U 形管一端与被测点连接，另一端与大气相通，此时测得的是流体的表压或真空度。

2. 微差压差计 若所测得的压强差很小，为了把读数 R 放大，除了在选用指示液时，尽可能地使其密度 ρ_A 与被测流体 ρ 相接近外，还可采用如图 1-4 所示的微差压差计。其特点如下。

（1）压差计内装有两种密度相近、不发生化学反应且不互溶的指

图 1-4　微差压差计 示液 A 和 B，而指示液 B 与被测流体 C 不发生化学反应且不互溶。

（2）为了读数方便，U 形管的两侧臂顶端各装有扩大室。扩大室内径与 U 形管内径之比应大于 10，扩大室的截面积比 U 形管的截面积大很多，即使 U 型管内指示液 A 的液面差 R 很大，扩大室内的指示液 B 的液面变化仍很微小，可以认为维持等高。于是压强差 $p_1 - p_2$ 便可用式（1 - 10）计算，即

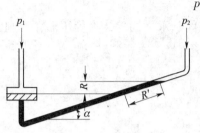

$$p_1 - p_2 = (\rho_A - \rho_B)gR \qquad (1 - 10)$$

由于两种指示液的密度差（$\rho_A - \rho_B$）较小，R 值被放大。

3. 斜管压差计　当被测量的流体的压差更小时，U 形压差计的读数 R 必然很小，为了得到精确的读数，可采用如图 1 - 5 所示的斜管压差计。此压差计的读数 R' 与 R 的关系为：

图 1 - 5　倾斜液柱压差计

$$R' = R/\sin\alpha \qquad (1 - 11)$$

式中，α 为倾斜角，其值越小，将 R 值放大为 R' 的倍数愈大。

（二）液位的测量

制药厂中经常需要了解容器里物料的贮存量，或要控制设备里的液位，因此要对液位进行测定。有些液位测定方法，是以静力学基本方程式为依据的。

最原始的液位计是在容器底部器壁及液面上方器壁处各开一个小孔，两孔间用短管、管件及玻璃管相连。玻璃管内液面高度即为容器内的液面高度。这种液面计结构简单，但易于破损和堵塞，而且不便于远处观测。

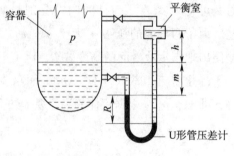

图 1 - 6 所示的是利用 U 形压差计进行近距离液位测量装置。在容器的外边设一平衡室，其中所装的液体与容器中相同，液面高度维持在容器中液面允许到达的最高位置。用一装有指示剂的 U 形压差计把容器和平衡室连通起来，压差计读数 R 即可指示出容器内的液面高度，关系为：

图 1 - 6　液位的测量

$$h = (\rho_0 - \rho)R/\rho \qquad (1 - 12)$$

第二节　流体流动的基本方程式

制药厂中的流体大多数在密闭的管道或设备中流动，本节主要讨论流体在管内流动的规律，即讨论流体在流动过程中，其具有的位能、静压能和动能是如何变化的规律，从而解决流体流动这一单元操作中出现的工程问题。流体流动应服从一般的守恒原理：质量守恒和能量守恒。从这些守恒原理可得到反映流体流动规律的基本方程式：连续性方程式（质量守恒）和伯努利方程式（能量守恒）。

一、基本概念

（一）稳定流动与不稳定流动

在流动系统中，若各截面上流体的流速、压力、密度等有关物理量仅随位置而变化，

不随时间而变，这种流动称为稳定流动；若流体在各截面上的有关物理量既随位置而变，又随时间而变，则称为不稳定流动。制药生产中，流体流动大多为稳定流动，故非特别指出，一般所讨论的均为稳定流动。

（二）流量和流速

单位时间内流过管道任一截面的流体量称为流量。若流体量用体积来计量，称为体积流量，以 V_s 表示，其单位为 m^3/s；若用质量来计量，则称为质量流量，以 w_s 表示，其单位为 kg/s。

体积流量与质量流量的关系为：

$$w_s = V_s \cdot \rho \tag{1-13}$$

式中，ρ 为流体的密度，kg/m^3。

单位时间内流体在流动方向上所流经的距离称为流速。以 u 表示，其单位为 m/s。

流体流过单位管路时，在管路任一截面上各点的流速沿管径而变化，在管截面中心处流速最大，越靠近管壁流速就越小，在管壁处的流速为零。流体在管截面上各点的流速分布规律较为复杂，在工程中为简便起见，流速通常采用整个管截面上的平均流速，即用流量相等的原则来计算平均流速。其表达式为：

$$u = \frac{V_s}{A} \tag{1-14}$$

式中，A 为与流动方向相垂直的管道截面积，m^2。

流量与流速的关系为：

$$w_s = V_s\rho = uA\rho \tag{1-15}$$

由于气体的体积流量随温度和压力而变化，因而气体的流速亦随之而变。因此采用质量流速较为方便，单位时间内流体流过单位管路截面积的质量称为质量流速，以 G 表示，其表达式为：

$$G = \frac{w_s}{A} = \frac{V_s\rho}{A} = u\rho \tag{1-16}$$

式中，G 为质量流速，$kg/(m^2 \cdot s)$。

一般管道的截面均为圆形，若以 d 表示管道内径，则：$\quad u = \dfrac{V_s}{\dfrac{\pi}{4}d^2}$

于是：

$$d = \sqrt{\frac{4V_s}{\pi u}} \tag{1-17}$$

流体输送管路的直径可根据流量及流速进行计算，流量一般为生产任务所决定，而合理的流速则应在操作费与基建费之间通过经济权衡来决定。选择的 u 越小，则 d 越大，那么对于相同的流量，所用的材料就越多，所以材料费、检修费等基建费也会相应增加；相反，选择的 u 越大，则 d 就越小，材料费等费用会减少，但由于流体在管路中流动的阻力与 u 成正比，所以阻力损失会增大，即操作费用就会增加。所以应综合考虑，使两项费用之和最小。

通常流体流动允许压力降：水 24.5kPa/100m 管，空气 5.1kPa/100m 管。一般液体流速为 $0.5 \sim 3m/s$，气体为 $10 \sim 30m/s$，蒸汽为 $20 \sim 50m/s$。

（三）黏度

流体流动时产生内摩擦力的性质，称为黏性。放完一桶甘油比放完一桶水慢得多，这是因为甘油流动时内摩擦力比水大的缘故。所以流体黏性越大，其流动性就越小。

运动着的流体内部相邻两流体层间的相互作用力就是流体的内摩擦力或剪切力，又称为黏滞力或黏性摩擦力。流体流动时的内摩擦，是流动阻力产生的依据，流体流动时必须克服内摩擦力而做功，从而流体的一部分机械能转变为热而损失掉。

以水在管内流动为例，如图1-7所示。管内截面各点的速度并不相同，中心处的速度最大，愈靠近管壁速度愈小，在管壁处水的质点附着在管壁上，其速度为零。其他流体在管内流动时也有类似的规律。所以，流体在圆管内流动时，实际上是被分割成无数极薄的圆筒层，一层套着一层，各层以不同的速度向前运动。由于各层速度不同，层与层之间发生了相对运动。速度快的流体层对相邻的速度较慢的流体层产生了一个推动其向前进方向的力；同时，速度慢的流体层对速度快的流体层也作用一个大小相等、方向相反的力，从而阻碍较快流体层向前运动。

设有上下两块平行放置、面积很大而相距很近的平板，两板间充满静止的液体，如图1-8所示。若将下板固定，对上板施加一恒定的外力，使上板作平行于下板的等速直线运动。此时，紧靠上层平板的液体，因附着在板面上，具有与平板相同的速度。而紧靠下层板面的液体，也因附着于下板面而静止不动。在两平板间的液体可看成为许多平行于平板的流体层，层与层之间存在着速度差，即各液体层之间存在着相对运动。速度快的液体层对其相邻的速度较慢的液体层产生了一个推动其向运动方向前进的力，而同时速度慢的液体层对速度快的液体层也作用着一个大小相等、方向相反的力，从而阻碍较快液体层向前运动。

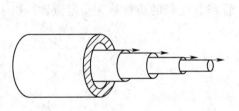
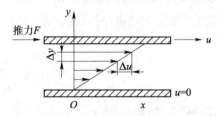

图1-7　流体在圆管内分层流动示意图　　　图1-8　平板间流体速度分布

实验证明，对于一定的液体，内摩擦力 F 与两流体层的速度差 Δu 成正比，与两层之间的垂直距离 Δy 成反比，与两层间的接触面积 A 成正比，即：

$$F \propto \frac{\Delta u}{\Delta y} A$$

把上式写成等式，引入比例系数 μ：$F = \mu \frac{\Delta u}{\Delta y} A$

式中，$\frac{du}{dy}$ 为速度梯度，即在与流动方向相垂直的 y 方向上流体速度的变化率；μ 为比例系数，称为黏性系数或动力黏度，简称黏度，单位为 Pa·s。

此式所显示的关系，称为牛顿黏性定律。

黏度是流体物理性质之一，其值由实验测定。液体的黏度随温度升高而减小，气体的黏度则随温度升高而增大。压力对液体黏度的影响很小，可忽略不计，气体的黏度，除非在极高或极低的压力下，可以认为与压力无关。黏度是有限值的，混合物的黏度没有加和性，只能用实验或经验公式求取。

此外，服从牛顿黏性定律的流体，称为牛顿型流体，所有气体和大多数液体都属于这一类。不服从牛顿黏性定律的流体称为非牛顿流体，如中药提取液、某些高分子的溶液、胶体溶液及泥浆等，它们的流动，属于流变学范畴，这里不进行讨论。

二、连续性方程——物料衡算

设流体在图 1-9 所示的管道中作连续稳定流动，从截面 1-1′流入，从截面 2-2′流出，若在管道两截面之间流体无漏损，根据质量守恒定律，从截面 1-1′进入的流体质量流量 w_{s_1} 应等于从 2-2′截面流出的流体质量流量 w_{s_2}，即：

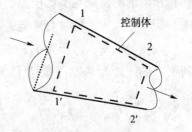

图 1-9 连续性方程的推导

$$w_{s_1} = w_{s_2}$$

由式（1-15）得

$$u_1 A_1 \rho_1 = u_2 A_2 \rho_2 \tag{1-18}$$

此关系可推广到管道的任一截面，即：

$$w_s = u_1 A_1 \rho_1 = u_2 A_2 \rho_2 = \cdots = uA\rho = 常数$$

上式称为连续性方程。若流体不可压缩，ρ = 常数，则上式可简化为

$$V_s = u_1 A_1 = u_2 A_2 = \cdots = uA = 常数$$

上式说明不可压缩流体不仅流经各截面的质量流量相等，它们的体积流量也相等。

以上三式都称为管内稳定流动的连续性方程。它反映了在稳定流动中，流量一定时，管路各截面上流速的变化规律。

管道截面大多为圆形，所以：

$$u_1 d_1^2 = u_2 d_2^2 \tag{1-19}$$

从式（1-19）可以看出，管内不同截面流速之比与其相应管径的平方成反比。

三、伯努利方程——能量衡算

（一）流体作稳定流动时的总能量衡算

在图 1-10 所示的稳定流动系统中，流体从 1-1′截面流入，从 2-2′截面流出。

流体本身所具有的能量有以下几种形式。

1. 位能 流体因受重力作用，在不同的高度处具有不同的位能。相当于质量为 m 的流体自基准水平面升举到某高度 Z 所做的功，即：

位能 $= mgZ$

位能的单位 $[mgZ] = \mathrm{kg} \cdot \dfrac{\mathrm{m}}{\mathrm{s}^2} \cdot \mathrm{m} = \mathrm{N} \cdot \mathrm{m} = \mathrm{J}$

位能是个相对值，随所选的基准面位置而定，在基准水平面以上为正值，以下为负值。

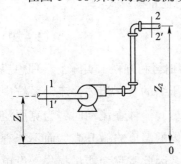

图 1-10 柏努利方程的推导

2. 动能 流体以一定的速度运动时，便具有一定的动能。质量为 m，流速为 u 的流体

所具有的动能为：

$$动能 = \frac{1}{2}mu^2$$

$$动能的单位 \left[\frac{1}{2}mu^2\right] = kg \cdot \left(\frac{m}{s}\right)^2 = N \cdot m = J$$

3. 静压能　静止流体内部任一处都有一定的静压强。流动着的流体内部任何位置也都有一定的静压强。流动流体通过某截面时，由于该处流体具有一定的压力，这就需要对流体作相应的功，以克服此压力，才能把流体推进系统里去。故要通过某截面的流体只有带着与所需功相当的能量时才能进入系统。流体所具有的这种能量称为静压能或流动功。

设质量为 m，体积为 V_1 的流体通过图 $1-10$ 所示的 $1-1'$ 截面时，把该流体推进此截面所流过的距离为 V_1/A_1，则流体带入系统的静压能为：

$$输入静压能 = p_1A_1\frac{V_1}{A_1} = p_1V_1$$

$$静压能的单位 \left[p_1V_1\right] = Pa \cdot m^3 = \frac{N}{m^2} \cdot m^3 = N \cdot m = J$$

4. 内能　内能是贮存于物质内部的能量，它决定于流体的状态，因此与流体的温度有关。压力的影响一般可忽略，单位质量流体的内能以 U 表示，质量为 m 的流体所具有的内能为：

$$内能 = mU$$

$$内能的单位 \left[mU\right] = kg \cdot \frac{J}{kg} = J$$

除此之外，能量也可以通过其他途径进入流体。如热和功，其单位都是 J。

流体接受外功为正，向外界做功则为负。

位能、静压能及动能均属于机械能，三者之和称为总机械能或总能量。

（二）流动系统的机械能衡算式与伯努利方程

假定流体不可压缩并无黏性（即在流动过程中无摩擦损失，此流体成为理想流体），在如图 $1-10$ 所示的管道内作稳定流动，在管截面上液体质点的速度分布是均匀的。流体的内能没有变化，也没有能量进入流体，所以总机械能或总能量是不变的，即：

$$mgZ_1 + \frac{mu_1^2}{2} + p_1V_1 = mgZ_2 + \frac{mu_2^2}{2} + p_2V_2$$

将上式的每一项除以 m，则得到单位质量流体为基准的总能量衡算式：

$$gZ_1 + \frac{u_1^2}{2} + \frac{p_1}{\rho} = gZ_2 + \frac{u_2^2}{2} + \frac{p_2}{\rho} \tag{1-20}$$

式（$1-20$）即为不可压缩理想流体机械能衡算式，称为伯努利方程。实际上，理想流体是不存在的，任何流体都具有内摩擦力即黏性。对于不可压缩的实际流体，流动系统中无换热设备，流体没有吸热或放热；流体温度不变，内能不变。流体在流动时，为克服流动阻力而消耗一部分机械能，这部分能量转变成热，致使流体的温度略微升高，而不能直接用于流体的输送。从实用上说，这部分机械能是损失掉了，因此常称为能量损失。设单位质量流体在流动时因克服流动阻力而损失的能量为 Σh_f，其单位为 J/kg。如果促使流体流动，应在管路安装泵或鼓风机等流体输送设备向流体做功，便有能量输送给流体。单位质量流体获得的能量以 W_e 表示，在 $1-1'$ 截面和 $2-2'$ 截面之间进行机械能衡算，有：

$$gZ_1 + \frac{u_1^2}{2} + \frac{p_1}{\rho} + W_e = gZ_2 + \frac{u_2^2}{2} + \frac{p_2}{\rho} + \Sigma h_f \qquad (1-21)$$

式（1-21）为实际流体的机械能衡算式，习惯上也称为伯努利方程。

（三）伯努利方程的物理意义

（1）式（1-20）表示理想流体在管道内作稳定流动而又没有外功加入时，在任一截面上的单位质量流体所具有的位能、动能、静压能之和为一常数，称为总机械能，以 E 表示，其单位为 J/kg。即单位质量流体在各截面上所具有的总机械能相等，但每一种形式的机械能不一定相等，这意味着各种形式的机械能可以相互转换，但其和保持不变。

（2）如果系统的流体是静止的，则 $u=0$，没有运动，就无阻力，也无外功，即 $\Sigma h_f = 0$，$W_e = 0$，于是式（1-21）整理为：

$$gZ_1 + \frac{p_1}{\rho} = gZ_2 + \frac{p_2}{\rho}$$

上式即为流体静力学基本方程，由此可以看出伯努利方程式包含流体静力学基本方程式。

（3）式（1-21）中各项单位为 J/kg，表示单位质量流体所具有的能量。应注意 gZ、$\frac{u^2}{2}$、$\frac{p}{\rho}$ 与 W_e、Σh_f 的区别。前三项是指在某截面上流体本身所具有的能量，后两项是指流体在两截面之间所获得和所消耗的能量。

式中，W_e 是输送设备对单位质量流体所做的有效功，是决定流体输送设备的重要数据。单位时间输送设备所做的有效功称为有效功率，以 N_e 表示，即：

$$N_e = W_e w_s \qquad (1-22)$$

式中，w_s 为流体的质量流量，所以 N_e 的单位为 J/s 或 W。

（4）对于可压缩流体的流动，若两截面间的绝对压力变化小于原来绝对压力的 20% 时，伯努利方程仍适用，计算时流体密度 ρ 应采用两截面间流体的平均密度 ρ_m。

此外，对于非定态流动系统的任一瞬间，伯努利方程式仍成立。

（5）如果流体的衡算基准不同，式（1-21）可写成不同形式。

①以单位重量流体为衡算基准。将式（1-21）各项除以 g，则得：

$$Z_1 + \frac{u_1^2}{2g} + \frac{p_1}{\rho g} + \frac{W_e}{g} = Z_2 + \frac{u_2^2}{2g} + \frac{p_2}{\rho g} + \frac{\Sigma h_f}{g}$$

设：

$$H_e = \frac{W_e}{g} \quad H_f = \frac{\Sigma h_f}{g}$$

则：

$$Z_1 + \frac{u_1^2}{2g} + \frac{p_1}{\rho g} + H_e = Z_2 + \frac{u_2^2}{2g} + \frac{p_2}{\rho g} + H_f \qquad (1-21a)$$

上式各项的单位为 m，表示单位重量的流体所具有的能量。常把 Z、$\frac{u^2}{2g}$、$\frac{p}{\rho g}$ 与 H_f 分别称为位压头、动压头、静压头与压头损失，H_e 则称为输送设备对流体所提供的有效压头。

②以单位体积流体为衡算基准。将式（1-21）各项乘以流体密度 ρ，则：

$$Z_1 \rho g + \frac{u_1^2}{2}\rho + p_1 + W_e \rho = Z_2 \rho g + \frac{u_2^2}{2}\rho + p_2 + \rho \Sigma h_f \qquad (1-21b)$$

上式各项的单位为 Pa，表示单位体积流体所具有的能量，简化后即为压力的单位。

四、伯努利方程式的应用

伯努利方程是流体流动的基本方程，主要应用于确定设备间的相对位置；确定管道中流体的流量；确定管路中流体的压力；确定输送设备的有效功率等。结合连续性方程，可用于计算流体流动过程中流体的流速、流量、流体输送所需功率等问题。应用伯努利方程解题时，需要注意以下几点。

1. 作图与确定衡算范围　根据题意画出流动系统的示意图，并指明流体的流动方向。定出上、下游截面，以明确流动系统的衡算范围。

2. 截面的选取　两截面均应与流动方向相垂直，并且在两截面间的流体必须是连续的。所求的未知量应在截面上或在两截面之间，且截面上的 Z、u、p 等有关物理量，除所需求取的未知量外，都应该是已知的或能通过其他关系计算出来。两截面上的 u、p、Z 与两截面间的 Σh_f 都应相互对应一致。

3. 基准水平面的选取　选取基准水平面的目的是为了确定流体位能的大小，实际上在伯努利方程式中所反映的是位能差（$\Delta Z = Z_2 - Z_1$）的数值。所以，基准水平面可以任意选取，但必须与地面平行。Z 值是指截面中心点与基准水平面间的垂直距离。为了计算方便，通常取基准水平面通过衡算范围的两个截面中的任一个截面。如该截面与地面平行，则基准水平面与该截面重合，$Z = 0$；如衡算系统为水平管道，则基准水平面通过管道的中心线，$\Delta Z = 0$。

4. 单位必须一致　在用伯努利方程式之前，应把有关物理量换算成一致的单位。两截面的压力除要求单位一致外，还要求表示方法一致。即只能同时用表压力或同时使用绝对压力，不能混合使用。

第三节　流体在管内的流动

扫码"学一学"

流体在流动过程中，部分能量消耗于克服流动阻力，而实际流体流动时的阻力以及在传热、传质过程中的阻力都与流动的内部结构密切相关。因此流动的内部结构是流体流动规律的一个重要方面。本节主要讨论流体流动阻力的产生及影响因素。

一、流体流动类型与雷诺数

（一）流动类型

为了直接观察流体流动时内部质点的运动情况及各种因素对流动状况的影响，可安排如图 1-11 所示的实验，称雷诺实验。在一个水箱内，水面下安装一个带喇叭形进口的玻璃管。管下游装有一个阀门，利用阀门的开度调节流量。在喇叭形进口处中心有一根针形小管，自此小管流出一丝有色水流，其密度与水几乎相同。

当水的流量较小时，玻璃管水流中出现一丝稳定而明显的着色直线。随着流速逐渐增加，起先着色线仍然保持平直光滑，当流量增大到某临界值时，着色线开始抖动、弯曲，继而断裂，最后完全与水流主体混在一起，无法分辨，而整个水流也就染上了颜色。见图1-12。

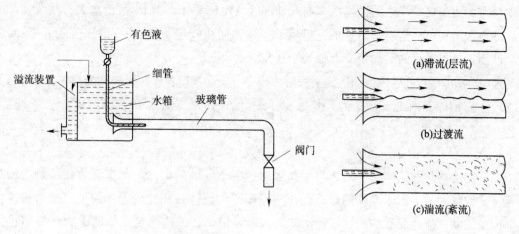

图 1 - 11　雷诺实验装置　　　　　图 1 - 12　流体流动类型

雷诺实验揭示出一个极为重要的事实，即流体流动存在着两种截然不同的流型。在前一种流型中，流体质点做直线运动，即流体分层流动，层次分明，彼此互不混杂，故才能使着色线流保持着线形。这种流型被称为层流或滞流。在后一种流型中流体在总体上沿管道向前运动，同时还在各个方向作随机的脉动，正是这种混乱运动使着色线抖动、弯曲以至断裂冲散。这种流型称为湍流或紊流。

（二）流型的判断

不同的流型对流体中的质量、热量传递将产生不同的影响。为此，工程设计上需事先判定流型。对管内流动而言，实验表明流动的几何尺寸（管径 d）、流动的平均速度 u 及流体性质（密度和黏度）对流型的转变有影响。雷诺发现，可以将这些影响因素综合成一个无因次数群 $\rho du/\mu$ 作为流型的判据，此数群被称为雷诺数，以符号 Re 表示。

（1）当 $Re \leqslant 2000$ 时，必定出现层流，此为层流区或滞流区。

（2）当 $2000 < Re < 4000$ 时，有时出现层流，有时出现湍流，依赖于环境，此为过渡区。

（3）当 $Re \geqslant 4000$ 时，一般都出现湍流，此为湍流区。

当 $Re \leqslant 2000$ 时，任何扰动只能暂时地使之偏离层流，一旦扰动消失，层流状态必将恢复，因此 $Re \leqslant 2000$ 时，层流是稳定的。

当 Re 数超过 2000 时，层流不再是稳定的，但是否出现湍流，决定于外界的扰动。如果扰动很小，不足以使流型转变，则层流仍然能够存在。

$Re \geqslant 4000$ 时，则微小的扰动就可以触发流型的转变，因而一般情况下总出现湍流。

根据 Re 的数值将流动划为三个区：层流区、过渡区及湍流区，但只有两种流型。过渡区不是一种过渡的流型，它只表示在此区内可能出现层流也可能出现湍流，需视外界扰动而定。

（三）流体在圆管内的速度分布

无论是层流或湍流，在管道任意截面上，流体质点的速度沿管径而变，管壁处速度为零，离开管壁后速度渐增，到管中心处速度最大，速度在管截面上的分布规律因流型而异。

理论分析和实验都已证明，层流时的速度沿管径按抛物线规律分布，截面上各点速度的平均值 u 等于管中心处最大速度 u_{max} 的 0.5 倍。

湍流时的速度分布目前还不能完全利用理论推导求得。经实验方法得出湍流时圆管内速度分布曲线不再是严格的抛物线，曲线顶部区域比较平均，当 Re 数值愈大，曲线顶部的区域就愈广阔平坦，但靠管壁处的速度骤然下降，曲线较陡。u 与 u_{max} 的比值随 Re 数而变化，截面上各点速度的平均值 u 近似等于 $0.80 \sim 0.85 u_{max}$。

速度分布曲线仅在管内流动达到平稳时才成立。在管入口处外来影响还未消失，以及管路拐弯、分支处和阀门附近流动受到干扰，这些局部地方的速度分布就不符合以上规律。

二、边界层

当一流速均匀的流体与一固体界面接触时，由于壁面的阻滞，与壁面直接接触的流体其速度立即降为零。由于流体的黏性作用，近壁面的流体将相继受阻而降速，随着流体沿壁面向前流动，流速受影响的区域逐渐扩大。通常定义，流速降至主体流速的 99% 以内的区域为边界层。

由于边界层的形成，使流体沿壁面的流动分为主流区域和边界层区域。主流区域离壁面较远，流速基本不变，速度梯度小到可以忽略，无需考虑黏度的影响；边界层区域在壁面附近，流体沿平壁流动时在垂直于流体流动方向上产生的速度梯度较大，因而必须考虑黏度的影响，流体流动阻力主要集中在该层内。

流体在进行湍流流动时，边界层称为湍流边界层，在湍流边界层内紧靠壁面处有一薄层流体作层流流动，称为层流内层。管内流速愈大，流体的湍流程度愈高，层流内层就愈薄；流体黏度愈大，流体的湍流程度降低，层流内层就愈厚。层流内层对流体所受的阻力，对传热、传质都有重大影响。

三、流体在直管内的流动阻力

流体在管内从第一截面流到第二截面时，由于流体层之间的分子动量传递而产生的内摩擦阻力，或由于流体之间的湍流动量传递而引起的摩擦阻力，使一部分机械能转化为热能。在使用伯努利方程式进行管路计算时，必须先知道能量损失的数值。流体在直管内流动时，流型不同，流动阻力所遵循的规律也不相同。层流时，流动阻力是内摩擦力引起的。对牛顿型流体，内摩擦力大小服从牛顿黏性定律。湍流时，流动阻力除了内摩擦力外，还由于流体质点的脉动产生了附加的阻力，总的摩擦应力不再服从牛顿黏性定律。

管路系统主要由直管、管件及阀门组成。无论直管和管件都对流动有一定的阻力，消耗一定的机械能。直管造成的机械能损失称为直管阻力损失（或称沿程阻力损失），是由于流体内摩擦而产生的。管件造成的机械能损失称为局部阻力损失（形体阻力损失），主要是流体流经管件、阀门及管截面的突然扩大或缩小等局部地方所引起的。

所以，流体流经管路的总能量损失，应为直管阻力与局部阻力所引起能量损失之总和。

（一）管、管件及阀门

管路系统是由管、管件、阀门以及输送机械等组成。当流体流经管和管件、阀门时，为克服流动阻力而消耗能量。

1. 管　制药工业常用管子有金属管和非金属管。常用的金属管有铸铁管、硅铁管、水煤气管、无缝钢管（包括热辊和冷拉无缝钢管）、有色金属管（如铜管、黄铜管、铝管、铅管）、有衬里钢管。常用的非金属管有耐酸陶瓷管、玻璃管、硬聚氯乙烯管、软聚氯乙烯管、聚乙烯管、玻璃钢管、有机玻璃管、酚醛塑料管、石棉 – 酚醛塑料管、橡胶管和衬里管道（如衬橡胶、搪玻璃管等）。

管径常以 $A \times B$ 表示，其中 A 指管外径，B 指管壁厚度，如 $\Phi 108 \times 4$ 即管外径为 108mm，管壁厚为 4mm。

2. 管件 管件为管与管的连接部件，它主要是用来改变管道方向、连接支管、改变管径及堵塞管道等。管道连接的基本方法有螺纹连接、法兰连接、承插连接和焊接。

3. 阀门 阀门的作用是控制流体的在管内的流动，其功能有启闭、调节、节流、自控和保证安全等。

（1）截止阀 截止阀是依靠阀盘的上升或下降，以改变阀盘与阀座的距离，以达到调节流量的目的。截止阀构造比较复杂，在阀体部分液体流动方向经数次改变，流动阻力较大。但这种阀门严密可靠，而且可较精确地调节流量，所以常用于蒸汽、压缩空气及液体输送管道。若流体中含有悬浮颗粒时应避免使用。

（2）闸阀 又称为闸板阀。是利用闸板的上升或下降，以调节管路中流体的流量。闸阀构造简单，液体阻力小，且不易为悬浮物所堵塞，故常用于大直径管道。其缺点是闸阀阀体高；制造、检修比较困难。

（3）止逆阀 又称为单向阀。只允许流体沿单方向流动。当流体自左向右流动时，阀自动开启；如遇到有反向流动时，阀自动关闭。

（4）隔膜阀 利用弹性薄膜（橡皮、聚四氟乙烯）作为阀的启闭件，把阀体内腔与阀盖内腔及驱动部件隔开。阀杆不与流体接触，不用填料箱，结构简单，便于维修，密封性能好，流体阻力小。用于输送悬浮液或腐蚀性液体，不适用于有机溶剂和强氧化剂的介质。

（5）球阀 利用中心开孔的球体作阀芯，依靠旋转球体控制阀的启闭。操作可靠，易密封，易调节流量，体积小零部件少，重量轻。流体阻力大，不能用于输送结晶和悬浮液的液体，在自来水、蒸汽、压缩空气、真空及各种物料管道中普遍使用。

（6）减压阀 用以降低蒸汽或压缩空气的压力，使之成为生产所需的稳定的较低压力。

（7）安全阀 压力超过指定值时即自动开启，使流体外泄，压力回复后即自动关闭以保护设备与管道。

（二）流体在直管中的流动阻力

当流体流经等直径的直管时，由伯努利方程式可知，此时的流体的能量损失应为：

$$h_f = (gZ_1 - gZ_2) + \frac{p_1 - p_2}{\rho} + \left(\frac{u_1^2 - u_2^2}{2}\right)$$

对于均匀直管 $u_1 = u_2$，水平管路 $Z_1 = Z_2$，故只要测出两截面上的静压能，就可以知道两截面间的能量损失。

$$h_f = \frac{p_1 - p_2}{\rho} = \frac{\Delta p}{\rho} \qquad (1-23)$$

即对于水平等直径管道，只要测出两截面上的静压能，就可以知道两截面之间的能量损失。对于同一根直管，不管是垂直或水平安装，所测得能量损失应该相同。

（三）层流的摩擦阻力

流体在直管中作层流或湍流流动时，因其流动状态不同，所以两者产生能量损失的原因也不同。层流流动时，能量损失计算式可从理论推导得出。而湍流流动时，其计算式需要用理论与实验相结合的方法求得。层流时的能量损失计算公式如下：

$$h_f = \lambda \frac{l}{d} \frac{u^2}{2} \tag{1-24}$$

式（1-24）称为直管阻力损失的计算通式，又称为范宁公式，对于层流和湍流均适用。其中 λ 称为摩擦系数，层流时 $\lambda = \frac{64}{Re}$。

（四）湍流的摩擦阻力

层流时阻力损失的计算式是由理论推导得到的。湍流时由于情况复杂得多，但可以通过实验研究，获得经验的计算式。

管壁粗糙面凸出部分的平均高度，称绝对粗糙度，以 ε 表示。绝对粗糙度与管内径 d 之比值 ε/d 称相对粗糙度。层流时，流体层平行于管道轴线，流速较慢，对管壁凸出部分没有什么碰撞作用，所以粗糙度对 λ 值无影响，如图 1-13（a）所示。

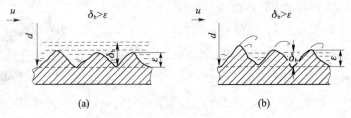

图 1-13　流体流过管壁面的情况

湍流时，若层流底层的厚度大于壁面的绝对粗糙度，则管壁粗糙度对 λ 值的影响与层流相近。随着 Re 值增加，边界层厚度变薄，当管壁凸出处部分地暴露在层流底层之外的湍流区域时，如图 1-13（b）所示，流动的流体冲击凸起处时，引起旋涡，使能量损失增大。Re 数一定时，管壁粗糙越大，能量损失也越大。

$$\lambda = \varphi \left(Re, \ \frac{\varepsilon}{d} \right) \tag{1-25}$$

实验结果可表示成 λ 与 Re 和 ε/d 的关系如图 1-14（穆迪图）所示。对光滑管及无严重腐蚀的工业管道，该图误差范围约在 $\pm 10\%$。

摩擦系数 λ 与 Re 关系　由图 1-14 可以看出有四个不同的区域。

（1）层流区　$Re \le 2000$，λ 与管壁粗糙度无关，和 Re 呈直线下降关系。其表达式为 $\lambda = 64/Re$。

（2）过渡区　$2000 < Re < 4000$。在此区域内层流和湍流的 $\lambda \sim Re$ 曲线都可应用，但为安全计，一般将湍流时的曲线延伸来查取 λ。

（3）湍流区　$Re \ge 4000$ 及虚线以下的区域。这个区的特点是 λ 与 Re 及 ε/d 都有关。当 ε/d 一定时，λ 随 Re 增大而减小，Re 增至某一数值后 λ 值下降缓慢，当 Re 一定时，λ 随 ε/d 增加而增大。

（4）完全湍流区　图 1-14 中虚线以上的区域。此区内各 $\lambda \sim Re$ 曲线趋于水平，即 λ 只与 ε/d 有关，而与 Re 无关。在一定的管路中，由于 λ、ε/d 均为常数，当 l/d 一定时，由式（1-24）可知 h_f 与 u^2 成正比，所以此区又称阻力平方区。相对粗糙度 ε/d 愈大的管道，达到阻力平方区的 Re 值愈低。

（五）流体在非圆形直管内的流动阻力

前面讨论的都是圆管内的阻力损失，实验证明，对于非圆形管（如方形管、套管环隙等）内的湍流流动，如采用下面定义的当量直径 d_e 来代替圆管直径，其阻力损失仍可按式

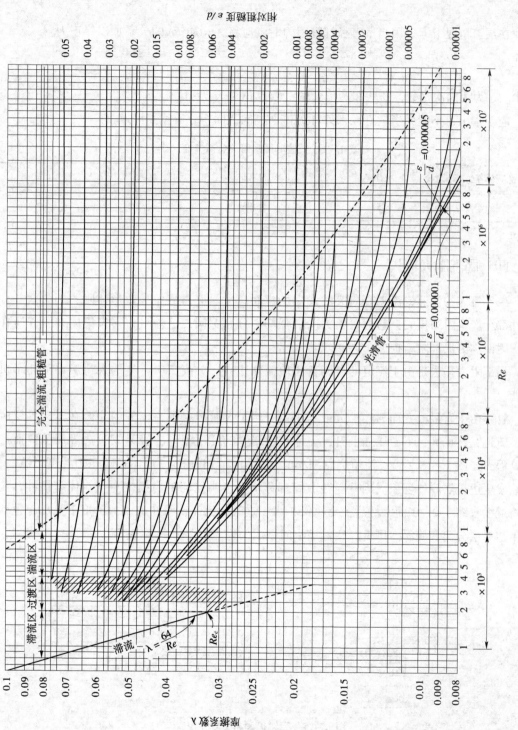

图 1-14 λ 与 Re 和 ε/d 的关系

（1－24）和图 1－14 进行计算。

当量直径是流体流经管路截面积 A 的 4 倍除以湿润周边长度（管壁与流体接触的周边长度）Π，即

$$d_e = \frac{4A}{\Pi} \tag{1-26}$$

在层流情况下，采用当量直径计算阻力时，应将 $\lambda = 64/Re$ 的关系加以修正为：

$$\lambda = \frac{C}{Re} \tag{1-27}$$

式中，C 为无因次常数，一些非圆形管的常数 C 值见表 1－1。

应予指出，不能用当量直径来计算流体通过的截面积、流速和流量。

表 1－1　某些非圆形管的常数 C 值

非圆形管的截面形状	正方形	等边三角形	环形	长方形长：宽 =2：1	长方形长：宽 =4：1
常数 C	57	53	96	62	73

四、局部阻力损失

由于流体的流速或流动方向突然发生变化而产生涡流，从而导致形体阻力损失。各种管件都会产生阻力损失，与直管阻力的沿程均匀分布不同，这种阻力损失集中在管件所在处，因而称为局部阻力损失。

局部阻力损失是由于流道的急剧变化使流体边界层分离，所产生的大量旋涡消耗了机械能。

管路由于直径改变而突然扩大或缩小。突然扩大时产生阻力损失的原因在于边界层脱体。流道突然扩大，下游压强上升，流体在逆压强梯度下流动，极易发生边界层分离而产生旋涡，如图 1－15（a）。流道突然缩小时，见图 1－15（b），流体在顺压力梯度下流动，不致发生边界层脱体现象。因此，在收缩部分不发生明显的阻力损失。但流体有惯性，流道将继续收缩至 0－0′面，然后流道重又扩大。这时，流体转而在逆压力梯度下流动，也就产生边界层分离和旋涡。可见，突然缩小时造成的阻力主要还在于突然扩大。

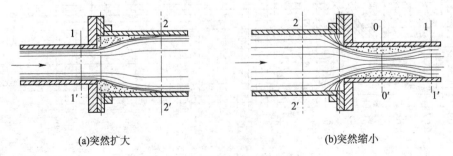

(a)突然扩大　　　　　　　　　　　　　(b)突然缩小

图 1－15　突然扩大和突然缩小

制药管路中使用的管件种类繁多，常见的管件如表 1－2 所示。各种阀门都会由于流道的急剧改变而发生类似现象，造成局部阻力损失。

表1-2 管件和阀件的局部阻力系数 ζ 值

名称	阻力系数 ζ	名称	阻力系数 ζ
弯头，45°	0.35	标准阀（全开）	6.0
弯头，90°	0.75	标准阀（半开）	9.5
三通	1.0	角阀（全开）	2.0
管接头	0.04	止逆阀（球式）	70.0
活接头	0.04	旋启式止回阀（全开）	1.7
闸阀（全开）	0.17	水表（盘式）	7.0
闸阀（半开）	4.5	回弯头	1.5

局部阻力损失的计算有两种近似的方法：阻力系数法及当量长度法。

（一）阻力系数法

近似认为局部阻力损失服从平方定律，即

$$h_f = \zeta \frac{u^2}{2} \tag{1-28}$$

式中，ζ 为局部阻力系数。

1. 管进口与出口的局部阻力损失 当流体自容器进入管内时，管径突然缩小，$\zeta_{进口} = 0.5$，当流体自管子进入容器时，管径突然扩大，$\zeta_{出口} = 1$。

当流体自管子排放到管外空间时，若出口截面取管出口内侧，表示流体未离开管路，则截面上的动能为 $u^2/2$，系统的总能量损失不包含出口损失，即 $\zeta_{出口} = 0$；若出口截面取管出口外侧，表示流体已离开管路，则截面上的动能为 0，系统的总能量损失中包含出口损失，即 $\zeta_{出口} = 1$。

2. 管件与阀门的局部阻力损失 一般用实验方法测定管件与阀门的局部阻力损失，常用管件及阀门的局部阻力系数见表1-2。

（二）当量长度法

计算管件或阀门的局部阻力损失时，为使计算方便，近似认为局部阻力损失可以相当于某个长度的直管的损失，即

$$h_f = \lambda \frac{l_e}{d} \frac{u^2}{2} \tag{1-29}$$

式中，l_e 为管件及阀件的当量长度。由实验测得。常用管件及阀件的 l_e 值可在图1-16中查得。

首先在图1-16中左侧线上找出管件与阀门相应的点，然后在右侧管子内径标尺线上确定与管内径相当的点，用直线连接两点，该直线与当量长度标尺交点对应的标值即为某管件或阀门的当量长度。

必须注意，对于扩大和缩小，式（1-28）与（1-29）中的 u 是用小管截面的平均速度。显然，式（1-28）与（1-29）两种计算方法所得结果不会一致，它们都是近似的估算值。

实际应用时，长距离输送以直管阻力损失为主，车间管路则往往以局部阻力为主。

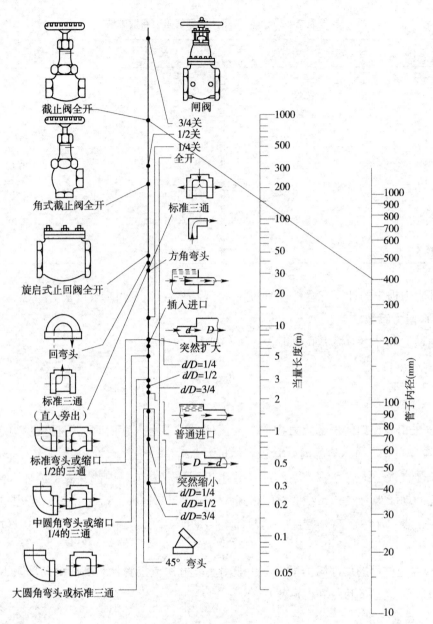

图 1-16 管件和阀件的当量长度共线图

五、流体总能量损失的计算

管路计算是连续性方程、伯努利方程及阻力损失计算式的具体应用。管路按其配置情况不同，可分为简单管路和复杂管路。

(一) 简单管路

简单管路通常是指直径相同的管路或不同直径组成的串联管路。由于已知量与未知量情况不同，计算方法亦随之改变。常遇到的管路计算问题归纳起来有以下三种情况。

(1) 已知管径、管长、管件和阀门的设置及流体的输送量，求流体通过管路系统的能量损失，以便进一步确定输送设备所加入的外功、设备内的压力或设备间的相对位置等。这一类计算比较容易。

(2) 设计型计算，即管路尚未存在时给定输送任务并给定管长、管件和阀门的当量长度及允许的阻力损失，要求设计经济上合理的管路。

（3）操作型计算，即管路已定，管径、管长、管件和阀门的设置及允许的能量损失都已定，要求核算在某给定条件下的输送能力或某项技术指标。

对于设计型问题存在着选择和优化的问题，最经济合理的管径或流速的选择应使每年的操作费与按使用年限计的设备折旧费之和为最小。

对于操作型计算存在一个困难，即因流速未知，不能计算 Re 值，无法判断流体的流型，亦就不能确定摩擦系数 λ。在这种情况下，工程计算中常采用试差法和其他方法来求解。

（二）复杂管路

1. 并联管路　并联管路如图 1-17 所示，总管在 A 点分成几根分支管路流动，然后又在 B 点汇合成一根总管路。此类管路的特点如下。

（1）总管中的流量等于并联各支管流量之和，对不可压缩流体，则

$$V_s = V_{s1} + V_{s2} + V_{s3} \qquad (1-30)$$

（2）图中 $A-A'$ 与 $B-B'$ 截面间的压力降系由流体在各个分支管路中克服流动阻力而造成的。因此，在并联管路中，单位质量流体无论通过哪根支管，阻力损失都应该相等，即

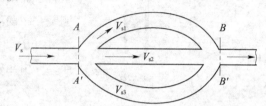

图 1-17　并联管路

$$h_{f1} = h_{f2} = h_{f3} = h_{fAB} \qquad (1-31)$$

因而在计算并联管路的能量损失时，只需计算一根支管的能量损失，绝不能将并联的各管段的阻力全部加在一起作为并联管路的阻力。

2. 分支管路　制药管路常设有分支管路，以便流体可从一根总管分送到几处。在此情况下各支管内的流量彼此影响，相互制约。分支管路内的流动规律主要有以下两条。

（1）总管流量等于各支管流量之和，即

$$V_{sA} = V_{sB} + V_{sC} \qquad (1-32)$$

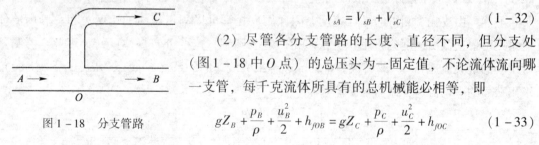

图 1-18　分支管路

（2）尽管各分支管路的长度、直径不同，但分支处（图 1-18 中 O 点）的总压头为一固定值，不论流体流向哪一支管，每千克流体所具有的总机械能必相等，即

$$gZ_B + \frac{p_B}{\rho} + \frac{u_B^2}{2} + h_{fOB} = gZ_C + \frac{p_C}{\rho} + \frac{u_C^2}{2} + h_{fOC} \qquad (1-33)$$

六、降低流动阻力的途径

降低管中流体流动的阻力也就是降低机械能损失，主要有以下途径。

（1）由于流动阻力与管长成正比关系，管路越长，阻力越大，所以，在不影响管路合理布局的前提下，尽量缩短管路长度。

（2）尽量设法降低管路中的局部阻力，即减少不必要的管件、阀门和突然扩大或突然缩小的安排。

（3）适量增加管径。适当增加管径有利于减小阻力，但增加管径会增加投资，应权衡利弊。

（4）适当增加流体的温度，减小黏度。

第四节　流速和流量的测量

流体的流速和流量是制药生产操作中需要经常测量的重要参数。测量的装置种类很多，本节介绍以流体运动规律为基础的测量装置。

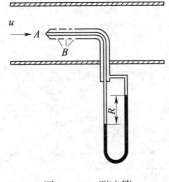

图 1-19　测速管

一、测速管

测速管又名皮托管，其结构如图 1-19 所示。皮托管由两根同心圆管组成，内管前端敞开，管口截面（ A 点截面）垂直于流动方向并正对流体流动方向。外管前端封闭，但管侧壁在距前端一定距离处四周开有一些小孔，流体在小孔旁流过（ B ）。内、外管的另一端分别与 U 形压差计的接口相连，并引至被测管路的管外。

皮托管 A 点应为驻点，驻点 A 的静压能与 B 点静压能差等于流体的动能，即

$$\frac{p_A}{\rho} + gZ_A - \frac{p_B}{\rho} - gZ_B = \frac{u^2}{2}$$

由于 Z_A 几乎等于 Z_B，则

$$u = \sqrt{2(p_A - p_B)/\rho} \tag{1-34}$$

用 U 形压差计指示液液面差 R 表示，则式（1-34）可写为

$$u = \sqrt{2R(\rho' - \rho)g/\rho} \tag{1-35}$$

式中，u 为管路截面某点轴向速度，简称点速度，m/s；ρ'、ρ 分别为指示液与流体的密度，kg/m³；R 为 U 形压差计指示液液面差，m；g 为重力加速度，m/s²。

显然，由皮托管测得的是点速度。因此用皮托管可以测定截面的速度分布。管内流体流量则可根据截面速度分布用积分法求得。对于圆管，速度分布规律已知，因此，可测量管中心的最大流速 u_{max}，然后根据平均流速与最大流速的关系（$u/u_{max} - Re_{max}$，图 1-20），求出截面的平均流速，进而求出流量。

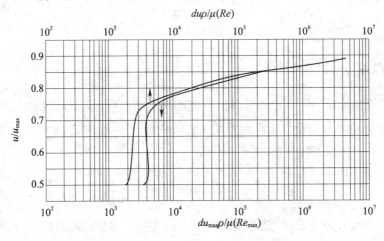

图 1-20　u/u_{max} 与 Re_{max} 的关系

为保证皮托管测量的精确性，安装时要注意以下方面。

（1）要求测量点前、后段有一约等于管路直径 50 倍长度的直管距离，最少也应在 8 ~ 12 倍。

（2）必须保证管口截面严格垂直于流动方向。

（3）皮托管直径应小于管径的 1/50，最少也应小于 1/15。

皮托管的优点是阻力小，适用于测量大直径气体管路内的流速，缺点是不能直接测出平均速度，且 U 形压差计压差读数较小。

二、孔板流量计

（一）孔板流量计的结构和测量原理

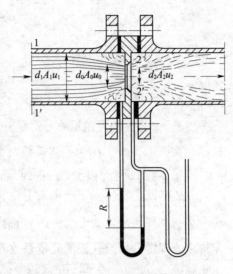

图 1 - 21 孔板流量计

在管路里垂直插入一片中央开有圆孔的板，圆孔中心位于管路中心线上，如图 1 - 21 所示，即构成孔板流量计。板上圆孔经精致加工，其侧边与管轴成 45° 角，称锐孔，板称为孔板。由图 1 - 21 可见，流体流到锐孔时，流动截面收缩，流过孔口后，由于惯性作用，流动截面还继续收缩一定距离后才逐渐扩大到整个管截面。流动截面最小处（图中 2 - 2′截面）称为缩脉。流体在缩脉处的流速最大，即动能最大，而相应的静压能就最低。因此，当流体以一定流量流过小孔时，就产生一定的压强差，流量愈大，所产生的压强差也就愈大。所以可利用测量压强差的方法来测量流体的流量。

设不可压缩流体在水平管内流动，取孔板上游流动截面尚未收缩处为截面 1 - 1′，下游取缩脉处为截面 2 - 2′。在截面 1 - 1′ 与 2 - 2′ 间暂时不计阻力损失，列出伯努利方程

$$\frac{p_1}{\rho} + gZ_1 + \frac{u_1^2}{2} = \frac{p_2}{\rho} + gZ_2 + \frac{u_2^2}{2}$$

因水平管 $Z_1 = Z_2$，则整理得

$$\sqrt{u_2^2 - u_1^2} = \sqrt{\frac{2(p_1 - p_2)}{\rho}} \tag{1-36}$$

由于缩脉的面积无法测得，工程上以孔口（截面 0 - 0′）流速 u_0 代替 u_2，同时，实际流体流过孔口有阻力损失；而且，测得的压强差又不恰好等于 p_1 与 p_2 之差。由于上述原因，引入一校正系数 C，于是式（1 - 36）改写为

$$\sqrt{u_0^2 - u_1^2} = C\sqrt{\frac{2(p_1 - p_2)}{\rho}} \tag{1-37}$$

以 A_1、A_0 分别代表管路与锐孔的截面积，根据连续性方程，对不可压缩流体有

$$u_1 A_1 = u_0 A_0$$

则

$$u_1^2 = u_0^2 \left(\frac{A_0}{A_1}\right)^2$$

设 $\frac{A_0}{A_1} = m$，上式改写为

$$u_1^2 = u_0^2 m^2 \tag{1-38}$$

将式（1-38）代入式（1-37），整理得

$$u_0 = \frac{C}{\sqrt{1 - m^2}} \sqrt{\frac{2(p_1 - p_2)}{\rho}}$$

再设 $C/\sqrt{1 - m^2} = C_0$，称为孔流系数，则

$$u_0 = C_0 \sqrt{\frac{2(p_1 - p_2)}{\rho}} \tag{1-39}$$

于是，孔板的流量计算式为

$$V_s = C_0 A_0 \sqrt{\frac{2(p_1 - p_2)}{\rho}} \tag{1-40}$$

式中，$p_1 - p_2$ 用 U 型压差计公式代入，则

$$V_s = C_0 A_0 \sqrt{\frac{2Rg(\rho' - \rho)}{\rho}} \tag{1-41}$$

式中，ρ'、ρ 为分别为指示液与管路流体密度，kg/m^3；R 为 U 形压差计液面差，m；A_0 为孔板小孔截面积，m^2；C_0 为孔流系数又称流量系数。

　　流量系数 C_0 与面积比（m）、收缩、阻力等因素有关，所以只能通过实验求取。C_0 除与 Re、m 有关外，还与测定压力所取的点、孔口形状、加工粗糙度、孔板厚度、管壁粗糙度等有关。这样影响因素太多，C_0 较难确定，工程上对于测压方式、结构尺寸、加工状况均作规定，规定的标准孔板的流量系数 C_0 就只与 Re 和 m 有关，当 Re 数增大到一定值后，C_0 不再随 Re 数而变，而是仅由 m 决定的常数。孔板流量计应尽量设计在 C_0 为常数的范围内。

　　从孔板流量计的测量原理可知，孔板流量计只能用于测定流量，不能测定速度分布。

（二）孔板流量计的安装与阻力损失

1. 孔板流量计的安装　在安装位置的上、下游都要有一段内径不变的直管。通常要求上游直管长度为管径的 15～40 倍，下游直管长度为管径的 5～10 倍。

2. 孔板流量计的阻力损失　孔板流量计的阻力损失 h_f，可用阻力公式写为

$$h_f = \zeta \cdot \frac{u_0^2}{2} = \zeta C_0^2 \frac{Rg(\rho' - \rho)}{\rho} \tag{1-42}$$

式中，ζ 为局部阻力系数，一般在 0.8 左右。

　　式（1-42）表明，阻力损失正比于压差计读数 R。缩口愈小，孔口流速 u_0 愈大，R 愈大，阻力损失也愈大。

（三）孔板流量计的测量范围

当孔流系数 C_0 为常数时

$$V_s \propto \sqrt{R}$$

上式表明，孔板流量计的 U 形压差计液面差 R 与 V_s 平方成正比。因此，流量的少量变化将导致 R 较大的变化。

　　U 形压差计液面差 R 愈小，由于视差常使相对误差增大，因此在允许误差下，R 有一最小值 R_{min}。同样，由于 U 形压差计的长度限制，也有一个最大值 R_{max}。于是，流量的可测范围为

$$\frac{V_{s\,\text{max}}}{V_{s\,\text{min}}} = \sqrt{\frac{R_{\text{max}}}{R_{\text{min}}}} \tag{1-43}$$

即可测流量的最大值与最小值之比，与 R_{max}、R_{min} 有关，也就是与 U 形压差计的长度有关。

孔板流量计是一种简便且易于制造的装置，在工业上广泛使用，其系列规格可查阅有关手册。其主要缺点是流体经过孔板的阻力损失较大，且孔口边缘容易磨损和磨蚀，因此对孔板流量计需定期进行校正。

三、文丘里流量计

为了减少流体流经上述孔板的阻力损失，可以用一段渐缩管、一段渐扩管来代替孔板，这样构成的流量计称为文丘里流量计，如图 1-22。

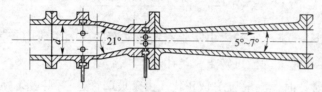

图 1-22　文丘里流量计

文丘里流量计的收缩管一般制成收缩角为 15°～25°；扩大管的扩大角为 5°～7°。其流量仍可用式（1-41）计算，只是用 C_v 代替 C_0。文丘里流量计的流量系数 C_v 一般取 0.98～0.99，阻力损失为

$$h_f = 0.1u_0^2 \tag{1-44}$$

式中，u_0 为文丘里流量计最小截面（称喉孔）处的流速，m/s。

文丘里流量计的主要优点是能耗少，大多用于低压气体的输送。缺点是加工比孔板复杂，因而造价高，且安装时需占去一定管长位置。

四、转子流量计

（一）转子流量计的结构和测量原理

转子流量计的构造如图 1-23 所示，在一根截面积自下而上逐渐扩大的垂直锥形玻璃管内，装有一个能够旋转自如的由金属或其他材质制成的转子（或称浮子）。被测流体从玻璃管底部进入，从顶部流出。

当流体自下而上流过垂直的锥形管时，转子受到两个力的作用：一是垂直向上的推动力，它等于流体流经转子与锥管间的环形截面所产生的压强差；另一是垂直向下的净重力，它等于转子所受的重力减去流体对转子的浮力。当流量加大使压强差大于转子的净重力时，转子就上升；当流量减小使压强差小于转子的净重力时，转子就下沉；当压强差与转子的净重力相等时，转子处于平衡状态，即停留在一定位置上。在玻璃管外表面上刻有读数，根据转子的停留位置，即可读出被测流体的流量。

设 V_f 为转子的体积，m^3；A_f 为转子最大部分截面积，m^2；ρ_f

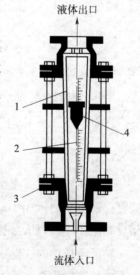

液体出口

流体入口

图 1-23　转子流量计
1—锥形玻璃管；2—刻度；
3—突缘盖板；4—转子

ρ 分别为转子材质与被测流体密度，kg/m^3。流体流经环形截面所产生的压强差（转子下方 1 与上方 2 之差）为 $p_1 - p_2$，当转子处于平衡状态时，即

$$(p_1 - p_2) A_f = V_f \rho_f g - V_f \rho g$$

于是

$$p_1 - p_2 = \frac{V_f g (\rho_f - \rho)}{A_f} \tag{1-45}$$

若 V_f、A_f、ρ_f、ρ 均为定值，$p_1 - p_2$ 对固定的转子流量计测定某流体时应恒定，而与流量无关。

当转子停留在某固定位置时，转子与玻璃管之间的环形面积就是某一固定值。此时流体流经该环形截面的流量和压力差的关系与孔板流量计的相类似，因此得

$$V_s = C_R A_R \sqrt{\frac{2g V_f (\rho_f - \rho)}{A_f \rho}} \tag{1-46}$$

式中，C_R 为转子流量计的流量系数，由实验测定或从有关仪表手册中查得；A_R 为转子与玻璃管的环形截面积，m^2；V_s 为流过转子流量计的体积流量，m^3/s。

流量系数 C_R 为常数时，流量与 A_R 成正比。由于玻璃管是一倒锥形，所以环形面积 A_R 的大小与转子所在位置有关，因而可用转子所处位置的高低来反映流量的大小。

（二）转子流量计的刻度换算和测量范围

通常转子流量计出厂前，均用20℃的水或20℃、1.013×10^5 Pa 的空气进行标定，直接将流量值刻于玻璃管上。当被测流体与上述条件不符时，应作刻度换算。在同一刻度下，假定 C_R 不变，并忽略黏度变化的影响，则被测流体与标定流体的流量关系为

$$\frac{V_{s2}}{V_{s1}} = \sqrt{\frac{\rho_1 (\rho_f - \rho_2)}{\rho_2 (\rho_f - \rho_1)}} \tag{1-47}$$

式中，下标 1 表示出厂标定时所用流体，下标 2 表示实际工作流体。对于气体，因转子材质的密度 ρ_f 比任何气体的密度要大得多，式（1-47）可简化为

$$\frac{V_{s2}}{V_{s1}} \approx \sqrt{\frac{\rho_1}{\rho_2}} \tag{1-47a}$$

必须注意：上述换算公式是假定 C_R 不变的情况下推出的，当使用条件与标定条件相差较大时，则需重新实际标定刻度与流量的关系曲线。

由式（1-46）可知，通常 V_f、ρ_f、A_f、ρ 与 C_R 为定值，则 V_s 正比于 A_R。转子流量计的最大可测流量与最小可测流量之比为

$$\frac{V_{s\ max}}{V_{s\ min}} = \frac{A_{Rmax}}{A_{Rmin}} \tag{1-48}$$

在实际使用时如流量计不符合具体测量范围的要求，可以更换或车削转子。对同一玻璃管，转子截面积 A_f 小，环隙面积 A_R 则大，最大可测流量大而比值 $V_{s\max}/V_{s\min}$ 较小，反之则相反。但 A_f 不能过大，否则流体中杂质易于将转子卡住。

转子流量计的优点：能量损失小，读数方便，测量范围宽，能用于腐蚀性流体；其缺点：玻璃管易碎，且不耐高温、高压，安装时必须保持垂直并需安装支路以便于检修。

扫码"练一练"

第二章　流体输送机械

由伯努利方程可知，在无外功加入的情况下，流体只能从高能状态向低能状态流动，如流体从高处流往低处，从高压处流往低压处等。但在实际生产中，经常需要将流体由低能位向高能位输送，这就需要向流体提供一定的外加能量，以克服流动阻力及提供输送过程所需的能量。向流体提供能量的机械装置称为输送机械。

用以输送液体的机械通称为泵；用以输送气体的机械则按不同的情况分别称为通风机、鼓风机、压缩机和真空泵等。

制药生产中输送的流体种类很多。流体的性质如腐蚀性、毒性、易燃易爆性等千差万别；流体的操作条件如温度、压力等也相差很大；流体的输送量及所需提供的能量要求也不同。为适应各种不同情况下对流体输送的要求，需要不同结构和特性的流体输送机械。

流体输送机械按其工作原理分为以下几种。

1. 动力式（叶轮式）　包括离心式、轴流式输送机械，它们是以高速旋转的叶轮使流体获得能量的。

2. 容积式（正位移式）　包括往复式、旋转式输送机械，它们是利用活塞或转子在泵腔内作往复运动或回转运动，使工作容积交替增大和减小以实现液体吸入和排出。作往复运动的容积式泵称为往复泵，作回转运动的称为旋转泵。

3. 其他类型　指不属于上述两类的其他形式，如喷射式等。

第一节　液体输送机械

扫码"学一学"

一、离心泵

（一）离心泵的工作原理和主要部件

1. 离心泵的工作原理　图 2-1 是离心泵的装置图。其基本部件是旋转的叶轮和固定的泵壳。叶轮与泵轴相连，叶轮上有若干弯曲的叶片。泵轴由外界的动力带动时，叶轮便在泵壳内旋转。液体由入口沿轴向垂直地进入叶轮中央，在叶片之间通过而进入泵壳，最后从泵的切线出口排出。

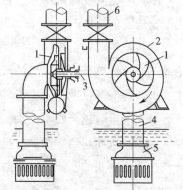

离心泵在启动前，首先将泵壳内灌满所输送的液体。启动后，叶轮由电机驱动作高速旋转运动（1000～3000r/min），迫使叶片间的液体也随之做旋转运动。同时因离心力的作用，使液体由叶轮中心向外缘作径向运动。液体在流经叶轮的运动过程获得能量，并以高速（15～25m/s）离开叶轮外缘进入蜗形泵壳。在蜗壳内，由于流道的逐渐扩大而减速，又将部分动能转化为静压能，达到较高的压

图 2-1　离心泵装置简图
1—叶轮；2—泵壳；3—泵轴；4—吸入管；5—底阀；6—压出管；7—出口阀

力，最后沿切向流入压出管道。

叶轮内的液体被抛出后，叶轮中心处形成真空。泵的吸入管路一端与叶轮中心处相通，另一端则浸没在输送的液体内，在液面压力（常为大气压）与泵内压力（负压）的压差作用下，液体便经吸入管路进入泵内，填补了被排出液体的位置。只要叶轮不停地转动，离心泵便不断地吸入和排出液体。由此可见离心泵之所以能输送液体，主要是依靠高速旋转的叶轮所产生的离心力，故名离心泵。

离心泵若在启动前未充满液体，则泵内存在空气，由于空气密度很小，所产生的离心力也很小。吸入口处所形成的真空不足以将液体吸入泵内，虽启动离心泵，但不能输送液体，此现象称为"气缚"。所以离心泵启动前必须向壳体内灌满液体，在吸入管底部安装带滤网的底阀。底阀为止逆阀，防止启动前灌入的液体从泵内漏失。滤网防止固体物质进入泵内。此外，在离心泵的出口管路上也装一调节阀，用于开停车和调节流量。

2. 离心泵的主要部件　如图2-1所示，离心泵的主要部件有叶轮、泵壳、泵轴和轴封装置。

（1）叶轮　叶轮是离心泵的核心部件，由4~8片的叶片组成，叶片之间形成液体通道。叶轮按有无盖板分为开式、半开式和闭式三种，如图2-2所示，开式叶轮两侧都没有盖板，制造简单，清洗方便。但由于叶轮和壳体不能很好地密合，部分液体会流回吸液侧，因而效率较低。它适用于输送含杂质的悬浮液。

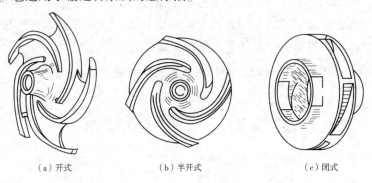

　　　　（a）开式　　　　　　　　（b）半开式　　　　　　　　（c）闭式

图2-2　叶轮的类型

半开式叶轮吸入口一侧没有前盖板，而另一侧有后盖板，它也适用于输送悬浮液。

闭式叶轮叶片两侧都有盖板，液体不易回流，这种叶轮效率较高，应用最广，但只适用于输送清洁液体。

有些叶轮的后盖板上钻有小孔，以把后盖板前后的空间连通起来，叫平衡孔。因为叶轮在工作时，离开叶轮周边的液体压力已增大，有一部分会渗到叶轮后侧，而叶轮前侧液体入口处为低压，因而产生了轴向推力，将叶轮推向泵入口一侧，引起叶轮与泵壳接触处的磨损，严重时还会发生振动。平衡孔能使一部分高压液体泄漏到低压区，减轻叶轮两侧的压力差，从而起到平衡轴向推力的作用，但也会降低泵的效率。

按吸液方式的不同，离心泵可分为单吸和双吸两种。单吸式构造简单，液体从叶轮一侧被吸入；双吸式比较复杂，液体从叶轮两侧吸入。双吸式具有较大的吸液能力，而且基本上可以消除轴向推力。

（2）泵壳　离心泵的外壳多做成蜗壳形，其内有一个截面逐渐扩大的蜗形通道。

叶轮在泵壳内顺着蜗形通道逐渐扩大的方向旋转。由于通道逐渐扩大，以高速度从叶轮四周抛出的液体可逐渐降低流速，减少能量损失，从而使部分动能有效地转化为静压能。

有的离心泵为了减少液体进入蜗壳时的碰撞，在叶轮与泵壳之间安装一固定的导轮。导轮具有很多逐渐转向的孔道，使高速液体流过时能均匀而缓慢地将动能转化为静压能，使能量损失降到最小。

（3）泵轴　位于叶轮中心且与叶轮所在平面垂直的一根轴。它由电机带动旋转，以带动叶轮旋转。

（4）轴封装置　泵轴与泵壳之间的密封称为轴封，它既要防止高压液体沿轴向外漏，又要防止外界空气反向漏入泵内低压区。常用的轴封装置有填料密封和机械密封两种。对于易燃、易爆、有毒的介质，密封要求较高，通常采用机械密封。

（二）离心泵的主要性能参数与特性曲线

1. 离心泵的主要性能参数　为了正确选择和使用离心泵，需要了解离心泵的性能。离心泵的主要性能参数为流量、扬程、轴功率和效率。

（1）流量　泵的流量又称送液能力，是指单位时间内泵所输送的液体体积。用符号 Q 表示，单位为 m^3/s、m^3/h 或 L/s、L/h。

离心泵的流量与泵的结构、尺寸（主要为叶轮直径和宽度）及转速等因素有关，此外，离心泵总是在特定的管路系统中运行，因此，离心泵的实际流量还与管路特性有关。

（2）扬程　泵的扬程又称泵的压头，是指单位重量（1N）的液体流经泵后所获得的有效能量，用符号 H 表示，单位为 m。离心泵压头的大小，取决于泵的结构（如叶轮直径的大小，叶片的弯曲情况等）、转速及流量。

扬程 H 是指泵能够提供给液体的能量，而伯努利方程式中的 H_e 是指输送液体时要求泵提供的能量。当泵在特定的管路系统中运行时 $H = H_e$。此外，应注意扬程与升扬高度的区别。升扬高度是指将液体从低处输送至高处的垂直距离，即 $\Delta Z = Z_2 - Z_1$，而扬程是指泵能够提供给液体的能量，包括了升扬高度。即

$$H = \Delta Z + \frac{\Delta p}{\rho g} + \frac{\Delta(u^2)}{2g} + H_f \qquad (2-1)$$

（3）轴功率和有效功率　轴功率指泵运转所需的功率。用 N 表示，单位为 W 或 kW。有效功率是指排放到管路的液体从叶轮所获得的功率，用 N_e 表示，单位为 W。由于泄漏、摩擦等原因，液体在泵中获得的有效功率要小于泵的轴功率。

有效功率的计算公式为

$$N_e = W_e W_s = HQ\rho g \qquad (2-2)$$

（4）效率　有效功率与轴功率之比定义为泵的效率，用 η 表示，即

$$\eta = \frac{N_e}{N} \times 100\% \qquad (2-3)$$

一般小型离心泵的效率为 50% ~ 70%，大型泵可高达 90%。

离心泵内的损失包括容积损失、水力损失和机械损失。容积损失是指叶轮出口处高压液体因机械泄漏返回叶轮入口所造成的能量损失。开式叶轮的容积损失较大，但在泵送含固体颗粒的悬浮体时，叶片通道不易堵塞。水力损失是由于实际流体在泵内有限叶片作用下各种摩擦阻力损失，包括液体与叶片和壳体的冲击而形成旋涡，由此造成的机械能损失。机械损失则包括旋转叶轮盖板外表面与液体间的摩擦以及泵轴与轴承间、泵轴与填料间的

机械摩擦所造成的能量损失。

离心泵的效率反映上述三项能量损失的总和。

由于有容积损失、水力损失与机械损失，所以泵的轴功率 N 要大于液体实际得到的有效功率。泵在运转时可能发生超负荷，所配电动机的功率应比泵的轴功率大。电动机功率的大小已附在泵样本之中。在机电产品样本中所列出的泵的轴功率，除非特殊说明以外，均系指输送清水时的数值。

2. 离心泵的特性曲线　离心泵的有效压头 H，轴功率 N 及效率 η 均与输液流量 Q 有

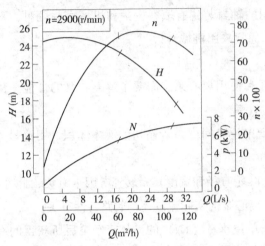

图 2 - 3　4B20 型离心水泵的特性曲线

关，这些关系一般难以定量计算，通常由实验测定。离心泵出厂前，在规定条件下测得 H、N、η 与 Q 之间的关系曲线称为离心泵的特性曲线，如图 2 - 3 所示。该曲线一般由制造商提供，列于产品样本和说明书中以供用户选用和操作时参考。

特性曲线是在固定的转速下测出的，只适用于该转速，故特性曲线图上都注明转速 n 的数值，图 2 - 3 为国产 4B20 型离心泵的特性曲线。各种型号的泵各有其特性曲线，形状基本上相同，它们都具有以下的共同点。

（1）H - Q 曲线　表示泵的压头与流量的关系。离心泵的压头一般是随流量的增大而降低。但是，这一规律对流量很小的情况可能不适用。

（2）N - Q 曲线　表示泵的轴功率与流量的关系。离心泵的轴功率随流量增大而上升，流量为零时轴功率最小。所以离心泵启动时，应关闭泵的出口阀门，使起动电流减小，保护电机。

（3）η - Q 曲线　表示泵的效率与流量的关系。从图 2 - 3 的特性曲线看出，当 $Q = 0$ 时，$\eta = 0$；随着流量的增大，泵的效率随之上升，并达到一最大值。以后流量再增大，效率就下降。说明离心泵在一定转速下有一最高效率点，称为设计点。

泵在与最高效率相对应的流量及压头下工作最经济，所以与最高效率点对应的 Q、H、N 值称为最佳工况参数。离心泵的铭牌上标出的性能参数就是指该泵在运行效率最高点时的状况参数。根据输送条件的要求，离心泵往往不可能正好在最佳工况点运转，因此，一般只能规定一个工作范围，称为泵的高效率区，通常为最高效率的 92% 左右，如图 2 - 3 中所示范围。选用离心泵时，应尽可能使泵在此范围内工作。

例 2 - 1　用 20℃ 清水测定一台离心泵的主要性能参数。实验中测得流量为 50m³/h，泵出口处压力表的读数为 $p_2 = 0.17\text{MPa}$（表压），入口处真空表的读数为 $p_1 = 0.021\text{MPa}$（真空度），轴功率为 4.07kW，电动机的转速为 2900r/min，吸入管内径 $d_1 = 100\text{mm}$，压出管内径 $d_2 = 80\text{mm}$，真空表测压点与压力表测压点的垂直距离为 0.2m，管路中的能量损失忽略不计，试计算此泵在实验点下的扬程和效率。

解：（1）泵的扬程　以真空表所在处的截面为上游截面 1 - 1′，压力表所在处的截面为下游截面 2 - 2′，基准水平面通过截面 1 - 1′ 的中心。以单位重量流体为基准，在截面 1 -

1′和截面2-2′间列伯努利方程，即

$$Z_1 + \frac{p_1}{\rho g} + \frac{u_1^2}{2g} + H = Z_2 + \frac{p_2}{\rho g} + \frac{u_2^2}{2g} + H_{f,1-2}$$

则

$$H = Z_2 - Z_1 + \frac{p_2 - p_1}{\rho g} + \frac{u_2^2 - u_1^2}{2g} + H_{f,1-2}$$

式中，$Z_2 - Z_1 = 0.2\text{m}$，$p_1 = -0.021\text{MPa} = -2.1 \times 10^4\text{Pa}$（表压），$p_2 = 0.17\text{MPa} = 1.7 \times 10^5\text{Pa}$（表压），$H_{f,1-2} = 0$，$\rho = 998.2\text{kg/m}^3$

$$u_1 = \frac{4Q}{\pi d_1^2} = \frac{4 \times 50}{3600 \times \pi \times 0.1^2} = 1.77 \quad (\text{m/s})$$

$$u_2 = \frac{4Q}{\pi d_2^2} = \frac{4 \times 50}{3600 \times \pi \times 0.08^2} = 2.76 \quad (\text{m/s})$$

所以泵的扬程为

$$H = 0.2 + \frac{1.7 \times 10^5 + 2.1 \times 10^4}{998.2 \times 9.81} + \frac{2.76^2 - 1.77^2}{2 \times 9.81} = 19.9 \quad (\text{m})$$

泵的有效功率为

$$N_e = HQ\rho g$$
$$= 19.9 \times \frac{50}{3600} \times 998.2 \times 9.81$$
$$= 2706.5\text{W} = 2.71 \quad (\text{kW})$$

泵的效率为

$$\eta = \frac{N_e}{N} \times 100\% = \frac{2.71}{4.07} \times 100\% = 66.6\%$$

（三）离心泵特性曲线的换算

制造商所提供的离心泵特性曲线通常是在常压下和一定转速下，以20℃的清水为介质而测得的。在制药生产过程中，所输送的液体是多种多样的，即使采用同一台泵输送不同的液体，由于液体物理性质的不同，泵的性能将发生改变。此外，改变泵的转速或叶轮直径，泵的性能也要发生改变。因此，在实际使用中，需要对制造商提供的特性曲线进行换算。

1. 液体物理性质的影响

（1）密度的影响　理论研究表明，离心泵的压头和流量均与液体的密度无关，有效功率和轴功率随密度的增加而增加，而效率又与密度无关。

（2）黏度的影响　所输送的液体黏度愈大，泵体内能量损失愈多。结果泵的压头、流量都要减小，效率下降，而轴功率则要增大，所以特性曲线改变。

2. 离心泵转速的影响　离心泵的特性曲线是在一定转速下测定的，对于特定的离心泵和同一种液体，当转速由 n_1 改变为 n_2，且 $\left|\dfrac{n_2 - n_1}{n_1}\right| < 20\%$ 时，泵的效率可视为不变，而流量、压头及轴功率与转速间的近似关系为

$$\frac{Q_2}{Q_1} = \frac{n_2}{n_1}, \quad \frac{H_2}{H_1} = \left(\frac{n_2}{n_1}\right)^2, \quad \frac{N_2}{N_1} = \left(\frac{n_2}{n_1}\right)^3 \tag{2-4}$$

式中，Q_1、H_1、N_1 为离心泵转速为 n_1 时的流量、扬程和轴功率；Q_2、H_2、N_2 为离心泵转速

为 n_2 时的流量、扬程和轴功率。

式（2-4）称为离心泵的比例定律。

3. 叶轮的影响

（1）叶片形状对理论压头的影响　当叶轮的速度、直径、叶片的宽度及流量一定时，离心泵的理论压头随叶片的形状而改变。叶片形状可分为三种，如图2-4所示。

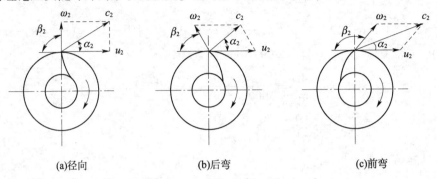

(a)径向　　　　　(b)后弯　　　　　(c)前弯

图2-4　叶片形状对理论压头的影响

在所有三种形式的叶片中，前弯叶片产生的理论压头最高。但是，理论压头包括静压能的提高和动能的提高两部分。相同流量下，前弯叶片的动能较大，而后弯叶片的动能较小。液体动能虽可经蜗壳部分转化为静压能，但在此转化过程中导致较多的能量损失。因此，为获得较高的能量利用率，离心泵总是采用后弯叶片。

（2）叶轮直径的影响　泵的制造厂或用户为了扩大离心泵的适用范围，除配有原型号的叶轮外，常备有外直径略小的叶轮，此种做法被称为离心泵叶轮切割。

对于特定的离心泵和同一种液体，当转速不变，而使叶轮直径由 D_1 减小至 D_2，且 $\dfrac{D_1-D_2}{D_1}<20\%$ 时，泵的效率可视为不变，而流量、压头及轴功率与叶轮直径之间的近似关系为

$$\frac{Q_2}{Q_1}=\frac{D_2}{D_1},\quad \frac{H_2}{H_1}=\left(\frac{D_2}{D_1}\right)^2,\quad \frac{N_2}{N_1}=\left(\frac{D_2}{D_1}\right)^3 \tag{2-5}$$

式中，Q_1、H_1、N_1 为叶轮直径为 D_1 时的流量、扬程和轴功率；Q_2、H_2、N_2 为叶轮直径为 D_2 时的流量、扬程和轴功率。

式（2-5）称为离心泵的切割定律。

（四）离心泵的安装高度

1. 气蚀现象　由离心泵的工作原理知，由于叶轮将液体从入口处的叶轮中心甩向外周，在离心泵叶轮中心（叶片入口）附近形成低压区，这一压强与泵的吸上高度密切相关。如图2-5所示，当贮液池上方压强一定时，若泵吸入口附近压强越低，则吸上高度就越高。但是吸入口的低压是有限制的，这是因为当叶片入口附近的最低压强等于或小于输送温度下液体的饱和蒸气压时，液体将在该处气化并产生气泡，它随同液体从低压区流向高压区；气泡在高压作用下迅速凝结或破裂，此时周围的液体以极高的速度冲向原气泡所占据的空间，在冲击点处产生大的

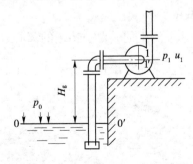

图2-5　离心泵的吸液示意图

冲击压力（几万千帕），且冲击频率（每秒数千次）极高；由于冲击作用使泵体震动并产生噪音，且叶轮和泵壳局部处在极大冲击力的反复作用下，使材料表面疲劳，从开始点蚀到形成裂缝，叶轮或泵壳受到破坏，这种现象称为气蚀现象。气蚀发生时，由于产生大量的气泡，占据了液体流道的部分空间，导致泵的流量、压头及效率下降。气蚀严重时，泵不能正常操作。因此，为了使离心泵能正常运转，应避免产生气蚀现象，这就要求叶片入口附近的最低压强必须维持在某一值以上，通常是取输送温度下液体的饱和蒸气压作为最低压强。应予指出，在实际操作中，不易确定泵内最低压强的位置，而往往以实测泵入口处的最低压强为准。

2. 离心泵的安装高度 离心泵的允许安装高度又称为允许吸上高度，是指泵的入口与吸入贮槽液面间可允许达到的最大垂直距离。显然，叶轮中心附近低压区的压强越低，离心泵的允许安装高度就越大。但即使叶轮中心处达到绝对真空，吸液高度也不会超过相当于当时当地大气压的液柱高度，且由于存在气蚀现象，这种情况也是不允许出现的。

为保证离心泵能正常工作，避免气蚀现象的发生，泵的安装高度不能太高，以保证泵的吸入口处的压强高于输送温度下液体的饱和蒸汽压。

如图 2-5 所示，设液面压强为 p_0，泵入口压强为 p_1，吸入管路中液体的流速为 u_1，液体流经吸入管路的压头损失为 $H_{f,0-1}$，以贮槽液面为上游截面 0-0′，泵入口截面为下游截面 1-1′，并以截面 0-0′ 为基准水平面。以单位重量流体为基准，在截面 0-0′ 与截面 1-1′ 间列伯努利方程，则有

$$Z_0 + \frac{u_0^2}{2g} + \frac{p_0}{\rho g} = Z_1 + \frac{u_1^2}{2g} + \frac{p_1}{\rho g} + H_{f,0-1} \qquad (2-6)$$

式中，$u_0 = 0$，$H_g = Z_1 - Z_0$，则

$$H_g = \frac{p_0 - p_1}{\rho g} - \frac{u_1^2}{2g} - H_{f,0-1} \qquad (2-7)$$

我国的离心泵规格中，采用两种指标对泵的允许安装高度加以限制，以免发生气蚀，现将这两种指标介绍如下。

（1）允许吸上真空度 指泵入口处压力 p_1 可允许达到的最高真空度，以 H_s 表示。

对于敞口贮槽，p_0 即为大气压强 p_a，则式（2-7）可改写成：

$$H_g = \frac{p_a - p_1}{\rho g} - \frac{u_1^2}{2g} - H_{f,0-1} \qquad (2-8)$$

为确定离心泵的允许安装高度，式（2-8）中的 p_1 应为泵入口处不发生气蚀现象的最低绝对压强，而 $\frac{p_a - p_1}{\rho g}$ 则是以被输送液体的液柱高度表示的真空度，常称为离心泵在操作条件下的允许吸上真空度，即

$$H_s = \frac{p_a - p_1}{\rho g} \qquad (2-9)$$

代入式（2-8）得

$$H_g = H_s - \frac{u_1^2}{2g} - H_{f,0-1} \qquad (2-10)$$

显然，允许吸上真空度 H_s 的值越大，泵在特定操作条件下的抗气蚀性能就越好，泵的允许安装高度 H_g 的值就越大。H_s 与泵的结构、流量、被输送液体的物理性质及当地大气压

等因素有关，通常由泵的制造工厂实验测定。实验值列在泵样本或说明书的性能表上，有时在一些泵的特性曲线上也画出 $H_s \sim Q$ 曲线，H_s 随 Q 增大而减小，因此在确定离心泵安装高度时，应使用泵最大流量下的 H_s 来进行计算。

由式（2-10）可知，为了提高泵的允许安装高度，应该尽量减小 $u_1^2/2g$ 和 $H_{f,0-1}$。为了减小 $u_1^2/2g$，在同一流量下，应选用直径稍大的吸入管路，为了减小 $H_{f,0-1}$，应尽量减少阻力元件如弯头、截止阀等，还应尽可能地缩短吸入管路的长度。

由于每台泵使用条件不同，吸入管路的布置情况也各异，故 $u_1^2/2g$ 和 $H_{f,0-1}$ 值也不同。泵制造厂只能给出 H_s 值，而 H_g 值需根据管路的具体情况通过计算确定。

在泵样本或说明书中给出的 H_s 是指大气压为 9.807×10^4 Pa，水温为 $20℃$ 下的实验数值，如果泵的使用条件与该状态不同时，则应把样本上给出的 H_s 值换算成操作条件下的 H_s' 值，其换算公式为：

$$H_s' = \left[H_s + (H_a - 10) - \left(\frac{p_v}{9.81 \times 1000} - 0.24 \right) \right] \frac{1000}{\rho} \qquad (2-11)$$

式中，H_s' 为操作条件下输送液体时的允许吸上真空度，mH_2O；H_s 为泵样本中给出的允许吸上真空度，mH_2O；H_a 为泵安装处的大气压力，mH_2O。随海拔高度不同而不同；p_v 为操作温度下被输送液体的饱和蒸气压，Pa；10 为实验条件下的大气压，mH_2O；0.24 为实验温度（$20℃$）下水的饱和蒸气压，mH_2O；1000 为实验温度下水的密度，kg/m^3；ρ 为操作温度下液体的密度，kg/m^3。

将 H_s' 代入式（2-10）代替 H_s，便可求出在操作条件下输送液体时泵的允许安装高度。

不同海拔高度的大气压如表 2-1 所示，$1mH_2O$ 相应为 9.807×10^3 Pa。

表 2-1　不同海拔高度的大气压力

海拔高度（m）	0	100	200	300	400	500	600	700	800	1000	1500	2000	2500
大气压力（mH_2O）	10.33	10.20	10.09	9.95	9.85	9.74	9.6	9.5	9.36	9.16	8.64	8.15	7.62

泵工作点处的大气压与海拔高度有关。海拔高度越高，大气压力就越低，泵的允许吸上真空度就越小。

液体的饱和蒸气压与温度有关。被输送液体的温度越高，所对应的饱和蒸气压就越高，泵的允许吸上真空度就越小。

（2）气蚀余量　由以上讨论可知，离心泵的允许吸上真空度随输送液体的性质和温度以及泵安装地区的大气压强而变，使用时不太方便。通常采用另一个抗气蚀性能的参数，即允许气蚀余量，以 Δh 表示。其值可在离心泵的性能表中查得。

允许气蚀余量 Δh 是指离心泵入口处，液体的静压头 $\frac{p_1}{\rho g}$ 与动压头 $\frac{u_1^2}{2g}$ 之和大于液体在操作温度下的饱和蒸汽压头 $\frac{p_v}{\rho g}$ 的某一最小指定值，即

$$\Delta h = \left(\frac{p_1}{\rho g} + \frac{u_1^2}{2g} \right) - \frac{p_v}{\rho g} \qquad (2-12)$$

式中，p_v 为操作温度下液体的饱和蒸气压，Pa；Δh 为离心泵的允许气蚀余量，mH_2O。

由式（2-7）和式（2-12）得出气蚀余量与允许安装高度之间的关系

$$H_g = \frac{p_0}{\rho g} - \frac{p_v}{\rho g} - \Delta h - H_{f,0-1} \qquad (2-13)$$

式中，p_0 为液面上方的压力，若液位槽为敞口，则 $p_0 = p_a$。

Δh 随 Q 增大而增大。因此计算允许安装高度时应取高流量下的 Δh 值。应当说明，泵性能表所列的 Δh 值也是按输送 20℃ 的清水测定出来的，当输送其他液体时应乘以校正系数予以校正。但因一般校正系数小于1，故把它作为外加的安全因数，不再校正。

根据泵性能表上所列的是允许吸上真空度 H_s，或是允许气蚀余量 Δh，相应地选用式（2-10）或式（2-13）以计算离心泵的允许安装高度。通常为安全起见，离心泵的实际安装高度一般应比允许安装高度小 $0.5 \sim 1\text{m}$。

例 2-2　选用某台离心泵，从样本上查得其允许吸上真空度 $H_s = 7.5\text{m}$，已知吸入管的压头损失为 $1\text{mH}_2\text{O}$，泵入口处动压头为 $0.2\text{mH}_2\text{O}$，夏季平均水温为 40℃，问该泵安装在离水面 5m 高处是否合适？泵安装地区的大气压为 $9.81 \times 10^4 \text{Pa}$。

解： 实际操作中的水温与实验条件不同，需校正

当水温为 40℃ 时　　$p_v = 7375\text{Pa}$，$\rho = 992.9\text{kg/m}^3$

$$H_s' = \left[H_s + (H_a - 10) - \left(\frac{p_v}{9.81 \times 1000} - 0.24 \right) \right] \frac{1000}{\rho}$$

$$= \left[7.5 + \left(\frac{9.81 \times 10^4}{9.81 \times 1000} - 10 \right) - \left(\frac{7375}{9.81 \times 1000} - 0.24 \right) \right] \frac{1000}{992.9}$$

$$= 7.07 \ (\text{m})$$

泵的允许安装高度为

$$H_g = H_s' - \frac{u_1^2}{2g} - \Sigma H_{f0-1}$$

$$= 7.07 - 0.2 - 1$$

$$= 5.87\text{m} > 5\text{m}$$

故泵安装在离水面 5m 处合适。

（五）离心泵的工作点、流量调节及组合

在泵的叶轮转速一定时，一台泵在具体操作条件下所提供的液体流量和压头可用 $H \sim Q$ 特性曲线上的一点来表示。至于这一点的具体位置，应视泵前后的管路情况而定。讨论泵的工作情况，不应脱离管路的具体情况。

1. 管路的特性曲线　如图 2-6 所示，若贮槽和高位槽的液面维持恒定，在截面 1-1′ 和截面 2-2′ 之间列伯努利方程，则有

$$H_e = \Delta z + \frac{\Delta p}{\rho g} + \frac{\Delta u^2}{2g} + H_{f,1-2} \qquad (2-14)$$

式（2-14）中的 H_e 的意义为要使液体在该管路中流动，由管路所要求的外界（即泵）对单位重量液体施加的能量。对于特定的管路系统，在输液高度和压力不变的情况下，$\Delta z + \frac{\Delta p}{\rho g}$ 为定值，用 K 表示。

与管道截面相比，贮槽和高位槽截面均为大截面，其流速可忽略不计，即 $\frac{\Delta u^2}{2g} \approx 0$。

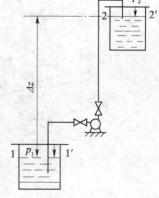

图 2-6　输送系统示意图

故式 (2-14) 可简化为

$$H_e = K + H_{f,1-2} \qquad (2-15)$$

设该管路所有的管径相同，均为 d，则

$$H_f = \lambda \left(\frac{l + \sum l_e}{d} + \xi_c + \xi_e \right) \frac{u^2}{2g} = \lambda \left(\frac{l + \sum l_e}{d} + \xi_c + \xi_e \right) \left(\frac{Q_e}{\frac{\pi}{4} d^2} \right)^2 \frac{1}{2g} \qquad (2-16)$$

式中，Q_e 为管路系统的输送量，m^3/s。

对于某一特定管路，式 (2-17) 除 λ 和 Q_e 外，其他各量均为定值。而 λ 为 $f(R_e, \varepsilon/d)$ 的函数，对一定管路，除 u 外其他各量也为常数，故 λ 也仅取决于 Q_e，故式 (2-16) 可表示为

$$H_f = K + f(Q_e) \qquad (2-17)$$

当流动进入阻力平方区时，λ 为常数，式 (2-17) 可表示为

$$H_e = K + BQ_e^2 \qquad (2-18)$$

式中，$B = \lambda \left(\frac{l + \sum l_e}{d} + \xi_c + \xi_e \right) \left(\frac{4}{\pi d^2} \right)^2 \frac{1}{2g}$，为常数。

式 (2-18) 称为管路特性方程，表示在特定管路系统中，在固定的操作条件下，流体流经该管路时所需的压头与流量之间的关系。若将此关系标绘在直角坐标系纸上，即得管路特性曲线。

2. 离心泵的工作点 离心泵在特定的管路中工作时，泵的输液量 Q 即为管路的流量 Q_e，在该流量下泵提供的压头必恰等于管路所要求的压头。因此，泵的实际工作情况是由泵特性曲线和管路特性曲线共同决定的。

若将离心泵特性曲线 $H \sim Q$ 与其所在管路特性曲线 $H_e \sim Q_e$ 绘于同一坐标纸上，如图 2-7 所示，此两线交点 M 称为泵的工作点。对所选定的离心泵在此特定管路系统运转时，只能在这一点工作。选泵时，要求工作点所对应的流量和压头既能满足管路系统的要求，又正好是离心泵所提供的，即 $Q = Q_e$，$H = H_e$。如果该点所对应效率是在最高效率区，则该工作点是适宜的。

3. 离心泵的流量调节 如果工作点的流量大于或小于所需要的输送量，应设法改变工作点的位置，即进行流量调节。

(1) 改变阀门的开度 改变离心泵出口管线上的阀门开关，实质是改变管路特性曲线。当阀门关小时，管路的局部阻力加大，管路特性曲线变陡，如图 2-8 中曲线 1 所示，工作点由 M 移至 M_1，流量由 Q_M 减小到 Q_{M_1}。当阀门开大时，管路阻力减小，管路特性曲线变得平坦一些，如图中曲线 2 所示，工作点移至 M_2，流量加大到 Q_{M_2}。

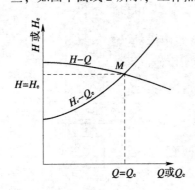
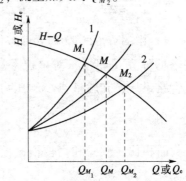

图 2-7 管路特性曲线与泵的工作点　　　图 2-8 改变阀门开度调节流量示意图

用阀门调节流量迅速方便，且流量可以连续变化，适合制药连续生产的特点。所以应用十分广泛。缺点是阀门关小时，阻力损失加大，能量消耗增多。

（2）改变泵的特性曲线　对于特定的离心泵，改变转速和叶轮直径均可改变泵的特性曲线，从而使泵的流量发生变化，此法的优点是不增加流动阻力。

改变叶轮直径不如改变转速方便，如直径改变不当会使泵和电机的效率下降，且可调节的范围不大，故制药生产中很少采用。

如图2-9所示，泵原来转数为n，工作点为M，若把泵的转速提高到n_1，泵的特性曲线$H \sim Q$往上移，工作点由M移至M_1，流量由Q_M加大到Q_{M_1}。若把泵的转速降至n_2，工作点移至M_2，流量降至Q_{M_2}。

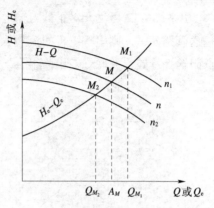

这种调节方法能保持管路特性曲线不变。当流量随转速下降而减小时，阻力损失也相应降低，此调节方法从经济上考虑比较合理。但需要变速装置或价格昂贵的变速原动机，且难以做到连续调节流量，故制药生产中也很少采用。

图2-9　改变转速调节流量示意图

4. 离心泵的组合操作　在实际工作中，当单台离心泵不能满足输送任务的要求时，有时可将泵并联或串联使用。这里仅讨论两台性能相同的泵并联及串联的操作情况。

（1）并联操作　当一台泵的流量不够时，可以用两台泵并联操作，以增大流量。

设将两台型号相同的离心泵并联操作，且各自的吸入管路相同，则两泵的流量和压头必各自相同，在同一压头下，两台并联泵的流量等于单台泵的两倍。于是，如图2-10所示依据单台泵性能曲线1上的一系列坐标点，保持其纵坐标H不变，使横坐标加倍，由此得到一系列对应的坐标点，将这些点连接起来即可绘得两台泵并联操作后的特性曲线2。

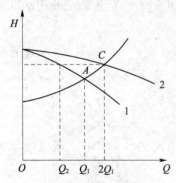

图2-10　离心泵的并联操作

并联泵的操作流量和压头可由合成特性曲线与管路特性曲线的交点来决定。由图2-10可见，两台泵并联操作后的压头$H_并$要高于单台泵操作时的压头$H_单$，流量$Q_并$要大于单台泵操作时的流量$Q_单$，但达不到单台泵流量的两倍。显然，管路特性曲线越平缓（管路阻力越小），并联后的流量$Q_并$就越接近于$Q_单$的两倍。

（2）串联操作　生产厂需要利用原有泵提高泵的压头时，可以考虑将泵串联使用。

将两台型号相同的泵串联操作，则每台泵的流量和压头也是各自相同的，因此在同一流量下，两台串联泵的压头为单台泵的两倍。于是，如图2-11所示，据单台泵特性曲线1上一系列坐标点，保持其横坐标Q不变。使纵坐标H加倍，由此得到一系列对应点即可绘出两台泵串联操作后的合成特性曲线2。

同样，串联泵的工作点也由管路特性曲线与泵的合成特性曲线的交点来决定。由图2-11可见，两台泵串联操作后的流量$Q_串$要高于单台泵操作时的流量$Q_单$，压头$H_串$要高于单台泵操作时的压头 $H_单$，但达不到 $H_单$ 的两倍。显然，管路特性曲线越陡峭（管路阻力越大），串联后的压头 $H_串$ 就越接近于 $H_单$ 的两倍。

（3）组合方式的选择　如果管路两端 $\left(\Delta Z + \dfrac{\Delta p}{\rho g}\right)$ 值大于单泵所能提供的最大压头，则必须采用串联组合方式。

在许多情况下，单泵可以输液，只是流量达不到指定要求。此时可针对管路的特性选择适当的组合方式，以增大流量。

由图 2 - 12 可见，对于低阻输送管路 a，并联组合输送的流量大于串联组合；而在高阻输送管路 b 中，则串联组合的流量大于并联组合。对于压头也有类似的情况。因此，对于低阻输送管路，并联优于串联组合；对于高阻输送管路，则采用串联组合更为适合。

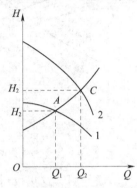 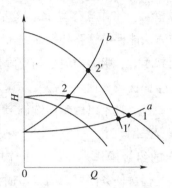

图 2 - 11　离心泵的串联操作　　　　图 2 - 12　组合方式的选择

（六）离心泵的类型与选用

1. 离心泵的类型　离心泵的种类很多，制药生产中常用离心泵有清水泵、耐腐蚀泵、油泵、液下泵、屏蔽泵、杂质泵、管道泵和低温用泵等。以下仅对几种主要类型作简要介绍。

（1）清水泵　清水泵是应用最广的离心泵，在制药生产中用来输送各种工业用水以及物理、化学性质类似于水的其他液体。

最普通的清水泵是单级单吸式，其系列代号为"IS"（原 B 型），如 IS80 - 65 - 160A 型水泵，"IS"是单级单吸清水离心泵的国际标准代号；"80"表示泵吸入口直径为 80mm；"65"表示泵排出口直径为 65mm；"160"表示叶轮名义直径为 160mm；"A"表示叶轮第一次切割。

这种泵的泵体和泵盖都是用铸铁制成的。全系列扬程范围为 5 ~ 125m，流量范围为 6.3 ~ 400m³/h。

如果要求压头较高，可采用多级离心泵，其系列代号为"D"。如要求的流量很大，可采用双吸式离心泵，其系列代号为"Sh"。

（2）耐腐蚀泵　输送酸碱和浓氨水等腐蚀性液体时，必须用耐腐蚀泵。耐腐蚀泵中所有与腐蚀性液体接触的各种部件都须用耐腐蚀材料制造，如灰口铸铁、高硅铸铁、镍铬合金钢、聚四氟乙烯塑料等。其系列代号为"F"。但是用玻璃、橡胶、陶瓷等材料制造的耐腐蚀泵，多为小型泵，不属于"F"系列。

（3）油泵　输送石油产品的泵称为油泵。因油品易燃易爆，因此要求油泵必须有良好的密封性能。输送高温油品（200℃以上）的热油泵还应具有良好的冷却措施，其轴承和轴封装置都带有冷却水夹套，运转时通冷水冷却。其系列代号为"Y"，双吸式为"YS"。

（4）屏蔽泵 屏蔽泵是一种无泄漏泵，它的叶轮和电机联为一整体并密封在同一泵壳内，不需要轴封装置。

近年来屏蔽泵发展很快，在制药生产中常用以输送易燃、易爆、剧毒及具有放射性的液体。其缺点是效率较低。

2. 离心泵的选用 离心泵的特点是送液能力大，流量均匀，但产生的压头不高，且压头随着流量的改变而变化。

（1）根据被输送液体的性质和操作条件，确定泵的类型。例如，输送清水时可选用清水泵，输送腐蚀性液体时可选用相应的耐腐蚀泵等。

（2）确定管路系统的流量 Q_e 和压头 H_e。流量根据生产任务来确定，有变化时应以生产过程中可能出现的最大流量作为 Q_e 的值。而 H_e 可根据管路系统的具体布置情况，由伯努利方程式确定。

（3）确定泵的型号。根据泵的类型及已确定的 Q_e 和 H_e，从泵样本或产品目录中选择适宜的型号。在泵样本中，各种类型的离心泵都附有系列特性曲线，以便于泵的选用。此图以 H 和 Q 标绘，图中每一小块面积，表示某型号离心泵的最佳（即效率较高）工作范围。利用此图，根据管路要求的流量 Q_e 和压头 H_e，可方便的决定泵的具体型号。有时会有几种型号的泵同时在最佳工作范围内满足流量 Q 及压头 H 的要求，这时可分别确定各泵的工作点，比较各泵在工作点的效率，择优选取。一般总是选择其中效率最高者，但也应考虑泵的价格。

（4）核算泵的轴功率，若输送液体的密度大于水的密度时，应用式（2-3）变形，核算泵的轴功率。

例 2-3 试选一台能满足 $Q_e = 100\text{m}^3/\text{h}$、$H_e = 18\text{m}$ 要求的输水泵，列出其主要性能。并求该泵在实际运行时所需的轴功率和因采用阀门调节流量而多消耗的轴功率。

解：（1）泵的型号 由于输送的是水，故选用 IS 型水泵。按 $Q_e = 100\text{m}^3/\text{h}$、$H_e = 18\text{m}$ 的要求，在附录 IS 型单级单吸离心泵性能参数表中查得，IS100-80-125 型水泵较为适宜，该泵的转速为 2900r/min，在最高效率点下的主要性能参数为

$$Q = 100\text{m}^3/\text{h}，H = 20\text{m}，N = 7.00\text{kW}，\eta = 78\%，\Delta h = 4.5\text{m}$$

（2）泵实际运行时所需的轴功率，即工作点所对应的轴功率。当该泵在 $Q = 100\text{m}^3/\text{h}$ 下运行时，所对应的功率为 $N = 7.00\text{kW}$

（3）用阀门调节流量多消耗的轴功率 当 $Q = 100\text{m}^3/\text{h}$ 时，$H = 20\text{m}$，$\eta = 78\%$。而管路系统要求的流量为 $Q_e = 100\text{m}^3/\text{h}$，压头为 $H_e = 18\text{m}$。为保证达到要求的输水量，应改变管路特性曲线，可采用泵出口管线的阀门调节流量，即关小出口阀门，增大管路的阻力损失，使管路系统所需的压头 H_e 也等于 20m。所以用阀调节流量多消耗的压头为

$$\Delta H = 20 - 18 = 2\text{m}$$

多消耗的轴功率为

$$\Delta N = \frac{\Delta H Q \rho g}{\eta} = \frac{2 \times 100 \times 1000 \times 9.81}{3600 \times 0.78} = 698.7\text{W} = 0.70\text{kW}$$

（七）离心泵的安装和运转

各种类型的泵，都有生产部门提供的安装与使用说明书可供参考。此处仅指出若干应

注意之点，并加以解释。

泵的安装高度必须低于允许值，以免出现气蚀现象或吸不上液体。为了尽量降低吸入管路的阻力，吸入管路应短而直，其直径不应小于泵入口的直径。采用大于入口的管径对降低阻力有利，但要注意不能因泵入口处变径引起气体积存而形成气囊，否则大量气体一旦吸入泵内，便导致吸不上液体，即产生气缚现象。

离心泵启动前，必须于泵内灌满液体，至泵壳顶部的小排气旋塞开启时有液体冒出为止，以保证泵内吸入管内无空气积存。离心泵应在出口阀关闭，即流量为零的条件下启动，此点对大型的泵尤其重要。电机运转正常后，再逐渐开启调节阀，至达到所需流量。停泵前亦应先关闭调节阀，以免压出管路内的液体倒流入泵内使叶轮受冲击而损坏。若停泵时间长，应将泵和管路内的液体放尽，以免锈蚀和冬季冻结。

运转过程中还要注意有无噪声，观察压力表是否正常，并定期检查泄漏情况和轴承发热情况等。

二、其他类型的泵

（一）往复泵

1. 工作原理 往复泵是利用活塞的往复运动依次开启吸入阀和排出阀，以完成液体输送任务。

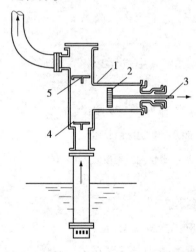

图 2 - 13 往复泵装置简图
1—泵缸；2—活塞；3—活塞杆；
4—吸入阀；5—排出阀

其结构如图 2 - 13 所示。主要部件有泵缸 1、活塞 2、活塞杆 3、吸入阀 4 和排出阀 5。往复泵的吸入和排出阀都是单向阀。在传动机构的作用下，活塞杆带动活塞在泵缸内作往复运动。当活塞由左侧向右侧移动时，泵缸内由于体积扩大，压强减小，排出阀受压而关闭，吸入阀则因受压而打开，液体被吸入泵内。当活塞从右往左移动时，缸内液体由于受到活塞的挤压而压强增高，吸入阀由于受压而关闭，排出阀则被顶开，液体被排出泵外。如此，活塞不断地往复移动，液体便间断的吸入和排出。可见，往复泵是通过活塞将外功以静压能的形式直接传给液体，这和离心泵的工作原理不同。往复泵的低压是靠工作室的扩张来造成的，所以往复泵在启动前无需向泵内灌满液体，即往复泵有自吸能力。

2. 类型 按照作用的方式可将往复泵分为单动、双动和三动往复泵。上述为单动往复泵，其活塞往复一次，只吸液、排液一次；而双动往复泵，如图 2 - 14 所示，活塞往复一次，吸液、排液各两次。

3. 性能

（1）流量 往复泵的流量仅取决于泵的几何尺寸和活塞的往复次数，而与泵的压头及管路情况无关，即无论在什么压头下工作，只要活塞往复运动一次，泵就排出一定体积的液体，所以往复泵又称为正位移泵或容积式泵。

对于单动泵，其理论流量可按下式计算

$$Q_T = A \cdot s \cdot n/60 \tag{2-19}$$

式中，Q_T，单动泵的理论流量，m^3/s；A，活塞的面积，m^2；S，活塞的冲程，m；n，活塞每分钟的往复次数；次/分。

对于双动泵，其理论流量可按下式计算

$$Q_T = (2A - a) \cdot s \cdot n / 60 \qquad (2 - 20)$$

式中，a 为活塞杆的截面积，m^2。

吸气

图 2 - 14 双动往复泵

实际操作中，由于泄露、吸入阀和排出阀启闭不及时等原因，往复泵的实际流量 Q 比 Q_T 低，通常用容积效率 η_v 来表示实际流量 Q 与理论流量 Q_T 的差别，如式（2 - 21）所示

$$Q = Q_T \eta_v \qquad (2 - 21)$$

式中，η_v 为往复泵的容积效率；一般为 0.9 ~ 0.97。

（2）压头 往复泵的压头与泵的几何尺寸无关，理论上只要泵的机械强度及原动机的功率允许，输出液体的压头可任意大，与泵的流量无关。但实际操作中，由于活塞环、轴封、吸入阀和排出阀等处的泄漏，降低了往复泵可能达到的压头。

（3）功率和效率 往复泵功率和效率的计算方法与离心泵相同。一般情况下，往复泵的效率比离心泵要高，通常为 72% ~ 93%。

4. 流量调节 离心泵可用出口阀门来调节流量，但对往复泵此法却不能采用。因为往复泵属于正位移泵，其流量与管路特性无关，安装调节阀非但不能改变流量，而且还会造成危险，一旦出口阀门完全关闭，泵缸内的压力将急剧上升，导致机件破损或电机烧毁。

（1）旁路调节 因往复泵的流量一定，通过阀门调节旁路流量，使一部分压出流体返回吸入管路，便可以达到调节主管流量的目的。

显然，这种调节方法很不经济，只适用于变化幅度较小的经常性调节。

（2）改变曲柄转速或活塞的冲程 其中改变转速需要价格较高的调速装置，故不太常用。通过改变活塞的冲程以调节流量的一个典型应用就是计量泵。

（二）计量泵

计量泵又称比例泵，从操作原理看就是往复泵。如图 2 - 15 所示，计量泵是通过偏心轮把电机的旋转运动变成柱塞的往复运动。偏心轮的偏心距可以调整，使柱塞的冲程随之改变。若单位时间内柱塞的往复次数不变时，泵的流量与柱塞的冲程成正比，所以可通过调节冲程而达到比较严格地控制和调节流量的目的。

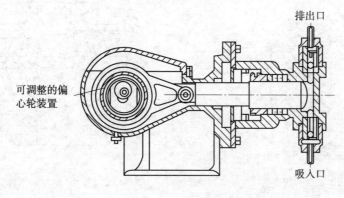

图 2 - 15 计量泵

计量泵适用于要求输液量十分准确而又便于调整的场合，如向中药厂的提取罐中输送乙醇。有时可通过用一台电机带动几台计量泵的方法，使每股液体流量稳定，且各股液体量的比例也固定。

（三）隔膜泵

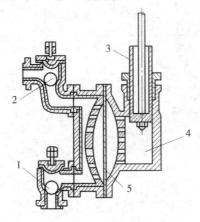

图 2-16 隔膜泵

1—吸入活门；2—压出活门；3—活柱；
4—水（或油）缸；5—隔膜

隔膜泵实际上就是活柱往复泵，系借弹性薄膜将活柱与被输送的液体隔开，这样当输送腐蚀性液体或悬浮液时，可不使活柱和缸体受到损伤。隔膜系采用耐腐蚀橡皮或弹性金属薄片制成。图 2-16 中隔膜左侧所有和液体接触的部分均由耐腐蚀材料制成或涂有耐腐蚀物质；隔膜右侧则充满油或水。当活柱作往复运动时，迫使隔膜交替地向两边弯曲，将液体吸入和排出。在工业生产中，隔膜泵主要用于输送腐蚀性液体、带固体颗粒的液体以及高黏度、易挥发、剧毒的液体。

（四）旋转式

旋转泵亦为正位移泵，靠泵内一个或一个以上转子的旋转来吸入和排出液体，因而又称为转子泵。现介绍两种常用的旋转泵。

1. 齿轮泵 齿轮泵主要是由椭圆形泵壳和两个齿轮组成（图 2-17）。其中一个齿轮为主动轮，由传动机构带动；另一个为从动轮，与主动轮相啮合而随之作反向旋转。当齿轮转动时，因两齿轮的齿相互分开而形成低压将液体吸入，并沿壳壁推送至排出腔。在排出腔内，两齿轮的齿互相合拢而形成高压将液体排出。如此连续进行，以完成输送液体的任务。

齿轮泵流量较小，但产生压头很高，适于输送黏度大的液体以至膏状物料，但不能用于输送含有固体颗粒的悬浮液。

2. 螺杆泵 螺杆泵主要由泵壳与一个或几个螺杆所组成。按螺杆数目可分为单螺杆泵、双螺杆泵、三螺杆泵和五螺杆泵。

单螺杆泵是靠螺杆在具有内螺纹泵壳中偏心转动，将液体沿轴向推进，从吸入口吸入至压出口排出。多螺杆泵则依靠螺杆间相互啮合的容积变化来输送液体。如图 2-18 为双螺杆泵示意图。

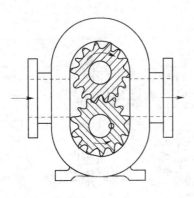

图 2-17 齿轮泵

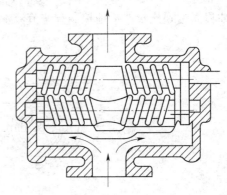

图 2-18 双螺杆泵

螺杆泵的效率较齿轮泵高，运转时无噪声、无振动，流量均匀，特别适用于高黏度液体的输送，并可以输送带颗粒的悬浮液。

（五）旋涡泵

旋涡泵是一种特殊类型的离心泵，如图 2 - 19 所示。泵壳是正圆形，吸入口和排出口均在泵壳的顶部。泵体内的叶轮是一个圆盘，四周铣有凹槽，成辐射状排列，构成叶片。叶轮和泵壳之间有一定间隙，形成了流道。吸入管接头与排出管接头之间有隔板隔开。

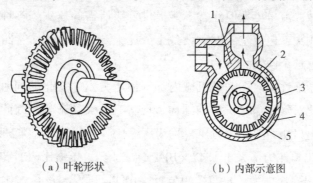

（a）叶轮形状　　　　　（b）内部示意图

图 2 - 19　双螺杆泵

1—隔板；2—叶轮；3—叶片；4—泵壳；5—流道

泵体内充满液体后，当叶轮旋转时，由于离心力作用，将叶片凹槽中的液体以一定的速度甩向流道，在截面积较宽的流道内，液体流速减慢，一部分动能变为静压能。与此同时，叶片凹槽内侧因液体被甩出而形成低压，因而流道内压力较高的液体又可重新进入叶片凹槽再度受离心力的作用继续增大压力。这样，液体由吸入口吸入，多次通过叶片凹槽和流道间的反复旋涡形运动，到达出口时，可获得较高的压头。

旋涡泵在开动前也要灌满液体。旋涡泵在流量减小时压头增加，功率也增加，所以旋涡在开动前不要将出口阀关闭，采用旁路回流调节流量。

旋涡泵的流量小、压头高、体积小、结构简单。它在制药生产中应用十分广泛，适宜于流量小、压头高及黏度不高的液体。旋涡泵的效率一般不超过40%。

以上所介绍的泵类中，以离心泵应用最广，优点是结构简单、紧凑，可用各种材料制造，流量大而均匀，易于调节，能输送腐蚀性及有悬浮物的液体。缺点是扬程一般不高，没有自吸能力，效率不太高，通常为60%～80%。

往复泵的优点是扬程高，流量固定，效率较高，一般为70%～93%。但其结构比较复杂，需要传动机构，通常流量不大且不均匀，因而只宜于高扬程的场合。

旋转泵的流量恒定而均匀，扬程较高，效率一般为60%～90%。但流量小，制造精度要求高。适于高扬程小流量的场合，且宜于输送黏度大的液体。

旋涡泵的结构简单、紧凑、流量均匀且扬程较高。缺点是加工精度要求高，流量小，效率低，一般为25%～50%。适于小流量、高扬程的情况，但不能输送含有团体颗粒的悬浮液。选择泵既要尽量满足主要工艺条件的要求，又要结合具体情况。

第二节　气体输送机械

气体输送机械的结构和原理与液体输送机械大体相同。但是气体具有可压缩性和比液体小得多的密度，从而使气体输送具有某些不同于液体输送的特点。

扫码"学一学"

对一定的质量流量,气体由于密度很小,其体积流量很大。因此,气体输送管路中的流速要比液体输送管路的流速大得多。液体在管路中的经济流速为 1 ~ 3m/s,而气体为 15 ~ 25m/s,约为液体的 10 倍。若输送同样的质量流量,经相同管长后气体的阻力损失约为液体阻力损失的 10 倍。

流量大、压头高的液体输送是比较困难的。对于气体输送,这一问题尤其突出。

离心式输送机械,流量虽大但经常不能提供管路所需的压头。各种正位移式输送机械虽可提供所需的高压头,但流量大时,设备十分庞大。因此在气体管路设计或工艺条件的选择中,应特别注意这个问题。

气体因具有可压缩性,故在输送机械内部气体压力发生变化的同时,体积及温度也将随之变化。这些变化对气体输送机械的结构、形状有很大的影响。因此气体输送机械根据它所能产生的进、出口压力差和压力比(称为压缩比)进行如下分类,以便于选择。

(1) 通风机 出口压力不大于 1.47×10^4 Pa(表压),压缩比为 1 ~ 1.15。

(2) 鼓风机 出口压力为 $(1.47 \sim 29.4) \times 10^4$ Pa(表压),压缩比小于 4。

(3) 压缩机 出口压力为 2.94×10^4 Pa(表压)以上,压缩比大于 4。

(4) 真空泵 用于减压,出口压力为 1 大气压,其压缩比由真空度决定。

此外,气体输送机械按其结构与工作原理又可分为离心式、往复式、旋转式和流体作用式。

一、通风机

通风机主要有离心式和轴流式两种类型。轴流式的通风机所产生的风压很小,只作通风换气之用,离心式通风机使用广泛。

(一) 轴流式通风机

轴流式通风机的结构与风扇一样,轴流式通风机排送量大,所产生的风压甚小,一般只用来通风换气,而不用来输送气体。制药生产中,在空气冷却器和冷却水塔的通风方面,广泛应用轴流式通风机。

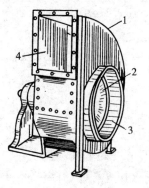

图 2 - 20 离心通风机及叶轮

1—机壳;2—叶轮;3—吸入口;4—排出口

(二) 离心式通风机

1. 离心通风机的分类 离心通风机的结构(图 2 - 20)和工作原理与离心泵相似,依靠叶轮的旋转使气体获得能量,从而提高了压力。通风机都是单级的,所产生的表压低于 1.47×10^4 Pa,对气体起输送作用。鼓风机和压缩机都是多级的,两者对气体都有较显著的压缩作用。

离心通风机的工作原理与离心泵相似。按所产生的风压不同,可分为

(1) 低压离心通风机 出口风压 $< 9.807 \times 10^2$ Pa。

(2) 中压离心通风机 出口风压为 $(9.807 \times 10^2 \sim 2.942 \times 10^3)$ Pa。

(3) 高压离心通风机 出口风压为 $(2.942 \times 10^3 \sim 1.47 \times 10^4)$ Pa。

为适应输送量大和压头高的要求,通风机叶轮直径一般是比较大的,叶片的数目比较

多且长度较短。低压通风机的叶片常是平直的，与轴心成辐射状安装。中、高压通风机的叶片是弯曲的。它的机壳也是蜗牛形，但机壳断面有方形和圆形两种。一般低、中压通风机多是方形，高压多为圆形。

2. 离心通风机的性能 离心通风机的主要性能参数有流量（风量）、压头（风压）、轴功率和效率。与离心泵相似，其中风压、轴功率、效率亦与风量呈一定关系，并可绘制成曲线，称为离心通风机的特性曲线。现将各性能参数介绍如下。

（1）风量 风量即流量，指单位时间内由风机出口排出的气体体积（以风机进口处的气体状态计算），以 Q 表示，单位为 m^3/s、m^3/h 或 L/s、L/h。

（2）全风压 为单位体积的气体流过风机时所获得的总机械能，以 H_T 表示，单位为 J/m^3，即 Pa。

气体流经通风机时的压强变化较小，可近似按不可压缩流体处理。现以风机进口外侧截面为上游截面 $1-1'$，出口截面内侧为下游截面 $2-2'$，在截面 $1-1'$ 与截面 $2-2'$ 间，以单位体积流体为基准列伯努利方程得

$$H_T = \rho g\ (z_2 - z_1)\ + \ (p_2 - p_1)\ + \frac{\rho\ (u_2^2 - u_1^2)}{2} + \rho \sum h_{f,1-2} \tag{2-22}$$

由于气体密度 ρ 及上、下游截面之间的位差 $(z_2 - z_1)$ 的值均很小，故 $(z_2 - z_1)\ \rho g$ 可以忽略；而风机进出口管路很短，故 $\rho \sum h_{f,1-2}$ 亦可忽略不计；又截面 $1-1'$ 位于风机进口外侧，故，$u_1 = 0$，因此式（2-22）可简化为

$$H_T = \ (p_2 - p_1)\ + \frac{\rho u_2^2}{2} \tag{2-23}$$

式中，$(p_2 - p_1)$ 称为静风压，以 H_{st} 表示；$\frac{\rho u_2^2}{2}$ 称为动风压。而静风压与动风压之和称为全风压。由于风机性能表上所列出的风压是空气在 $20℃$、$1.013 \times 10^5\,Pa$ 下的实验值，因此，当实际操作条件与该条件不同时，应按下式将操作条件下的风压 H_T 换算成实验条件下的风压 H_{T0}，然后按 H_{T0} 的值来选择风机。

$$H_{T0} = H_T \frac{\rho_0}{\rho} = H_T \frac{1.2}{\rho} \tag{2-24}$$

式中，H_{T0} 为实验条件下的全风压，Pa；H_T 为操作条件下的全风压，Pa；ρ_0 为实验条件下的空气密度，可取 $1.2kg/m^3$；ρ 为操作条件下的空气密度，kg/m^3。

（3）轴功率与效率 离心式通风机的轴功率可用下式计算

$$N = \frac{H_T Q}{\eta} \tag{2-25}$$

式中，N 为轴功率，W；H_T 为全风压，Pa；Q 为风量，m^3/s；η 为效率或全压效率，无因次。

二、鼓风机

制药厂中常用的鼓风机有旋转式和离心式两种类型。

（一）旋转鼓风机

旋转鼓风机的类型很多，罗茨鼓风机是其中应用最广泛的一种。其工作原理与齿轮泵相似。如图 2-21 所示，机壳内有两个特殊形状的转子，常为腰形或三星形，两转子之间、

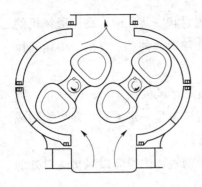

图 2 – 21　罗茨鼓风机

转子与机壳之间缝隙很小，使转子能自由转动而无过多的泄漏。两转子的旋转方向相反，可使气体从机壳一侧吸入，而从另一侧排出。如改变转子的旋转方向时，则吸入口与排出口互换。

罗茨鼓风机的风量和转速成正比，而且几乎不受出口压力变化的影响。罗茨鼓风机转速一定时，风量可保持大体不变，故称为定容式鼓风机。这一类型鼓风机的输气量范围是 2 ~ 500 m³/min，出口表压力在 0.08MPa 以内，但在表压力为 0.04MPa 附近效率较高。

罗茨鼓风机的出口应安装气体稳压罐，并配置安全阀。一般采用回流支路调节流量，出口阀不能完全关闭。操作温度不能超过 85℃，否则引起转子受热膨胀，发生碰撞。

（二）离心鼓风机

离心鼓风机又称透平鼓风机，工作原理与离心通风机相同。但离心式鼓风机的终压较高，所以都是多级的，其结构类似多级离心泵。气体由吸气口进入后，经过第一级的叶轮和导轮，然后转入第二级叶轮入口。再依次通过以后所有的叶轮和导轮，最后由排出口排出。

离心鼓风机送气量大，但所产生风压仍不高，出口表压力一般不超过 2.94×10^4 Pa。由于气体的压缩比不高，故无需冷却装置，各级叶轮的直径也大体上相等。

三、压缩机

（一）往复压缩机

往复压缩机的基本结构和工作原理与往复泵相似。但因为气体的密度小，可压缩，故压缩机的吸入和排出活门必须更加灵巧和精密；为移除压缩放出的热量以降低气体的温度，必须附设冷却装置。

图 2 – 22 为单作用往复压缩机的工作原理示意图。当活塞运动至气缸的最左端（图中 A 点）压出行程结束。但因为机械结构上的原因，虽活塞已达行程的最左端，气缸左侧还有一些容积，称为余隙容积。由于余隙的存在，吸入行程开始阶段为余隙内压力 p_2 的高压气体膨胀过程，直至气压降至吸入气压 p_1（图中 B 点）时，吸入活门才开启，压力为 p_1 的气体被吸入缸内。在整个

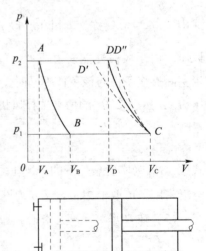

图 2 – 22　往复压缩机的工作原理

吸气过程中，压力 p_1 基本保持不变，直至活塞移至最右端（图中 C 点），吸入行程结束。当压缩行程开始，吸入活门关闭，缸内气体被压缩。当缸内气体的压力增大到稍高于 p_2（图中 D 点），排出活门开启，气体从缸体排出，直至活塞移至最左端，排出过程结束。

由此可见，压缩机的一个工作循环由膨胀、吸入、压缩和排出四个阶段组成的。四边形 $ABCD$ 所包围的面积，为活塞在一个工作循环中对气体所做的功。

根据气体和外界的换热情况，压缩过程可分为等温（CD''）、绝热（CD'）和多变（CD）三种情况。由图 2 – 22 可见，等温压缩消耗的功最小，因此压缩过程中希望能较好

冷却，使其接近等温压缩。实际上，等温和绝热条件都很难做到，所以压缩过程都是介于两者之间的多变过程。

压缩机在工作时，余隙内的气体无益地进行着压缩膨胀循环，不仅使吸入气体量减小，还增加动力消耗。因此，压缩机的余隙应尽量减小。

往复式压缩机的选用主要依据生产能力和排出压力（或压缩比）两个指标。生产能力用 m^3/min 表示，以吸入常压空气来测定。在实际选用时，首先根据输送气体的特殊性质，决定压缩机的类型，然后再根据生产能力和排出压力，从产品样本中选用适用的压缩机。

与往复泵一样，往复压缩机的排气量也是脉动的。为使管路内流量稳定，压缩机出口应连接气柜。气柜兼起沉降器的作用，气体中挟带的油沫和水沫在气柜中沉降，定期排放。为安全起见，气柜要安装压力表和安全阀。压缩机的吸入口需装过滤器，以免吸入灰尘杂物，造成机件的磨损。

（二）液环压缩机

液环压缩机亦称纳氏泵。如图 2 – 23 所示，由一个略似椭圆的外壳和旋转叶轮所组成，壳中盛有适量的液体。当叶轮旋转时，叶片带动液体旋转，由于离心力的作用，液体被抛向壳体，形成一层椭圆形的液环，在椭圆形长轴两端形成两个月牙形空间。当叶轮旋转一周时，月牙形空间内的小室逐渐变大和变小各两次，因此气体从两个吸入口进入机内，而从两个排出口排出。

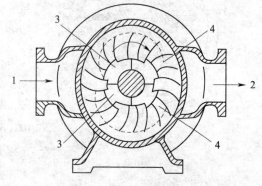

图 2 – 23 液环压缩机
1—进口；2—出口；3—吸气口；4—排气口

液环压缩机中的液体将压缩的气体与外壳隔开，气体仅与叶轮接触，因此输送腐蚀性的气体时，只需叶轮的材料抗腐蚀即可。壳内的液体应与所输送的气体不起作用，例如压送氯气时，壳内可充硫酸。

液环压缩机所产生的表压力可高达 0.5 ~ 0.6MPa，但在 0.15 ~ 0.18MPa 间效率最高。

（三）离心压缩机

离心压缩机常称为透平压缩机，主要结构、工作原理都与离心鼓风机相似。只是离心压缩机的叶轮级数更多，可在 10 级以上，转速较高，故能产生更高的压力。由于气体的压缩比较高，体积变化就比较大，温度升高也较显著。因此离心压缩机常分成几段，每段包括若干级。叶轮直径与宽度逐段缩小，段与段之间设置中间冷却器，以免气体温度过高。

离心压缩机流量大，供气均匀，体积小，机体内易损部件少，可连续运转，且安全可靠维修方便，机体内无润滑油污染气体，所以近年来除要求压力很高以外，离心压缩机的应用日趋广泛。

四、真空泵

在制药生产的过程中，如减压浓缩、减压蒸馏、真空抽滤、真空干燥，以及一些物料的输送和转移等，都需要在低于 1atm 的情况下进行，所以真空泵是制药生产过程中的常用设备。从设备或系统中抽出气体使其中的绝对压力低于大气压，此时所用的输送设备称为真空泵，即真空泵就是从真空容器中抽气、一般在大气压下排气的输送机械。

真空泵可分为干式和湿式两类，干式真空泵只从容器中吸出气体，可达96%～99%的真空度，湿式真空泵在抽气的同时，还带走较多的水蒸气，因此，它只能产生80%～85%的真空度。此外，真空泵从结构上可分为往复式、旋转式和喷射式等几种。真空泵作为专门产生真空的设备，其特点如下。

（1）由于吸入气体的密度很低，要求真空泵的体积必须足够大。

（2）压缩比很高，所以余隙的影响很大。

（一）真空泵的主要性能参数

1. 极限剩余压力（或真空度） 这是真空泵所能达到最低压力。

2. 抽气速率 单位时间内真空泵在极限剩余压力下所吸入的气体体积，亦即真空泵的生产能力。

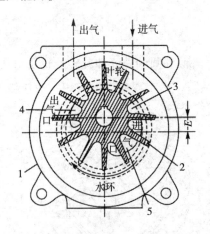

图 2-24 水环真空泵简图
1—外壳；2—叶片；3—水环；
4—吸入口；5—排出口

（二）常用真空泵

1. 水环真空泵 如图2-24所示。外壳内装有偏心叶轮，其上有辐射状的叶片。泵内约充有一半容积的水，当旋转时，形成水环。水环具有液封的作用，与叶片之间形成许多大小不同的密封小室。当小室逐渐增大时，气体从入口吸入；当小室逐渐减小时，气体由出口排出。

水环真空泵可以造成的最高真空度为85kPa左右，也可作鼓风机用，但所产生的表压力不超过101.3kPa。当被抽吸的气体不宜与水接触时，泵内可充以其他液体，所以又称为液环真空泵。

此类泵结构简单、紧凑，易于制造和维修，由于旋转部分没有机械摩擦，使用寿命长，操作可靠。适用于抽吸含有液体的气体，尤其在抽吸腐蚀性或爆炸性气体时更为合适。但效率很低，在30%～50%，所能造成的真空度受泵中水的温度所限制。

2. 喷射泵 喷射泵是利用流体流动的静压能与动能相互转换的原理来吸、送流体的，既可用于吸送气体，也可用于吸送液体。在制药生产中，喷射泵常用于抽真空，故又称为喷射式真空泵。

喷射泵的工作流体可以是蒸汽，亦可以是液体。图2-25所示为蒸汽喷射泵。工作蒸汽在高压下以很高的流速从喷嘴喷出。在喷射过程中，蒸汽的静压能转变为动能，产生低压，而将气体吸入。吸入的气体与蒸汽混合后进入扩散管，速度逐渐降低，压力随之升高，而后从压出口排出。

单级蒸汽喷射泵仅能达到90%的真空度，为获得更高的真空度可采用多级蒸汽喷射泵。喷射泵的优点是工作压力范围大，抽气量大，结构简单，适应性强。缺点是效率低。

3. 旋片真空泵 旋片式真空泵的工作原理如图2-26所示，其主要部件是偏心转子5和用弹簧3压紧的活板4。活板将泵壳与转子间的空隙分为吸气工作腔和排气工作腔两部分。带有两个活板的偏心转子按箭头方向高速旋转时，活板在弹簧的压力及自身离心力的作用下，紧贴泵体6内壁滑动，吸气工作腔容积不变扩大，被抽气体通过吸气口进入吸气工作腔。与此同时，排气工作腔容积逐渐缩小，气体逐渐被压缩，压力升高，且升高到一定程度时，排气阀2打开，气体穿过油液从泵排气口排出。泵在工作时，旋片始终将泵腔分成吸气、排气两个工作腔，转子每旋转一周，有两次吸气、排气过程，使封闭于泵腔的气体体积周期性变化而完成吸、排气工作循环。为密封各部件的间隙及使各部件得到润滑，旋片泵的活动部分均浸没于真空泵油中。

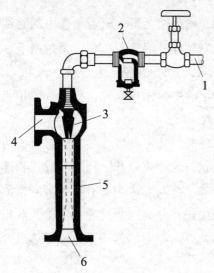

图2-25　蒸气喷射泵
1—工作蒸汽入口；2—过滤器；3—喷嘴；
4—吸入口；5—扩散管；6—压出口

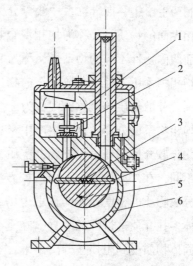

图2-26　旋片式真空泵工作原理图
1—油；2—排气阀；3—弹簧；4—活板；
5—偏心转子；6—泵体

旋片泵可达到较高的真空度（绝对压力约为0.67Pa），抽气速率比较小，适用于抽除干燥或含有少量可凝性蒸汽的气体。不适宜用于抽除含尘和对润滑油起化学作用的气体。

4. 往复式真空泵　往复真空泵的基本结构和操作原理与往复压缩机相同，只是真空泵在低压下操作，气缸内外压差很小，所用阀门必须更加轻巧，启闭方便。另外，当所需达到的真空度较高时，如95%的真空度，则压缩比约为20。这样高的压缩比，余隙中残余气体对真空泵的抽气速率影响必然很大。为了减小余隙影响，在真空泵气缸两端之间设置一条平衡气道，在活塞排气终了时，使平衡气道短时间连通，余隙中残余气体从一侧流向另一侧，以降低残余气体的压力，减小余隙的影响。

往复真空泵有干式和湿式之分，干式只抽吸气体，可以达到较高真空度；湿式能同时抽吸气体与液体，但真空度较低。

往复式真空泵与往复式压缩机的构造无显著区别，但也有其自身的特点。

（1）在低压下操作，气缸内、外压差很小，所用的活门必须更加轻巧；

（2）当要求达到较好的真空度时，压缩比会很大，余隙容积必须很小，否则就不能保证较大的吸气量；

（3）为减少余隙的影响，设有连通活塞左右两侧的平衡气道。

干式往复真空泵可造成高达96%~99.9%的真空度；湿式则只能达到80%~85%。

扫码"学一学"

第三章　分离与搅拌

在制药生产中，混合物系一般可分为均相和非均相两大类。前者是指内部物性均匀且不存在相界面的物质，又称为均相混合物，如混合气体、溶液等；后者是指内部存在相界面且界面两侧物性不同的物系，又称为非均相混合物，如悬浮液、乳浊液、含尘气体等。

非均相物系中，处于分散状态的物质，如悬浮液中的固体颗粒，称为分散相或分散物质；包围着分散物质的流体，则称为连续相或分散介质。

非均相物系的分离是制药生产中常见的分离任务，其主要目的是收集有价值的分散物质、净化分散介质和环境保护等，实质是将分散相与连续相分开。利用分散相和连续相物理性质不同，在外力作用下采用机械方法予以分离，分离方法主要有：①沉降，依据分散介质和分散物质的密度差异，在重力场或离心场中进行分离；②过滤，依据分散相和连续相对固体多孔介质透过性的差异，在重力、压强差或离心力的作用下，流体透过介质，而分散的固体物质受到阻挡被分离出来。

液体搅拌混合是一种广泛应用于制药生产过程的单元操作，其本质就是通过搅拌器的旋转运动向搅拌介质输入机械能量而获得一个有利于传热及传质的适宜的流动场，也就是增大液、液或固、液等混合物中分散相的接触面积，降低传热和传质的阻力，从而提高传热传质及化学反应的速率。针对不同的生产过程，其作用表现为：①制备均匀的混合物；②强化传质过程；③使气体在液体中充分分散；④强化化学反应；⑤促使固体在液体中快速溶解；⑥强化传热过程，防止设备局部过热或过冷等。

搅拌操作一般分为：①机械搅拌；②气流搅拌；③静态混合；④射流混合；⑤管道混合。

第一节　沉　降

沉降分离是分离非均相混合物的一种单元操作，其原理是在外力的作用下，利用非均相混合物中分散相和连续相之间密度的不同，使之发生相对运动而实现分离操作。实现沉降操作的作用力可以是重力，也可以是惯性离心力。因此，沉降过程有重力沉降和离心沉降两种方式。

一、重力沉降

（一）沉降速度

1. 球形颗粒的自由沉降　自由沉降是指理想条件下的重力沉降，即在沉降过程中，颗粒之间的距离足够大，任一颗粒的沉降不因其他颗粒的存在而受到干扰，容器壁面的影响可以忽略。单个颗粒或充分分散的颗粒群在静止流体中的沉降都可以视为自由沉降，其沉降速度可以通过对颗粒的受力分析确定。

假设把一个表面光滑的球形颗粒置于静止的流体介质中，如果颗粒的密度大于流体的

扫码"学一学"

密度，颗粒将在流体中向下作沉降运动。此时，颗粒受到重力 F_g、浮力 F_b 及阻力 F_d 三个力的作用。如图 3 – 1 所示。

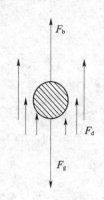

重力方向与颗粒沉降方向一致，其值为

$$F_g = \frac{\pi}{6} d^3 \rho_s g$$

浮力方向与颗粒沉降方向相反，其值为

$$F_b = \frac{\pi}{6} d^3 \rho g$$

阻力方向与颗粒沉降方向相反，其值为

图 3 – 1 颗粒受力分析

$$F_d = \zeta A \cdot \frac{1}{2} \rho u^2$$

式中，d 为颗粒直径，m；ρ_s 为颗粒密度，kg/m³；ρ 为流体密度，kg/m³；g 为重力加速度，m/s²；ζ 为阻力系数；u 为颗粒与流体间的相对速度，m/s；m 为颗粒质量，kg；A 为颗粒在运动方向上的投影面积，m²，$A = \frac{\pi d^2}{4}$。

根据牛顿第二定律可知，重力 F_g、浮力 F_b 及阻力 F_d 三个力的合力等于颗粒的质量 m 与其加速度 a 的乘积，即

$$F_g - F_b - F_d = ma \qquad (3-1a)$$

或

$$\frac{\pi}{6} d^3 \rho_s g - \frac{\pi}{6} d^3 \rho g - \zeta \frac{\pi}{4} d^2 \left(\frac{\rho u^2}{2} \right) = \frac{\pi}{6} d^3 \rho_s a \qquad (3-1b)$$

若颗粒及流体已定，则重力 F_g、浮力 F_b 为一定值，而阻力 F_d 则随着颗粒下降速度的增加而增大。在颗粒开始沉降的瞬间，因颗粒处于静止状态，故 $u = 0$，此刻阻力 $F_d = 0$，加速度 a 具有最大值，即颗粒作加速运动。随着 u 值增加，F_d 也随之增加，加速度 a 则相应减小。经过一段时间后，当重力、浮力与阻力达到平衡，即颗粒所受合力为零时，加速度 $a = 0$，颗粒开始作匀速沉降，此时颗粒的下降速度称为沉降速度或终端速度，用 u_t 表示，单位 m/s。

由上可知，颗粒在流体中的沉降过程分为两个阶段，即开始为加速阶段，而后为等速阶段。实际上，由于工业上沉降操作所处理的颗粒往往非常小，其加速阶段极短，通常可以忽略不计，即认为整个沉降过程均在等速阶段进行，从而给计算带来方便。

沉降速度 u_t 的计算式可根据式（3 – 1b）导出。当 $a = 0$ 时，将 $u = u_t$ 带入式（3 – 1b）可得

$$u_t = \sqrt{\frac{4gd(\rho_s - \rho)}{3\rho\zeta}} \qquad (3-2)$$

2. 沉降速度的计算　阻力系数 ζ 是颗粒与流体相对运动时雷诺数 Re 的函数，一般由实验确定。球形颗粒的 ζ 实验数据如图 3 – 2，图中大致分为 3 个区域，各区域 ζ 的计算式分别为

层流区（$10^{-4} < Re < 1$），又称为斯托克斯区　　$\xi = \dfrac{24}{Re}$ $\qquad (3-3)$

过渡区（$1 < Re < 10^3$），又称为阿伦区　　$\xi = \dfrac{18.5}{Re^{0.6}}$ $\qquad (3-4)$

湍流区（$10^3 < Re < 2 \times 10^5$），又称为牛顿区　　$\xi = 0.44$ $\qquad (3-5)$

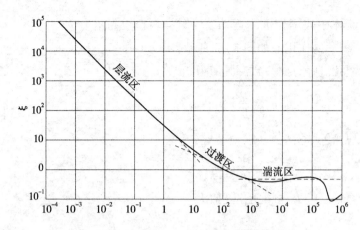

图 3-2 球形颗粒的 ζ 与 Re 的关系曲线

对于球形颗粒，将不同雷诺数 Re 范围的阻力系数 ζ 计算式（3-3）~式（3-5）分别代入式（3-2），便可得到球形颗粒在相应各区的沉降速度公式，即

层流区（$10^{-4} < Re < 1$）

$$u_t = \frac{gd^2(\rho_s - \rho)}{18\mu} \tag{3-6}$$

过渡区（$1 < Re < 10^3$）

$$u_t = 0.27\sqrt{\frac{d(\rho_s - \rho)g}{\rho}Re^{0.6}} \tag{3-7}$$

湍流区（$10^3 < Re < 2 \times 10^5$）

$$u_t = 1.74\sqrt{\frac{d(\rho_s - \rho)g}{\rho}} \tag{3-8}$$

若已知颗粒直径，要计算沉降速度 u_t，需先知道 Re，然后从式（3-6）、式（3-7）和式（3-8）中选择一个合适的计算式。但因 u_t 还是未知数，Re 自然不能预先计算。通常采用试差法计算沉降速度 u_t。试差法计算 u_t 步骤如下：先假设沉降属于层流区，用式（3-6）计算出 u_t，然后用所求的 u_t 计算 Re，如果 $Re < 1$，则计算结果正确；如果 $Re > 1$，则根据其大小选用相应的式（3-7）或式（3-8）另行计算 u_t。新计算出的 u_t 也要核验，直到所用公式合适为止。

3. 影响沉降速度的因素　沉降速度由颗粒特性及颗粒间的相互作用、流体物性和沉降环境综合因素所决定。

（1）颗粒特性及颗粒间的相互作用

①颗粒形状　球形颗粒的形状会直接影响颗粒与流体相对运动时所产生的阻力，球形颗粒比同体积的非球形颗粒额定沉降要快一些。非球形颗粒的形状及其投影面积 A 均对沉降速度有影响。

②干扰沉降　当非均相物系中的颗粒浓度较大时，颗粒之间的相互距离较近，颗粒在沉降过程中相互影响，这种沉降称为干扰沉降。一般说来，同等直径颗粒的干扰沉降速度要小于自由沉降速度。

当颗粒的体积分数小于 0.2% 时，前述各种沉降速度计算式的计算偏差在 1% 以内。当颗粒的体积分数大于 0.2% 时，颗粒间相互作用明显，干扰沉降不容忽视。这种情况下可先按自由沉降计算颗粒的沉降速度，然后再按颗粒的浓度予以修正。

（2）流体的物性　对于一定的固体颗粒，流体的密度和黏度对沉降速度有显著的影响，流体与颗粒的密度差越大，流体的黏度越小，颗粒的沉降速度就越大。

（3）器壁效应　当容器较小时，容器的壁面和底面均能增加颗粒沉降时的阻力，使颗粒的实际沉降速度较自由沉降速度低。当容器尺寸远远大于颗粒尺寸时，例如100倍以上，器壁效应可以忽略。

（二）重力沉降设备

1. 降尘室　降尘室是借重力沉降来分离气固非均相物系的设备，常用于含尘气体的初步分离。其结构如图3-3（a）所示。含尘气体由气体入口进入降尘室后，气体中的颗粒随气流以速度u水平向前运动；同时在重力作用下以沉降速度u_t向下沉降，如图3-3（b）所示。只要颗粒在到达降尘室出口前沉降至室底落入集尘斗内，便可从气流中分离出来，否则将被气体带出。

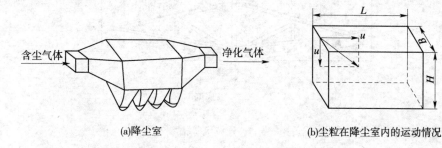

(a)降尘室　　　　　　　　(b)尘粒在降尘室内的运动情况

图3-3　降尘室示意图

设降尘室的高度为H，长度为L，宽度为B，颗粒可以在降尘室被分离的条件为

$$\frac{L}{u} \geqslant \frac{H}{u_t} \qquad (3-9)$$

降尘室的最大处理量为V（m³/h）

$$V = uBH \leqslant u_t BL \qquad (3-10)$$

式（3-10）表明，降尘室的处理能力仅与其底面积BL和颗粒的沉降速度u_t有关，而与降尘室的高度无关，这是降尘室的一个重要特点，因此，为了提高处理量，可以适当降低降尘室的高度，或为了节省用地，采用多层降尘室，即在降尘室中设置若干水平隔板，隔板间距一般为40~100mm，如图3-4所示。若降尘室设置n层水平隔板，则多层降尘室的生产能力变为

$$Vs \leqslant (n+1)\, u_t BL \qquad (3-11)$$

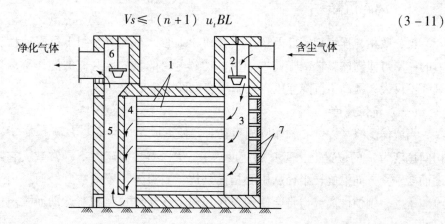

图3-4　多层降尘室

1—隔板；2，6—调节闸阀；3—气体分配道；4—气体集聚道；5—气道；7—清灰道

2. 连续式沉降槽　沉降槽是利用重力从悬浮液中分离出固体颗粒的设备。这种设备通常以取得稠厚的浆状物料为目的，因此又称为增稠器。沉降槽可以连续操作，也可以间歇

操作。图 3 - 5 所示为一连续式沉降槽。连续沉降槽是底部成锥状的大直径浅槽，料浆经中央进料管送到液面以下 0.3m ~ 1.0m 处，以尽可能减小已沉降颗粒的扰动和返混。清液向上流动并经槽的四周溢流而出，称为溢流；固体颗粒下沉至底部，由缓慢旋转的转耙聚拢至锥底，由底部中央的排渣口连续排出，排出的稠浆称为底流。

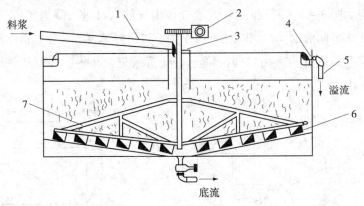

图 3 - 5   连续沉降槽

1—进料槽道；2—转动机构；3—料井；4—溢流槽；5—溢流管；6—叶片；7—转耙

沉降槽具有澄清液体和增稠悬浮液的双重作用，与降尘室类似，沉降槽的生产能力与高度无关，只与底面积及颗粒的沉降速度有关。沉降槽一般制造成大截面、低高度的形状，直径为 10 ~ 100m，高度为 2.5 ~ 4m。沉降槽一般用于大流量、低浓度悬浮液的处理，常见于污水处理过程中。沉降槽处理后的沉渣中还含有大约 50% 的液体，必要时再用过滤机等作进一步处理。

为提高沉降槽的操作效率，生产中一般还需要对料液进行适当的预处理，如通过添加少量的电解质或表面活性剂，以促进料液中细粒产生"凝聚"或"絮凝"。此外，生产中也可通过改变一些物理操作条件，如加热、冷却或振动等，使得料液中颗粒的粒度或相界面积发生改变，进而有利于沉降。

二、离心沉降

当分散相与连续相密度差较小或颗粒较细时，在重力作用下沉降速度很低。利用离心力的作用可使固体颗粒沉降速度加快以达到分离的目的，这样的操作称为离心沉降。离心沉降不仅大大提高了沉降速度，设备尺寸也可以缩小很多。

（一）沉降速度

当流体围绕某一中心轴作圆周运动时，便形成了惯性离心力场。在与中心轴距离为 R，切向速度为 u_T 的位置上，离心加速度为 u_T^2/R。离心加速度不是常数，它随位置及切向速度而变，其方向沿旋转半径从中心指向外周，当流体带着颗粒旋转时，由于颗粒密度大于流体密度，则惯性离心力将会使颗粒在径向上与流体发生相对运动而飞离中心达到分离的目的。

离心沉降速度 u_r 是指离心沉降过程中，固体颗粒在"径"向上相对于周围流体的运动速度。离心沉降速度的计算式不再进行推导，参照重力沉降速度的计算式给出

$$u_r = \sqrt{\frac{4d(\rho_s - \rho)}{3\zeta\rho}\left(\frac{u_T^2}{R}\right)}$$

(3 - 12)

比较式（3-12）与式（3-2），可以看出，离心沉降速度 u_r 与重力沉降速度 u_t 的计算式相似，因此，计算重力沉降速度的式（3-6）、式（3-7）和式（3-8）及所对应的流动区域仍可用于离心沉降，仅需将重力加速度 g 改为离心加速度 u_T^2/R 即可。

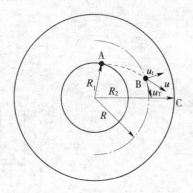

图 3-6 颗粒在离心场中的运动

如层流区（$10^{-4} < Re \leqslant 1$）

$$u_r = \frac{d^2(\rho_s - \rho)}{18\mu}\left(\frac{u_T^2}{R}\right) \qquad (3-13)$$

进一步比较式（3-12）与式（3-2）可发现，对于同一颗粒在同种介质中的离心沉降速度与重力沉降速度的比值为

$$\frac{u_r}{u_i} = \frac{u_T^2}{gR} = K_c \qquad (3-14)$$

比值 K_c 称为离心分离因素，离心分离因素是考察离心分离设备的重要性能参数。K_c 值一般为几百到几万，高速离心机 K_c 值可达到十几万，因此，同一颗粒在离心力场中的沉降速度远远大于其在重力场中的沉降速度，用离心沉降可将更小的颗粒从流体中分离出来。

（二）离心沉降设备

1. 旋风分离器 旋风分离器是利用惯性离心力的作用，从气流中离心分离出尘粒的操作设备。旋风分离器具有结构简单、制造方便和分离效率高等优点，是制药、采矿、冶金、机械、轻工等工业部门里最常用的一种除尘、分离设备。

（1）旋风分离器的结构与操作原理 标准型旋风分离器的结构如图 3-7 所示。器体的上部呈圆筒形，下部呈圆锥形，各部位的尺寸均与圆筒的直径成比例。各部件的尺寸比例均标注于图中。操作时，含尘气流由位于圆筒上部的进气管切向进入器内，然后沿圆筒的内壁作自上而下的螺旋运动，其间颗粒因惯性离心力的作用被抛向器壁，再沿壁面逐渐下沉全排灰口收集，而净化后的气流则在中心轴附近作自下而上的螺旋运动，最后由顶部的排气管排出。

图 3-8 是气流在旋风分离器内的运动流线示意图。为便于研究与描述，通常把下行的螺旋气流称为外旋流，上行的螺旋气流称为内旋流。操作时，两旋流的旋转方向相同，其中除尘区主要集中于外旋流的上部。旋风分离器内的压强大小是各处不同的，其中器壁附近的压强最大，而越靠近中心轴处压强将越小，通常会形成一个负压气芯，负压气芯由排气管入口至底部排灰口。因此旋风分离器的排灰口和集尘室必须要严格密封，否则易造成外界气流的渗入，进而卷起已沉降的粉尘，降低除尘效率。

（2）旋风分离器的性能 评价旋风分离器性能的主要指标有两个：一是分离性能，二是气体经过旋风分离器的压降。旋风分离器的分离性能用临界粒径 d_c 和分离效率来表示。

①临界粒径 d_c 临界粒径 d_c 是指能够从分离器内全部分离出来的最小颗粒的直径。对于某尺寸的颗粒，当颗粒到达器壁所需的沉降时间 θ_t 等于气体在分离器内的停留时间 θ 时，该颗粒就是理论上能完全分离出来的最小颗粒，其直径即为临界粒径。

$$d_c = \sqrt{\frac{9\mu B}{\pi N \rho_s u_i}} \qquad (3-15)$$

式中，B 为旋风分离器进口宽度，m；u_i 为含尘气体进口速度，m/s；N 为气体旋转圈数。

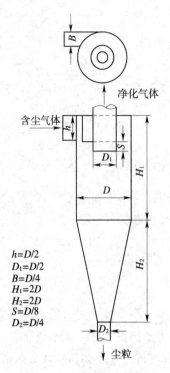

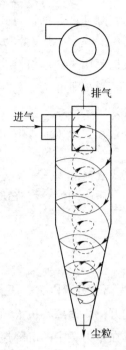

图 3 - 7　标准旋风分离器　　图 3 - 8　气体在旋风分离器内的运动情况

气体旋转圈数 N 与进口气速 u_i 有关，对常用型号的旋风分离器，风速在 $12 \sim 25$ m/s范围内，一般可取 $N = 3 \sim 4.5$，风速越大，圈数 N 也越大。

②分离效率　分离效率又称除尘效率，分离效率有总效率和粒径效率两种表示方法。

总效率 η_0 是指被除去的颗粒占气体进入旋风分离器时总颗粒的质量分数，即

$$\eta_0 = \frac{C_1 - C_2}{C_1} \tag{3-16}$$

式中，C_1、C_2 分别为旋风分离器进口和出口气体的总含尘质量浓度，kg/m³；

总效率是工程中最常用的，也是最易于测定的分离效率，但是总效率不能正确反映该分离器的分离能力，因为不同粒径的颗粒通过旋风分离器的分离效率是不同的，因此，要深入分析分离器的分离效率必须考虑粒径效率，才能判断分离器性能的好坏。

粒径效率 η_i 是指含尘气体中某一粒径的颗粒经分离器后被分离出的质量分数，即

$$\eta_i = \frac{C_{1i} - C_{2i}}{C_{1i}} \tag{3-17}$$

式中，C_{1i}、C_{2i} 分别为粒径 d_i 的颗粒在旋风分离器入口和出口气体的质量浓度，kg/m³。

③旋风分离器的压降　旋风分离器的压降是评价其性能优劣的重要指标，旋风分离器的压降损失是由气体经过旋风分离器时，由于摩擦和涡流产生的，可表示为进口气体动能的函数，即

$$\Delta p = \frac{\xi \rho u_i^2}{2} \tag{3-18}$$

式中，ξ 为阻力系数，无量纲，与设备的形式和几何尺寸有关，需通过实验测定。旋风分离器的压降损失一般在 $500 \sim 2000$Pa 之间。

（3）旋风分离器的应用与选型　旋风分离器一般用来除去气流中直径在 $5 \mu m$ 以上的尘粒。对颗粒含量高于 $200 g/m^3$ 的气体，由于颗粒聚结作用，它甚至能除去 $3 \mu m$ 以下的颗粒。旋风分离器还可以从气流中分离出雾沫。对于直径在 $200 \mu m$ 以上的粗大颗粒，最好先用重

力沉降法除去,以减小颗粒对分离器器壁的磨损;对于直径在 $5\mu m$ 以下的颗粒,一般旋风分离器的捕集效率已不高,需用袋滤器或湿法捕集。旋风分离器不适用于处理黏性粉尘、含湿量高的粉尘及腐蚀性粉尘。

旋风分离器的选型,应先确定系统的物性和任务要求,包括:①含尘气的体积流量;②要求达到的分离效率;③允许的压强降。再结合各型设备的特点,选定旋风分离器的型号,目前我国生产的旋风分离器型号有标准型、CLT、CLP 及扩散式等。最后按各型设备的比例尺寸确定筒体直径和其他各部分尺寸,根据筒体直径估算分离性能是否能达到要求,若不能满足要求,应调整设备尺寸,或改用两个或多个直径较小的旋风分离器并联使用。

2. 旋液分离器 旋液分离器又称水力旋流器,是利用离心沉降原理从悬浮液中分离固体颗粒的设备。它的结构与操作原理和旋风分离器相类似,设备主体也是由圆筒和圆锥两部分组成,如图 3-9 所示。悬浮液经入口管沿切向进入圆筒,向下作螺旋形运动,固体颗粒受惯性离心力作用被甩向器壁,随下旋流降至锥底的出口,由底部排出的增浓液称为底流;清液或含有微细颗粒的液体则称为上升的内旋流,从顶部的中心管排出,称为溢流。

旋液分离器不仅可用于悬浮液的增稠,在分级方面更有显著特点,而且还用于不互溶液体的分离、气液分离以及传热、传质和雾化等操作,因而广泛应用于多种工业领域中。

与旋风分离器相比,旋液分离器的结构特点是形状细长、直径小、圆锥部分长。因液固密度差比气固密度差小,在一定的切线进口速度下,较小的旋转半径可使颗粒受到较大的离心力而提高沉降速度;同时,锥形部分加长可增大液流的行程,从而延长了悬浮液在器内的停留时间,有利于液固分离。

旋液分离器结构简单,体积小,处理量大;但由于颗粒沿器壁快速运动,对器壁产生严重磨损,因此,旋液分离器应采用耐磨材料制造或采用耐磨材料作内衬。

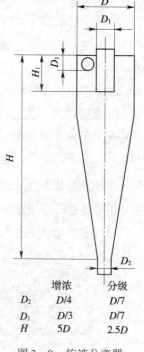

	增浓	分级
D_2	$D/4$	$D/7$
D_1	$D/3$	$D/7$
H	$5D$	$2.5D$

图 3-9 旋液分离器

第二节 过 滤

过滤是制药生产中常见的单元操作,是将悬浮液中的固、液两相有效地加以分离的常用方法,一般作为沉降、结晶和固液反应等单元操作的后续生产单元,通过过滤操作可获得清净的液体或获得作为产品的固体颗粒。和沉降分离相比,过滤操作可以使悬浮液的分离更迅速、更彻底。

扫码"学一学"

一、过滤操作的基本概念

过滤是以某种多孔物质为介质,在外力作用下,使悬浮液中的液体通过介质的孔道,而固体颗粒被截留在介质上,从而实现固、液分离的操作。过滤操作采用的多孔物质称为过滤介质,所处理的悬浮液称为滤浆或料浆,通过多孔通道的液体称为滤液,被截留的固体物质称为滤饼或滤渣。图 3-10 是过滤操作的示意图。

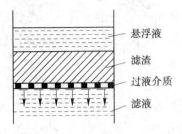

图 3-10　过滤操作示意图

实现过滤操作的外力可以是重力、压力差或惯性离心力。在制药中应用最多的还是以压力差为推动力的过滤。

（一）过滤方式

1. 滤饼过滤　滤饼过滤常用织物作为过滤介质。过滤时，悬浮液置于过滤介质的一侧，固体颗粒被截留在介质表面形成滤饼。在过滤操作开始阶段，会有部分颗粒进入过滤介质孔道中发生架桥现象，如图 3-11，并有少量小颗粒随液体穿过介质，使滤液浑浊，但随着滤渣在介质表面上逐步堆积，在介质上形成了一个滤饼层，它便成为对后续颗粒起主要截留作用的过滤介质，使滤液变澄清。随着过滤的进行，滤饼不断积累、加厚，过滤的阻力增加，过滤速度下降，单位时间内得到的滤液量减少，当滤饼积累到一定厚度后，应从介质表面除去。滤饼过滤是工业上最常用的过滤方法，适用于处理固体物含量较大的悬浮液。

2. 深层过滤　若悬浮液的颗粒尺寸普遍小于介质的孔径，此时可选用较厚的粒状床层即固定床作为过滤介质。由于此类介质的孔道弯曲细长，故当颗粒随流体在曲折孔道中流动时，将会因表面力和静电力的作用而被孔道壁面所附着，使得固液相分离，如图 3-12。该过滤过程并非是在过滤介质的表面形成滤饼，而是被附着和沉积于过滤介质的内部，故称为深层过滤。深层过滤适用于固相含量少、粒度小但处理量大的悬浮液的分离，如自来水厂的饮水净化，中药生产中药液的澄清过滤等。

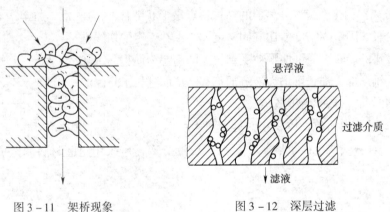

图 3-11　架桥现象　　　　　图 3-12　深层过滤

（二）过滤介质

凡能使悬浮液中流体通过，其所含固体颗粒被截留，从而达到固体颗粒与液体分离目的的多孔性物质统称为过滤介质。过滤介质是滤饼的支撑物，必须具有足够的机械强度。过滤介质同时还应多孔性，能截留住要分离的颗粒，孔径适宜且液体通过时流动阻力小；耐腐蚀、耐高温；表面光滑，剥离滤饼容易；来源容易，造价低廉等特点。工业上常用的过滤介质种类主要有以下几种。

1. 织物介质　由天然或合成纤维、金属丝等编织而成的滤布、滤网，是工业生产使用最广泛的过滤介质。它的价格便宜，清洗及更换方便，可截留颗粒的最小直径为 5~65μm，应用最广。

2. 多孔固体介质　此类介质包括素瓷、烧结金属（或玻璃），或由塑料细粉黏结而成的多孔性塑料管等，能截留小至 1~3μm 的微小颗粒。适于处理含量少、颗粒小的腐蚀性悬浮液或其他特殊场合。

3. 堆积介质 此类介质由各种固体颗粒（细砂、木炭、石棉、硅藻土）或非编织纤维等堆积而成的固定床层，一般床层较厚，多用于深层过滤中。

4. 多孔膜介质 是指用于膜过滤的各种无机材料膜和有机高分子膜。该类膜的厚度通常较薄，且孔径极小，可截留 $1\mu m$ 以下的微细颗粒，故在超滤和微滤的工业生产中，该类过滤介质多有应用。

（三）滤饼的压缩性和助滤剂

滤饼是由截留下的固体颗粒堆积而成的床层，随着过滤的进行，滤饼的厚度和滤液的流动阻力都逐渐增加。如构成滤饼的颗粒是不易变形的坚硬固体（如硅藻土、碳酸钙等），则当滤饼两侧的压差增大时，颗粒的形状和床层的空隙都基本不变，单位厚度滤饼的流动阻力可以认为恒定，这类滤饼称为不可压缩滤饼。反之，若滤饼由较易变形的物质（如胶体、豆渣等）构成，当滤饼两侧的压差增大时，颗粒的形状和床层的空隙都会有明显的改变，使单位厚度滤饼的流动阻力增大，这类滤饼称为可压缩滤饼。

为了降低可压缩滤饼的过滤阻力，可以向悬浮液中混入或预涂在过滤介质上某种质地坚硬的能形成疏松饼层的固体颗粒或纤维状物质，从而改善滤饼层的性能，使滤液得以畅流。这种预混或预涂的固体颗粒物质称为助滤剂。

对助滤剂的基本要求如下：应是能形成多孔饼层的刚性颗粒，使滤饼有良好的渗透性及较低的流动阻力；应具有化学稳定性，不与悬浮液发生化学反应，也不溶于液相中；在过滤操作的压力差范围内，应具有不可压缩性，以保持滤饼有较高的空隙率。

常用作助滤剂的物质有：硅藻土、珍珠岩、炭粉等。

助滤剂的用量一般不大，通常占滤饼量的 $1\% \sim 10\%$。应当注意的是，一般以获得清净滤液为目的时，采用助滤剂才是适宜的。

二、过滤基本方程

（一）过滤速率和过滤速度

过滤速率是指单位时间内通过的滤液体积，用 $\dfrac{dV}{d\theta}$ 表示，单位为 m^3/s。

过滤速度是指单位时间内通过单位过滤面积的滤液体积，用 u 表示，单位为 m/s。若过滤过程中其他因素维持不变，则由于滤饼厚度不断增加，过滤速度会逐渐变小。任一瞬间的过滤速度的表达式为

$$u = \frac{dV}{Ad\theta} = \frac{dq}{d\theta} \tag{3-19}$$

式中，u 为过滤速度，m/s；V 为滤液体积，m^3；A 为过滤面积，m^2；θ 为过滤时间，s；q 为单位过滤面积所通过的滤液体积，$q = \dfrac{V}{A}$，m^3/m^2 或 m。

（二）过滤基本方程式

过滤基本方程式是表示过滤过程中某一瞬间的过滤速率与各有关因素的关系。滤液通过滤饼流动时，因构成饼层的颗粒尺寸较小，颗粒会对滤液的流动产生很大的阻力（压降）。因此，过滤速率可以写成

$$过滤速率 = \frac{过滤推动力}{过滤阻力} = \frac{滤饼压降 + 过滤介质压降}{滤饼阻力 + 过滤介质阻力}$$

对不可压缩滤饼，过滤基本方程为

$$\frac{\mathrm{d}V}{\mathrm{d}\theta} = \frac{A^2 \Delta p}{\mu r v (V + V_e)} \tag{3-20}$$

式中，Δp 为过滤压力差，Pa；V_e 为过滤介质的当量滤液体积，或称虚拟滤液体积，m^3；μ 为滤浆黏度，$Pa \cdot s$；v 为滤饼体积与相应的滤液体积之比，无因次，或 m^3/m^3；r 为单位压力差下滤饼的比阻，$1/m^2$。

滤饼的比阻 r 由滤饼的特性决定，其值与构成滤饼的固体颗粒的形状、大小及床层的空隙率有关。r 的物理意义为：当滤液的黏度为 $1 Pa \cdot s$，平均流速为 $1 m/s$，通过厚度为 $1 m$ 的滤饼层时所产生的压降，故 r 值的大小可反映滤液通过滤饼层的难易程度。

可压缩性滤饼的过滤过程情况较为复杂，其滤饼的比阻不仅与滤饼本身的特性有关，还与过滤过程的压力差 Δp 有关。压力差对比阻的影响可用式（3-21）的经验公式估算，即

$$r = r_0 \Delta p^s \tag{3-21}$$

式中，r_0 为单位压力差下滤饼的比阻，$1/m^2$；s 为滤饼的压缩指数，其值由实验测定，通常 $s = 0 \sim 1$，对不可压缩滤饼，$s = 0$。

将式（3-21）代入式（3-20）中，可得

$$\frac{\mathrm{d}V}{\mathrm{d}\theta} = \frac{A^2 \Delta p^{1-s}}{\mu r_0 v (V + V_e)} \tag{3-22}$$

式（3-22）是对可压缩滤饼和不可压缩滤饼都适用的过滤基本方程。

三、过滤过程的计算

过滤操作有两种典型的方式，即恒压过滤及恒速过滤。有时，为避免过滤初期因压力差过高而引起滤液浑浊或滤布堵塞，工业上常采用的操作方式为，过滤开始时采用较小的压差作为推动力，然后逐渐升压到指定压差下进行恒压操作。

（一）恒压过滤

若过滤操作是在恒定压强差下进行的，则称为恒压过滤。恒压过滤是最常见的过滤方式。恒压过滤时滤饼不断变厚，致使阻力逐渐增加，但推动力 Δp 恒定，因而过滤速率逐渐变小。

令

$$K = \frac{2 \Delta p^{1-s}}{\mu r_0 v} \tag{3-23}$$

将式（3-23）带入（3-22）得

$$\frac{\mathrm{d}V}{\mathrm{d}\theta} = \frac{KA^2}{2(V + V_e)} \tag{3-24}$$

恒压过滤时，对于一定的悬浮液，μ、r_0、s 及 v 皆可视为常数，K、A、V_e 都是常数，故式（3-24）的积分形式为

$$\int_0^V (V + V_e)\,\mathrm{d}V = \frac{KA^2}{2} \int_0^\theta \mathrm{d}\theta$$

得

$$V^2 + 2V_e V = KA^2 \theta \tag{3-25}$$

另 $q = \dfrac{V}{A}$，$q_e = \dfrac{V_e}{A}$，则式（3-25）为

$$q^2 + 2q_e q = K\theta \tag{3-26}$$

式（3-25）和式（3-26）均为恒压过滤方程，表达了过滤时间 θ 与获得滤液体积 V 或单位过滤面积上获得的滤液体积 q 的关系。式中 K、q_e 均为一定过滤条件下的过滤常数。K 与物料特性及压强差有关，单位为 m^2/s；q_e 与过滤介质阻力大小有关，单位为 m^3/m^2，两者均可由实验测定。

当滤饼阻力远大于过滤介质阻力时，过滤介质阻力可忽略，$q_e = 0$，$V_e = 0$，于是式（3-25）和（3-26）可简化为

$$V^2 = KA^2\theta \tag{3-27}$$

$$q^2 = K\theta \tag{3-28}$$

（二）恒速过滤

若过滤过程保持过滤速率不变，则称为恒速过滤。由过滤特性可知，要保持过滤速率恒定，必须持续地提高过滤压力。

对恒速过滤，过滤速度 u_R 为

$$\frac{dV}{Ad\theta} = \frac{V}{A\theta} = \frac{q}{\theta} = u_R = 常数 \tag{3-29}$$

将式（3-29）代入式（3-24）积分得

$$V^2 + V_e V = \frac{K}{2}A^2\theta \tag{3-30}$$

或

$$q^2 + q_e q = \frac{K}{2}\theta \tag{3-31}$$

式（3-30）和式（3-31）均为恒速过滤方程。

若过滤介质阻力可忽略，于是式（3-30）和式（3-31）可简化为

$$V^2 = \frac{K}{2}A^2\theta \tag{3-32}$$

$$q^2 = \frac{K}{2}\theta \tag{3-33}$$

（三）过滤常数的测定

过滤常数 K、q_e 的计算是进行过滤过程设计的基础。由不同物料形成的悬浮液，其过滤常数差别很大。即使是同一种物料，由于浓度不同，存放时发生聚结、絮凝等条件不同，其过滤常数亦不完全相等，故须要有可靠的实验数据作参考。

过滤常数的计算一般需在恒压条件下通过实验进行测定，将恒压过滤方程（3-26）两侧各项均除以 qK，得

$$\frac{\theta}{q} = \frac{1}{K}q + \frac{2}{K}q_e \tag{3-34}$$

式（3-34）表明在恒压过滤时，θ/q 与 q 成直线关系，该直线的斜率为 $1/K$，截距为 $2q_e/K$。因此，在做恒压过滤实验时，只要连续测定一系列过滤时刻 θ 上单位过滤面积所累积得到的滤液量 q，就可根据式（3-34）在直角坐标系中绘制出 θ/q 与 q 之间的函数关系，画图得到一条直线，由该直线的斜率和截距可求出 K、q_e 值。

四、过滤设备

过滤悬浮液的生产设备统称为过滤机。依据过滤压强差的不同，过滤机可分为压滤、

吸滤和离心三种类型。目前，制药生产中广泛使用的板框压滤机和叶滤机均属典型的压滤式过滤机，而三足式离心机则为典型的离心式过滤机。

（一）板框压滤机

板框压滤机是一种具有较长历史但目前仍普遍使用的过滤机，它由多块带凹凸纹路的滤板和滤框交替排列组装在机架而构成，如图 3 – 13 所示。滤板和滤框的个数在机座长度范围内可自行调节，一般为 10 ~ 60 块不等，过滤面积为 2 ~ 80m²。

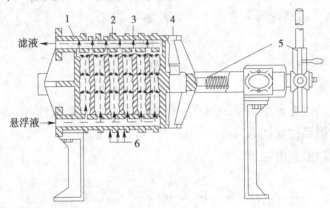

图 3 – 13　板框压滤机

1—固定头；2—滤框；3—滤板；4—可动头；5—压紧装置；6—过滤介质

滤板和滤框构造如图 3 – 14 所示。板和框的四角开有圆孔，组装后构成悬浮液、滤液、洗涤液进出的通道，为了便于对板、框的区别，常在板框的外侧铸有小钮或其他标志，如 1 钮为非洗涤板，2 钮为框，3 钮为洗涤板，组装时按照钮数 1 – 2 – 3 – 2 – 1 – 2……的顺序排列。

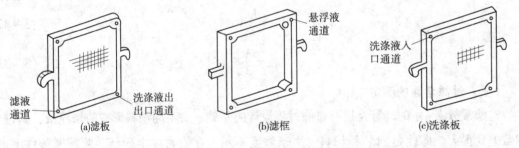

图 3 – 14　滤板和滤框

过滤操作开始前，先将四角开孔的滤布覆盖于板和框之间，通过手动、电动或液压传动使螺旋杆传动压紧板和框。如图 3 – 15 所示，过滤时悬浮液从悬浮液通道经滤框左上角暗孔进入滤框，滤液穿过框两边滤布，由滤板和洗涤板右下角滤液流出口排出机外。待框内充满滤饼即停止过滤。

若滤饼需要洗涤，应先关闭滤液流出口，再将洗涤水从洗涤水通道经洗涤板右上角暗孔进入洗涤板两侧，穿过整块板框内的滤饼，在过滤板左下角洗涤液出口排出。这种操作方式称为横穿洗涤法。洗涤结束后，旋开压紧装置将板与框拉开，卸出滤饼，清洗滤布，重新装合，进入下一个操作循环。

板框压滤机的优点是结构紧凑，过滤面积大，主要用于过滤含固量多的悬浮液。由于它可承受较高的压差，其操作压力一般为 0.3 ~ 1.0MPa，因此可用以过滤细小颗粒或液体黏度较高的物料。它的缺点是装卸、清洗大部分是手工操作，劳动强度较大。近代各种自动操作板框压滤机的出现，使这一缺点在一定程度上得到克服。

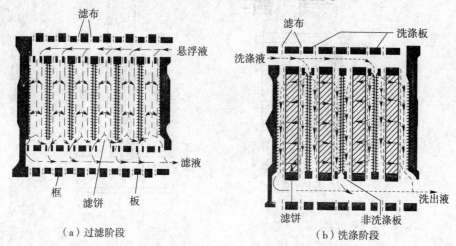

（a）过滤阶段　　　　　　　　　　　（b）洗涤阶段

图 3 - 15　板框压滤机操作简图

（二）厢式压滤机

厢式压滤机与板框压滤机相比，外表相似，但厢式压滤机仅由滤板构成，如图 3 - 16 所示。滤板上覆盖带有中心孔的滤布，料浆通过中心孔加入，滤液穿过滤布并沿滤板沟槽流至下方出液孔通道，集中排出。固体颗粒在滤布上形成滤渣，直至充满滤室形成滤饼。过滤完毕后可通入洗涤水洗涤滤渣。过滤结束后打开压滤机卸除滤饼，清洗滤布，重新压紧滤板开始下一工作循环。

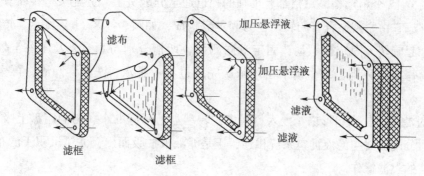

图 3 - 16　厢式压滤机

（三）叶滤机

叶滤机是由许多滤叶组合而成，如图 3 - 17 （a） 所示。滤叶是叶滤机的过滤元件，其形状为长方形或圆形，它是由一个金属丝网框架或金属多孔板外覆盖一层滤布构成，如图 3 - 17 （b） 所示。

过滤时，将许多滤叶安装在密闭的机壳内，用泵将滤浆送入机壳内将滤叶浸没。在压差的作用下，液体穿过滤布进入滤叶内，汇集至总管后排出机外，颗粒则被截留在滤布外侧形成滤饼。若滤饼需要洗涤，则当过滤结束后通入洗涤水，洗涤水的路径与滤液的路径相同，这种操作方法为置换式洗涤法。洗涤完毕后，拆开机壳，用压缩空气、蒸汽或清水卸除滤渣并清洗滤叶。

叶滤机的操作密封，过滤面积较大，劳动条件较好。在需要洗涤时，洗涤液与滤液通过的途径相同，洗涤比较均匀。每次操作时，滤布不用装卸，但一旦滤布破损，更换较困难。对密闭加压的叶滤机，因其结构比较复杂，造价较高。

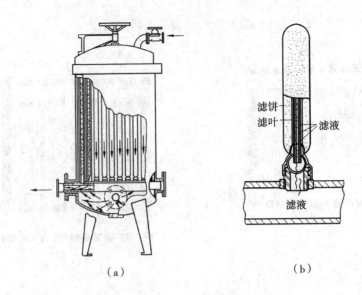

图 3 - 17　叶滤机

（四）转筒真空过滤机

转筒真空过滤机是工业上使用较广的一种连续式过滤机，如图 3 - 18（a）所示。其主体是一个能转动的水平圆筒，圆筒表面装有一层金属网，网上覆盖有滤布。转筒下部浸入盛有悬浮液的滤槽中，其浸没部分的面积占整个转筒表面积的 30% ~ 40%。转筒以 0.1 ~ 0.3 r/min 的转速顺时针缓慢转动。

转鼓内分 12 个扇形格，每格都有单独的孔道通至分配头上。分配头是转筒真空过滤机的关键部件，它由紧密贴合着的转动盘与固定盘构成，如图 3 - 18（b）所示。转动盘装配在转鼓上一起旋转。固定盘不动，固定盘内侧面各凹槽分别与真空管及压缩空气管相通。因而，转筒每旋转一周，每个扇形格可依次完成过滤、脱水、洗涤、卸渣、再生等操作，现分述如下。

（1）过滤阶段　当扇形格子浸入料浆中，转动盘上对应的小孔与固定盘上吸出滤液的凹槽相通，分配头将与滤液抽空系统相连，于是滤液被抽吸而出，滤饼沉积于滤布外表面，实现对料浆的过滤操作。

（2）吸干阶段　该部分扇形格子离开料浆后，转动盘上对应的小孔与固定盘上吸出滤液的凹槽相通，分配头将与滤液抽空系统相连，于是滤饼中残留的滤液被吸干。

（3）洗涤阶段　当扇形格子转动到洗水喷淋处时，转动盘上对应的小孔恰好与固定盘上吸出洗液的凹槽相通，洗液被吸出，完成滤饼的洗涤操作。

（4）卸渣阶段　转筒继续旋转，当转动盘上对应的小孔恰好与固定盘上通入压缩空气的凹槽相通时，压缩空气由内向外将滤饼吹松并由刮刀刮下，完成卸渣操作。扇形格子对应的小孔继续和通入压缩空气的凹槽相通，压缩空气将残余的滤渣从滤布上吹除，完成滤布的再生。

转筒真空过滤机能连续自动操作，节省人力，生产能力大，特别适宜于处理量大而容易过滤的料浆，对难过滤的胶体系统或细微颗粒的悬浮液，若采用预涂助滤剂措施也比较方便。该过滤机附属设备较多，投资费用高，过滤面积不大。此外，由于过滤机采用真空操作，所以过滤推动力有限，尤其不能过滤温度较高的滤浆，滤饼洗涤也不充分。

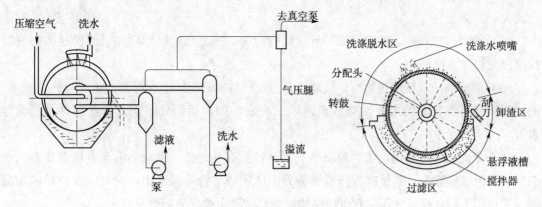

(a)转筒真空过滤机

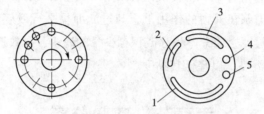

(b)回转真空过滤机的分配头

图 3 – 18 转筒真空过滤机

1，2—与滤液贮罐相通的槽；3—与洗液贮罐相通的槽；4，5—通压缩空气的孔

五、滤饼的洗涤

滤饼层的颗粒间存有空隙，其内存有一定量的滤液，这不仅降低了固相产品的质量，同时又影响了液相产品的回收，因此生产中一般需对滤饼进行洗涤。洗涤速率定义为单位时间内消耗的洗水的体积，用 $\left(\dfrac{\mathrm{d}V}{\mathrm{d}\theta}\right)_{\mathrm{W}}$ 表示。因洗涤过程中滤饼不再增厚，洗涤速率为常数。若每次过滤终了以体积为 V_{W} 的洗水洗涤滤饼，则所需洗涤时间为

$$\theta_{\mathrm{W}} = \frac{V_{\mathrm{W}}}{\left(\dfrac{\mathrm{d}V}{\mathrm{d}\theta}\right)_{\mathrm{W}}} \qquad (3-35)$$

式中，V_{W} 为洗水用量，m^3；θ_{W} 为洗涤时间，s。

对于叶滤机，采用的是置换式洗涤法，洗涤速率与过滤终了时的过滤速率 $\left(\dfrac{\mathrm{d}V}{\mathrm{d}\theta}\right)_{\mathrm{E}}$ 相同。

$$\left(\frac{\mathrm{d}V}{\mathrm{d}\theta}\right)_{\mathrm{W}} = \left(\frac{\mathrm{d}V}{\mathrm{d}\theta}\right)_{\mathrm{E}} = \frac{KA^2}{2\,(V+V_e)} \qquad (3-36)$$

对于板框压滤机，采用的是横穿式洗涤法，洗水流过的路径是过滤终了时滤液流过路径的两倍，而洗水流过的面积却仅为过滤面积的一半，所以

$$\left(\frac{\mathrm{d}V}{\mathrm{d}\theta}\right)_{\mathrm{W}} = \frac{1}{4}\left(\frac{\mathrm{d}V}{\mathrm{d}\theta}\right)_{\mathrm{E}} = \frac{KA^2}{8\,(V+V_e)} \qquad (3-37)$$

即板框压滤机上的洗涤速率约为过滤终了时过滤速率的1/4。

六、提高过滤生产能力的措施

凡是能提高过滤速度、减少过滤洗涤时间和压滤机重装时间的方法都可以提高过滤生

产能力。

（1）增大过滤面积、增大过滤压差、提高转速、缩短辅助操作时间、改善过滤特性以提高过滤和洗涤速率。

（2）助滤剂　改变滤饼结构，使滤饼较为疏松且不被压缩，则可提高过滤与洗涤速率。助滤剂多为刚性较好的多孔性粒状或纤维状材料，如常用的硅藻土、膨胀珍珠岩、纤维素等。

（3）絮凝剂　使分散的细颗粒凝聚成团从而更容易过滤。絮凝剂有聚合电解质类的如明胶、聚丙烯酰胺等，其长链高分子结构为固体颗粒架桥而成絮团；无机电解质类的絮凝剂，其作用为破坏颗粒表面的双电层结构使颗粒依靠范德华力而聚并成团。

（4）动态过滤　动态过滤克服了传统过滤装置中滤饼不被搅动而不断增厚、使过滤阻力不断增加的缺点，使滤浆在外力的作用下，与过滤面呈平行或旋转的剪切运动，在运动中进行过滤。因此，在过滤介质上不积存或积存少量的滤饼，有效地降低了过滤阻力。

（5）提高悬浮液的温度，以降低其黏度。

第三节　离心分离

扫码"学一学"

一、概述

离心机是利用惯性离心力分离液态非均相混合物的机械，与旋液分离器的主要区别在于离心力是由设备（转鼓）本身旋转而产生的。由于离心机可产生很大的离心力，故可用来分离用一般方法难于分离的悬浮液或乳浊液。

根据分离方式，离心机可分为过滤式、沉降式和分离式三种基本类型。过滤式离心机于转鼓壁上开孔，在鼓内壁上覆以滤布，悬浮液加入鼓内并随之旋转，液体受离心力作用被甩出而颗粒被截留在鼓内。沉降式或分离式离心机的鼓壁上没有开孔，若被处理物料为悬浮液，其中密度较大的颗粒沉积于转鼓内壁而液体集于中央并不断引出，以上操作即为离心沉降。若被处理物料为乳浊液，则两种液体按轻重分层，重者在外，轻者在内，各自从适当的径向位置引出，此种操作即为离心分离。

离心力与重力之比称为分离因数，以 K_c 表示，根据 K_c 值又可将离心机分为以下几种。

常速离心机：$K_c < 3000$（一般为 $600 \sim 1200$）；

高速离心机：$K_c = 3000 \sim 50000$；

超速离心机：$K_c > 50000$。

在离心机内，由于离心力远远大于重力，所以重力的作用可以忽略不计。离心机的操作方式也有间歇与连续之分。此外，还可根据转鼓轴线的方向将离心机分为立式与卧式。

二、离心沉降设备

（一）转鼓式离心机

转鼓式离心机，有一中空的转鼓，以 $1000 \sim 4500 \mathrm{r/min}$ 的速度旋转，悬浮液自中间加入到转鼓底部，固体颗粒在离心力的作用下，沉降到转鼓内壁，清液则从转鼓上部溢出。由于加入的悬浮液随转鼓一起高速旋转，所以悬浮液在转鼓内形成了一中空的垂直圆筒状液柱。颗粒在转鼓内一面随流体向上运动，一面在离心力作用下向转鼓内壁运动。

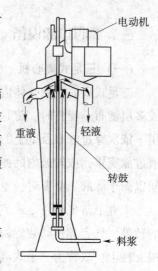

图 3-19　管式高速离心机

（二）管式离心机

管式离心机是一种能产生高强度离心力场的分离机，其结构特点是转鼓为细高的管式构型，如图 3-19 所示。常见的转鼓直径为 0.1～0.15m，长度约 1.5m，转速约为 15000r/min，分离因数为 15000～65000。管式离心机可用于分离乳浊液及含细颗粒的稀悬浮液。

管式离心机分离乳浊液，料液经加料管连续地送至转鼓，并在转鼓内自下而上地运动，届时因离心力场的作用，密度不同的两种液体将被分成内层和外层，分别称为轻液层和重液层。当轻液层和重液层旋转上升至转鼓的顶部时，将由各自的溢流口单独排出。

管式离心机分离悬浊液，悬浊液被送至转鼓内，并在转鼓内自下而上地运动，液相可由转鼓上部的溢流口连续排出，而固相只能沉积于鼓壁，并待积累到一定程度停机后卸出。

（三）碟式分离机

碟式分离机的转鼓内装有许多倒锥形碟片，碟片直径一般为 0.2～0.6m，碟片数目为 50～100 片。转鼓以 4700～8500r/min 的转速旋转，分离因数可达 4000～10000。碟式分离机可用于澄清悬浮液中少量细小颗粒以获得清净的液体，也可用于乳浊液中轻、重两相的分离。

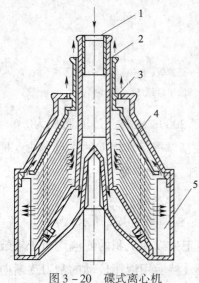

图 3-20　碟式离心机

1—乳浊液入口；2—轻液出口；3—重液出口；
4—倒锥体盘；5—隔板

1. 分离乳浊液　碟式分离机用于分离乳浊液的工作原理如图 3-20 所示。料液由空心转轴顶部进入后流到碟片组的底部。碟片上带有小孔，料液通过小孔分配到各碟片通道之间。在离心力作用下，重液逐步沉于每一碟片的下方并向转鼓外缘移动，经汇集后由重液出口连续排出。轻液则流向轴心由轻液出口排出。

2. 澄清操作　碟式分离机可以用于澄清液体。这种分离机的碟片上不开孔，料液从转动碟片的四周进入碟片间的通道并向轴心流动。同时，固体颗粒则逐渐向每一碟片的下方沉降，并在离心力作用下向碟片外缘移动。沉积在转鼓内壁的沉渣可在停车后人工卸除或间歇地用液压装置自动地排出。重液出口用垫圈堵住，澄清液体由轻液出口排出。

碟式离心机优点为分离时间短，且因操作均处于密闭的管道和容器中进行，不仅较好地避免了类似于重力沉降生产中的热气散失现象，同时也可有效地预防细菌污染，提高产品质量。因此，在制药生产中，碟式离心机应用十分广泛，例如，中药煎煮液经一次粗过滤后，即可直接进入碟式离心机进行分离和除杂，所得药液随即进入后续的浓缩设备浓缩。

三、离心过滤设备

（一）三足式离心机

三足式离心机的壳体内设有可高速旋转的转鼓，鼓壁上开有诸多小孔，内侧衬有一层或多层滤布。操作时，将悬浮液注入转鼓内，随着转鼓的高速旋转，液体便在离心力的作用下依次穿过滤布及壁上的小孔而排出，与此同时颗粒将被截留于滤布表面。待一批悬浮液过滤完毕，或转鼓内的滤渣量达到设备允许的最大值时，可停止加料并继续运转一段时间以沥干滤液。必要时，也可于滤饼表面洒以清水进行洗涤，然后停车卸料，清洗设备。

工业上常见的三足式离心机见图3-21。为减轻转鼓的摆动以及便于安装与拆卸，该机的转鼓、外壳和传动装置均被固定于下方的水平支座上，而支座则借助于拉杆被悬挂于三根支柱上，故称为三足式离心机。工作时，转鼓的高速旋转是由下方的三角带所驱动，相应的摆动则由拉杆上的弹簧所承受。

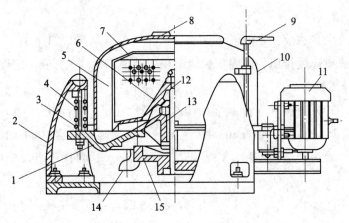

图3-21　三足式离心机示意图

1—底盘；2—支柱；3—缓冲弹簧；4—摆杆；5—鼓壁；6—转鼓底；7—拦液板；8—机盖；9—制动器手柄；

10—外壳；11—电动机；12—主轴；13—轴承座；14—滤液出口；15—制动轮

三足式离心机的转鼓直径较大，转速不是很高（小于2000r/min），过滤面积为0.6～2.7m²，与其他形式的离心机相比，它具有构造简单，可灵活掌握运转周期的优点，缺点是间歇操作，卸料人工操作劳动强度大，转动部件在机座下部，检修不便。

（二）卧式刮刀卸料离心机

卧式刮刀卸料离心机是连续操作的过滤式离心机，其结构如图3-22所示。

悬浮液从加料管进入连续运转的卧式转鼓，机内设有耙齿以使沉积的滤渣均布于转鼓壁。待滤饼达到一定厚度时，停止加料，进行洗涤、沥干。然后用液压传动的刮刀逐渐向上移动，将滤饼刮入卸料斗卸出机外，继而清洗转鼓。整个操作周期均在连续运转中完成。

刮刀卸料离心机每一操作周期约为35～90s，转速最高可达3000r/min，生产能力较大，劳动条件好。缺点是对细、黏的物料往往需要较长的过滤时间，而且使用刮刀卸料时，对晶体物料的晶形有一定程度的破坏。

（三）活塞往复式卸料离心机

活塞往复式卸料离心机是一种连续操作的过滤式离心机。离心机的加料、过滤、洗涤、沥干、卸料等操作同时在转鼓内的不同部位进行，其结构示意图如图3-23所示。料液加入旋转的锥形料斗后被洒在近转鼓底部的一小段范围内，滤液穿过滤网由滤液出口排出，颗粒被截留在滤网表面形成滤渣。

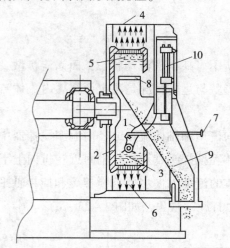

图3-22 刮刀卸料式离心式

1—进料管；2—转鼓；3—滤网；4—外壳；5—滤饼；6—滤液；

7—冲洗管；8—刮刀；9—溜槽；10—液压缸

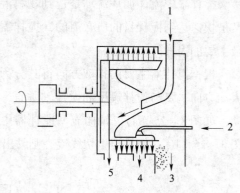

图3-23 活塞往复式卸料离心机

1—原料液；2—洗涤液；3—脱液固体；

4—洗出液；5—滤液

转鼓底部装有与转鼓一起旋转的推料活塞，其直径稍小于转鼓内壁。活塞与料斗一起作往复运动，将滤渣逐步推向加料斗的右边。该处的滤渣经洗涤、沥干后由排渣口排出。

活塞往复式卸料离心机的分离因数为300~700，每小时可处理300~25000kg的固体，生产能力大，适用于分离固体颗粒浓度较浓、粒径较大的悬浮液，在生产中得到广泛应用。

第四节 搅 拌

一、机械搅拌装置的构成

工业上，机械搅拌过程在特定的搅拌设备中进行，相应的设备称为搅拌装置。典型的搅拌装置如图3-24所示，主要由下列部分组成。

（1）搅拌槽 装盛被搅拌物的容器。搅拌槽一般为直立的圆筒槽，搅拌器通常固定于其顶盖，槽底的构型以有利于流线型流动为宜，故多为碟形底，亦可用平底。锥形底因易形成停滞区及易使悬浮着的颗粒沉聚，除特殊场合外一般不采用。为满足传热、传质及化学反应过程的需要，搅拌槽往往配置有加热或冷却夹套。

（2）搅拌器 电动机、转轴及安装在轴底的叶轮（或称推动器）。搅拌器是搅拌设备的核心部件，通常由电机直接驱动或通过减速装置传动，将机械能传给液体，推动液体运动从而实现搅拌操作。

（3）辅助部件 包括密封装置、支架、导流筒及槽壁上

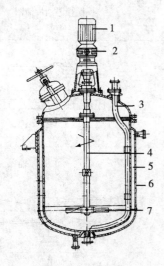

图3-24 搅拌器的装置

1—电机；2—减速器；3—加料管；

4—轴；5—夹层；6—搅拌槽；

7—搅拌器

的挡板等。

二、搅拌器的类型

（一）搅拌罐中流体的流动类型

搅拌罐中流体循环流动是达到物料混合所不可缺少的流动状态，而涡流扩散、剪切流又是快速达到搅拌目的所必需的。搅拌器的形状与运转情况是决定搅拌罐内流体流动状况最主要的因素。

根据搅拌器主要的排液方向将其分为径向流型和轴向流型。径向流型搅拌器中流体的流动方向主要与搅拌罐壁和搅拌轴垂直，流体在搅拌罐壁和搅拌轴附近转折向上下垂直流动，如图3-25（a）。轴向流型搅拌器中流体的流动方向主要与搅拌罐和搅拌轴平行，如图3-25（b）。如果产生切线流，则易出现"打旋"现象，如图3-25（c）。

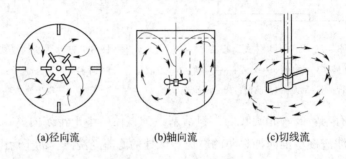

(a)径向流　　　　(b)轴向流　　　　(c)切线流

图3-25　搅拌器的流型

（二）搅拌器类型

针对不同的物料系统和不同的搅拌目的，搅拌器的结构形式很多，表3-1列出了机械搅拌器的结构形式及有关参数。

表3-1　典型搅拌器的结构形式及有关参数

搅拌器形式	搅拌器结构简图	转速（r/min）	黏度（Pa·s）	流动状态	应用范围
桨式		1~100	<2	有轴向分流和环向分流。低速时水平环向流为主；高速时以径向流为主	结构简单，常用于低黏度液体的混合、固体微粒的溶解和悬浮及气体分散等操作
螺旋桨式	轴 桨叶	100~500	<2	轴向流型，循环速率高，剪切力小	主要用于互溶液体的混合、固体的悬浮、强化搅拌槽内传热等
涡轮式		30~500	低黏度、高黏度均适用	径向流型	应用广泛，尤适用于不互溶液体的混合、气体和固体的溶解、固体的悬浮、液相反应相传热等操作

续表

搅拌器形式	搅拌器结构简图	转速（r/min）	黏度（Pa·s）	流动状态	应用范围
螺带式		0.5～50	<100	轴向流型，一般是流体沿搅拌槽壁螺旋上升再沿桨轴下降，层流状态下操作	螺带式搅拌器主要用于中、高黏度液体的混合、反应及传热等过程
锚式框式		1～100	<100	水平-环向流；层流状态操作	适用于不太强烈搅拌，必须涉及全部液体的场合，以及用于搅拌含有相当多固体的悬浮物

桨叶的大小将直接影响搅拌过程的进行。若桨叶的大小选择合理，既能供给搅拌过程所需的动力，还能提供良好的流动状态。

桨叶的大小一般以桨径大小和桨叶宽度来衡量。桨径的大小与搅拌器种类、槽径有关。根据工艺过程的要求按性能分，常用搅拌器可分为以下两类：

（1）小叶片高速搅拌器 其特点是叶片面积小、转速高。主要包括旋桨式搅拌器和涡轮式搅拌器，适用于液体黏度较低的场合；

（2）大叶片低速搅拌器 其特点是叶片面积大、转速低。主要包括桨式搅拌器、锚式搅拌器、框式搅拌器及螺带式搅拌器，适用于液体黏度较高的场合。

三、混合机制

搅拌的目的从根本上说就是利用叶轮的旋转把机械能传递给液体，造成设备内液体的强制对流，以达到均匀混合状态。因此，可以说混合是搅拌过程中最基本的过程。

液体的强制对流方式有两种，即总体流动和涡流运动。

（一）总体流动

将两种不同的液体置于槽内，开动搅拌器，搅拌器的叶轮把能量传给液体，产生高速液流，这股液流又推动周围的液体，在槽内形成一个循环流动，这种宏观流动称为总体流动。在总体流动的作用下，促进了槽内液体宏观上的均匀混合。总体流动的途径相当复杂，不同形式的搅拌器所造成的途径各不相同。

（二）涡流运动

当叶轮旋转时，所产生的高速液流通过静止的或运动速度较低的液体中时，由于高速液体和低速液体在其交界面上产生了速度梯度，使界面上的液体受到很大的剪切作用，因而产生大量旋涡，并且迅速向周围扩散，进行上下、左右、前后各方向紊乱的且又是瞬间改变速度的运动，即湍流运动。这种因涡流作用而产生的湍动可视为微观流动。液体在这种微观流动的作用下被破碎成微团，微团的尺寸取决于旋涡的大小。

综上所述，总体流动的特点是液体以较大的尺度（相当于或略小于设备尺寸）运动，且具有一定的流动方向，流动范围较大。湍流运动的特点是流体以很小的微团尺度运动，运动距离很短，且不规则湍流运动造成的混合速度远比总体统动所造成的混合速度快，随着湍动程度的增加，混合速度加快。

搅拌互溶液体时，微团的最终消失，只能靠不属于搅拌范畴的分子扩散。

实际混合过程是总体流动、涡流运动及分子扩散等的综合作用。

搅拌不互溶液体时，分散相液滴的变形、破碎依靠湍流旋涡和液体剪切力。另外，液滴的界面张力又力图阻止液滴的变形、破碎。当液滴愈小时，单位体积分散相的表面能愈大，因此，液滴在运动过程中不断地碰撞，使部分液滴凝聚成较大的液滴，大液滴被带至高剪切区又重新被破碎。这样，在搅拌过程中同时进行着液滴破碎与凝聚，并形成液滴大小不等的某种分布，若在混合液中加入少量保护胶或表面活化剂，使液滴在碰撞时难以凝聚，其结果将会使液滴尺寸趋于均一。

（三）"打旋"现象

将搅拌器安装在立式平底圆形槽的中心线上，槽壁光滑且无挡板，在低黏度液体中进行搅拌，当叶轮的旋转速度达到足够高时，无论是轴向流叶轮或是径向流叶轮，都会产生切向流动，使液体自由表面的中央向下凹，四周突起形成漏斗形的旋涡，严重时，能使全部液体围绕着搅拌器团团旋转。当叶轮的旋转速度越大，旋涡下凹的深度也越大。这种流动状态称为"打旋"，如图 3 - 25（c）所示。"打旋"时造成下列不良后果：①混合效果差，液体只随着叶轮转动，不能造成各层液体之间的相对运动，没有产生轴向混合的机会；②当搅拌固、液相悬浮液时，容易发生分层或分离，其中的固体颗粒被甩至槽壁而沉降在槽底；③当旋涡中心凹度达到一定深度后，还会造成从表面吸入空气的现象，这样就降低了被搅拌物料的表观密度，使加于物料的搅拌功率显著降低，其结果降低了搅拌效果；④"打旋"时造成搅拌功率不稳定，加剧了搅拌器的振动，易使搅拌轴受损。所以"打旋"对混合是不利的，应设法加以抑制。

四、搅拌器的强化

为达到均匀混合，搅拌器应具备两个功能：在釜内形成一个循环流动；同时希望产生强剪切或湍动。液流中湍动的强弱虽难以直接测量，但可从搅拌器所产生的压头大小反映出来。因为在容器内液体作循环流动，搅拌器对单位重量流体所提供的能量即压头，必定全部消耗在循环回路的阻力损失上。循环回路中消耗的能量越大，说明液流中旋涡运动越剧烈，内部剪应力越大，即湍动程度越高。所以提高液流的湍动程度与增加循环回路的阻力损失是一回事。为此可以从以下几方面来采取措施。

（一）提高搅拌器的转速

搅拌器的工作原理与泵的叶轮相同。搅拌器旋转所产生的压头与转速的平方成正比，因此适当提高转速可提高搅拌器旋转所产生的压头，同时可向液体提供更多的能量，从而提高搅拌效果。

（二）抑制"打旋"现象的发生

当搅拌槽内发生"打旋"现象后，几乎不产生轴向混合作用，使叶片与液体的相对运动减弱，压头降低，搅拌器的功率降低，混合效果差。为了抑制"打旋"现象，通常采用的方法有两种。

1. 在搅拌槽内装设挡板 最常用的挡板是沿容器壁面垂直安装的条形钢板，它可以有效地阻止容器内的环形流动，如图 3 – 26 所示。设置挡板后，液流在挡板后造成旋涡。这些旋涡随主体流动遍及全釜，提高了混合效果。同时，挡板可将环形流动转化为径向流动和轴向流动，并增大被搅拌液体的湍动，从而改善搅拌效果。

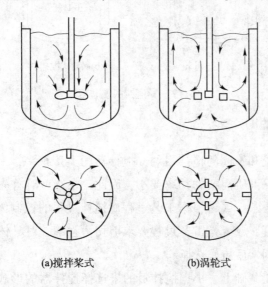

(a)搅拌桨式   (b)涡轮式

图 3 – 26 装有挡板的流动状况

挡板通常设置 4 个已足够，再多也不会进一步增强湍动。如果容器非常大，则可适当增加挡板数目。此外，搅拌槽内的温度计插管、各种形式的换热管等也在一定程度上起着挡板的作用。

2. 破坏循环回路的对称性 为了防止"打旋"现象，还可采用破坏循环回路对称性的方法，增加旋转运动的阻力，可以产生与设置挡板时相似的搅拌效果。最常用的方法有以下几种。

（1）偏心式搅拌 搅拌器不安装在槽内的中心线上，而安装在偏心位置上，借以破坏系统的对称性，使液流在各点所处压力不同，增加了液流的湍动程度，防止液面下凹，有效地防止"打旋"现象，使搅拌效果有明显的提高。但偏心搅拌容易引起振动，一般运用于小型设备。

（2）倾斜式搅拌 将搅拌器偏心倾斜安装在槽内。此种搅拌器为小型、结构简单，轻便，应用广泛，适用于药品等溶解、分散、调节 pH 和稀释等。

（3）偏心水平搅拌 对大容器可将搅拌器安装在槽的下部，这类搅拌器的搅拌轴短而细，轴的稳定性好，降低了安装要求，易于维修，寿命长，有利于底部出料。其缺点是叶轮下部至轴封处的轴上易沉积固体物料，长期操作后，结成小块物料，混入产品中影响产品质量。

3. 装设导流筒　在搅拌槽内设置导流筒，可以严格控制回流液体的速度和流动方向。导流筒的作用，不仅可以提高槽内液体的搅拌程度，加强叶轮对液体的剪切作用，而且还确立了充分的循环流型，使槽内的液体均通过导流筒内的剧烈混合区域，从而提高混合效率，消除了短路现象。

螺旋式叶轮的导流筒安装在搅拌器外面，涡轮式搅拌器的导流筒安装在搅拌器的下方，如图 3 - 27 所示。

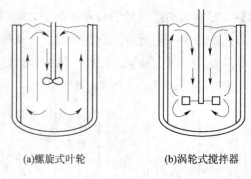

(a)螺旋式叶轮　　　　　(b)涡轮式搅拌器

图 3 - 27　导流筒的安装形式

五、搅拌装置的选型

针对不同的物料系统和不同的搅拌目的，搅拌器的类型很多，一台合适的搅拌器，既要满足搅拌目的，也要保证所需要的功率要小，因此，在选型时首先应根据工艺过程对被搅拌液体的流动条件的要求，或者根据工艺过程对搅拌过程的控制因素的要求，例如，工艺过程要求对流循环良好，或者是工艺过程要求剪切力强等，对具体的工艺过程要作具体分析，弄清过程的控制因素后再作选择。

在分析搅拌器的功能基础上，根据搅拌目的来选择搅拌器的形式，或者从一种搅拌器的功能来判断其适用于哪些搅拌过程。由于各种搅拌器的性能具有一定的共性，同样，各种搅拌过程对搅拌的要求也具共性。因此，适于某一种搅拌操作的搅拌器往往有几种形式可供选择，而同一种搅拌器也适用于几种不同的搅拌过程。

选型的方法较多，但由于影响搅拌过程的因素复杂，通常采用的选型方法多数是根据实际经验，选择习惯上应用的桨型，然后再根据常用范围选取搅拌器的主要参数。

选型时不仅要考虑搅拌过程的目的，同时，也要考虑到动力的消耗，另外，搅拌器的结构，也是选型中所要考虑的。总之，一种好的选型方法最好能满足两个条件：一个是选择结果合理；另一个是选择方法简便。但是，在实际过程中要同时具备这两个条件却难以做到。而在具体选型时，则根据工艺要求，被搅拌物料的黏度及搅拌的特性来选型。

1. 液体的黏度　由于液体的黏度对选型具有很大的影响，所以根据搅拌质黏度的大小来选型是一种基本的方法。随着黏度的变化，各种搅拌器的使用顺序为：桨式变形、桨式、涡轮式、旋桨式等。其中旋桨式又分为小容量液体时用高转速，大容量液体时用低转速。采用这种选型方法，实际上适用范围可能有重叠的，例如，桨式由于其结构简单，用挡板可以改变流型，所以在低黏度中应用比较普遍，而涡轮由于对流循环、湍流扩散和剪切力均较强，成为应用最广的一种形式。

2. 搅拌器的特性　不同形式的搅拌器在不同的转速、直径时，提供给液体的流动特性亦不同。旋桨式、桨式、涡轮式搅拌器，在没有挡板时可增加湍流强度，涡轮式更有利于获得较高的湍动，适用于大功率的场合。例如：低黏度均相液体混合时，由于旋桨式的循环能力强且消耗动力少，最适合，而涡轮式因动力消耗大，则不适合。对分散操作、固体悬浮、固体溶解、气体吸收等过程，因涡轮式具有高剪切力和较大的循环量，以涡轮式最为合适。

　　此外，还可根据不同的工艺过程，参考有关的设计手册所推荐的数据，供选型时参考。

扫码"练一练"

第四章 传 热

在制药生产中，传热过程的应用更是十分广泛，多数制药生产过程均伴有传热操作，例如，合成反应通常在一定的温度下进行，需要及时的移出反应热或向系统提供热量，中药的提取和蒸发，都需要加热；制药设备的保温，以减少热量或冷量的损失；热能的合理利用和废热的回收。仅其设备投资就占全部设备投资的30%～40%，传热过程对制药生产的正常运行具有极其重要的作用。因此，传热是制药生产过程中的常规单元操作之一。

传热是指由于温度差引起的能量转移，又称热量传递过程。根据热力学第二定律，凡是存在温度差就必然导致热量自发地从高温处向低温处传递，因此传热是自然界和制药领域中普遍存在的一种传递现象。

热的传递是由于系统内或物体温度不同而引起的。当无外功输入时，根据热力学第二定律，热总是自动地从温度较高的部分传给温度较低的部分，或是从温度较高的物体传给温度较低的物体。根据传热机理不同，传热的基本方式有三种：传导、对流和辐射。

1. 热传导　又称导热。当物体内部或两个直接接触的物体之间存在着温度差异时，物体中温度较高部分的分子因振动而与相邻的分子碰撞，并将能量的一部分传给后者，热能就从物体的温度较高部分传到温度较低部分。这种传递热量的方式称为热传导。在热传导过程中，没有物质的宏观位移。

2. 对流　又称热对流、对流传热。在流体中，主要是由于流体质点的位移和混合，将热能由一处传至另一处的传递热量的方式称为对流传热。对流传热过程中往往伴有热传导。工程中通常将流体和固体壁面之间的传热称为对流传热；若流体的运动是由于受到外力的作用（如风机、水泵或其他外界压力等）所引起，则称为强制对流；若流体的运动是由于流体内部冷、热部分的密度不同而引起的，则称为自然对流。

3. 辐射　辐射是一种通过电磁波传递能量的过程。任何物体，只要其绝对温度不为零度，都会以电磁波的形式向外界辐射能量。其热能不依靠任何介质而以电磁波形式在空间传播，当被另一物体部分或全部接受后，又重新转变为热能。这种传递热能的方式称为辐射或热辐射。

上述三种传热方式很少单独存在，而往往是同时出现的。如制药生产中广泛应用的间壁式换热器，热量从热流体经间壁（如管壁）传向冷流体的过程，是以导热和对流两种方式进行。

制药生产中对传热的要求通常有以下两种情况：一种是强化传热过程，如各种换热设备中的传热；另一种是削弱传热过程，如设备和管道的保温。

若传热系统中各点的温度仅随位置变化而不随时间变化，则这种传热过程称为稳定传热，其特点是通过某传热面的热流量为一常数，连续生产过程多为稳定传热；若传热系统中各点的温度不仅随位置发生变化，而且也随时间变化，则这种传热过程称为不稳定传热，连续生产的开、停车及间歇生产过程为不稳定传热过程。本章中除非另有说明，只讨论稳态传热。

在制药生产中，通常采用以下方法进行冷、热流体之间的热交换：一种为冷热流体直接混合交换热量；另一种为蓄热式热交换，将冷、热流体交替通过蓄热体实现热量交换；第三种方法为间壁换热，即冷、热流体通过管壁或器壁等固体壁面进行换热，制药生产中大多采用。

对于间壁换热，管壁是传递热量的中介，壁面积的大小反映传热面积的大小。

热流量（Q）又称为传热速率，即单位时间内热流体通过整个换热器的传热面传递给冷流体的热量，单位是 W。整个换热器的传热速率表征了换热器的生产能力。

热流密度或热通量（q）为单位时间内通过单位传热面积所传递的热量，单位是 W/m^2。热通量是反映传热强度的指标，又称为热流强度。

单位时间内通过换热器传递的热量与换热面积成正比，且与冷热流体之间的平均温度差成正比，即

$$Q = KA\Delta t_m \tag{4-1}$$

或

$$q = \frac{Q}{A} = \frac{\Delta t_m}{1/K} \tag{4-2}$$

式中，Q 为传热速率，W；K 为比例系数，称为总传热系数，W/（$m^2 \cdot ℃$）或 W/（$m^2 \cdot K$）；A 为与热流方向垂直的传热面积，m^2；Δt_m 为传热的平均温度差，℃ 或 K；q 为热通量，W/m^2。

式（4-1）称为传热速率方程式，它是传热计算的基本方程式。传热系数、传热面积和传热平均温度差是传热过程的三要素。

第一节 热 传 导

扫码"学一学"

热传导是由物质内部分子、原子和自由电子等微观粒子的热运动而产生的热量传递现象。非金属固体内部的热传导是通过相邻分子在碰撞时传递振动能实现的；金属固体的导热主要通过自由电子的迁移传递热量；在流体特别是气体中，热传导则是由于分子不规则的热运动引起的。

一、傅立叶定律

任一瞬间物体或系统内各点温度分布的空间，称为温度场。在同一瞬间，具有相同温度的各点组成的面称为等温面。由于空间内任一点不可能同时具有一个以上的不同温度，所以温度不同的等温面不能相交。

从任一点开始，沿等温面移动，因为在等温面上无温度变化，所以无热量传递；而沿和等温面相交的任何方向移动，都有温度变化，在与等温面垂直的方向上温度变化率最大。

在一个均匀的物体内，热量以热传导的方式沿任意方向 x 通过物体，如图 4-1 所示。取传热方向上的微分长度 dx，其温度变化为 dt，则

$$Q = -\lambda A \frac{dt}{dx} \tag{4-3}$$

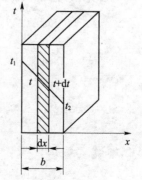
图 4-1 温度梯度与傅立叶定律

式（4－3）为傅立叶定律，$\dfrac{\mathrm{d}t}{\mathrm{d}x}$ 称为温度梯度，负号表示热流方向总是和温度梯度的方向相反，比例系数 λ 称为导热系数。

傅立叶定律表明：在热传导时，其传热速率与温度梯度及传热面积成正比。

二、导热系数

λ 作为导热系数是表示材料导热性能的一个物性参数，λ 越大，表明该材料导热越快。导热系数表征物质导热能力的大小，是物质的物理性质之一。物体的导热系数与材料的组成、结构、温度、湿度、压力及聚集状态等许多因素有关。

金属的导热系数最大，非金属次之，液体的较小，而气体的最小。各种物质的导热系数通常用实验方法测定，常见物质的导热系数可以从手册中查取。

导热性能与导电性能密切相关，一般而言，良好的导电体必然是良好的导热体，反之亦然。在所有固体中，金属的导热性能最好。大多数金属的导热系数随着温度的升高而降低，随着纯度的增加而增大，也即合金比纯金属的导热系数要低。

非金属固体的导热系数与其组成、结构的紧密程度及温度有关。大多数非金属固体的导热系数随密度增加而增大；在密度一定的前提下，其导热系数与温度呈线性关系，随温度升高而增大。

液态金属的导热系数比一般液体高，而且大多数液态金属的导热系数随温度的升高而减小。在非金属液体中，水的导热系数最大。除水和甘油外，绝大多数液体的导热系数随温度的升高而略有减小。一般说来，纯液体的导热系数比其溶液的要大。

气体的导热系数随温度升高而增大。在相当大的压力范围内，气体的导热系数与压力几乎无关。由于气体的导热系数太小，因而不利于导热，但有利于保温与绝热。工业上所用的保温材料，例如玻璃棉等，就是因为其空隙中有气体，所以导热系数低，适用于保温隔热。

三、平壁热传导

（一）单层平壁热传导

如图 4－1 所示，设有一宽度和高度均很大的平壁，厚度为 b，壁边缘处的热损失可以忽略；平壁内的温度只沿垂直于壁面的 x 方向变化，壁面两侧温度为 t_1、t_2，且 $t_1 > t_2$，而且温度分布不随时间而变化；平壁材料均匀，导热系数 λ 可视为常数（或取平均值）。

对于此种稳定的一维平壁热传导，根据傅立叶定律可知

$$Q = -\lambda A \frac{\mathrm{d}t}{\mathrm{d}x}$$

由于在热流方向上 Q、λ、A 均为常量，当 $x = 0$ 时，$t = t_1$；$x = b$ 时，$t = t_2$；且 $t_1 > t_2$。分离变量后积分，可得

$$\int_{t_1}^{t_2} \mathrm{d}t = -\frac{Q}{\lambda A} \int_0^b \mathrm{d}x$$

化简得

$$Q = \frac{\lambda}{b} A (t_1 - t_2) \tag{4-4}$$

或 $$Q = \frac{t_1 - t_2}{\frac{b}{\lambda A}} = \frac{\Delta t}{R} \qquad (4-5)$$

式中，b 为平壁厚度，m；Δt 为温度差，导热推动力，℃；R 为导热热阻，℃/W。

（二）多层平壁的热传导

以三层平壁为例，如图 4 – 2 所示。各层的壁厚分别为 b_1、b_2 和 b_3，导热系数分别为 λ_1、λ_2 和 λ_3，且均为常数。假设层与层之间接触良好，即相接触的两表面温度相同。各表面温度分别为 t_1、t_2、t_3 和 t_4，且 $t_1 > t_2 > t_3 > t_4$。

在稳定导热时，通过各层的导热速率必相等，即 $Q = Q_1 = Q_2 = Q_3$。

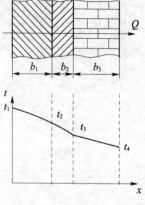

图 4 – 2 三层平壁的热传导

$$Q = \frac{\lambda_1 A(t_1 - t_2)}{b_1} = \frac{\lambda_2 A(t_2 - t_3)}{b_2} = \frac{\lambda_3 A(t_3 - t_4)}{b_3}$$

可得

$$\Delta t_1 = t_1 - t_2 = Q \frac{b_1}{\lambda_1 A}$$

$$\Delta t_2 = t_2 - t_3 = Q \frac{b_2}{\lambda_2 A}$$

$$\Delta t_3 = t_3 - t_4 = Q \frac{b_3}{\lambda_3 A}$$

$$\Delta t_1 : \Delta t_2 : \Delta t_3 = \frac{b_1}{\lambda_1 A} : \frac{b_2}{\lambda_2 A} : \frac{b_3}{\lambda_3 A} = R_1 : R_2 : R_3$$

可见，各层的温差与热阻成正比。

$$Q = \frac{\Delta t_1 + \Delta t_2 + \Delta t_3}{\frac{b_1}{\lambda_1 A} + \frac{b_2}{\lambda_2 A} + \frac{b_3}{\lambda_3 A}} = \frac{t_1 - t_4}{\frac{b_1}{\lambda_1 A} + \frac{b_2}{\lambda_2 A} + \frac{b_3}{\lambda_3 A}} \qquad (4-6)$$

式（4 – 6）为三层平壁的热传导速率方程式。

对 n 层平壁，热传导速率方程式为

$$Q = \frac{t_1 - t_{n+1}}{\sum_{i=1}^{n} \frac{b_i}{\lambda_i A}} = \frac{\sum \Delta t}{\sum R} = \frac{总推动力}{总热阻} \qquad (4-7)$$

由此可见，多层平壁热传导的总推动力为各层温度差之和，即总温度差，总热阻为各层热阻之和。

四、圆筒壁的稳定热传导

制药生产中通过圆筒壁的导热十分普遍，如圆筒形容器、管道和设备的热传导。它与平壁热传导的不同之处在于圆筒壁的传热面积随半径而变，温度也随半径而变。

（一）单层圆筒壁的稳定热传导

如图 4 – 3 所示，设圆筒的内、外半径分别为 r_1 和 r_2，内外表面分别维持恒定的温度 t_1 和 t_2，管长 L 足够长，则圆筒壁内的传热属一维稳定导热。若在半径 r 处沿半径方向取一厚

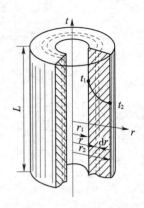

图 4 - 3 单层圆筒壁的
热传导

度为 dr 的薄壁圆筒，则其传热面积可视为定值，即 $2\pi rL$。根据傅立叶定律

$$Q = -\lambda A \frac{dt}{dr} = -\lambda(2\pi rL)\frac{dt}{dr}$$

分离变量后积分，整理得

$$Q = \frac{2\pi L\lambda(t_1 - t_2)}{\ln\frac{r_2}{r_1}} \qquad (4-8)$$

或 $\quad Q = \dfrac{2\pi L\lambda(t_1 - t_2)\cdot(r_2 - r_1)}{\ln\dfrac{r_2}{r_1}\cdot(r_2 - r_1)} = \dfrac{2\pi L\lambda r_m(t_1 - t_2)}{b}$

$$= \frac{\lambda S_m(t_1 - t_2)}{b} = \frac{t_1 - t_2}{\dfrac{b}{\lambda S_m}} = \frac{t_1 - t_2}{R} \qquad (4-9)$$

式中，b 为圆筒壁厚度，m；$b = r_2 - r_1$；S_m 为圆筒壁的对数平均面积，m^2；$S_m = 2\pi Lr_m$；r_m 为对数平均半径，m；$r_m = \dfrac{r_2 - r_1}{\ln\dfrac{r_2}{r_1}}$。

当 $r_2/r_1 < 2$ 时，可采用算术平均值 $r_m = \dfrac{r_1 + r_2}{2}$ 代替对数平均值进行计算。

（二）多层圆筒壁稳定热传导

对层与层之间接触良好的多层圆筒壁，以三层为例，如图 4 - 4 所示。假设各层的导热系数分别为 λ_1、λ_2 和 λ_3，厚度分别为 b_1、b_2 和 b_3。仿照多层平壁的热传导公式，则三层圆筒壁的导热速率方程为

$$Q = \frac{t_1 - t_4}{\dfrac{b_1}{\lambda_1 S_{m1}} + \dfrac{b_2}{\lambda_2 S_{m2}} + \dfrac{b_3}{\lambda_3 S_{m3}}} = \frac{t_1 - t_4}{R_1 + R_2 + R_3}$$

$$= \frac{t_1 - t_4}{\dfrac{\ln\dfrac{r_2}{r_1}}{2\pi L\lambda_1} + \dfrac{\ln\dfrac{r_3}{r_2}}{2\pi L\lambda_2} + \dfrac{\ln\dfrac{r_4}{r_3}}{2\pi L\lambda_3}} \qquad (4-10)$$

图 4 - 4 多层圆筒壁热传导

应当注意，在多层圆筒壁导热速率计算式中，计算各层热阻所用的传热面积不相等，应采用各自的对数平均面积。在稳定传热时，通过各层的导热速率相同，但热通量却并不相等。

第二节 对流传热

一、对流传热的分析

对流传热是在流体流动进程中发生的热量传递现象，它是依靠流体质点的移动进行热

量传递的，与流体的流动情况密切相关。制药上的对流传热，常指间壁式换热器中两侧流体与固体壁面之间的热交换，变化即流体将热量传给固体壁面或者由壁面将热量传给流体的过程称之为对流传热（或称对流给热、放热）。

流体产生流动的原因可以是流体以外力（如泵、鼓风机等）作用下而造成的强制对流，也可是由流体内部的温度差而引起流体的密度差产生的自然对流。流体的流动类型有层流与湍流两种。当流体作层流流动时，各层流体平行流动，在垂直于流体流动方向上的热量传递，主要以热传导的方式进行。而当液体为湍流流动时，无论流体主体的湍动程度多大，紧邻壁面处总有一薄层流体顺着壁面作层流流动（即层流底层），仍是以热传导方式为主进行。

由于大多数流体为热的不良导体，导热系数较小，热阻主要集中在层流底层中，因此，温度差也主要集中在该层中。在层流底层与湍流主体之间存在着一个过渡区，过渡区内的热量传递是传导与对流的共同作用。而在湍流全体中，由于流体的质点剧烈混合，可以认为无传热阻力，即温度梯度已消失。在处理上，将有温度梯度存在的区域称为传热边界层或温度边界层，当然，传热的主要热阻即在此层中。图 4 – 5 中表示对流传热时截面上的温度分布情况。热流体从其湍流主体温度经过渡区，层流内层降至该侧壁面温度 T_w，传热壁对侧温度为 t_w，又经冷流体侧的层流内层、过渡区降至冷流体湍流主体温度。

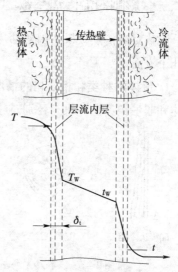

图 4 – 5 对流传热的温度分布情况

二、对流热流量方程和对流传热系数

将流体的全部温度差集中在厚度为 δ_t 的有效膜内，此有效膜的厚度 δ_t 又难以测定，所以在处理上，以 α 代替 λ/δ_t。根据傅立叶定律，即可写出任一侧流体的稳定对流传热速率为

$$Q = \alpha A \Delta t \tag{4 – 11}$$

式中，Δt 为该截面上对流传热的温度差，℃；对热流体，$\Delta t = T - T_w$；对冷流体，$\Delta t = t_w - t$；λ 为流体的平均导热系数，W/m·℃；A 为与热流方向垂直的壁面面积，m^2，在此面积上，Δt 保持不变；δ_t 为该截面处的虚拟膜厚度，m；α 为对流传热系数，W/（$m^2 \cdot$ ℃）。

式（4 – 11）称为对流传热方程式，也称为牛顿冷却定律。它适用于间壁一侧流体在温差不变的截面上的稳定对流传热。牛顿冷却定律以很简单的形式描述了复杂的对流传热过程的速率关系，将所有影响对流传热热阻的因素都归入到对流传热系数 α 中。

α 的大小反映了该侧流体对流传热过程的强度，因此，如何确定不同条件下的 α 值，是对流传热的中心问题。在不同的流动截面上，如果流体温度和流动状态发生改变，α 值也将发生变化。因此，在间壁换热器中，常取 α 的平均值作为不变量进行计算。表 4 – 1 列出几种对流传热情况下对流传热系数 α 的数值范围，供计算中参考。

表 4 – 1　对流传热系数 α 的数值范围

传热方式	α W/（m²·℃）	传热方式	α W/（m²·℃）
空气自然对流	5 ~ 25	气体强制对流	20 ~ 100
水自然对流	20 ~ 1000	水强制对流	1000 ~ 15000
水蒸气冷凝	5000 ~ 15000	有机蒸气冷凝	500 ~ 2000
水沸腾	2500 ~ 25000		

三、影响对流传热系数的主要因素

影响对流传热效果的因素都反映在对对流传热系数的影响中，这些因素主要表现在以下几个方面。

1. 流体的种类和相变化的情况　液体、气体和蒸汽的对流传热系数各不相同，牛顿型流体和非牛顿型流体也有区别。气体的对流传热系数小于液体的对流传热系数。

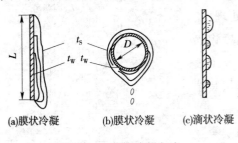

(a)膜状冷凝　　(b)膜状冷凝　　(c)滴状冷凝

图 4 – 6　蒸汽冷凝方式

流体有无相变化，对传热有不同的影响。有相变的对流传热系数小于无相变的对流传热系数。

当饱和蒸汽与低于饱和温度的壁面接触时，蒸汽放出潜热，并在壁面上冷凝成液体。蒸汽冷凝有膜状冷凝和滴状冷凝两种方式。如图 4 – 6 所示。

若冷凝液能够润湿壁面，则在壁面上形成一层完整的液膜，称为膜状冷凝，在壁面上一旦形成液膜后，蒸汽的冷凝只能在液膜的表面上进行，即蒸汽冷凝时放出的潜热，必须通过液膜后才能传给冷壁面。由于蒸汽冷凝时有相的变化，一般热阻很小，因此这层冷凝液膜往往成为膜状冷凝的主要热阻。若冷凝液膜在重力作用下沿壁面向下流动，则所形成的液膜愈往下愈厚，故壁面愈高或水平放置的管径愈大，整个壁面的平均对流传热系数也就愈小。

若冷凝液不能润湿壁面，由于表面张力的作用，冷凝液在壁面上形成许多液滴，并沿壁面落下，此种冷凝称为滴状冷凝。

在滴状冷凝时，壁面大部分的面积直接暴露在蒸汽中，可供蒸汽冷凝。由于没有大面积的液膜阻碍热流，因此滴状冷凝传热系数比膜状冷凝可高几倍甚至十几倍。

工业上遇到的大多是膜状冷凝，因此冷凝器的设计总是按膜状冷凝来处理。

另外，蒸汽的纯度对对流传热系数的影响也非常大，如果蒸汽内含有1%的不凝性气体（如空气），其对流传热系数将下降60%以上。

2. 流体的物性　不同流体的性质不同，对对流传热系数影响较大的是流体的比热容、导热系数、膨胀系数、密度和黏度等。除黏度增加，对流传热系数下降外，其余由于都是正相关。要注意流体性质不仅随流体种类变化，还与温度、压力有关。

3. 流体流动状态　当流体为湍流流动时，湍流主体中流体质点呈混杂运动，热量传递充分，随着 Re 的增大，靠近固体壁面处的层流底层厚度变薄，传热速率提高，即 α 增大。

当流体为层流流动时，流体中无混杂的质点运动，所以其 α 值较湍流时的小。

4. 流体对流起因 流体流动有强制对流和自然对流两种。强制对流是流体在泵、风机等外力作用下产生的流动，其流速 u 的改变对 α 有较大影响；自然对流是流体内部冷、热各部分的密度 ρ 不同所引起的流动。通常，强制对流的流速比自然对流的高，因而 α 也高。

5. 传热面的形状、相对位置与尺寸 传热面的形状（管、板、翅片等）、传热面的方向和布置（水平、旋转等）及流道尺寸（管径、管长等）都直接影响对流传热系数。

6. 流体的温度 流体温度对对流传热的影响表现在流体温度与壁面温度之差 Δt，流体物性随温度变化程度及附加自然对流等方面的综合影响。故计算中要修正温度对物性的影响。在传热计算过程中，当温度发生变化时用以确定物性所规定的温度称为定性温度。

第三节 传热过程计算

扫码"学一学"

制药生产中广泛采用间壁换热方法进行热量的传递。间壁换热过程由固体壁的导热和壁两侧流体的对流传热组合而成。冷、热流体通过间壁传热的过程分三步进行：热流体通过对流传热将热量传递给固体壁；固体壁以热传导方式将热量从热侧传到冷侧；热量通过对流传热将热量从壁面传给冷流体。

传热过程计算主要有两类：一类是设计计算，即根据生产要求的热负荷，确定换热器的传热面积；另一类是校核计算，即计算给定换热器的传热量、流体的流量或温度等。两者都是以换热器的热量衡算和传热速率方程为计算基础。

一、热量衡算

流体在间壁两侧进行稳定传热时，若换热器保温良好，热损失可以忽略不计，对于稳定传热过程，根据能量守恒定律，过程传递的热量必等于热流体的放热，并等于冷流体的吸热。

即

$$Q = Q_c = Q_h$$

式中，Q 为换热器的热负荷，即单位时间热流体向冷流体传递的热量，W；Q_h 为单位时间热流体放出热量，W；Q_c 为单位时间冷流体吸收热量，W。

若换热器间壁两侧流体无相变化，且流体的比热容不随温度而变或可取平均温度下的比热容时，可表示为

$$Q = W_h C_{ph} (T_1 - T_2) = W_c C_{pc} (t_2 - t_1) \tag{4-12}$$

式中，C_p 为流体的平均比热容，kJ/（kg·℃）；t 为冷流体的温度，℃；T 为热流体的温度，℃；W 为流体的质量流量，kg/h。

若换热器中的热流体有相变化，例如饱和蒸汽冷凝，则

$$Q = W_h r = W_c C_{pc} (t_2 - t_1) \tag{4-13}$$

式中，W_h 为饱和蒸汽（即热流体）的冷凝速率，kg/h；r 为饱和蒸汽的冷凝潜热，kJ/kg。

式（4-13）的应用条件是冷凝液在饱和温度下离开换热器。若冷凝液的温度低于饱和温度时，则式（4-13）变为

$$Q = W_h [r + C_{ph} (T_s - T_2)] = W_c C_{pc} (t_2 - t_1) \tag{4-14}$$

式中，C_{ph}为冷凝液的比热容，kJ/（kg·℃）；T_s为冷凝液的饱和温度，℃。

二、总传热系数 K

总传热系数必须和所选择的传热面积相对应，选择的传热面积不同，总传热系数的数值也不同。

在设计换热器时，常需预知总传热系数 K 值，此时往往先要作一估计。总传热系数 K 值主要受流体的性质、传热的操作条件及换热器类型的影响。K 的变化范围也较大。表 4 - 2 中列有几种常见换热情况下的总传热系数。

表 4 - 2　常见列管换热器传热情况下的总传热系数 K

冷 流 体	热 流 体	$K\,[\mathrm{W}/\,(\mathrm{m}^2\cdot℃)]$
水	水	850～1700
水	气体	17～280
水	有机溶剂	280～850
水	轻油	340～910
水	重油	60～280
有机溶剂	有机溶剂	115～340
水	水蒸气冷凝	1420～4250
气体	水蒸气冷凝	30～300
水	低沸点烃类冷凝	455～1140
水沸腾	水蒸气冷凝	2000～4250
轻油沸腾	水蒸气冷凝	455～1020

实际上，换热器的实际操作中，由于运转一段时间后，在传热管的内、外两侧都会有不同程度的污垢沉积，对传热产生附加热阻，使传热速率减小，总传热系数降低。由于污垢层的厚度及其导热系数难以测量，因此通常选用污垢热阻的经验值作为计算 K 值的依据。对于易结垢的流体，换热器使用过久，污垢热阻会增加到使传热速率严重下降的程度，所以换热器要根据工作条件，定期清洗。

传热过程的总热阻 $\dfrac{1}{K}$ 是由各串联环节的热阻叠加而成，减小任何环节的热阻都可提高传热系数。但是，当各环节的热阻相差较大时，总热阻的数值将主要由其中的最大热阻所决定，此时强化传热的关键在于提高该环节的传热系数。

对于间壁换热器，间壁两侧分别有热流体和冷流体进行热交换。当使用金属薄管壁时，管壁热阻可忽略；若为清洁液体，污垢热阻也可忽略，则

$$\frac{1}{K} = \frac{1}{\alpha_1} + \frac{1}{\alpha_2}$$

若 $\alpha_1 \propto \alpha_2$，则 $\dfrac{1}{K} \approx \dfrac{1}{\alpha_2}$，欲要提高 K 值，关键在于提高对流传热系数较小一侧的对流传热系数。

三、平均温度差的计算

随着传热过程的进行，换热器各截面上冷热流体的温差（$T - t$）是不同的，因此常以

Δt 表示整个传热面积的平均推动力。

在间壁式换热器中，按照参加热交换的两种流体，在沿着换热器的传热面流动时，各点温度变化的情况，可将传热过程分为恒温传热和变温传热两种。

（一）恒温传热

换热器的间壁两侧流体均有相变化时，例如蒸发器中，饱和蒸汽和沸腾液体间的传热就是恒温传热，此时，冷、热流体的温度均不变化，传热温度差亦不变化，即 $\Delta t = T - t$。

（二）变温传热

变温传热即沿传热壁面的不同位置，一侧或两侧流体的温度沿传热面不断变化。此时分两种情况，一是间壁一边流体变温而另一边流体恒温，二是间壁两侧流体都变温。变温传热时，若两流体的相互流向不同，则对温度差的影响也不相同。

1. 逆流和并流 参与热交换的两种流体在间壁的两边分别以相反的方向运动，称为逆流；参与热交换的两种流体在间壁的两边以相同的方向流动，称为并流。如图 4-7 所示，温度差沿管长发生变化，故需求出平均温度差。

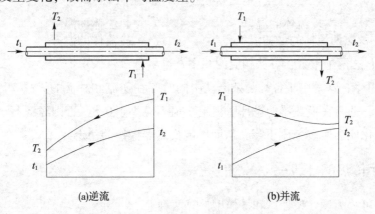

(a)逆流 (b)并流

图 4-7 变温传热时的温度差变化

对于逆流，平均温度差 Δt_m 是换热器进、出口处两种流体温度差的对数平均值，故称为对数平均温度差。即

$$\Delta t_m = \frac{\Delta t_2 - \Delta t_1}{\ln \dfrac{\Delta t_2}{\Delta t_1}} \tag{4-15}$$

对并流情况，可导出同样公式。在实际计算中一般取 Δt 大者为 Δt_2，小者为 Δt_1。当 $\Delta t_2 / \Delta t_1 < 2$ 时，可用算术平均温度差 $(\Delta t_2 + \Delta t_1) / 2$ 代替 Δt_m。

在换热器中，只有一种流体有温度变化时其并流和逆流时的平均温度差是相同的。

在换热器的传热速率 Q 及总传热系数 K 相同的条件下，因为逆流时的 Δt_m 大于并流时的 Δt_m，采用逆流操作可节省传热面积。

例如，热流体的进出口温度分别为 90℃ 和 70℃，冷流体进出口温度分别为 20℃ 和 60℃，则逆流和并流的 Δt_m 分别为

$$\Delta t_{m逆} = \frac{(90-60)-(70-20)}{\ln \dfrac{90-60}{70-20}} = 39.2℃ \qquad \Delta t_{m并} = \frac{(90-20)-(70-60)}{\ln \dfrac{90-20}{70-60}} = 30.8℃$$

逆流操作可节省加热介质或冷却介质的用量。对于上例，若热流体的出口温度不作规定，那么逆流时热流体出口温度极限可降至 20℃，而并流时的极限为 60℃，所以逆流比并

流更能释放热、冷流体的能量。

一般只有对加热或冷却的流体有特定的温度限制时，才采用并流。

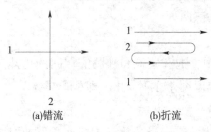

图4-8 错流和折流

2. 错流和折流 参加热交换的两种流体在间壁的两边，呈垂直方向流动称为错流。参加热交换的两种流体在间壁两边，其中之一只沿一个方向流动，称为简单折流；若两流体均作折流，或既有折流又有错流的称为复杂折流。如图4-8所示。

对于错流和折流时的平均温度差，先按逆流操作计算对数平均温度差，再乘上校正系数。即

$$\Delta t_m = \varphi \Delta t_m' \qquad (4-16)$$

式中，$\Delta t_m'$为按逆流计算的对数平均温度差，℃；φ为温度差校正系数，无因次。

温度差校正系数φ与冷、热流体的温度变化有关，是P和R两因数的函数，即

$$\varphi \Delta t = f(P, R)$$

式中，$P = \dfrac{t_2 - t_1}{T_1 - t_1} = \dfrac{冷流体的温升}{两流体的最初温度差}$；$R = \dfrac{T_1 - T_2}{t_2 - t_1} = \dfrac{热流体的温降}{冷流体的温升}$。

根据R、P这两个参数，可从相应的图中查出φ值。

φ值恒小于1，这是由于各种复杂流动中同时存在逆流和并流的缘故。因此它们的Δt_m比纯逆流时小。通常在换热器的设计中规定φ值不应小于0.8，否则经济上不合理，而且操作温度略有变化就会使φ急剧下降，从而影响换热器操作的稳定性。

四、稳定传热的计算

传热计算可分为设计型计算和操作型计算两种。

（一）设计型计算

以热流体的冷却为例。

1. 设计任务 需要将一定流量W_h的热流体自给定温度T_1冷却至T_2，已知冷流体进口温度t_1，计算传热面积及换热器其他尺寸。

2. 计算方法

（1）计算换热器的热负荷（传热速率）Q

$$Q = W_h(T_1 - T_2)$$

（2）选择流动方向和冷却介质出口温度t_2，计算Δt_m；

（3）计算总传热系数K和选定污垢热阻的大小；

（4）由总传热速率方程$Q = KS\Delta t_m$计算传热面积S。

（二）操作型计算

操作型计算通常有以下两种类型。

（1）已知换热器的传热面积和有关尺寸，冷热流体的物理性质、流量、进口温度及流体流动方式，求冷热流体的出口温度。

（2）已知换热器的传热面积和有关尺寸，冷热流体的物理性质，热流体的流量和进出口温度，冷流体的进口温度和流体流动方式，求冷流体的流量和出口温度。

（3）计算方法 总传热速率方程为

$$Q = KS\Delta t_{\text{m}} = W_{\text{h}}C_{ph}\ (T_1 - T_2) \tag{4-17}$$

热量衡算方程为

$$W_{\text{h}}C_{ph}(T_1 - T_2) = W_{\text{c}}C_{pc}(t_2 - t_1) \tag{4-18}$$

以上两式联立求解，即可求得 W_{c} 和 t_2。

类型 1 可直接通过解方程求得，类型 2 则需通过试差或迭代法逐次逼近，或采用传热效率 – 传热单元数法进行计算。

第四节 换热器

换热器是实现将热能从一种流体传至另一种流体的设备，是制药、石油、动力、食品及其他许多工业部门的通用设备，在生产中占有重要地位。按用途可分为加热器、冷却器、冷凝器、蒸发器和再沸器等。根据冷、热流体热量交换的原理和方式不同，换热器可以分为三大类，即间壁式、直接接触式和蓄热式。

一、间壁式换热器的类型

按传热面的基本特征分类，间壁式换热器可分为管式、列管（管壳）式和板式。

（一）管式换热器

1. 沉浸式蛇管换热器 这种换热器是将金属管弯绕成各种与容器相适应的形状，如图 4-9（a），并沉浸在容器内的液体中，如图 4-9（b）。蛇管换热器的优点是结构简单，能承受高压，可用耐腐蚀材料制造；其缺点是容器内液体湍动程度低，管外对流传热系数小。

为提高总传热系数，容器内可安装搅拌器。

2. 喷淋式换热器 这种换热器主要作为冷却器，将换热管成排地固定在钢架上，如图 4-10，热流体在管内流动，冷却水从上方喷淋装置均匀淋下，故也称喷淋式冷却器。喷淋式换热器的管外是一层湍动程度较高的液膜，管外对流传热系数较沉浸式增大很多。另外，这种换热器大多放置在空气流通之处，冷却水的蒸发亦可带走一部分热量，可起到降低冷却水温度、增大传热推动力的作用。和沉浸式相比，喷淋式换热器的传热效果大为改善。但占地面积大，溅洒四周，且不均匀。

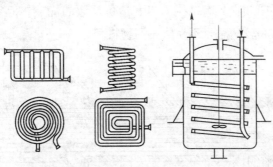

图 4-9 沉浸式蛇管换热器

3. 套管式换热器 套管式换热器是由直径不同的直管制成同心套管，并用 U 形弯头连接而成，外管亦需连接，如图 4-11 所示。每一段套管称为一程，程数可根据传热要求而增减。每程的有效长度为 4~6m，若管子太长，管中间会向下弯曲，使环形中的流体分布不均匀。

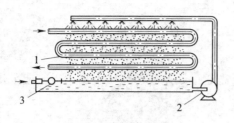 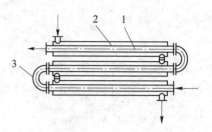

图 4 - 10　喷淋式换热器　　　　　图 4 - 11　套管式换热器

1—弯管；2—循环泵；3—控制阀　　　1—内管；2—外管；3—U 形肘管

　　套管换热器结构简单，能承受高压，应用方便（可根据需要增减管段数目）。特别是由于套管换热器同时具备总传热系数大、传热推动力大及能够承受高压力的优点，在超高压生产过程中所用的换热器几乎全部是套管式。但是，这种换热器所需材料多，占地面积大。

（二）列管式换热器

　　列管式（又称管壳式）换热器是最典型的间壁式换热器，它在工业上的应用有着悠久的历史，而且至今仍在所有换热器中占据主导地位，是应用最广泛的换热器，其用量约占全部换热设备的90%。

　　列管式换热器的突出优点是单位体积具有的传热面积大，结构紧凑、坚固、传热效果好，而且能用多种材料制造，适用性较强，操作弹性大。在高温、高压和大型装置中使用更为普遍。

　　列管式换热器主要由壳体、管束、管板和封头等组成，流体在管内每通过管束一次称为一个管程，每通过壳体一次称为一个壳程。为提高管外流体对流传热系数，通常在壳体内安装一定数量的横向折流挡板。折流挡板不仅可防止流体短路、使流体速度增加，还迫使流体按规定路径多次错流通过管束，使湍动程度大为增加。

　　列管换热器中，由于两流体的温度不同，使管束和壳体的温度也不相同，因此它们的热膨胀程度也有差别。若两流体的温度差较大（50℃以上）时，就可能由于热应力而引起设备的变形，甚至弯曲或破裂，因此必须考虑这种热膨胀的影响。根据热补偿方法的不同，列管换热器有下面几种形式。

　　1. 固定管板式换热器　固定管板式换热器如图 4 - 12 所示。所谓固定管板式即两端管板和壳体连接成一体，因此它具有结构简单和造价低廉的优点。但是由于壳程不易检修和清洗，因此壳方流体应是较洁净且不易结垢的物料。

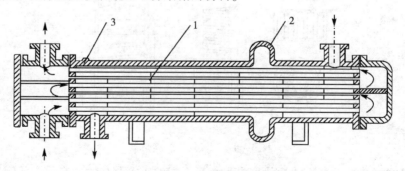

图 4 - 12　具有补偿圈的固定管板式换热器

1—挡板；2—补偿圈；3—放气嘴

列管换热器中，由于两流体的温度不同，使管束和壳体的温度也不相同，因此它们的热膨胀程度也有差别。若两流体的温度差较大（50℃以上）时，就可能由于热应力而引起设备的变形，甚至弯曲或破裂，因此必须考虑这种热膨胀的影响，应考虑热补偿。图4-12为具有补偿圈（或称膨胀节）的固定板式换热器，即在外壳的适当部位焊上一个补偿圈，当外壳和管束热膨胀不同时，补偿圈发生弹性变形（拉伸或压缩），以适应外壳和管束的不同的热膨胀程度。这种热补偿方法简单，但不宜用于两流体的温度差太大（不大于70℃）和壳方流体压力过高（一般不高于600kPa）的场合。

2. U形管换热器 U形管换热器如图4-13所示。U形管式换热器的每根换热管都弯成U形，进出口分别安装在同一管板的两侧，封头用隔板分成两室，故相当于双管程。每根管子皆可自由伸缩，而与外壳及其他管子无关。这样，每根管子皆可自由伸缩，与壳体无关，解决了温差补偿问题。

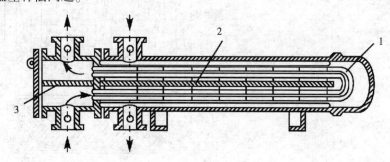

图4-13 U形管换热器

1—U形管；2—壳程隔板；3—管程隔板

这种形式的换热器的结构比较简单，重量轻，适用于高温和高压的场合。其主要缺点是管内清洗比较困难，因此管内流体必须洁净；且因管子需一定的弯曲半径，故管板的利用率较低。

3. 浮头式换热器 浮头式换热器如图4-14所示，两端管板之一不与外壳固定连接，该端称为浮头。当管子受热（或受冷）时，管束连同浮头可以自由伸缩，而与外壳的膨胀无关。浮头式换热器不但可以补偿热膨胀，而且由于固定端的管板是以法兰与壳体相连接的，因此管束可从壳体中抽出，便于清洗和检修，故浮头式换热器应用较为普遍。但该种热换器结构较复杂，金属耗量较多，造价也较高。

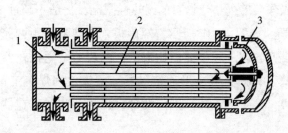

图4-14 浮头式换热器

1—管程隔板；2—壳程隔板；3—浮头

（三）板式换热器

1. 夹套式换热器 夹套装在容器外部，在夹套和容器壁之间形成密闭空间，成为一种流体的通道。如图4-15所示。夹套内通入加热剂或冷却剂，在用蒸汽进行加热时，蒸汽由上部连接管进入夹套，冷凝水由下部连接管流出。在用水进行加热或冷却时，水由下部进入，由上部流出。

夹套式换热器的优点是结构简单，加工方便。缺点是传热面积小，传热效率低。广泛用于反应器的加热和冷却。为了提高传热效果，可在容器内加搅拌器或蛇管和外循环。

2. 平板式换热器 平板式换热器是由传热板片、密封垫片和压紧装置三部分组成。如图4-16所示为矩形板片。其四角开有圆孔，形成流体通道，通过圆孔外设置或不设置圆环形垫片可使每个板间通道只留两个孔相连。冷热流体交替地在板片两侧流过，通过板片进行换热。板片厚度为0.5~3mm，通常压制成各种波纹形状，既增加刚度，又使流体分布均匀，加强湍动，提高总传热系数。

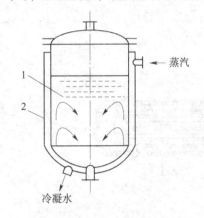

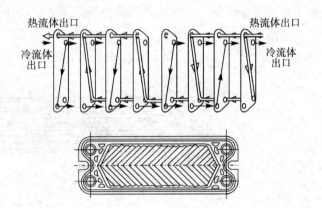

图4-15 夹套式换热器
1—容器；2—夹套

图4-16 平板式换热器

板式换热器的主要优点如下。

（1）由于流体在板片间流动湍动程度高，而且板片又薄，故总传热系数K大。例如，在板式换热器内，水对水的总传热系数可达1500~4700W/（m²·℃）。

（2）板片间隙小(一般为46mm)，结构紧凑，单位容积所提供的传热面为250~1000m²/m³；而列管式换热器只有40~150m²/m³。板式换热器的金属耗量可减少一半以上。

（3）具有可拆结构，可根据需要调整板片数目以增减传热面积。操作灵活性大，检修清洗也方便。

板式换热器的主要缺点是允许的操作压力和温度比较低。通常操作压力不超过2MPa，压力过高容易渗漏。操作温度受垫片材料的耐热性限制，一般不超过250℃。

3. 螺旋板式换热器 如图4-17所示，螺旋板式换热器是由两张平行薄金属板分别焊接在一块分隔板的两端并卷制成螺旋体而构成的，两块薄金属板在器内形成两条螺旋形通道。隔板在换热器中央，将两个螺旋形通道隔开。两板之间焊有定距柱以维持通道间距，在螺旋板两端焊有盖板。冷、热流体分别由两螺旋形通道流过，在器内作严格逆流，通过薄板进行换热。

螺旋板换热器的直径一般在1.6m以内，板宽200~1200mm，板厚2~4mm，两板间的距离为5~25mm。常用材料为碳钢和不锈钢。

螺旋板换热器的优点如下。

（1）总传热系数高。由于流体在螺旋通道中流动，在较低的雷诺值（一般Re=1400~1800，有时低到500）下即可达到湍流，并且可选用较高的流速（对液体为2m/s，气体为

20m/s），故总传热系数较大。

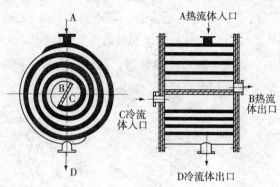

图 4-17 螺旋板式换热器

（2）不易堵塞。由于流体的流速较高，流体中悬浮物不易沉积下来，并且任何沉积物将减小单流道的横断面，因而使速度增大，对堵塞区域又起到冲刷作用，故螺旋板换热器不易被堵塞。

（3）能利用低温热源和精密控制温度。这是由于流体流动的流道长及两流体完全逆流的缘故。

（4）结构紧凑。单位体积的传热面积为列管换热器的 3 倍。

螺旋板换热器的缺点：操作压力和温度不宜太高，目前最高操作压力为 2000kPa，温度约在 400℃以下；不易检修，因整个换热器为卷制而成，一旦发生泄漏，修理内部很困难。

（四）翅片式换热器

1. 翅片管换热器 翅片管式换热器的构造特点是在管子表面上装有径向或轴向翅片。常见的翅片如图 4-18 所示。

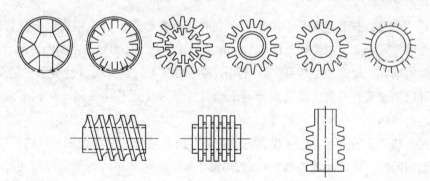

图 4-18 常见的翅片形式

当两种流体的对流传热系数相差很大时，例如用水蒸气加热空气，此传热过程的热阻主要在空气一侧。若空气在管外流动，则在管外装置翅片，既可扩大传热面积，又可增加流体的湍动程度，从而提高换热器的传热效果。当两种流体的对流传热系数之比为 3∶1 或更大时，宜采用翅片式换热器。

翅片的种类很多，按翅片高度的不同，可分为高翅片和低翅片两种，低翅片一般为螺纹管。高翅片适用于管内、对外流传热系数相差较大的场合，现已广泛地应用于空气冷却器上。低翅片适用于两流体的对流传热系数相差不太大的场合，如对黏度较大液体的加热或冷却等。

2. 板翅式换热器 板翅式换热器的结构形式很多，但其基本结构元件相同，即在两块平行的薄金属板（平隔板）间，夹入波纹状的金属翅片，两边以侧条密封，组成一个单元体。将各单元体进行不同的叠积和适当地排列，再用钎焊给予固定，即可得到常用的逆、并流和错流的板翅式换热器的组装件，称为芯部或板束，如图 4-19 所示。将带有流体进、出口的集流箱焊到板束上，就成为板翅式换热器，其材料通常用铝合金制造。目前常用的翅片形式有光直翅片、锯齿翅片和多孔翅片，如图 4-20 所示。

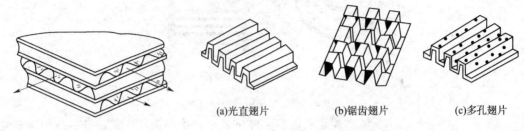

(a)光直翅片　　(b)锯齿翅片　　(c)多孔翅片

图 4-19　板翅式换热器的板束　　图 4-20　板翅式换热器的翅片形式

板翅式换热器的主要优点如下。

（1）总传热系数高，传热效果好。由于翅片在不同程度上促进了流体的湍动程度，故总传热系数高。同时冷、热流体间换热不仅以平隔板为传热面，而且大部分热量通过翅片传递，因此提高了传热效果。

（2）结构紧凑。单位体积设备提供的传热面积一般能达到 $2500m^2$，最高可达 $4300m^2$，而列管式换热器一般仅有 $160m^2$。

（3）轻巧牢固。因结构紧凑，一般用铝合金制造，故重量轻。在相同的传热面积下，其质量约为列管式换热器的十分之一。波纹形翅片不仅是传热面的支撑，而且是两板间的支撑，故其强度很高。

（4）适应性强、操作范围广。由于铝合金的导热系数高，且在零度以下操作时，其延性和抗拉强度都可提高，故操作范围广，可在热力学零度至 200℃ 的范围内使用，适用于低温和超低温的场合。适应性也较强，既可用于各种情况下的热交换，也可用于蒸发或冷凝。操作方式可以是逆流、并流、错流或错逆流同时并进等。此外还可用于多种不同介质在同一设备内进行换热。

板翅式换热器的缺点是：由于设备流道很小，故易堵塞，压降增加；换热器一旦结垢，清洗和检修很困难，所以处理的物料应较洁净或预先进行净制；由于隔板和翅片都由薄铝片制成，故要求介质对铝不发生腐蚀。

二、间壁式换热器强化传热的途径

所谓强化传热过程，就是力求用较少的传热面积或较小体积的传热设备来完成同样的传热任务以提高经济性，即提高冷、热流体间的传热速率。由传热速率方程 $Q = KA\Delta t_m$ 知，增大传热系数 K、传热面积 A、平均温度差 Δt_m，均可使传热速率提高。在换热器的设计和生产操作中，或换热器的改进中，大多从这三方面来考虑强化传热过程。

（一）扩展单位体积传热面积

合理地提高设备单位体积的传热面积，如采用翅片管、波纹管、螺纹管来代替光滑管等，从改进传热面结构和布置的角度出发加大传热面积，以达到换热设备高效、紧凑的目的。而不应单纯理解为通过扩大设备的体积来增加传热面积，或增加换热器的台数来增加传热量。

（二）增加传热温差

在制药生产上常常采用增大温差的方法来强化传热。用饱和蒸汽作加热介质，通过增加蒸汽压力来提高蒸汽温度；在水冷器中降低水温以增大温差；冷热两流体进出口温度固定不变，逆流操作增加传热温差。

但是物料的温度是由工艺条件给定的，不能任意变动；加热剂（或冷却剂）的进口温度往往也是不能改动的；冷却水的初温决定于环境气候，出口温度虽可通过增大水流量而降低，但流动阻力迅速增加，操作费用升高；由热力学第二定律，传热温差越大，有效能损失越大，所以非但不能增大温差，有时还要减小温差，以降低有效能损失。

（三）提高传热系数

增大传热系数，可以提高换热器的传热速率，增大传热系数可以通过降低换热器总热阻的方法来实现。通常，流体的对流传热热阻是传热过程的主要热阻。当间壁两侧流体的对流传热系数相差较大时，应设法强化对流传热系数较小一侧的对流传热。

1. 抑制污垢的生成或及时除垢以降低污垢热阻 污垢热阻是一个可变因素。在换热器投入使用的初期，污垢热阻很小。随着使用时间的增长，污垢将逐渐集聚在传热面上，成为阻碍传热的重要因素。因此，应通过增大流体流速等措施减弱污垢的形成和发展，并注意及时清除传热面上的污垢。

2. 提高流体的对流传热系数以降低对流热阻

（1）改变流体的流动状况

①提高流速 提高流速可增加流体流动的湍动程度，减薄层流底层，从而强化传热。如在列管式换热器中通过增加管程数和壳程中的折流板数来提高流速。

②增加人工扰流装置 在管内安放或管外套装如麻花铁、螺旋圈、盘状构件、金属丝、翼形物等以破坏流动边界层而增强传热。

（2）改变流体物性 流体物性对传热有很大影响，一般导热系数与比热较大的流体，其对流传热系数也较大。例如空气冷却器改用水冷却后，传热效果大大提高。另一种改变流体性能的方法是在流体中加入添加剂。例如在气体中加入少量固体颗粒以形成气－固悬浮体系，固体颗粒可增强气流的湍流程度；在液体中添加固体颗粒（如在油中加入聚苯乙烯悬浮物），其强化传热的机制类似于搅拌完善的液体传热；以及在蒸汽中加入硬脂酸等促进滴状冷凝而增强传热等。

（3）改变传热表面状况 通过改变传热表面的性质、形状、大小以增强传热。

①增加传热面的粗糙程度 增加传热面的粗糙程度不仅有利于强化单相流体对流传热，也有利于沸腾传热。在不同的流动和换热条件下粗糙度对传热的影响程度是不同的。不过增加粗糙度将引起流动阻力增加。

②改进表面结构 对金属管表面进行烧结、电火花加工、涂层等方法可制成多孔表面管或涂层管，可以有效地改善沸腾或冷凝传热。

③改变传热面的形状和大小 为了增大对流传热系数，可采用各种异形管，如椭圆管、波纹管、螺旋管和变截面管等。由于传热表面形状的变化，流体在流动中将不断改变流动方向和流动速度，促进湍流形成，减薄边界层厚度，从而加强传热。

扫码"练一练"

第五章　蒸　发

工业上常用的蒸发方法是将稀溶液加热至沸腾，使其中一部分溶剂气化获得浓溶液，这种过程称为蒸发，用来进行蒸发的设备称为蒸发器。

（1）蒸发操作的目的　获得浓缩的溶液直接作为药物成品或半成品；脱除溶剂，将溶液增溶至饱和状态，随后加以冷却，析出固体产物，即采用蒸发、结晶的联合操作以获得固体溶质；除杂质，获得纯净的溶剂。

（2）蒸发的流程　如图 5 - 1 为一典型的蒸发操作装置示意图。稀溶液（料液）经过预热加入蒸发器。蒸发器的下部是由许多加热管组成的加热室，在管外用加热蒸汽加热管内的溶液，并使之沸腾气化，经浓缩后的完成液从蒸发器底部排出。蒸发器的上部为蒸发室，气化所产生的蒸汽在蒸发室及其顶部的除沫器中将其中夹带的液沫分离，然后送往冷凝器被冷凝而除去。

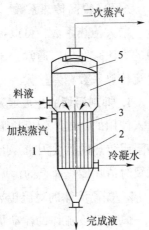

图 5 - 1　液体蒸发流程
1—加热室；2—加热管；
3—中央循环管；4—蒸发室；
5—除沫器

蒸发操作可以是连续的，也可以是间歇的，工业上大量物料的蒸发通常采用的是连续的、定态的过程。

（3）加热蒸汽（生蒸汽）和二次蒸汽　蒸发需要不断的供给热能。工业上采用的热源通常为水蒸气，而蒸发的物料大多是水溶液，蒸发时产生的蒸汽也是水蒸气。为了区别，将加热的蒸汽称为加热蒸汽，而由溶液蒸发出来的蒸汽称之为二次蒸汽。

（4）蒸发分类　按蒸发操作空间的压力可分为常压、加压和减压（真空）蒸发；按二次蒸汽的利用情况可以分为单效蒸发和多效蒸发。

单效蒸发是指所产生的二次蒸汽不再利用，而直接送冷凝器冷凝以除去蒸发操作产生的蒸汽。

多效蒸发是指将产生的二次蒸汽通到另一压力较低的蒸发器作为加热蒸汽，可以提高加热蒸汽的利用率。通常将多个蒸发器串联，使加热蒸汽在蒸发过程中得到多次利用。

（5）蒸发操作的特点　从以上对蒸发过程的简单介绍可以看出，常见的蒸发实质上是间壁两侧分别有蒸汽冷凝和液体沸腾的传热过程，所以蒸发器也是一种传热器，但是和一般的传热过程相比，蒸发操作需要注意以下几点。

①沸点升高　蒸发的物料是溶有不挥发溶质的溶液，当加热蒸汽温度一定时，蒸发溶液时的传热温差就比蒸发纯溶剂时要小，而溶液的浓度越大，这种影响就越显著。

②节约能源　蒸发时气化的溶剂量是较大的，需要消耗大量的加热蒸汽。

③物料的工艺特性　蒸发的溶液本身具有某些特性，例如有些物料在浓缩时可能结垢或者结晶析出；有些热敏性物料在高温下易分解变质（如中药提取液）；有些则具有较大的黏度或者有较强的腐蚀性等。

同时还应考虑从二次蒸汽中分离夹带液沫的问题。

第一节 单效蒸发

一、单效蒸发流程

蒸发流程由两个部分组成，即由加热溶液使之沸腾气化和连续移除二次蒸汽的过程所组成。蒸发过程分别在蒸发器和冷凝器中完成。

图 5 - 2 为一典型的单效蒸发装置示意图。蒸发器由加热室和分离室两部分组成。加热室为列管式换热器，加热蒸汽在加热室的管间冷凝，放出的热量通过管壁传给列管内的溶液，使其沸腾并气化，气液混合物则在分离室中分离，其中液体又落回加热室，当浓缩到规定浓度后排出蒸发器。分离室分离出的蒸汽，先经顶部除沫器除液，再进入混合冷凝器与冷水相混，被直接冷凝后，通过大气腿排出。不凝性气体经分离器和缓冲罐由真空泵排出。

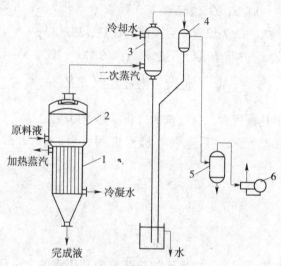

图 5 - 2　单效蒸发装置示意图

1—加热室；2—分离室；3—混合冷凝器；4—分离器；5—缓冲罐；6—真空泵

二、单效蒸发的计算

对于单效蒸发，在给定的生产任务和确定了操作条件以后，通常需要计算以下内容：水分的蒸发量、加热蒸汽消耗量、蒸发器的传热面积。可应用物料衡算方程、热量衡算方程和传热速率方程来解决。

（一）蒸发水量的计算

对图 5 - 3 所示蒸发器进行溶质的物料衡算，可得

$$Fx_0 = (F - W) x_1 = Lx_1 \tag{5-1}$$

由此可得水的蒸发量

$$W = F \left(1 - \frac{x_0}{x_1}\right) \tag{5-2}$$

完成液的浓度

$$x_1 = \frac{Fx_0}{F - W} \qquad (5-3)$$

式中，F 为原料液量，kg/h；W 为蒸发水量，kg/h；L 为完成液量，kg/h；x_0 为原料液中溶质的浓度，质量分数；x_1 为完成液中溶质的浓度，质量分数。

（二）加热蒸汽消耗量的计算

加热蒸汽用量可通过热量衡算求得，即对图 5-3 作热量衡算可得

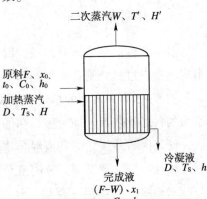

图 5-3 单效蒸发器物料衡算示意

$$DH + Fh_0 = WH' + Lh_1 + Dh_c + Q_L \qquad (5-4)$$

$$或 \quad Q = D\,(H - h_c) = WH' + Lh_1 - Fh_0 + Q_L \qquad (5-4a)$$

式中，H 为加热蒸汽的焓，kJ/kg；H' 为二次蒸汽的焓，kJ/kg；h_0 为原料液的焓，kJ/kg；h_1 为完成液的焓，kJ/kg；h_c 为加热室排出冷凝液的焓，kJ/h；Q 为蒸发器的热负荷或传热速率，kJ/h；Q_L 为热损失，可取 Q 的某一百分数，kJ/kg；C_0、C_1 为原料、完成液的比热，kJ/（kg·℃）。

考虑溶液浓缩热不大，并将 H' 取 t_1 下饱和蒸汽的焓，则式（5-4a）可写成

$$D = \frac{FC_0\,(t_1 - t_0) + Wr' + Q_L}{r} \qquad (5-5)$$

式中，r、r' 为分别为加热蒸汽和二次蒸汽的气化潜热，kJ/kg。

若原料由预热器加热至沸点后进料（沸点进料），即 $t_0 = t_1$，并不计热损失，则式（5-5）可写为

$$D = \frac{Wr'}{r} \qquad (5-6)$$

$$或 \qquad \frac{D}{W} = \frac{r'}{r} \qquad (5-6a)$$

式中，D/W 称为单位蒸汽消耗量，它表示加热蒸汽的利用程度，也称蒸汽的经济性。由于蒸汽的气化潜热随压力变化不大，故 $r = r'$。对单效蒸发而言，$D/W = 1$，即蒸发 1kg 水需要约 1kg 加热蒸汽，实际操作中由于存在热损失等原因，$D/W > 1$。可见单效蒸发的能耗很大，是很不经济的。

（三）传热面积的计算

蒸发器的传热面积可通过传热速率方程求得，即

$$Q = K \cdot A \cdot \Delta t_m \qquad (5-7)$$

$$或 \qquad K = \frac{Q}{A\Delta t_m} \qquad (5-7a)$$

式中，A 为蒸发器的传热面积，m^2；K 为蒸发器的总传热系数，W/（m^2·K）；Δt_m 为传热平均温度差，℃；Q 为蒸发器的热负荷，W 或 kJ/kg。

式（5-7）中，Q 可通过对加热室作热量衡算求得。若忽略热损失，Q 即为加热蒸汽冷凝放出的热量，即

$$Q = D\,(H - h_c) = Dr \qquad (5-8)$$

（四）传热平均温度差 Δt_m 的确定

在蒸发操作中，蒸发器加热室一侧是蒸汽冷凝，另一侧为液体沸腾，因此其传热平均

温度差应为

$$\Delta t_m = T - t_1 \tag{5-9}$$

式中，T 为加热蒸汽的温度，℃；t_1 为操作条件下溶液的沸点，℃。

溶液的沸点不仅受蒸发器内液面压力影响，而且受溶液浓度、液位深度等因素影响。因此，在计算 Δt_m 时需考虑这些因素。

1. 溶液浓度的影响 溶液中由于有溶质存在，因此其蒸汽压比纯水的低。在一定压力下，水溶液的沸点比纯水高，它们的差值称为溶液的沸点升高引起的温度差损失，以 Δ' 表示。影响 Δ' 的主要因素为溶液的性质及其浓度，有机物溶液的 Δ' 较小；无机物溶液的 Δ' 较大；稀溶液的 Δ' 不大，但随浓度增高，Δ' 值增高较大。

2. 液柱静压头的影响 蒸发器操作需维持一定液位，这样液面下的压力比液面上的压力（分离室中的压力）高，即液面下的沸点比液面上的高，二者之差称为液柱静压头引起的温度差损失，以 Δ'' 表示。为简便计，以液层中部（料液一半）处的压力进行计算。根据流体静力学方程，液层中部的压力 p_{av} 为

$$p_{av} = p' + \frac{\rho_{av} \cdot g \cdot h}{2} \tag{5-10}$$

式中，p' 为溶液表面的压强，即蒸发器分离室的压强，Pa；ρ_{av} 为溶液的平均密度，kg/m^3；h 为液层高度，m。

则由液柱静压引起的沸点升高 Δ'' 为

$$\Delta'' = t_{av} - t_b \tag{5-11}$$

式中，t_{av} 为液层中部 p_{av} 压力下溶液的沸点，℃；t_b 为分离室压力下溶液的沸点，℃。

近似计算时，式（5-11）中的 t_{av} 和 t_b 可分别用相应压力下水的沸点代替。

3. 管道阻力的影响 倘若设计计算中温度以另一侧的冷凝器的压力（即饱和温度）为基准，则还需考虑二次蒸汽从分离室到冷凝器之间的压降所造成的温度差损失，以 Δ''' 表示。显然，Δ''' 值与二次蒸汽的速度、管道尺寸以及除沫器的阻力有关。由于此值难于计算，一般取经验值为1℃，即 $\Delta''' = 1$℃。

考虑了上述因素后，操作条件下溶液的沸点 t_1，即可用式（5-12）求取

$$t_1 = t_c' + \Delta' + \Delta'' + \Delta''' \tag{5-12}$$

或

$$t_1 = t_c' + \Delta \tag{5-12a}$$

式中，t_c' 为冷凝器操作压力下的饱和水蒸气温度，℃；Δ 为总温度差损失，℃；$\Delta = \Delta' + \Delta'' + \Delta'''$。

（五）总传热系数 K 的确定

蒸发器的总传热系数可按式（5-13）计算

$$K = \frac{1}{\dfrac{1}{\alpha_i} + R_i + \dfrac{b}{\lambda} + R_0 + \dfrac{1}{\alpha_0}} \tag{5-13}$$

式中，α_i 为管内溶液沸腾的对流传热系数，W/（$m^2 \cdot$℃）；α_0 为管外蒸汽冷凝的对流传热系数，W/（$m^2 \cdot$℃）；R_i 为管内污垢热阻，$m^2 \cdot$℃/W；R_0 为管外污垢热阻，$m^2 \cdot$℃/W；$\dfrac{b}{\lambda}$ 为管壁热阻，$m^2 \cdot$℃/W。

R_i 和 α_i 为蒸发设计计算和操作中的主要问题。由于蒸发过程中，加热面处溶液中的水

分气化，浓度上升，因此溶液很易超过饱和状态，溶质析出并包裹固体杂质，附着于表面，形成污垢，所以 R_i 往往是蒸发器总热阻的主要部分。为降低污垢热阻，常采用的措施有：定期清理加热管，加快流体的循环速度，加入微量阻垢剂以延缓形成垢层；在处理有结晶析出的物料时可加入少量晶种，使结晶尽可能地在溶液的主体中，而不是在加热面上析出。

污垢热阻 R_i 目前仍需根据经验数据确定。管内溶液沸腾对流传热系数 α_i 也是影响总传热系数的主要因素。影响 α_i 的因素很多，如溶液的性质，沸腾传热的状况，操作条件和蒸发器的结构等。目前蒸发器的总传热系数仍主要靠现场实测，以作为设计计算的依据。表 5 - 1 中列出了常用蒸发器总传热系数的大致范围。

表 5 - 1　常用蒸发器总传热系数 K 的经验值

蒸发器形式	总传热系数 [W/ (m² · K)]
中央循环管式	580 ~ 3000
带搅拌的中央循环管式	1200 ~ 5800
悬筐式	580 ~ 3500
自然循环	1000 ~ 3000
强制循环	1200 ~ 3000
升膜式	580 ~ 5800
降膜式	1200 ~ 3500
刮膜式，黏度 1mPa · s	2000
刮膜式，黏度 100 ~ 10000 mPa · s	200 ~ 1200

三、减压蒸发

减压蒸发又称真空蒸发，是在低于大气压强下进行蒸发操作的蒸发处理方法。将二次蒸汽经过冷凝器后排出，这时蒸发器内的二次蒸汽即可形成负压。减压蒸发具有以下优点。

（1）由于溶液沸点的高低取决于操作压强，当溶液在减压下的沸点比在常压下低，对加热蒸汽的压强一定（温度也一定）时，采用真空蒸发则可降低溶液的沸点，从而提高了传热有效温度差，增加了推动力，对一定的热流量蒸发器的传热面积可减少，强化了蒸发操作。

（2）对加热热源的要求可降低，提供了可以利用低压蒸汽或废热蒸汽作热源的可能性。

（3）由于操作压强低于常压，溶液沸点下降，可减少或防止热敏性物科的分解，可以浓缩不耐高温的溶液，宜用于处理热敏性溶液。

（4）由于降低了溶液沸点，可减少蒸发器的热损失。

减压蒸发的缺点需要增加一套抽真空的装置，以保持蒸发器中的真空度，这样增加了额外的能量消耗，真空度愈高，消耗能量也愈大。同时，溶液沸点下降，黏度也随之增大，使对流传热系数减少，导致总传热系数降低。在蒸发操作中选择合适的蒸发器的压力，应通过经济核算来确定。

四、蒸发器的生产强度

（一）蒸发器生产强度的定义

蒸发器的生产能力仅反映蒸发器生产量的大小，蒸发器的生产强度简称蒸发强度，是

指单位时间单位传热面积上所蒸发的水量。即

$$u = \frac{W}{S}$$ (5-14)

式中，u 为蒸发强度，kg/（m²·h）；W 为蒸发的水量，kg；S 为传热面积，m²。

蒸发强度通常可用于评价蒸发器的优劣，当蒸发 W 任务一定时，生产强度越大，所需要的传热面积越少，即设备的投资就越低。因此，它反映了蒸发操作的设备性能，也是蒸发操作的重要经济指标之一。

对多数物系，当沸点进料，若不计热损失和浓缩热，可得

$$u = \frac{W}{S} = \frac{K\Delta t_{m}}{r}$$ (5-15)

由式（5-15）可知，提高蒸发强度的主要途径是提高总传热系数 K 和传热温度差 Δt_{m}。

（二）提高蒸发强度的途径

1. 提高传热温度差 提高传热温度差可提高热源的温度或降低溶液的沸点等角度考虑，可以采用下列措施实现。

（1）真空蒸发。

（2）高温热源 提高 Δt_{m} 的另一个措施是提高加热蒸汽的压强，但这时要对蒸发器的设计和操作提出严格要求。一般加热蒸汽压强不超过 0.6~0.8MPa。对于某些物料如果加压蒸汽仍不能满足要求时，则可选用高温导热油、熔盐或改用电加热，以增大传热推动力。

2. 提高总传热系数 蒸发器的总传热系数主要取决于溶液的性质、沸腾状况、操作条件以及蒸发器的结构等。合理设计蒸发器以实现良好的溶液循环流动，及时排除加热室中不凝性气体，定期清洗蒸发器特别是加热室内管，均是提高和保持蒸发器在高强度下操作的重要措施。

第二节　多效蒸发

扫码"学一学"

在单效蒸发过程中，每蒸发 1kg 的水需要消耗 1kg 以上的加热蒸汽，在生产规模中，蒸发大量的水分时则必需消耗大量的加热蒸汽。为了节省加热蒸汽的消耗，可采用多效蒸发。

一、多效蒸发流程

多效蒸发中第一效加入加热蒸汽，从第一效产生的二次蒸汽作为第二效的加热蒸汽，而第二效的加热室相当于第一效的冷凝器，从第二效产生的二次蒸汽又作为第三效的加热蒸汽，如此串联多个蒸发器，就组成了多效蒸发。由于多效操作中蒸发室的操作压力是逐效降低的，故在生产中的多效蒸发器的末效与真空装置连接。各效的加热蒸汽温度和溶液的沸点也是依次降低的，而完成液的浓度是逐效增加的。最后一效的二次蒸汽进入冷凝器，用水冷却冷凝成水而移除。

为了合理利用有效温差，并根据处理物料的性质，通常多效蒸发有下列三种操作流程。

（一）并流流程

图5-4为并流加料三效蒸发的流程。这种流程的优点为：料液可藉相邻二效的压力差

自动流入后一效,而不需用泵输送,同时,由于前一效的沸点比后一效的高,因此当物料进入后一效时,会产生自蒸发,这可多蒸出一部分水汽。这种流程的操作也较简便,易于稳定。但其主要缺点是传热系数会下降,这是因为后续各效的浓度会逐渐增高,但沸点反而逐渐降低,导致溶液黏度逐渐增大。

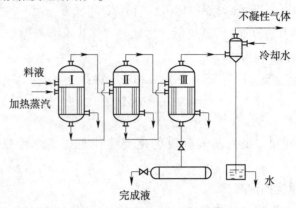

图5-4 并流加料三效蒸发流程

(二)逆流流程

图5-5为逆流加料三效蒸发流程,其优点是:各效浓度和温度对溶液的黏度的影响大致相抵消,各效的传热条件大致相同,即传热系数大致相同。缺点是:料液输送必须用泵,另外,进料也没有自蒸发。一般这种流程只有在溶液黏度随温度变化较大的场合才被采用。

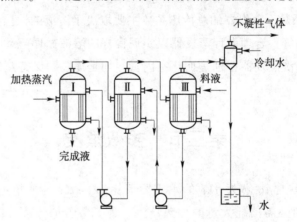

图5-5 逆流加料三效蒸发流程

(三)平流流程

图5-6为平流加料三效蒸发流程,其特点是蒸汽的走向与并流相同,但原料液和完成液则分别从各效加入和排出。这种流程适用于处理易结晶物料,例如食盐水溶液等的蒸发。

二、多效蒸发的计算

多效蒸发需要计算的内容有:各效蒸发水量、加热蒸汽消耗量及传热面积。由于多效蒸发的效数多,计算中未知数量也多,所以计算远较单效蒸发复杂。因此目前已采用电子计算机进行计算。但基本依据和原理仍然是物料衡算、热量衡算及传热速率方程。由于计算中出现未知参数,因此计算时常采用试差法,其步骤如下。

(1)根据物料衡算求出总蒸发量。

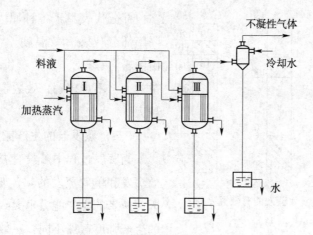

图 5 – 6 平流加料三效蒸发流程

（2）根据经验设定各效蒸发量，再估算各效溶液浓度。通常各效蒸发量可按各效蒸发量相等的原则设定，即

$$W_1 = W_2 = \cdots\cdots = W_n \tag{5 – 16}$$

并流加料的蒸发过程，由于有自蒸发现象，则可按如下比例设定

若为两效 $\qquad\qquad W_1 : W_2 = 1 : 1.1 \tag{5 – 17}$

若为三效 $\qquad\qquad W_1 : W_2 : W_3 = 1 : 1.1 : 1.2 \tag{5 – 18}$

根据设定得到各效蒸发量后，即可通过物料衡算求出各完成液的浓度。

（3）设定各效操作压力以求各效溶液的沸点。通常按各效等压降原则设定，即相邻两效间的压差为

$$\Delta p = \frac{p_1 - p_c}{n} \tag{5 – 19}$$

式中，p_1 为加热蒸汽的压强，Pa；p_c 为冷凝器中的压强，Pa；n 为效数。

（4）应用热量衡算求出各效的加热蒸汽用量和蒸发水量。

（5）按照各效传热面积相等的原则分配各效的有效温度差，并根据传热效率方程求出各效的传热面积。

（6）校验各效传热面积是否相等，若不等，则还需重新分配各效的有效温度差，重新计算，直到相等或相近时为止。

三、多效蒸发与单效蒸发的比较

评价蒸发过程的两个主要技术经济指标：能耗与蒸发器的生产强度。能耗主要是指加热蒸汽的消耗量，它是关系到操作费用高低的主要指标之一。生产强度则决定了设备投资的大小，生产强度大，蒸发一定量溶液所需的传热面积少，整个蒸发装置小，设备投资少。对于多效蒸发装置来说，需考虑操作费与设备费总和为最小的原则来权衡最佳的效数。

（一）溶液的温度差损失

单效和多效蒸发过程中均存在温度差损失。若单效和多效蒸发的操作条件相同，即二者加热蒸汽压力相同，则多效蒸发的温度差损失较单效时的大。图 5 – 7 为单效、多效蒸发的有效温差及温度差损失的变化情况。

图 5 – 7 中总高代表加热蒸汽温度与冷凝器中蒸汽温度之差，即 130℃ – 50℃ = 80℃。

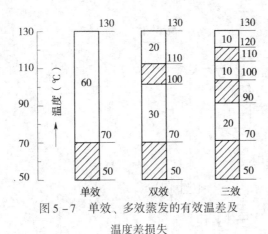

图 5 - 7　单效、多效蒸发的有效温差及
温度差损失

空白部分代表由于各种原因引起的温度损失，阴影部分代表有效温度差（即传热推动力）。由图 5 - 7 可见，多效蒸发中的温度差损失较单效大。不难理解，效数越多，温度差损失将越大。

（二）蒸发器的生产能力和生产强度

当蒸发过程中若没有温度差损失时，则三效蒸发和单效蒸发的热流量基本上是相同的，因此两者的生产能力也大致相同。但是，两者的生产强度截然不同，三效蒸发时的生产强度仅为单效蒸发时的 1/3 左右。在实际生产中，由于多效蒸发时的温度差损失大于单效蒸发时的，故多效蒸发时的生产能力和生产强度均低于单效蒸发时的。效数越多，温度差损失越大，蒸发装置的生产能力愈小。同时，随着效数增加，蒸发器的生产强度降低很快，致使设备投资迅速增加。

（三）多效蒸发效数的限制

表 5 - 2 列出了不同效数蒸发的单位蒸汽消耗量。随着效数的增加，单位蒸汽的消耗量会减少，即操作费用降低，但是有效温度差也会减少（即温度差损失增大），使设备投资费用增大。因此必须合理选取蒸发效数，使操作费和设备费之和为最少。

表 5 - 2　不同效数蒸发的单位蒸汽消耗量

	单效	双效	三效	四效	五效
$(D/W)_{min}$ 的理论值	1	0.5	0.33	0.25	0.2
$(D/W)_{min}$ 的实测值	1.1	0.57	0.4	0.3	0.27

可见，多效蒸发 $\dfrac{D}{W}$ 说明蒸发同样数量的水分 W，采用多效蒸发时为小，可节省生蒸汽用量，提高生蒸汽的利用率，但是加热蒸汽利用率的提高是以降低蒸发强度为代价的，效数增加，蒸发强度降低，以及温差增加，使得效数不能随意增加，一般常见 2 ~ 3 效。同时，效数增加，设备费用都成倍增大，因此，必须对设备费和操作费进行权衡以决定合理的效数。这是最优化设计的内容之一。

四、蒸发过程的节能措施

（一）多效蒸发

采用多效蒸发，由于生产给定的总蒸发水量 W 分配于各个蒸发器中，而只有第一效才使用加热蒸汽，故加热蒸汽的经济性大大提高。

（二）外蒸汽的引出

将蒸发器中蒸出的二次蒸汽引出（或部分引出），作为其他加热设备的热源，例如用来加热原料液等，可大大提高加热蒸汽的经济性，同时还降低了冷凝器的负荷，减少了冷却水量。

（三）热泵蒸发

将蒸发器蒸出的二次蒸汽用压缩机压缩，提高它的压强，倘若压强又达加热蒸汽压强时，则可送回入口，循环使用。加热蒸汽只作为启动或补充泄漏、损失等用。因此节省了大量加热蒸汽，热泵蒸发的流程如图 5-8 所示。

（四）冷凝水显热的利用

蒸发器加热室排出大量高温冷凝水，这些水理应返回锅炉房重新使用，这样既节省能源又节省水源。但应用这种方法时，应注意水质监测，避免因蒸发器损坏或阀门泄漏，污染锅炉补水系统。当然高温冷凝水还可用于其他加热或需工业用水的场合。

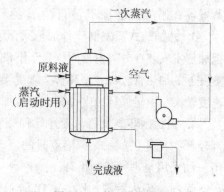

图 5-8　热泵蒸发流程

第三节　蒸发设备

扫码"学一学"

一、蒸发器

制药生产中蒸发器有多种结构形式，基本构成为：蒸发器、冷凝器和除沫器等。蒸发器主要由加热室及分离器组成，按加热室结构和操作溶液流动情况，可分为循环型（非膜式）、单程型（膜式）蒸发器。

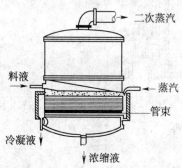

图 5-9　水平列管式蒸发器

（一）循环型蒸发器

常用的循环型蒸发器主要有以下几种。

1. 水平列管式蒸发器　加热管为无缝钢管或铜管，管内通加热蒸汽，管束没于溶液中，溶液在列管外沸腾蒸发并作无组织的自然对流。如图 5-9 所示。

水平列管式蒸发器具有较大的传热表面与气液分离空间。但清洗污垢比较困难，同时溶液自然循环时受到横管阻拦而减弱。适用于蒸发不起泡沫、不析出固体和黏性较低的溶液。

2. 垂直短管–中央循环管式（标准式）　中央循环管式蒸发器为最常见的蒸发器，其结构如图 5-1 所示，它主要由加热室、蒸发室、中央循环管和除沫器组成。蒸发器的加热器由垂直管束构成，管束中央有一根直径较大的管子，称为中央循环管，其截面积一般为管束总截面积的 40% ~ 100%。当加热蒸汽（介质）在管间冷凝放热时，由于加热管束内单位体积溶液的受热面积远大于中央循环管内溶液的受热面积，因此，管束中溶液的相对气化率就大于中央循环管的气化率，所以管束中的气液混合物的密度远小于中央循环管内气液混合物的密度。这样造成了混合液在管束中向上，在中央循环管向下的自然循环流动。混合液的循环速度与密度差和管长有关。密度差越大，加热管越长，循环速度越大。但这类蒸发器受总高限制，通常加热管为 1~2m，直径为 25~75mm，长径比为 20~40。

中央循环管蒸发器的主要优点是：结构简单、紧凑，制造方便，操作可靠，投资费用少。缺点是：清理和检修麻烦，溶液循环速度较低，一般仅在 0.5m/s 以下，传热系数小。它适用于黏度适中，结垢不严重，有少量的结晶析出及腐蚀性不大的场合。中央循环管式蒸发器在制药工业上的应用较为广泛。

3. 外加热式蒸发器　外加热式蒸发器如图 5 - 10 所示，以加热室与分离室分开为特点，把加热室安装在分离室外面，易于清洗、更换，同时，还有利于降低蒸发器的总高度，这种蒸发器的加热管较长，循环管又未受蒸汽加热，这两点均有利于液体在器内的循环，使循环速度较大。由于循环速度提高，造成加热面附近的溶液浓度梯度差较小，有利于减轻结垢。

4. 强制循环蒸发器　上述几种蒸发器均属于自然循环型蒸发器，溶液的循环速度一般都较低，尤其在蒸发黏稠溶液时的流动速度更低，为了提高循环速度，可借助于外力的作用，如采用泵进行强制循环。

强制循环蒸发器如图 5 - 11 所示，循环速度一般为 1.5 ~ 3.5m/s，有时可高达5m/s左右。由于循环速度大，其传热系数较自然循环蒸发器的大，但其动力消耗较大，每 $1m^2$ 传热面积耗费的功率为 0.4 ~ 0.8kW。

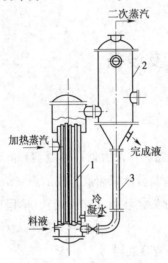

图 5 - 10　外加热式蒸发器

1—加热室；2—蒸发室；3—循环管

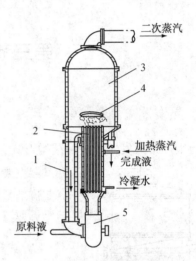

图 5 - 11　强制循环蒸发器

1—循环管；2—加热室；3—蒸发室；
4—除沫器；5—循环泵

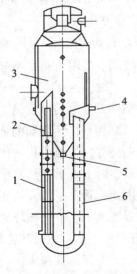

图 5 - 12　列文蒸发器

1—加热管；2—沸腾段；3—分离空间；4—加料管；5—完成液出口；6—循环管

这类蒸发器可用于处理高黏度、易结垢以及有结晶析出的溶液。

综上所述，上面讨论的四类蒸发器中的水平列管式蒸发器属于无组织的自然对流型，中央循环管式、外加热式是有组织的自然对流型，第四类则为强制对流型。

提高循环速度的重要性在于提高沸腾传热系数，降低单程气化率，在同样蒸发能力下（单位时间的溶剂气化量），循环速度愈大，单位时间通过加热管的液体量愈多，溶液一次通过加热管后气化的百分数（气化率）也愈低。这样，可以减轻溶液在加热管壁面附近的局部浓度增高现象，还可延缓加热面上的结垢现象，溶液浓度愈高，用于减少结垢所需的循环速度愈大。

5. 列文蒸发器　为了提高在自然对流条件下的循环速度，使蒸发器更适用于易结晶和黏度大的溶液，可用列文蒸发器，如图 5 - 12 所示。

列文蒸发器的特点是在加热段上部增设直管，作为沸腾段，将沸腾段与加热段分开。加热段中的溶液因受液柱静压的作用，故在加热管内沸点升高，但不沸腾，当溶液继续上升到沸腾段时，由于所受的压降低后，开始沸腾。在沸腾段中装有挡板，以防止大气泡的形成，因而可达到较大的循环速度。由于加热段不发生气化，这样就避免了结晶在加热管中析出，垢层也难以形成。此外，循环管的高度较大，其截面远大于加热管总面积，有利于提高溶液的循环速度。

列文蒸发器的优点是可以避免结晶在加热管中析出并能减轻污垢的形成，传热效果较好；缺点是设备庞大，消耗金属材料较多，需要较高的厂房以及要求加热蒸汽的压力较高等。

列文蒸发器适用于处理有结晶析出的溶液。

（二）单程型蒸发器（非循环型蒸发器）

循环型蒸发器的共同特点蒸发器内料液的滞留量大，物料在高温下停留时间长，对热敏性物料不利。在单程型蒸发器中，物料一次通过加热面即可完成浓缩要求；离开加热管的溶液及时加以冷却，受热时间大为缩短，因此对热敏性物料特别适宜。

这类蒸发器的加热管液体呈膜状流动，故又称膜式蒸发器，根据溶液在器内的流动方向和成膜原因分类，膜式蒸发器可分为下列几种形式。

1. 升膜式蒸发器 加热室由垂直的长管组成。加热管长为 3~10m，直径为 25~50mm，管长与管径之比为 100~150。如图 5-13 所示。

原料液经预热后从加热管底部通入，加热蒸汽在管外被冷凝。在加热管中的溶液受热后迅速沸腾气化，生成二次蒸汽在管内高速上升，溶液被拉成环状薄膜不断地蒸发，气液混合物进入分离室后，被浓缩的完成液与二次蒸汽分离后，由分离室底部排出。

由于此种蒸发器要满足溶液只一次通过加热管后即达到预定的浓缩要求，因此需要妥善设计和操作，确保加热管内上升的二次蒸汽具有较高速度，在常压下即从加热器出口速度不应低于 10m/s，以保持 20~50m/s 为宜，在减压下的速度可达 100~160m/s 甚至更高。

升膜式蒸发器适用于稀溶液、热敏性及易生泡沫的溶液；且不适用处理较浓溶液的蒸发，也不适用于处理黏度大于 0.05Pa·s、易结晶、易结垢的溶液。中药浸出液可用此蒸发器作预蒸发用，将溶液浓缩到一定相对密度（1.05~1.10）后，如需进一步浓缩可采用刮板式薄膜蒸发器。

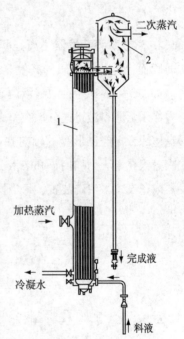

图 5-13 升膜式蒸发器
1—加热室；2—分离器

2. 降膜式蒸发器 如图 5-14 所示。原料液由加热室顶部加入，经降膜分布器分布后，在重力作用下沿壁面呈膜状向下流动，在下降过程中被蒸发浓缩。气液混合物由加热管下端进入分离室，经气液分离后即得完成液，完成液从分离室底部排出。

降膜式蒸发器可用于蒸发黏度较大(0.05~0.45 Pa·s)或溶液浓度较高的物料，但不适宜处理易结晶或易结垢的溶液，此时形成均匀的液膜较为困难，且传热系数也不高。

设计和操作这种蒸发器的要点是：尽力使料液在加热管内壁形成均匀液膜，并且不能

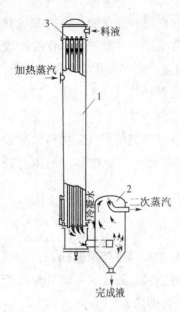

图 5 - 14　降膜式蒸发器

1—加热室；2—分离器；
3—液体分离室

让二次蒸汽由管上端窜出。

降膜式蒸发器可用于蒸发黏度较大，浓度较高的溶液，但不适于处理易结晶和易结垢的溶液，这是因为这种溶液形成均匀液膜较困难，传热系数也不高。

3. 刮板式蒸发器　刮板式薄膜蒸发器如图 5 - 15 所示，它是一种适应性很强的新型蒸发器，例如对高黏度、热敏性和易结晶、结垢的物料都适用。它主要由加热夹套和刮板组成，夹套内通加热蒸汽，刮板装在可旋转的轴上，刮板和加热夹套内壁保持很小间隙，通常为 0.5 ~ 1.5mm。料液经预热后由蒸发器上部沿切线方向加入，在重力和旋转刮板的作用下，分布在内壁形成下旋薄膜，并在下降过程中不断被蒸发浓缩，完成液由底部排出，二次蒸汽由顶部逸出。在某些场合下，这种蒸发器可将溶液蒸干，在底部直接得到固体产品。

这类蒸发器的缺点是结构复杂（制造、安装和维修工作量大）加热面积不大，且动力消耗大。

4. 离心薄膜蒸发器　离心薄膜蒸发器是利用高速旋转形成的离心力，将液体分散成均匀薄膜而进行蒸发的一种高效蒸发器。

如图 5 - 16 所示，原料液由蒸发器顶部进入，经分配管均匀喷至锥形盘蒸发面上，在离心力作用下原料液迅速分散在整个加热面上形成很薄的液膜（厚度小于 0.1mm），并被甩至锥形盘边缘，再经锥形盘的轴向孔向上流入完成液汇集槽中，然后通过出料管将完成液排出。二次蒸汽在离心力作用下和溶液分离后，通过转鼓和外壳之间隙，经二次蒸汽出口排出。蒸发器内还设置了清洗装置，每当操作结束后，可用热水或冷水冲洗蒸发器各部位。

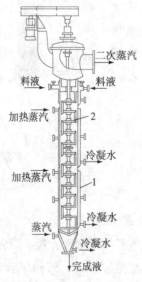

图 5 - 15　刮板式蒸发器

1—加热夹套；2—刮板

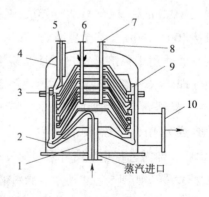

图 5 - 16　离心薄膜蒸发器原理

1—凝水管；2—凝水槽；3—浓缩液汇集槽；4—出口料管；5—浓缩液出口；6—清洗水进口；7—料液进口；8—分配管；9—转鼓；10—二次蒸汽出口

　　这种蒸发器具有离心分离和薄膜蒸发的双重优点，在强大的离心力作用下，将溶液甩成极薄的液膜，传热系数高；设备体积小；浓缩比高（15～20倍）；原料液受热时间短（仅1s），浓缩时不易起泡和结垢。

二、蒸发器的辅助设备

　　蒸发装置的附属设备和机械主要有除沫器、冷凝器和真空泵。

（一）除沫器

　　蒸发操作时产生的二次蒸汽在分离室与液体分离后，仍夹带大量液滴，尤其是处理易产生泡沫的液体，夹带更为严重。为了防止产品损失或冷却水被污染，常在蒸发器内（或外）设除沫器（气液分离器）。图5-17为几种除沫器的结构示意图。图5-17中（a）～（d）直接安装在蒸发器顶部，（e）～（g）安装在蒸发器外部。

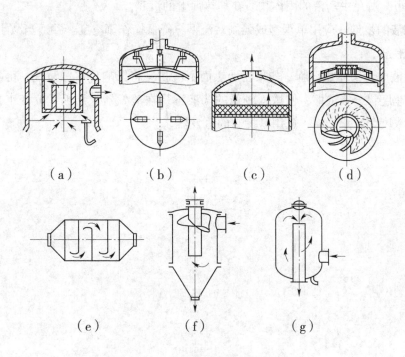

图5-17　几种除沫器的结构示意图

（二）冷凝器

　　冷凝器的作用是冷凝二次蒸汽。冷凝器有间壁式和直接接触式两种，倘若二次蒸汽为需回收的有价值物料或会严重污染水源，则应采用间壁式冷凝器，否则通常采用直接接触式冷凝器。后一种冷凝器一般均在负压下操作，这时为将混合冷凝后的水排出，冷凝器必须设置得足够高，冷凝器底部的长管称为大气腿。

（三）真空装置

　　当蒸发器在负压下操作时，无论采用哪一种冷凝器，均需在冷凝器后安装真空装置。需要指出的是，蒸发器中的负压主要是由于二次蒸汽冷凝所致，而真空装置仅是抽吸蒸发系统泄漏的空气、物料及冷却水中溶解的不凝性气体和冷却水饱和温度下的水蒸气等，冷凝器后必须安真空装置才能维持蒸发操作的真空度。常用的真空装置有喷射泵、水环式真空泵、往复式或旋转式真空泵等。

三、蒸发器的选型

（一）蒸发器的选型

蒸发器的结构形式较多，选用和设计时，要在满足生产任务要求，保证产品质量的前提下，尽可能兼顾生产能力大，结构简单，维修方便及经济性好等因素。

（二）中药浸出液的性质与蒸发器选型的关系

中药浸出液的共性：浓度稀、蒸发量大，有固体悬浮物，且不希望在加热表面沉积，浸出液与完成液的物性（如黏度、密度等）差异大。

1. 中药浸出液的与完成液的黏度　浸出液稀，蒸发量大，浸出液与完成液的物性差异大，选型时要考虑完成液的物性。

2. 中药浸出液浸膏的热稳定性　应选用减压蒸发操作降低蒸发温度，使药液在蒸发器中停留时间短，避免中药液的固体物质在加热面上的沉积。

3. 中药液的发泡　应用单程型或强制对流型，降低操作真空度，并适当减小加热速率，也可以加消泡剂。

4. 中药液中含固体悬浮物　如果在加热面上沉积，将影响传热和清洗。可加大蒸发器的强制对流速度；分级浓缩，使浓度较低的药液不易在蒸发器上结垢；改变工艺，降低蒸发完成液的浓度，阻止结垢；选用易拆卸的蒸发器。

扫码"练一练"

第六章 蒸 馏

制药生产中所处理的原料、中间产物、粗产品等几乎都是混合物，而且大部分是均相物系。为进一步加工和使用，常需要将这些混合物分离为较纯净或几乎纯态的物质。对于均相物系必须要造成一个两相物系，利用原物系中各组分间某种物性的差异，而使其中某个组分（或某些组分）从一相转移到另一相，以达到分离的目的。物质在相间的转移过程称为质量传递过程或分离过程。化学工业中常见的传质过程有蒸馏、吸收、干燥和吸附等单元操作。

蒸馏是分离液体混合物的典型单元操作。这种操作是利用液体混合物中各组分挥发度不同的特性而实现分离的目的。例如，加热乙醇水溶液，使之部分气化，由于乙醇的沸点较水为低，即其挥发度较水为高，故气化出来的蒸气中，乙醇的组成（即浓度），必然比原来溶液的要高。若将气化的蒸气全部冷凝，则可得到乙醇含量较高的冷凝液，从而使乙醇和水得到初步分离。通常，将沸点低的组分称为易挥发组分，沸点高的称为难挥发组分。多次进行部分气化和部分冷凝以后，最终可以在气相中得到较纯的易挥发组分，而在液相中得到较纯的难挥发组分。这就叫精馏。

精馏是在塔设备中进行的，可用板式塔亦可用填料塔。气相和液相在塔板上或填料表面上进行着传质过程。

蒸馏按操作是否连续可分为连续蒸馏和间歇蒸馏，生产中多以前者为主。间歇蒸馏主要用于小规模生产或某些有特殊要求的场合。按蒸馏方法可分为简单蒸馏、平衡蒸馏、精馏和特殊精馏等。对一般较易分离的物系或分离要求不高的场合，可采用简单蒸馏或平衡蒸馏；较难分离的可采用精馏；很难分离的或用普通精馏方法不能分离的可采用特殊精馏。生产中以精馏的应用最为广泛。按操作压力可分为常压、加压和减压精馏，在一般情况下，多采用常压精馏，若在常压下不能进行分离或达不到分离要求的，例如，在常压下为气体混合物，则可采用加压精馏，又如沸点较高且又是热敏性混合物，则可采用减压精馏。按待分离混合物中组分的数目可分为两（双）组分和多组分精馏，在制药工业生产中以多组分精馏为最多。但多组分和双组分精馏的基本原理、计算方法均无本质区别，而双组分精馏计算较为简单，故常以双组分溶液的精馏原理为计算基础，然后引申到多组分精馏中。

第一节 双组分理想物系气液平衡

所谓理想物系是指液相和气相应符合以下条件。

（1）液相为理想溶液，遵循拉乌尔定律。根据溶液中同分子间与异分子间作用力的差异，可将溶液分为理想溶液和非理想溶液。严格地说，理想溶液是不存在的，但对于性质极相近、分子结构相似的组分所组成的溶液，例如苯－甲苯、甲醇－乙醇、烃类同系物等都可视为理想溶液。

（2）气相为理想气体，遵循道尔顿分压定律。当总压不太高（一般不高于 $10^4\,kPa$）时

扫码"学一学"

气相可视为理想气体。

一、拉乌尔定律和相律

(一) 两组分理想物系的相律

相律是研究相平衡的基本规律。相律表示平衡物系中的自由度数、相数及独立组分数间的关系，即

$$F = C - \varphi + 2 \tag{6-1}$$

式中，F 为自由度数；C 为独立组分数；φ 为相数。

式 (6-1) 中的数字 2 表示外界只有温度和压力这两个条件可以影响物系的平衡状态。对两组分的气液平衡，其中组分数为 2，相数为 2，故由相律可知该平衡物系的自由度数为 2。由于气液平衡中可以变化的参数有四个，即温度 t、压强 p、一组分在液相和气相中的组成 x 和 y（另一组分的组成不独立），因此在 t、p、x 和 y 四个变量中，任意规定其中二个变量，此平衡物系的状态也就被唯一地确定了。

(二) 拉乌尔定律

根据拉乌尔定律，理想溶液上方的平衡分压为

$$p_A = p_A^{\ominus} x_A \tag{6-2}$$

$$p_B = p_B^{\ominus} x_B = p_B^{\ominus} (1 - x_A) \tag{6-2a}$$

式中，p 为溶液上方组分的平衡分压，Pa；$p^{\ominus}$ 为在溶液温度下纯组分的饱和蒸气压，Pa；x 为溶液中组分的摩尔分率。下标 A 表示易挥发组分，B 表示难挥发组分。

为简单起见，常略去式中的下标，习惯上以 x 表示液相中易挥发组分的摩尔分率，以 $(1-x)$ 表示难挥发组分的摩尔分率；以 y 表示气相中易挥发组分的摩尔分率，以 $(1-y)$ 表示难挥发组分的摩尔分率。

二、挥发度和相对挥发度

(一) 挥发度

在两组分蒸馏的分析和计算中，应用相对挥发度来表示气液平衡函数关系更为简便。前已指出，蒸馏是利用混合液中各组分的挥发度差异达到分离的目的。通常，纯液体的挥发度是指该液体在一定温度下的饱和蒸气压。而溶液中各组分的蒸气压因组分间的相互影响要比纯态时的低，故溶液中各组分的挥发度 v 可用它在蒸气中的平衡分压和与之平衡的液相中的摩尔分率之比表示，即

$$v_A = \frac{p_A}{x_A} \tag{6-3}$$

$$v_B = \frac{p_B}{x_B} \tag{6-3a}$$

式中，v_A 和 v_B 分别为溶液中 A、B 两组分的挥发度。

(二) 相对挥发度

将溶液中易挥发组分的挥发度与难挥发组分的挥发度之比，称为相对挥发度，以 α 表示，即

$$a = \frac{v_A}{v_B} = \frac{p_A/x_A}{p_B/x_B} \tag{6-4}$$

若操作压强不高，气相遵循道尔顿分压定律，式（6-4）可改写为

$$a = \frac{py_A/x_A}{py_B/x_B} = \frac{y_A x_B}{y_B x_A} \tag{6-5}$$

通常，将式（6-5）作为相对挥发度的定义式。相对挥发度的数值可由实验测得。对理想溶液，则有

$$\alpha = \frac{p_A^\circ}{p_B^\circ} \tag{6-6}$$

式（6-6）表明，理想溶液中组分的相对挥发度等于同温度下两纯组分的饱和蒸气压之比。由于 p_A° 和 p_B° 均随温度沿相同方向变化，因而两者的比值变化不大，故一般可将 α 视为常数，计算时可取操作温度范围内的平均值。

对于两组分溶液，当总压不高时，由式（6-5）可得

$$\frac{y_A}{y_B} = a\frac{x_A}{x_B} \text{或} \frac{y_A}{1-y_A} = a\frac{x_A}{1-x_A}$$

由上式解出 y_A，并略去下标，可得

$$y = \frac{ax}{1+(a-1)x} \tag{6-7}$$

若 α 为已知时，可利用式（6-7）求得 $x-y$ 关系，故称为气液平衡方程。

相对挥发度 α 值的大小可以用来判断某混合液是否能用蒸馏方法加以分离以及分离的难易程度。若 $\alpha > 1$，表示组分 A 较 B 容易挥发，α 愈大，挥发度差异愈大，分离愈易。若 $\alpha = 1$，由式（6-7）可知 $y = x$，即气相组成等于液相组成，此时不能用普通精馏方法分离该混合液。

三、气液平衡相图

气液平衡用相图来表达比较直观、清晰，应用于两组分蒸馏中更为方便，而且蒸馏操作的影响因素可在相图上直接反映出来。蒸馏中常用的相图为恒压下的温度-组成图和气相、液相组成图。

（一）温度-组成 [$t-(x-y)$] 图

蒸馏操作通常在一定的外压下进行，溶液的平衡温度随组成而变。溶液的平衡温度-组成图是分析蒸馏原理的理论基础。

在总压为 101.33kPa 下，苯-甲苯混合液的平衡温度-组成图如图 6-1 所示，以 t 为纵坐标，以 x 或 y 为横坐标。图中有两条曲线，上曲线为 $t-y$ 线，表示混合液的平衡温度 t 和气相组成 y 之间的关系，此曲线称为饱和蒸气线。下曲线为 $t-x$ 线，表示混合液的平衡温度 t 和液相组成 x 之间的关系，此曲线称为饱和液体线。上述的两条曲线将 $t-(x-y)$ 图分成三个区域。饱和液体线以下的区域代表未沸腾的液体，称为液相区；饱和蒸气线上方的区域代表过热蒸气，称为过热蒸气区；二曲线包围的区域表示气液两相同时存在，称为气液共存区。

若将温度为 t_1、组成为 x_1（图中点 A 表示）的混合液加热，当温度升高到 t_2（点 J）时，溶液开始沸腾，此时产生第一个气泡，相应的温度 t_2 称为泡点温度，因此饱和液体线

又称泡点线。同样，若将温度为 t_4、组成为 y_1（点 B）的过热蒸气冷却，当温度降到 t_3（点 H）时，混合气开始冷凝产生第一滴液体，相应的温度 t_3 称为露点温度，因此饱和蒸气线又称露点线。

由图 6-1 可见，气、液两相呈平衡状态时，气、液两相的温度相同，但气相组成大于液相组成。若气、液两相组成相同，则气相露点温度总是大于液相的泡点温度。

（二）$x-y$ 图

蒸馏计算中，经常应用一定外压下的 $x-y$ 图。图 6-2 为苯-甲苯混合液在 $P=101.33kPa$ 下的 $x-y$ 图。以 x 为横坐标，y 为纵坐标，曲线表示液相组成与之平衡的气相组成间的关系。例如，图中曲线上任意点 D 表示组成为 x_1 的液相与组成为 y_1 的气相互成平衡，且表示点 D 有一确定的状态。图 6-2 中对角线 $x=y$ 的直线，作查图时参考用。对于大多数溶液，两相达到平衡时，y 总是大于 x，故平衡线位于对角线上方，平衡线偏离对角线愈远，表示该溶液愈易分离。

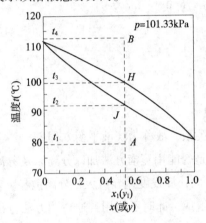
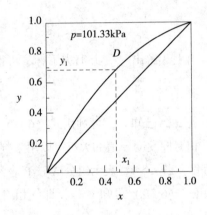

图 6-1 苯-甲苯混合液的 $t-(x-y)$ 图　　　　图 6-2 苯-甲苯混合液的 $x-y$ 图

$x-y$ 图可以通过 $t-(x-y)$ 图作出。图 6-2 就是依据图 6-1 上相对应的 x 和 y 的数据标绘而成的。许多常见的两组分溶液在常压下实测出的 $x-y$ 平衡数据，需要时可从物理化学或化工手册中查取。

应指出，上述的平衡曲线是在恒定压力下测得的。对同一物系而言，混合液的平衡温度愈高，各组分间挥发差异愈小，即相对挥发度 α 愈小，因此蒸馏压力愈高，平衡温度随之升高，α 减小，分离变得愈难，反之亦然。但实验也表明，在总压变化范围为 20% ~ 30% 下，$x-y$ 平衡曲线变动不超过 2%，因此在总压变化不大时，外压对平衡曲线的影响可忽略。

第二节　蒸馏方法

一、简单蒸馏与平衡蒸馏

（一）简单蒸馏

如图 6-3 所示。混合液加入蒸馏釜中，在恒定压力下加热至沸腾，使液体不断气化，产生的蒸气经冷凝后作为顶部产物。馏出液通常是按不同浓度范围分罐收集的。最终将釜

扫码"学一学"

液一次排出。故此简单蒸馏是一个不稳定的间歇操作过程。

简单蒸馏只能使混合液部分地分离，故只适用于沸点相差较大而分离要求不高的场合，或者作为初步加工，粗略地分离多组分混合液。

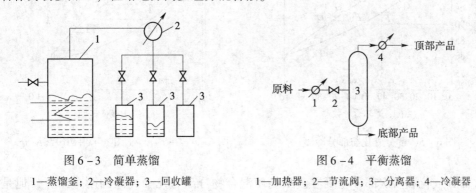

图 6-3 简单蒸馏　　　　　　　　图 6-4 平衡蒸馏
1—蒸馏釜；2—冷凝器；3—回收罐　　　1—加热器；2—节流阀；3—分离器；4—冷凝器

（二）平衡蒸馏

如图 6-4 所示。平衡蒸馏又称为闪蒸，是一连续稳定过程，原料连续进入加热器中，加热至一定温度经节流阀骤然减压到规定压力，部分料液迅速气化，气液两相在分离器中分开，得到易挥发组分浓度较高的顶部产品与易挥发组分浓度甚低的底部产品。

平衡蒸馏为稳定连续过程，生产能力大，不能得到高纯产物，常用于只需粗略分离的复杂的液体混合物，例如在石油炼制及石油裂解分离的过程中常使用多组分溶液的平衡蒸馏。

简单蒸馏和平衡蒸馏的共同特点在于，都只进行了一次的部分气化和部分冷凝，故只能初步分离液体混合物。

二、精馏原理

精馏是按照均相液体混合物各组分挥发度不同，进行气相多次部分冷凝过程和液相多次部分气化而将混合液加以分离的。分离后可获得纯度高的易挥发组分和难挥发组分，工业生产中用精馏塔并采用回流这种工程手段来实现这一分离过程。

（一）部分气化与部分冷凝

根据 $t-(x-y)$ 图，如图 6-5 所示，若将温度为 t_1、组成为 x_F 的溶液（A 点）加热到 t_2（J 点），液体开始沸腾，产生的蒸气组成为 y_1（D 点）。y_1 与 x_F 平衡，且 $y_1 > x_F$。如不从物系中取出物料继续加热，当温度升高到 t_3（E 点）时物系内气液两相共存，液相的组成为 x_2（F 点），气相的组成为 y_2（G 点），y_2 与 x_2 平衡，由图知 $y_2 > x_2$。若再继续升高温度到 t_4（H 点）时，液相终于完全消失，而在液相消失之前，其组成为 x_3（C 点）。这时的蒸气量与最初的混合液量相等，蒸气的组成与混合液的最初组成 x_F 相同。若再加热到 H 点以上蒸气成为过热蒸气，温度升高而组成不变，仍为 y_3，等于 x_F。可见，部分气化（自 J 点向上至 H 点以下的加热过程）和部分冷凝（自 H 点向下至 J 点以上的冷凝过程）可使混合液分离，获得定量的液体和蒸气，两者的浓度有较显著的差异。若将其蒸气和液体分开，蒸气进行多次地部分冷凝，最后所得蒸气 V_n 含易挥发组分 y_n 极高。液体进行多次地部分气化，最后所得到的液体（L'_m）几乎不含易挥发组分。如图 6-6 所示。

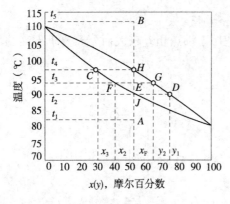

图6-5 部分气化与部分冷凝

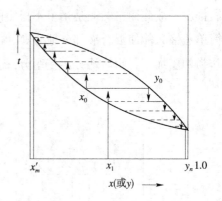

图6-6 在$t-y-x$图上示出初、终组分

多次部分气化和多次部分冷凝方法虽能使混合物分离为几乎纯净的两个组分，但是需要很多的部分冷凝器和部分气化器，使流程庞杂而设备繁多；需要很多的冷却剂和加热剂，消耗大量能源；气相每经过一次部分冷凝，就有一部分蒸气变成液体，多次地部分冷凝，最后所剩蒸气浓度虽高但数量甚少；液相每经过一次部分气化，就有一部分液体变成蒸气，多次地进行部分气化，最后所剩的液体数量也就不多了。因此，工业上不能采用这样的流程。

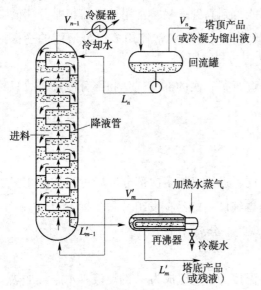

图6-7 连续精馏流程示意图

（二）精馏原理

为了改善上述缺点，可将中间产物重新引回到分离过程中，即将部分冷凝的液体L_1、L_2……和部分气化的蒸气V_1'、V_2'……分别送回到它们的前一分离器中。为得到回流的液体L_n，图6-7上半部最上一级尚需设置部分冷凝器。为获得上升的蒸气V_m'，图6-7下半部最下一级还需装置部分气化器。这样，对任一分离器有来自下一级的蒸气和来自上一级的液体，液-气两相在本级接触，蒸气部分冷凝同时液体部分气化，又产生新的气-液两相。蒸气逐级上升，液体逐级返回到下一级。除最上和最下一级之外的其他中间各级既可省去部分冷凝器又无需部分气化器。工业上用若干块塔板取代中间各级，形成图6-7所示的板式精馏塔。

塔板的作用是提供气液分离的场所，每一块塔板是一个混合分离器，并且足够多的板数可使各组分较完全分离，经过若干块塔板上的传质后（塔板数足够多），即可达到对溶液中各组分进行较完全分离的目的。

塔底蒸气回流和塔顶液体回流是精馏过程连续进行的必要条件，回流也是精馏与普通蒸馏的本质区别。在实际工业装置中，精馏流程是通过板式或填料精馏塔来实现的。

三、精馏流程

板式精馏塔（图6-7）是一个在内部设置多块塔板的装置。全塔各板自塔底向上气相中易挥发组分浓度逐板增加；自塔顶向下液相中易挥发组分浓度逐板降低。温度自下而上逐板降低。在板数足够多时，蒸气经过自下而上的多次提浓，由塔顶引出的蒸气几乎为纯净的易挥发组分，经部分冷凝，未凝蒸气作为塔顶产品（或冷凝为馏出液），冷凝液引回到顶部的塔板上，称为回流。液体经过自上而下的多次变稀，经部分气化器（常称为再沸器）后所剩液体几乎为纯净的难挥发组分，作为塔底产品（亦称为釜液），部分气化所得蒸气引入最下层塔板上。

当某块塔板上的浓度与原料的浓度相近或相等时，料液就由此板引入，该板称为加料板。加料板把精馏塔分为二段，加料板以上的塔段，即塔上半部完成了上升蒸气的精制，即除去其中的难挥发组分，因而称为精馏段。加料板以下（包括加料板）的塔段，即塔的下半部，上升蒸气从下降液体中提出了易挥发组分，故称为提馏段。连续精馏通常在精馏塔中操作完成，还要有塔底再沸器和塔顶冷凝器、冷却器以保证必要的回流。有时还要配备原料预热器等附属设备。

最简单的塔板结构（图 6-7）是在圆板上开有许多小孔作为蒸气的通道，液体在重力作用下由上层塔板沿降液管流下，横向流过本层塔板，再由降液管流至下层塔板。蒸气在压差作用下由小孔穿过板上液层。若以任意第 n 层塔板为例，其上为 $n-1$ 板，其下为 $n+1$ 板，在第 n 板上由来自第 $n-1$ 板组成为 x_{n-1} 的液体与来自第 $n+1$ 板其组成为 y_{n+1}（G 点）的蒸气接触，由于 x_{n-1} 和 y_{n+1} 不平衡，而且蒸气的温度（t_{n+1}）比液体的温度（t_{n-1}）高，因而，y_{n+1} 的蒸气在第 n 板上部分冷凝使 x_{n-1} 的液体部分气化，在第 n 板上发生热量交换。在理想的情况下，如果这两股流体密切而又充分地接触，离开塔板的气-液两相达到平衡，其气液平衡组成分别为 y_n 和 x_n，气相组成 $y_n > y_{n+1}$，液相组成 $x_n < x_{n-1}$。即每一块塔板所产生的气相中易挥发组分的浓度较下一板增加，所产生的液相中易挥发组分的浓度较上一板减少。在任一塔板上易挥发组分由液相转移至气相，而难挥发组分从气相转移到液相，故塔板上发生着物质传递的过程，显然塔板又是质量交换的场所。若该板上冷凝 1 摩尔的蒸气正好气化 1 摩尔的液体，则这种精馏过程又常被称为等摩尔逆向扩散过程。

第三节 双组分连续精馏的计算

扫码"学一学"

一、理论板的概念与恒摩尔流假定

（一）理论板的概念

在分析精馏原理时曾提及理论板的概念。所谓理论板是指离开这种板的气液两相互成平衡，而且塔板上的液相组成也可视为均匀的。例如，对任意层理论板 n 而言，离开该板的液相组成 x_n 与气相组成 y_n 符合平衡关系。实际上，由于塔板上气液间接触面积和接触时间是有限的，因此在任何形式的塔板上气液两相都难以达到平衡状态，也就是说理论板是不存在的。理论板仅作为衡量实际板分离效率的依据和标准，它是一种理想板。通常，在设计中先求得理论板层数，然后用塔板效率予以校正，即可求得实际板层数。总之，引入理论板的概念，对精馏过程的分析和计算是十分有用的。

若已知某系统的气液平衡关系，则离开理论板的气液两相组成 y_n 与 x_n 之间的关系即已确定。如能再知道由任意板下降液体的组成 x_n 及由它的下一层板上升的蒸气组成 y_{n+1} 之间的关系，从而塔内各板的气液相组成可逐板予以确定，因此即可求得在指定分离要求下的理论板层数。而 y_{n+1} 与 x_n 间的关系是由精馏条件所决定的，这种关系可由物料衡算求得，并称之为操作关系。

（二）恒摩尔流假定

由于精馏过程是既涉及传热又涉及传质的过程，相互影响的因素较多，为了简化计算，通常假定塔内为恒摩尔流动，即

1. 恒摩尔气流　精馏操作时，在精馏塔的精馏段内，每层板的上升蒸气摩尔流量都是相等的，在提馏段内也是如此，但两段的上升蒸气摩尔流量却不一定相等。即

$$V_1 = V_2 = \cdots = V_n = V \qquad V_1' = V_2' = \cdots = V_m' = V'$$

式中，V 为精馏段中上升蒸气摩尔流量，kmol/h；V' 为提馏段中上升蒸气摩尔流量，kmol/h；

下标表示塔板序号。

2. 恒摩尔液流　精馏操作时，在塔的精馏段内，每层板下降的液体摩尔流量都是相等的，在提馏段内也是如此，但两段的下降液体摩尔流量却不一定相等。即

$$L_1 = L_2 = \cdots = L_n = L \qquad L_1' = L_2' = \cdots = L_m' = L'$$

式中，L 为精馏段中下降液体的摩尔流量，kmol/h；L' 为提馏段中下降液体的摩尔流量，kmol/h。

若在精馏塔塔板上气、液两相接触时有 n kmol 的蒸气冷凝，相应就有 n kmol 的液体气化，这样恒摩尔流的假定才能成立。为此，必须满足的条件如下。

（1）各组分的摩尔气化热相等。

（2）气液接触时因温度不同而交换的显热可以忽略。

（3）塔设备保温良好，热损失可以忽略。

精馏操作时，恒摩尔流虽是一项假设，但某些系统能基本上符合上述条件，因此，可将这些系统在精馏塔内的气液两相视为恒摩尔流动。

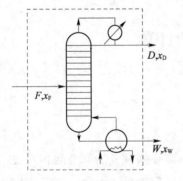

图 6-8　精馏塔的物料衡算

二、物料衡算和操作线方程

（一）全塔物料衡算

通过全塔物料衡算，可以求出精馏产品的流量、组成和进料流量、组成之间的关系。

对图 6-8 所示的连续精馏塔作全塔物料衡算，并以单位时间为基准，即

总物料　　　　　$F = D + W$ 　　　　　(6-8)

易挥发组分　　$Fx_F = Dx_D + Wx_W$ 　　　(6-8a)

式中，F 为原料液流量，kmol/h；D 为塔顶产品（馏出液）流量，kmol/h；W 为塔底产品（釜残液）流量，kmol/h；x_F 为原料液中易挥发组分的摩尔分率；x_D 为馏出液中易挥发组分的摩尔分率；x_W 为釜残液中易挥发组分的摩尔分率。

在精馏计算中，分离程度除用两产品的摩尔分率表示外，有时还用回收率表示，即

$$塔顶易挥发组分回收率 = \frac{Dx_D}{Fx_F} \times 100\% \qquad (6-9)$$

$$塔底难挥发组分的回收率 = \frac{W(1 - x_W)}{F(1 - x_F)} \times 100\% \tag{6-9a}$$

（二）精馏段操作线方程

在连续精馏塔中，因原料液不断地进入塔内，故精馏段和提馏段的操作关系是不相同的，应分别予以讨论。

按图6-9虚线范围（包括精馏段的第 $n+1$ 层板以上塔段及冷凝器）作物料衡算，以单位时间为基准，即

总物料 $\qquad\qquad\qquad\qquad V = L + D \tag{6-10}$

易挥发组分 $\qquad\qquad\qquad Vy_{n+1} = Lx_n + Dx_D \tag{6-10a}$

式中，x_n 为精馏段中第 n 层板下降液体中易挥发组分的摩尔分率；y_{n+1} 为精馏段第 $n+1$ 层板上升蒸气中易挥发组分的摩尔分率。

将式（6-10）代入式（6-10a），并整理得

$$y_{n+1} = \frac{L}{L+D}x_n + \frac{D}{L+D}x_D \tag{6-11}$$

式（6-11）等号右边两项的分子及分母同时除以 D，则

$$y_{n+1} = \frac{L/D}{L/D+1}x_n + \frac{1}{L/D+1}x_D$$

令 $R = \dfrac{L}{D}$，代入得

$$y_{n+1} = \frac{R}{R+1}x_n + \frac{1}{R+1}x_D \tag{6-12}$$

式中，R 称为回流比。根据恒摩尔流假定，L 为定值，且在稳定操作时 D 及 x_D 为定值，故 R 也是常量，其值一般由设计者选定。

式（6-11）与式（6-12）均称为精馏段操作线方程式。此二式表示在一定操作条件下，精馏段内自任意第 n 层板下降的液相组成 x_n 与其相邻的下一层板（如第 $n+1$ 层板）上升蒸气气相组成 y_{n+1} 之间的关系。该式在 $x-y$ 直角坐标图上为直线，其斜率为 $R/(R+1)$，截距为 $x_D/(R+1)$。

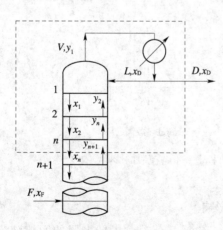

图6-9 精馏段操作线方程的推导

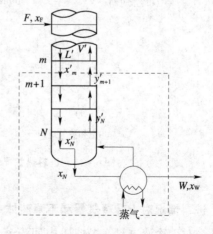

图6-10 提馏段操作线方程的推导

（三）提馏段操作线方程

按图6-10虚线范围（包括提馏段第 m 层板以下塔段及再沸器）作物料衡算，以单位

时间为基准，即

总物料 $$L' = V' + W \qquad (6-13)$$

易挥发组分 $$L'x'_m = V'y'_{m+1} + Wx_W \qquad (6-13a)$$

式中，x'_m 为提馏段第 m 层板下降液体中易挥发组分的摩尔分率；y'_{m+1} 为提馏段第 $m+1$ 层板上升蒸气中易挥发组分的摩尔分率。

将式（6-13）代入式（6-13a），并整理可得

$$y'_{m+1} = \frac{L'}{L'-W} x'_m - \frac{W}{L'-W} x_W \qquad (6-14)$$

式（6-14）称为提馏段操作线方程式。此式表示在一定操作条件下，提馏段内自任意第 m 层板下降液体组成 x'_m 与其相邻的下层板（第 $m+1$ 层）上升蒸气组成 y'_{m+1} 之间的关系。根据恒摩尔流的假定，L' 为定值，且在定态操作时，W 和 x_W 也为定值，故式（6-14）在 $x-y$ 图上也是直线。

应予指出，提馏段的液体流量 L' 不如精馏段的回流液流量 L 那样容易求得，因为 L' 除与 L 有关外，还受进料量及进料热状况的影响。

（四）进料操作线性方程

1. 原料液五种热状态　在实际生产中，加入精馏塔中的原料液可能有五种热状态：①温度低于泡点的冷液体；②泡点下的饱和液体；③温度介于泡点和露点之间的气液混合物；④露点下的饱和蒸气；⑤温度高于露点的过热蒸气。

由于不同进料热状况的影响，使从进料板上升蒸气量及下降液体量发生变化，也即上升到精馏段的蒸气量及下降到提馏段的液体量发生了变化。图 6-11 定性地表示在不同的进料热状况下，由进料板上升的蒸气及由该板下降的液体的摩尔流量变化情况。

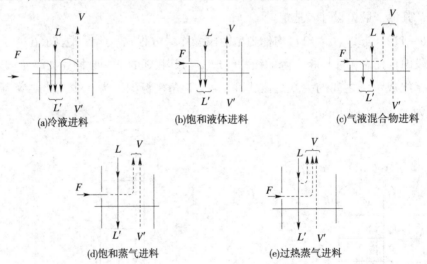

(a)冷液进料　　(b)饱和液体进料　　(c)气液混合物进料

(d)饱和蒸气进料　　(e)过热蒸气进料

图 6-11　进料热状况对进料板上、下各流股的影响

2. 进料情况对上升蒸气量和下降液体量的影响

（1）对于冷液进料，提馏段内回流液流量 L' 包括三部分：①精馏段的回流液流量 L；②原料液流量 F；③为将原料液加热到板上温度，必然会有一部分自提馏段上升的蒸气被冷凝下来，冷凝液量也成为 L' 的一部分。由于这部分蒸气的冷凝，故上升到精馏段的蒸气量 V 比提馏段的 V' 要少，其差额即为冷凝的蒸气量。

（2）对于泡点进料，由于原料液的温度与板上液体的温度相近，因此原料液全部进入提馏段，作为提馏段的回流液，而两段的上升蒸气流则相等，即

$$L' = L + F \qquad V' = V$$

（3）对于气液混合物进料，则进料中液相部分成为 L' 的一部分，而蒸气部分则成为 V 的一部分。

（4）对于饱和蒸气进料，整个进料变为 V 的一部分，而两段的液体流量则相等，即

$$L = L' \qquad V = V' + F$$

（5）对于过热蒸气进料，此种情况与冷液进料的恰好相反，精馏段上升蒸气流量 V 包括以下三部分：①提馏段上升蒸气流量 V'；②原料液流量 F；③为将进料温度降至板上温度，必然会有一部分来自精馏段的回流液体被气化，气化的蒸气量也成为 V 中的一部分。由于这部分液体的气化，故下降到提馏段中的液体量 L' 将比精馏段的 L 少，其差额即为气化的那部分液体量。

3. 进料板上物料与热量衡算　由上面分析可知，精馏塔中两段的气液摩尔流量之间的关系与进料的热状况有关，通用的定量关系可通过进料板上的物料衡算与热量衡算求得。

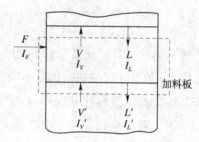

图 6-12　进料板上的物料衡算和热量衡算

对图 6-12 所示的进料板分别作总物料衡算及热量衡算，即

$$F + V' + L = V + L' \qquad (6-15)$$

$$FI_F + V'I_{V'} + LI_L = VI_V + L'I_{L'} \qquad (6-16)$$

式中，I_F 为原料液的焓，kJ/kmol；I_V，$I_{V'}$ 为分别为进料板上下处饱和蒸气的焓，kJ/kmol；I_L，$I_{L'}$ 为分别为进料板上下处饱和液体的焓，kJ/kmol。

由于塔中液体和蒸气都呈饱和状态，且进料板上、下处的温度及气液相组成各自都比较相近，故

$$I_V \approx I_{V'} \text{ 及 } I_L \approx I_{L'}$$

于是，式（6-16）可改写为

$$FI_F + V'I_V + LI_L = VI_V + L'I_L$$

整理得

$$(V - V')I_V = FI_F - (L' - L)I_L$$

将式（6-15）代入，可得

$$[F - (L' - L)]I_V = FI_F - (L' - L)I_L$$

或

$$\frac{I_V - I_F}{I_V - I_L} = \frac{L' - L}{F} \qquad (6-17)$$

令

$$q = \frac{I_V - I_F}{I_V - I_L} \approx \frac{\text{将 1kmol 进料变为饱和蒸气所需热量}}{\text{原料液的千摩尔气化潜热}} \qquad (6-18)$$

q 值称为进料热状况参数。对各种进料热状况，均可用式（6-18）计算 q 值。

由式（6-17）可得

$$L' = L + qF \qquad (6-19)$$

将式（6-15）代入上式，并整理得

$$V = V' - (q - 1)F \qquad (6-20)$$

由式（6-19）还可从另一方面说明 q 的意义，即以 1kmol/h 进料为基准时，提馏段中的液体流量较精馏段中液体流量增大的 kmol/h 数，即为 q 值。对于饱和液体、气液混合物及饱和蒸气三种进料而言，q 值就等于进料中的液相分率。

将式（6-19）代入式（6-14），则提馏段操作线方程可写为

$$y'_{m+1} = \frac{L+qF}{L+qF-W} x'_m - \frac{W}{L+qF-W} x_W \qquad (6-21)$$

对一定的操作条件而言，式（6-21）中的 L、F、W、x_W 及 q 为已知值或易于求算的值。与式（6-14）相比，物理意义相同，在 $x-y$ 图上为同一直线，其斜率为 $(L+qF)$／$(L+qF-W)$，截距为 $-(Wx_W)$／$(L+qF-W)$。

4. 进料或 q 线方程 精馏段操作线与提馏段操作线交点的轨迹方程为进料或 q 线方程，可将式（6-10a）与式（6-13a）联立后求得。

即

$$y = \frac{q}{q-1} x - \frac{X_F}{q-1} \qquad (6-22)$$

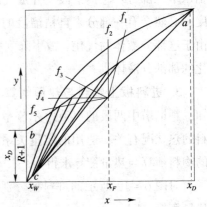

图 6-13 进料热状况对 q 线的影响

进料热状况对 q 线及操作线均有影响 进料热状况不同，q 值及 q 线的斜率也就不同，故 q 线与精馏段操作线的交点因进料热状况不同而变动，从而提馏段操作线的位置也就随之而变化。当进料组成、回流比及分离要求一定时，进料热状况对 q 线及操作线的影响如图 6-13 所示。

不同的进料热状况对 q 值及 q 线的影响列于表 6-1 中。

表 6-1 进料热状况对 q 值及 q 线的影响

进料热状况	进料的焓 I_F	q 值	$\dfrac{q}{q-1}$	q 线在 $x-y$ 图上位置
冷液体	$I_F > I_L$	>1	+	ef_1（↗）
饱和液体	$I_F = I_L$	1	∞	ef_2（↑）
气液混合物	$I_L < I_F < I_V$	0<q<1	—	ef_3（↖）
饱和蒸气	$I_F = I_V$	0	0	ef_4（←）
过热蒸气	$I_F < I_V$	<0	+	ef_5（↙）

三、回流比的影响与选择

精馏过程区别于简单蒸馏就在于它有回流，回流对精馏塔的操作与设计都有重要影响。增大回流比，精馏段操作线的截距减小，操作线离平衡线越远，每一梯级的垂直线段及水平线段都增大，说明每层理论板的分离程度加大，为完成一定分离任务所需的理论板数就会减少，从而使设备费用减少。但是增大回流比又导致冷凝器、再沸器负荷增大，操作费用增加，因而回流比的大小涉及经济问题。既应考虑工艺上的要求，又应考虑设备费用（板数多少及冷凝器、再沸器传热面积大小）和操作费用，来选择适宜回流比。

以下所述回流是指塔顶蒸气冷凝为泡点下的液体回流至塔内，常称为泡点回流。泡点

回流时由冷凝器到精馏塔的外回流与塔内的内回流是相等的。

（一）全回流与最少理论板数

若塔顶上升之蒸气冷凝后全部回流至塔内称为全回流。

全回流时塔顶产品 $D=0$，不向塔内进料，$F=0$，也不取出塔底产品，$W=0$。因而无精馏段和提馏段之分。

全回流时回流比 $R=L/D=L/0=\infty$，是回流比的最大值。

精馏段操作线（亦即全塔操作线）的斜率 $\dfrac{R}{R+1}=1$，在 y 轴上的截距 $\dfrac{x_D}{R+1}=0$，操作线与 $y-x$ 图上的对角线重合。即

$$y_{n+1}=x_n$$

在操作线与平衡线间绘直角梯度，其跨度最大，所需的理论板数最少，以 N_{min} 表示，如图 6-14 所示。

全回流操作只用于精馏塔的开工、调试和实验研究中，如图 6-15 所示。

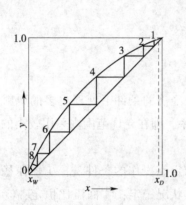

图 6-14 全回流时理论板数

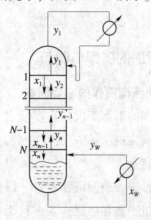

图 6-15 全回流流程

（二）最小回流比

当回流比减小，两操作线向平衡线移动，达到指定分离程度（x_D、x_W）所需的理论板数增多。当回流比减到某一数值时，两操作线交点落在平衡线上，在平衡线与操作线间绘梯级，需要理论板层数无限多。相应的回流比称为最小回流比，以 R_{min} 表示。对于一定的分离要求，R_{min} 是回流比的最小值。因此最小回流比是回流比的下限。

（三）适宜回流比

全回流时的回流比（$R=\infty$）是回流比的最大值，最小回流比 R_{min} 为回流比的最小值。那么，在实际设计时，回流比 R 在 R_{min} 与 $R=\infty$ 之间的取值要从精馏过程的设备费用与操作费用两方面考虑来确定。设备费用与操作费用之和为最低时的回流比，称为适宜回流比。如图 6-16 所示。

精馏过程的设备主要有精馏塔、再沸器和冷凝器。当回流比最小时，塔板数为无穷大，故设备费为无穷大。当 R 稍大于 R_{min} 时，塔板数便从无穷多锐减到某一值，塔的设备费随之锐减。当 R 继续增加时，塔板数固然仍随之减少，但已较缓慢。另一方面，由于 R 的

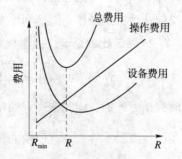

图 6-16 适宜回流比的确定

增加，上升蒸气量随之增加，从而使塔径、蒸馏釜、冷凝器等尺寸相应增大，故 R 增加到某一数值以后，设备费用又回升。

精馏过程的操作费用主要包括再沸器加热介质和冷凝器冷却介质的费用。当回流比增加时，加热介质和冷却介质消耗量随之增加，使操作费用相应增加。

总费用是设备费用与操作费用之和，它与 R 的大致关系。曲线的最低点对应的 R，即为适宜回流比。

在精馏设计中，通常采用由实践总结出来的适宜回流比范围为

$$R = (1.2 \sim 2.0) R_{min}$$

对于难分离的物系，R 应取得更大些。

以上分析主要是从设计角度考虑的。生产中却是另一种情况，设备都已安装好，即理论板数固定。若原料的组成、热状态均为定值，倘若加大回流比操作，这时操作线更接近对角线，所需理论板数减少，而塔内理论板数显得比需要的多了，因而产品纯度会有所提高。反之，减少回流比操作，情形正好与上述相反，产品纯度会有所降低。所以在生产中把调节回流比当作保持产品纯度的一种手段。

四、精馏塔的操作与调节

（一）影响精馏操作的主要因素

精馏塔操作的基本要求是在连续定态和最经济的条件下处理更多的原料液，达到预定的分离要求（规定的 x_D 和 x_W）或组分的回收率，即在允许范围内采用较小的回流比和较大的再沸器传递热量。

通常，对特定的精馏塔和物系，保持精馏定态操作的条件是：①塔压稳定；②进、出塔系统的物料量平衡和稳定；③进料组成和热状况稳定；④回流比恒定；⑤再沸器和冷凝器的传热条件稳定；⑥塔系统与环境间散热稳定等。由此可见，影响精馏操作的因素十分复杂，以下就其中主要因素予以分析。

1. 物料平衡的影响和制约 保持精馏装置的物料平衡是精馏塔定态操作的必要条件。如前所述，根据全塔物料衡算可知，对于一定的原料液流量 F，只要确定了分离程度 x_D 和 x_W，馏出液流量 D 和釜残液流量 W 也就被确定了。而 x_D 和 x_W 决定于气液平衡关系（α）、x_F、q、R 和理论板数 N_T（适宜的进料位置），因此 D 和 W 或采出率 $\dfrac{D}{F}$ 与 $\dfrac{W}{F}$ 只能根据 x_D 和 x_W 确定，而不能任意增减，否则进、出塔的两个组分的量不平衡，必然导致塔内组成变化，操作波动，使操作不能达到预期的分离要求。

2. 回流比的影响 回流比是影响精馏塔分离效果的主要因素，生产中经常用改变回流比来调节、控制产品的质量。例如当回流比增大时，精馏段操作线斜率 $\dfrac{L}{V}$ 变大，该段内传质推动力增加，因此在一定的精馏段理论板数下馏出液组成变大。同时回流比增大，提馏段操作线斜率 $\dfrac{L'}{V'}$ 变小，该段的传质推动力增加，因此在一定的提馏段理论板数下，釜残液组成变小。反之，当回流比减小时，x_D 减小而 x_W 增大，使分离效果变差。

回流比增加，使塔内上升蒸气量及下降液体量均增加，若塔内气液负荷超过允许值，则应减小原料液流量。回流比变化时，再沸器和冷凝器的传热量也应相应发生变化。

应指出，在采出率 $\dfrac{D}{F}$ 一定的条件下，若以增大 R 来提高 x_D，则有以下限制。

（1）受精馏塔理论板数的限制，因对一定的板数，即使 R 增到无穷大（全回流），x_D 有一最大极限值。

（2）受全塔物料平衡的限制，其极限值为 $x_D = \dfrac{Fx_F}{D}$。

3. 进料组成和进料热状况的影响　当进料状况（x_F 和 q）发生变化时，应适当改变进料位置。一般精馏塔常设几个进料位置，以适应生产中进料状况的变化，保证在精馏塔的适宜位置下进料。如进料状况改变而进料位置不变，必然引起馏出液和釜残液组成的变化。

对特定的精馏塔，若 x_F 减小，则将使 x_D 和 x_W 均减小，欲保持 x_D 不变，则应增大回流比。

以上对精馏过程的主要影响因素进行了定性分析，若需要定量计算（或估算）时，则所用的计算基本方程与前述的设计计算的完全相同，不同之处仅是操作型的计算更为繁杂，这是由于众多变量之间呈非线性关系，一般都要用试差计算或试差作图方法求得计算结果。

（二）精馏塔的产品质量控制和调节

精馏塔的产品质量通常是指馏出液及釜残液的组成达到规定值。生产中某一因素的干扰（如传热量、x_F 等发生变动）将影响产品的质量，因此应及时予以调节和控制。

在一定的压力下，混合物的泡点和露点都取决于混合物的组成，因此可以用容易测量的温度来预示塔内组成的变化。对于馏出液和釜残液也有对应的露点和泡点，通常可用塔顶温度反映馏出液组成，用塔底温度反映釜残液组成。但对高纯度分离时，在塔顶（或塔底）相当一段高度内，温度变化极小，典型的温度分布如图 6 - 17 所示。因此当塔顶（或塔底）温度发现有可觉察的变化时，产品的组成可能已明显改变，再设法调节就十分困难。可见对高纯度分离时，一般不能用测量塔顶温度来控制塔顶组成。

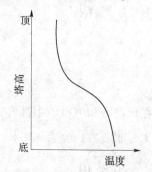

图 6 - 17　精馏塔内沿塔高的温度分布

分析塔内沿塔高的温度分布可以看到，在精馏段或提馏段的某塔板上温度变化最显著，也就是说这些塔板的温度对于外界因素的干扰反映最为灵敏，通常将它称之为灵敏板。因此生产上常用测量和控制灵敏板的温度来保证产品的质量。

五、精馏装置的节能

（一）选择最适宜的回流比

能量消耗随着回流比的上升而迅速增加，精馏操作存在一适宜回流比。在适宜回流比下进行操作，设备费及操作费之和为最小。

（二）热能回收利用

精馏装置排出的热能数量是相当大的，目前生产中多加以回收利用。其方法大体上有如下几种。

1. 产生低压水蒸气　塔顶的温度较高时，用废热锅炉代替塔顶冷凝器，以产生低压水蒸气供其他过程使用。

2. 利用装置排除余热作加热剂　用塔底产品预热进料；用塔顶、塔底产品加热其他过程的物料；在多塔操作中，低温塔的冷却水可供高温塔冷凝使用，高温塔的塔顶蒸气可供低温塔再沸器作加热之用。

3. 热泵　塔顶蒸气具有较大的热能，可将其冷凝热利用起来。所谓热泵是以消耗一定量的机械功为代价，把热能由较低温度提高到能够被利用的较高温度的装置。将热泵用于精馏装置是用压缩机将低温蒸气增压，使其提高温度，成为过热状态，然后作为塔底热源。热泵的循环介质在冷凝器中吸收塔顶蒸气的热量而蒸发为蒸气，该蒸气经过压缩后提高温度进入再沸器中冷凝放热，冷凝后的液体经节流阀减压再进入冷凝器中蒸发吸热，如此循环不已。此外，还有采用精馏本身的物料作为热泵的循环介质的。

（三）设置中间再沸器和中间冷凝器

在原料组成、分离要求及理论板数相同的条件下，在精馏塔提馏段中设置中间再沸器，此处热源温度低，可取代塔底再沸器的部分热源，起到降低能耗的作用。同理，设置中间冷凝器，其温度比塔顶高，可回收温度较高的热量。另一方面，当塔顶产品的泡点很低时，欲从塔顶取出热量则须用温度很低的冷冻剂，而在中间取出热量，则可用较廉价的冷却介质。此时，设置中间冷凝器，虽然使总的冷量增加。但因昂贵的低温冷冻剂用量减少，在经济上往往是合理的。

第四节　蒸馏设备

扫码"学一学"

在板式塔和填料塔中都可实现气（或汽）液传质过程。在设计和选用精馏塔时，应考虑：生产能力大；分离效率高；操作稳定；流体阻力小；结构简单、维修方便、成本低。

一、板式塔

（一）塔板结构

板式塔是由一个圆筒形壳体及其中装置若干块水平塔板所构成的。相邻塔板间有一定距离，称为板间距。如图 6 – 18 所示。液相在重力作用下自上而下最后由塔底排出，气相在压差推动下经塔板上的开孔由下而上穿过塔板上液层最后由塔顶排出。呈错流流动的气相和液相在塔板上进行传质过程。显然，塔板的功能应使气液两相保持密切而又充分的接

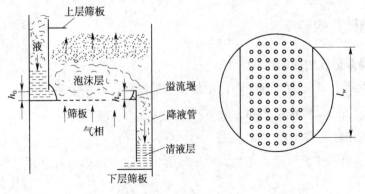

图 6 – 18　筛板塔板示意图

触，为传质过程提供足够大且不断更新的相际接触表面，减少传质阻力。因而塔板应由下述部分构成。

1. 气相通道　塔板上均匀的开有一定数量供气相自下而上流动的通道。气相通道的形式很多，对塔板性能的影响极大，各种形式的塔板主要区别就在于气相通道的形式不同。

结构最简单的气相通道为筛孔。筛孔的直径通常是 3~8mm。目前大孔径（12~25mm）筛板也得到相当普遍地应用。

2. 溢流堰　在每层塔板的出口端通常装有溢流堰，板上的液层高度主要由溢流堰决定。最常见的溢流堰为弓形平直堰，其高度为 h_w，长度为 l_w。

3. 降液管　降液管是液体自上层塔板流到本层塔板的通道。液体经上层板的降液管流下，横向经过塔板，翻越溢流堰，进入本层塔板的降液管再流向下层塔板。

为充分利用塔板的面积，降液管一般为弓形。降液管的下端离下层塔板应有一定高度（图 6-18 中所示 h_0），使液体能通畅流出。为防止气相窜入降液管中，h_0 应小于堰高 h_w。

（二）塔板的流体力学状况

尽管塔板的形式很多，但它们之间有许多共性，例如，在塔内气液流动方式、气流对液沫的夹带、降液管内的液流流动、漏液、液泛等都遵循相同的流体力学规律。通过对塔板流体力学共性的分析，可以全面了解塔板设计原理以及塔设备在操作中可能出现的一些现象。下面以筛板塔为例进行讨论。

1. 气液接触状态　气相经过筛孔时的速度（简称孔速）不同，可使气液两相在塔板上的接触状态不同。当孔速很低时，气相穿过孔口以鼓泡形式通过液层，板上气液两相呈鼓泡接触状态，如图 6-19 所示。两相接触的传质面积为气泡表面。由于气泡数量不多，气泡表面的湍动程度不强，鼓泡接触状态的传质阻力较大。

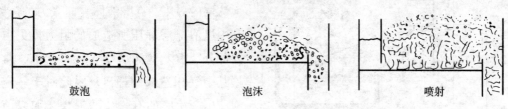

鼓泡　　　　　　　　泡沫　　　　　　　　喷射

图 6-19　塔板上气液接触状态

气相负荷较大，孔速增加时，气泡数量急剧增加，气泡表面连成一片并不断发生合并与破裂，板上液体大部分以高度活动的泡沫形式存在于气泡之中，仅在靠近塔板表面处才有少量清液。这种操作状态称为泡沫接触状态。这时液体仍为连续相，而气相仍为分散相。这种高度湍动的泡沫层为两相传质创造了良好的流体力学条件。

当气相负荷更高，孔速继续增加时，动能很大的气相从孔口喷射穿过液层，将板上液体破碎成许多大小不等的液滴并抛到塔板上方空间，当液滴落到板上又汇集成很薄的液层并再次被破碎成液滴抛出。气液两相的这种接触状态称为喷射接触状态。此时就整体而言，板上气相在连续液相中分散，变成液体在连续气相中分散，即发生相转变。喷射接触为两相传质创造了良好的流体力学条件。

工业上实际使用的筛板，两相接触不是泡沫状态就是喷射状态，很少采用鼓泡接触。

2. 漏液　气相通过筛孔的气速较小时，板上部分液体就会从孔口直接落下，这种现象称为漏液。上层板上的液体未与气相进行传质就落到浓度较低的下层板上，降低了传质效果。严重的漏液将使塔板上不能积液而无法操作。故正常操作时漏液量一般不允许超过某一规定值。

3. 液沫夹带 气相穿过板上液层时，无论是喷射型还是泡沫型操作，都会产生数量甚多、大小不一的液滴，这些液滴中的一部分被上升气流挟带至上层塔板，这种现象称为液沫夹带。浓度较低的下层板上的液体被气流带到上层塔板，使塔板的提浓作用变差，对传质是一不利因素。

液沫夹带量与气速和板间距有关，板间距越小，夹带量就越大。同样的板间距若气速过大，夹带量也会增加，为保证传质达到一定效果，夹带量不允许超过 0.1kg 液体/kg 干蒸气。

4. 气相通过塔板的阻力损失 气相通过筛孔及板上液层时必然产生阻力损失，称为塔板压降。通常采用加和性模型来确定塔板压降。气相通过一块塔板的压降 h_f 为

$$h_f = h_d + h_1 \qquad (6-23)$$

式中，h_d 为气相通过一块干塔板（即板上没有液体）的压降，m 液柱；h_1 为气相通过液层的压降。

筛板塔的干板压降主要由气相通过筛孔时的突然缩小和突然扩大的局部阻力引起的。气相通过干板与通过孔板的流动情况极为相似。即

$$h_d = \zeta \frac{u_0^2 \rho_G}{2g\rho_L} \qquad (6-24)$$

式中，ζ 为阻力系数；u_0 为气体在开孔处的速度，m/s；ρ_G、ρ_L 为气相和液相的密度，kg/m³。

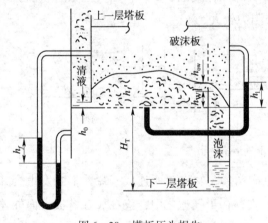

图 6-20 塔板压头损失

气相通过液层的阻力损失有克服板上泡沫层的静压、克服液体表面张力的压降，其中以泡沫层静压所造成的阻力损失占主要部分。板上泡沫层既含气又含液，常忽略其中气相造成的静压。因此对于一定的泡沫层，相应的有一个清液层，如以液柱高表示泡沫层静压的阻力损失，其值为该清液层高度 h_1，如图 6-20 所示。因而液体量大，板上液层厚，气相通过液层的阻力损失也愈大。同时，还与气速有关，气速增大时，泡沫层高度不会有很大变化，相应的清液层高度随之减小。因此，气相通过泡沫层的压头损失反有所降低。当然，总压头损失还是随气速增加而增大的。

5. 液泛 气相通过塔板的压降一方面随气速的增加而增大，因而降液管内的液面亦随气速的增加而升高；另一方面，当液体流经降液管时，降液管对液流有各种局部阻力，流量大则阻力增大，降液管内液面随之升高。故气液流量增加都使降液管内液面升高，严重时可将泡沫层升举到降液管的顶部，使板上液体无法顺利流下，导致液流阻塞，造成液泛。液泛是气液两相作逆向流动时的操作极限。因此，在板式塔操作中要避免发生液泛现象。

二、填料塔

(一) 填料塔工作原理

填料塔是以塔内的填料作为气液两相间接触构件的传质设备。如图 6-21 所示。填料塔的塔身是一直立式圆筒，底部装有填料支撑板，填料以乱堆或整砌的方式放置在支撑板上。填料的上方安装填料压板，以防被上升气流吹动。液体从塔顶经液体分布器喷淋到填料上，并沿填料表面流下。气体从塔底送入，经气体分布装置（小直径塔一般不设气体分布装置）分布后，与液体呈逆流连续通过填料层的空隙，在填料表面上，气液两相密切接触进行传质。填料塔属于连续接触式气液传质设备，两相组成沿塔高连续变化，在正常操作状态下，气相为连续相，液相为分散相。

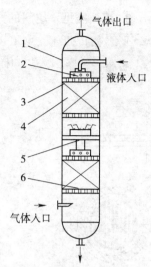

图 6-21 填料塔的结构示意图
1—塔壳体；2—液体分布器；
3—填料压板；4—填料；
5—液体再分布器；
6—填料支撑板

当液体沿填料层向下流动时，有逐渐向塔壁集中的趋势，使得塔壁附近的液流量逐渐增大，这种现象称为壁流。壁流效应造成气液两相在填料层中分布不均，从而使传质效率下降。因此，当填料层较高时，需要进行分段，中间设置再分布装置。液体再分布装置包括液体收集器和液体再分布器两部分，上层填料流下的液体经液体收集器收集后，送到液体再分布器，经重新分布后喷淋到下层填料上。

与板式塔相比，其结构简单、压力降低、填料易用耐腐蚀材料制造。填料塔也有一些不足之处，如填料造价高；当液体负荷较小时不能有效地润湿填料表面，使传质效率降低；不能直接用于有悬浮物或容易聚合的物料；对侧线进料和出料等复杂精馏不太适合等。

(二) 填料

1. 填料特性

（1）比表面积 a　塔内单位体积填料层具有的填料表面积（m^2/m^3）。填料比表面积的大小是气液传质比表面积大小的基础条件。

（2）空隙率 ε　塔内单位体积填料层具有的空隙体积（m^3/m^3）。ε 为一分数。ε 值大则气体通过填料层的阻力小，故 ε 值以高为宜。

（3）塔内单位体积具有的填料个数 n　根据计算出的塔径与填料层高度，再根据所选填料的 n 值，即可确定塔内需要的填料数量。一般要求塔径与填料尺寸之比 $D/d > 8$（此比值在 8~15 之间为宜），以便气、液分布均匀。若 $D/d < 8$，在近塔壁处填料层空隙率比填料层中心部位的空隙率明显偏高，会影响气液的均匀分布。若 D/d 值过大，即填料尺寸偏小，气流阻力增大。

2. 选择填料的基本要求

（1）比表面积尽量大，以便提供较大的气、液相接触面积。

（2）空隙率应尽量大，以减少气液流过填料层的压力降。

（3）填料构形应有利于气液分布均匀及减少气液流动阻力。

（4）填料材料应保证足够的机械强度、不易破碎、重量轻、耐腐蚀、表面润湿性能好，不易堵塞、价廉易得。

上述条件，很难全部满足要求，选择材料则应根据实际情况权衡利弊。

3. 填料类型　填料的种类很多，大致可分为实体填料和网体填料两大类。实体填料包括环形（如拉西环、鲍尔环、阶梯环）和鞍形（弧鞍形和矩鞍形）等。实体填料可用陶瓷、金属、塑料制造。网体填料主要是用金属丝网制成（如压延孔环、θ网环、鞍形环）。

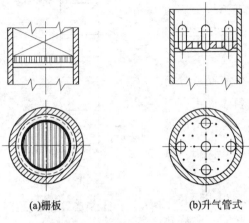

(a)栅板　　　　(b)升气管式

图6-22　填料支撑装置

（三）填料塔的附属结构

1. 支撑板　支撑板的主要用途是支撑板内的填料，同时又能保证气液两相顺利通过。支撑板若设计不当，填料塔的液泛可能首先在支撑板上发生。对于普通填料，支撑板的自由截面积应不低于全塔面积的50%，并且要大于填料层的自由截面积，常用的支撑板有栅板和各种具有升气管结构的支撑板，如图6-22所示。

2. 液体分布器　液体分布器对填料塔的性能影响极大。分布器设计不当，液体预分布不均，填料层内的有效润湿面积减少而偏流现象和沟流现象增加，即使填料性能再好也很难得到满意的分离效果。液体分布装置有莲蓬式、筛孔式、齿槽式和多孔环管式等。如图6-23所示。

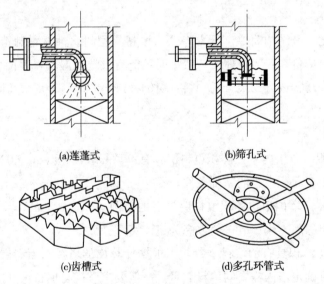

(a)莲蓬式　　　　　(b)筛孔式

(c)齿槽式　　　　　(d)多孔环管式

图6-23　液体分布器装置

多孔环管式分布器由多孔圆形盘管、连接管及中央进料管组成。能适应较大的流体流量波动，对安装水平度要求不高，对气体的阻力也很小。但是，由于管壁上的小孔容易堵塞，被分散的液体必须是洁净的。

齿槽式分布器多用于直径较大的填料塔。这种分布器不易堵塞，对气体的阻力小，但对安装水平要求较高，特别是当液体负荷较小时。

筛孔型分布器对液体的分布情况与齿槽式分布器差不多，但对气体阻力较大，只适用于气体负荷不太大的场合。

莲蓬式分布器为一具有半球形外壳，在壳壁上有许多供液体喷淋小孔。这种喷淋器的优点是结构简单，缺点是小孔容易堵塞，而且液体的喷洒范围与压头密切有关，当气量较大时会产生较多的液沫夹带，一般用于直径在 600mm 以下的塔中。

3. 液体再分布器 为改善向壁偏流效应造成的液体分布不均，可在填料层内部每隔一定高度设置一液体分布器。每段填料层的高度因填料种类而异，偏流效应越严重的填料，每段高度越小。通常，对于偏流现象严重的拉西环，每段高度约为塔径的 5 ~ 10 倍。常用的液体再分布器为截锥形。如考虑分段卸出填料，再分布器之上可另设支撑板。

4. 除沫器 除沫器是用来除去填料层顶部逸出的气体中的液滴，安装在液体分布器上方。当塔内气速不大，工艺过程又无严格要求时，一般可不设除沫器。

除沫器种类很多，常见的有折板除沫器、丝网除沫器和旋流板除沫器。折板除沫器阻力较小（50 ~ 100Pa），只能除去 50μm 的微小液滴，压降不大于 250Pa，但造价较高。旋流板除沫器压降为 300Pa 以下，其造价比丝网除沫器便宜，除沫效果比折板好。

（四）气液两相在填料层内的流动

填料塔的流体力学性能主要包括填料层的持液量、填料层的压降、液泛、填料表面的润湿及返混等。

1. 填料层的持液量 填料层的持液量是指在一定操作条件下，在单位体积填料层内所积存的液体体积，以 $(m^3$ 液体$)$ / $(m^3$ 填料$)$ 表示。持液量可分为静持液量 H_s、动持液量 H_0 和总持液量 H_t。静持液量是指当填料被充分润湿后，停止气液两相进料，并经排液至无滴液流出时存留于填料层中的液体量，其取决于填料和流体的特性，与气液负荷无关。动持液量是指填料塔停止气液两相进料时流出的液体量，它与填料、液体特性及气液负荷有关。总持液量是指在一定操作条件下存留于填料层中的液体总量。显然，总持液量为静持液量和动持液量之和，即

$$H_t = H_0 + H_s \tag{6-25}$$

填料层的持液量可由实验测出，也可由经验公式计算。一般来说，适当的持液量对填料塔操作的稳定性和传质是有益的，但持液量过大，将减少填料层的空隙和气相流通截面，使压降增大，处理能力下降。

2. 填料层的压力降 在逆流操作的填料塔中，从塔顶喷淋下来的液体，依靠重力在填料表面成膜状向下流动，上升气体与下降液膜的摩擦阻力形成了填料层的压降。填料层压降与液体喷淋量及气速有关，在一定的气速下，液体喷淋量越大，压降越大；在一定的液体喷淋量下，气速越大，压降也越大。将不同液体喷淋量下的单位填料层的压降与空塔气速 u 的关系标绘在对数坐标纸上，可得到曲线簇。

3. 液泛 在泛点气速下，持液量的增多使液相由分散相变为连续相，而气相则由连续相变为分散相，此时气体呈气泡形式通过液层，气流出现脉动，液体被大量带出塔顶，塔的操作极不稳定，甚至会被破坏，此种情况称为淹塔或液泛。影响液泛的因素很多，如填料的特性、流体的物性及操作的液气比等。

填料特性的影响集中体现在填料因子上。填料因子 F 值越小，越不易发生液泛现象。

流体物性的影响体现在气体密度 ρ_V、液体的密度 ρ_L 和黏度 μ_L 上。气体密度越小，液体的密度越大、黏度越小，则泛点气速越大。

操作的液气比愈大，则在一定气速下液体喷淋量愈大，填料层的持液量增加而空隙率

减小，故泛点气速愈小。

4. 液体喷淋密度和填料表面的润湿　填料塔中气液两相间的传质主要是在填料表面流动的液膜上进行的。要形成液膜，填料表面必须被液体充分润湿，而填料表面的润湿状况取决于塔内的液体喷淋密度及填料材质的表面润湿性能。

填料表面润湿性能与填料的材质有关，就常用的陶瓷、金属、塑料三种材质而言，以陶瓷填料的润湿性能最好，塑料填料的润湿性能最差。

实际操作时采用的液体喷淋密度应大于最小喷淋密度。若喷淋密度过小，可采用增大回流比或采用液体再循环的方法加大液体流量，以保证填料表面的充分润湿；也可采用减小塔径予以补偿；对于金属、塑料材质的填料，可采用表面处理方法，改善其表面的润湿性能。

5. 返混　在填料塔内，气液两相的逆流并不呈理想的活塞流状态，而是存在着不同程度的返混。造成返混现象的原因很多，如：填料层内的气液分布不均；气体和液体在填料层内的沟流；液体喷淋密度过大时所造成的气体局部向下运动；塔内气液的湍流脉动使气液微团停留时间不一致等。填料塔内流体的返混使得传质平均推动力变小，传质效率降低。因此，按理想的活塞流设计的填料层高度，因返混的影响需适当加高，以保证预期的分离效果。

三、填料塔与板式塔的比较

对于许多逆流气液接触过程，填料塔和板式塔都是可以适用的，设计者必须根据具体情况进行选用。填料塔和板式塔有许多不同点，了解这些不同点对于合理选用塔设备是有帮助的。

（1）填料塔操作范围较小，特别是对于液体负荷变化更为敏感。当液体负荷较小时，填料表面不能很好地润湿，传质效果就急剧下降；当液体负荷过大时，则容易产生液泛。设计良好的板式塔，则具有大得多的操作范围。

（2）填料塔不宜于处理易聚合或含有固体悬浮物的物料，而某些类型的板式塔（如大孔径筛板、泡罩塔等）则可以有效地处理这种物质。另外，板式塔的清洗亦比填料塔方便。

（3）当气液接触过程中需要冷却以移除反应热或溶解热时，填料塔因涉及液体不均问题而使结构复杂化。板式塔可方便地在塔板上安装冷却盘管。同理，当有侧线出料时，填料塔也不如板式塔方便。

（4）以前乱堆填料塔直径很少大于 0.5m，后来又认为不宜超过 1.5m，根据近 10 年来填料塔的发展状况，这一限制似乎不再成立。板式塔直径一般不小于 0.6m。

（5）关于板式塔的设计资料更容易得到而且更为可靠，因此板式塔的设计比较准确，安全系数可取得更小。

（6）当塔径不很大时，填料塔因结构简单而造价便宜。

（7）对于易起泡物系，填料塔更适合，因填料对泡沫有限制和破碎的作用。

（8）对于腐蚀性物系，填料塔更适合，因可采用瓷质填料。

（9）对热敏性物系宜采用填料塔，因为填料塔内的滞液量比板式塔少，物料在塔内的停留时间短。

（10）填料塔的压降比板式塔小，因而对真空操作更为适宜。

扫码"学一学"

第五节　恒沸精馏和萃取精馏

当被分离的物系中各组分的相对挥发度接近于1或被分离的物系中各组分形成恒沸物时，则根本不能用普通精馏方法加以分离。例如在常压下，乙醇 – 水的恒沸点为78.3℃，其恒沸物组成是乙醇：0.894，水：0.106（摩尔分数），此组成为稀乙醇用普通精馏方法所能达到的最高浓度。为了将恒沸物中的两个组分加以分离。常采用特殊精馏方法来实现。

常采用的特殊精馏方法是恒沸精馏和萃取精馏，这两种方法都是在被分离溶液中加入第三组分，以此改变原溶液中各组分间的相对挥发度而实现分离的。如果加入的第三组分能和原溶液中的一种组分形成最低恒沸物，以新的恒沸物形式从塔顶蒸出，称为恒沸精馏。如果加入的第三组分和原溶液中的组分不形成恒沸物而改变各组分间的相对挥发度，第三组分随高沸点液从塔底排出，则称为萃取精馏。

一、恒沸精馏

恒沸精馏是指在双组分混合液中加入第三组分（称为挟带剂），该组分能与原溶液中一个或多个组分形成新的最低恒沸物，且其沸点低于原物系中任一组分的沸点，从而使原物系能用精馏方法分离操作。

挟带剂应能与被分离组分形成新的恒沸液，其恒沸点要比纯组分的沸点低，一般两者沸点差不小于10℃；新恒沸液所含挟带剂的量愈少愈好，以便减少挟带剂用量及气化、回收时所需的能量；新恒沸液最好为非均相混合物，便于用分层法分离；无毒性、无腐蚀性，热稳定性好；来源容易，价格低廉。

若要制取无水乙醇，即采用恒沸精馏，其流程如图6 – 24所示。当加入挟带剂苯时，即可形成更低沸点的三元恒沸物。其组成是：苯，0.544；乙醇，0.23；水，0.226，沸点为64.6℃。在较低温度下，苯与乙醇、水不互溶而分层，可将苯分离出来。

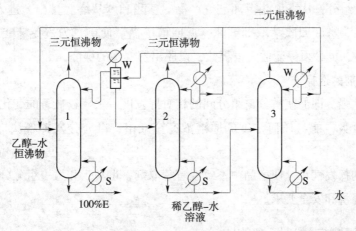

图6 – 24　乙醇水溶液的恒沸精馏

E—乙醇；B—苯；W—水；S—加热剂

塔1为恒沸精馏塔，乙醇、水原料从塔中部适当位置进入，挟带剂从顶部加入。在蒸馏中，苯与进料中乙醇、水形成三元恒沸物从塔顶排出，从塔底获得无水乙醇，塔顶三元恒沸物经冷凝后分层，苯相返回塔1顶，作为挟带剂循环使用。水相进入塔2回收残余苯，而苯形成三元恒沸物返回塔1的分层器。塔2釜液送入塔3回收废水中的乙醇。乙醇以二元恒沸物形式返回塔1进料，重新分离，从塔3底部排出废水。

二、萃取精馏

（一）萃取精馏流程

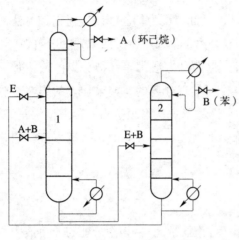

图6-25　环己烷-苯萃取精馏

A—环己烷；B—苯；E—糠醛

如果组分的相对挥发度非常接近1，但不形成共沸物的混合物，不宜采用常规蒸馏方法进行分离。而通过加入质量分离剂（或称之萃取剂），其本身挥发性很小，不与混合物形成共沸物，却能显著地增大原混合物组分间的相对挥发度，以便采用精馏方法加以分离，称此精馏为萃取精馏。

环己烷-苯的萃取精馏流程如图6-25所示。常压下环己烷与苯相对挥发度接近1，若加入糠醛萃取剂后，则使苯由易挥发组分变为难挥发组分，且相对挥发度发生显著改变，其值远离1。如表6-2所示。

表6-2　不同糠醛浓度下环己烷对苯的相对挥发度

糠醛组成 x（摩尔分数）	0	0.2	0.4	0.6	0.7
环己烷对苯相对挥发度 α	0.98	1.38	1.86	2.36	2.7

由表6-2可见，只要加入适量的糠醛，即可使环己烷与苯混合物易于采用精馏方法加以分离。

萃取剂糠醛在塔上部适当位置加入，进料在塔中部适当位置进入，在糠醛作用下，环己烷成为易挥发组分，从塔顶获得环己烷产品。糠醛和苯从塔底排出，进入第二塔，从塔顶分离出苯产品，塔底回收萃取剂糠醛，返回前塔循环使用。为避免糠醛进入环己烷中，在糠醛入塔上方，也必须保证适宜塔板数，以脱出蒸气中的糠醛。

（二）萃取剂的选择

（1）选择性强、即能使被分离组分间的相对挥发度产生比较显著的变化。

（2）溶解度大，能与任何浓度的原溶液完全互溶，以充分发挥各块塔板上萃取剂的作用。

（3）本身的挥发性小，使产品中不致混有萃取剂，也易于和另一组分分离。

（4）其他经济和安全要求。

三、萃取精馏与恒沸精馏的比较

（1）恒沸精馏的挟带剂必须和被分离组分形成最低恒沸物，所以挟带剂不易选择。萃取精馏的萃取剂则选择范围要广得多。

（2）恒沸精馏中的挟带剂以气态离塔，消耗的潜热较多，而萃取精馏时的萃取剂基本不变化，一般来说，萃取精馏的经济性较高。

扫码"练一练"

（3）总压一定时，恒沸精馏形成的恒沸物，其组成和温度都是恒定的。而萃取精馏时，由于被分离组分的相对挥发度和萃取剂的流率有关，故其操作条件可在一定范围内变化，无论是设计或操作都比较灵活和方便。但萃取剂必须不断地由塔顶加入，故萃取精馏不能简单地用于间歇操作，而恒沸精馏则无此限制。

（4）恒沸精馏时的操作温度一般比萃取精馏的低，故适用于分离热敏性物料。

第七章 干 燥

制药生产中，常需从湿固体中物料去除其所含湿分（水或其他液体）至规定指标。这种操作称为"去湿"。去湿的方法可分为以下几种。

（1）机械去湿 当物料中带水较多，可用压榨、沉降、过滤、离心分离等机械的方法除湿，此法去湿程度不高（处理后的物料中仍含有较高的含湿量），但能耗低。

（2）吸附去湿 利用某种平衡水汽分压很低的吸附剂（如 $CaCl_2$、硅胶等）与物料并存吸除湿分，此法费用较高，仅用于少量物料中的去湿。

（3）热能去湿（即干燥） 利用热能使物料的湿分气化，并将气化所产生的蒸汽由惰性气体带走或用真空抽吸而去除的单元操作，称为干燥。此类去湿方法去湿程度高（即湿分去除较为彻底），但费用较高。

在实际生产过程中，一般先用机械方法尽可能降低湿固体物料所带湿分，然后再用干燥方法除去剩余的湿分。

干燥为制药生产中最基本的单元操作。固体湿物料经干燥，便于进一步制剂，且可减轻原料或成品的重量，缩小体积，便于运输和贮存，降低运输费用。物料经干燥，其脆性增加，便于粉碎，且其物理和化学稳定性增加，霉菌、细菌的繁殖降至最低程度，易于保存。

干燥与制药生产关系密切，干燥的好坏，直接影响产品的质量、外观和使用等。

按不同方法，干燥分类如下：①按操作方式，可分为连续式干燥和间歇式干燥；②按操作压力，可分为减压干燥和常压干燥；③按热量传递方式，可分为传导干燥、对流干燥、辐射干燥、介电加热干燥等。传导干燥，热能通过传热壁面以传导方式加热物料，产生的蒸汽被干燥介质带走；对流干燥，干燥介质直接与湿物料接触，热能以对流方式传递给物料，产生蒸汽被干燥介质带走；辐射干燥，热能以电磁波的形式由辐射器发射到湿物料表面，被物料吸收转化为热能，使湿分气化；介电加热干燥，将需要干燥的物料放在高频电场内，利用高频电场的交变作用，将湿物料加热，并气化湿分。目前在制药工业生产中应用最广泛的是对流干燥，故本章讨论以空气为干燥介质，湿分为水的对流干燥过程。

对流干燥流程如图 7-1 所示。经预热的高温热空气与低温湿物料接触时，由于温度差的存在，热空气传热给固体物料，若空气的水气分压低于固体表面水蒸气分压时，水分气化并进入气相，湿物料内部的水分以液态或水汽的形式扩散至表面，再气化进入气相，被空气带

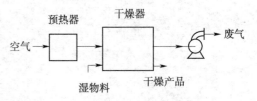

图 7-1 对流干燥流程示意图

走。所以，干燥是传热、传质同时进行的过程，但传递方向不同。如图 7-2 表明对流干燥过程中热空气和湿物料间的传热和传质过程。

干燥若为连续过程，物料被连续的加入与排出，物料与气流接触可以是并流、穿流或错流（流化）。若为间歇过程，湿物料被成批放入干燥器内，达到一定的要求后再取出。

干燥过程进行的必要条件是湿物料表面水蒸气分压大于干燥介质水汽分压；干燥介质

将气化的水汽及时带走。干燥过程所需空气用量、热量消耗及干燥时间，均与湿空气的性质有关。

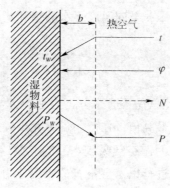

图 7 - 2 热空气和湿物料间的传热和传质

N—由物体表面气化的水分量；φ—由气体传给物料的热流量；P—空气中水汽的分压；
P_{w}—物料表面的水蒸气压；t—空气主体的温度；t_{w}—物料表面的温度；b—气膜厚度

第一节 湿空气的性质和湿度图

扫码"学一学"

一、湿空气的性质

湿空气是绝干空气和水蒸气的混合物，绝干空气即为完全不含水蒸气的空气。对流干燥操作中，常采用一定温度的不饱和空气作为干燥介质。由于在干燥过程中，湿空气中水汽的含量不断增加，而绝干空气质量不变，因此湿空气的许多相关性质常以 1kg 绝干空气为基准。

（一）湿空气中水分含量的表示方法

1. 湿度 湿度是表示湿空气中水汽的含量，反映空气的潮湿程度即湿空气中所含的水蒸气的质量与绝干空气的质量之比，称为空气的湿度，或称为湿含量，使用符号 H，即

$$H = \frac{\text{湿空气中水汽的质量}}{\text{湿空气中绝干空气的质量}} = \frac{n_v M_v}{n_g M_g} = 0.622 \frac{n_v}{n_g} \qquad (7-1)$$

式中，H 为湿空气的湿度，kg 水汽/kg 绝干空气；M_v 为水汽的摩尔质量，kg/kmol；M_g 为绝干空气的摩尔质量，kg/kmol；n_v 为水汽的摩尔数；n_g 为绝干空气的摩尔数。

常压下湿空气可视为理想气体，根据道尔顿分压定律

$$H = 0.622 \frac{p}{p_t - p} \qquad (7-2)$$

由此可见，湿度是总压 p_t 和水汽分压 p 的函数。

当空气中的水汽分压等于同温度下水的饱和蒸汽压 p_s 时，表明湿空气呈饱和状态，此时湿空气的湿度称为饱和湿度 H_s，即

$$H_s = 0.622 \frac{p_s}{p_t - p_s} \qquad (7-3)$$

式中，H_s 为湿空气的饱和湿度，kg 水汽/kg 绝干空气；p_s 为空气温度下水的饱和蒸汽压，kPa 或 Pa。

2. 绝对湿度与相对湿度 湿度与空气中所含水蒸气的量有关，分为绝对湿度和相对湿

度。单位体积空气中所含的水蒸气质量称为空气的绝对湿度，即为空气中水蒸气的密度。绝对湿度与相同温度下可能达到的最大绝对湿度之比，称为空气的相对湿度，即在一定温度和总压下，湿空气中的水汽分压 p 与同温度下水的饱和蒸汽压 p_s 之比的百分数，可衡量湿空气的不饱和程度，以 φ 表示。

$$\varphi = \frac{p}{p_s} \times 100\% \tag{7-4}$$

当 $p=0$ 时，$\varphi=0$，此时湿空气中不含水分，为绝干空气；当 $p=p_s$ 时，$\varphi=1$，此时湿空气为饱和空气，水汽分压达到最高值，在此条件下无干燥能力，这种湿空气不能用作干燥介质。相对湿度 φ 值越小，表明湿空气吸收水分的能力越强，干燥能力越强。可见，相对湿度可用来判断干燥过程能否进行以及湿空气的吸湿能力；而湿度只表明湿空气中水汽含量，不能表明湿空气吸湿能力的强弱。

将式（7-4）代入式（7-2）中，有

$$H = 0.622 \frac{\varphi p_s}{p_t - \varphi p_s} \tag{7-5}$$

可见，当总压一定时，湿度是相对湿度和温度的函数，或者由总压、温度和空气的湿度，可以求出空气的相对湿度。

在一定温度下，湿空气中水蒸气的分压力愈高，其绝对湿度愈大。水蒸气达饱和时，湿空气具有该温度下最大的绝对湿度，这时的湿空气称为饱和空气。湿空气在未达饱和时，其中水蒸气的分压力总是小于饱和压力，水蒸气处于过热状态。相对湿度愈小，表示空气中的水蒸气距离饱和状态愈远，空气吸收水分的能力愈大，即愈干燥；相对湿度愈大，表示空气中水蒸气距离饱和状态愈近，空气吸收水分的能力愈小，即空气愈潮湿。饱和空气的相对湿度为 100%，除非提高空气的温度，否则它不能再吸收水分。

（二）湿空气的比体积、比热容和焓

1. 湿空气的比体积　湿空气的比体积又称湿体积、比容，它表示 1kg 绝干空气和其所带有的水汽体积之和，用 v_H 表示。

$$v_H = \frac{\text{湿空气的体积（m}^3\text{）}}{\text{湿空气中绝干空气的质量（1kg）}}$$

2. 湿空气的比热容　湿空气的比热容又称湿热，以 c_H 表示。在常压下，将 1kg 绝干空气及其所带有的 Hkg 水汽的温度升高（或降低）1℃时所需吸收（或放出）的热量。

$$c_H = c_g + c_v H \tag{7-6}$$

式中，c_H 为湿空气的比热容，kJ/（kg 绝干空气·℃）；c_g 为绝干空气的比热容，kJ/（kg 绝干空气·℃）；c_v 为水汽的比热容，kJ/（kg 水汽·℃）。

在 273～393K 的温度范围内，绝干空气和水汽的平均定压比热容分别为 $c_g = 1.01$kJ/（kg 绝干空气·℃）和 $c_v = 1.88$kJ/（kg 水汽·℃），则

$$c_H = 1.01 + 1.88H \tag{7-7}$$

可见，湿空气的比热容只是湿度的函数。

3. 湿空气的焓　湿空气中 1kg 绝干空气及其所带有的 Hkg 水汽的焓之和，称为湿空气的焓，以 I 表示。

$$I = I_g + I_v H \tag{7-8}$$

式中，I 为湿空气的焓，kJ/kg 绝干空气；I_g 为绝干空气的焓，kJ/kg 绝干空气；I_v 为水汽的

焓，kJ/kg 水汽。

取 0℃时绝干空气和液态水的焓为基准，0℃时水的气化潜热为 $r_0 = 2490\text{kJ/kg}$，则

$$I = (1.01 + 1.88H)\, t + 2490H \tag{7-9}$$

可见，湿空气的焓随空气的温度 t、湿度 H 的增加而增大，湿空气的焓 I 值随空气的温度 t 及湿度 H 而变。

（三）湿空气的温度

1. 干球温度 简称温度，是湿空气的真实温度，可用普通温度计测得。

2. 湿球温度 普通温度计的感温球用湿纱布包裹，纱布下端浸在水中，使纱布一直处于湿润状态，这种温度计称为湿球温度计，如图 7-3 所示。湿球温度计在空气中达到稳定或平衡的温度称为该空气的湿球温度，用 t_w 表示。

将湿球温度计置于温度为 t、湿度为 H 的不饱和空气流中（流速通常大于 2.5m/s，以保证对流传热，且不受直接辐射），开始时湿纱布上的水温与湿空气的温度 t 相同，空气与湿纱布上的水之间没有热量传递。由于湿纱布表面空气的湿度大于空气主体的湿度 H，因此纱布表面的水分气化到空气中。此时气化水分所需的潜热只能由水分本身温度下降放出的显热供给，因此，湿纱布上的水温下降，与空气之间产生了温度差，引起对流传热。当空气向湿

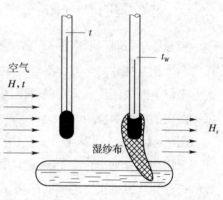

图 7-3 湿球温度计的原理

纱布传递的热量正好等于湿纱布表面水气化所需热量时，过程达到动态平衡，此时湿纱布的水温不再下降，而达到一个稳定的温度。这个稳定温度就是该空气状态下空气的湿球温度 t_w。湿球温度是湿空气的状态参数。

湿球温度 t_w 是湿纱布上水的温度，它由流过湿纱布的大量空气的温度 t 和湿度 H 所决定。当空气的温度 t 一定时，若其湿度 H 或相对湿度越大，则湿球温度 t_w 也越高；反之，湿度 H 或相对湿度越低，则湿球温度 t_w 也越小。当空气达到饱和状态时，空气的湿球温度和干球温度相等。

3. 露点 不饱和湿空气在总压 p_t 和湿度 H 一定的情况下进行冷却、降温，直至水汽达到饱和状态，即 $H = H_s$，$\varphi = 1$，此时的温度称为露点，用 t_d 表示。

可见，在一定总压下，只要测出露点温度 t_d，便可从手册中查得此温度下对应的饱和蒸汽压 p_s，从而求得空气的湿度。反之若已知空气的湿度，可求得饱和蒸汽压 p_s，再从水蒸气表中查出相应的温度，即为 t_d。

从以上讨论可知，表示湿空气性质的特征温度，有干球温度 t、露点 t_d、湿球温度 t_w 及绝热饱和温度 t_{as}。对于空气–水物系，$t_w \approx t_{as}$，并且有下列关系。

不饱和湿空气 $t > t_{as}$（或 t_w）$> t_d$

饱和湿空气 $t = t_{as}$（或 t_w）$= t_d$

4. 绝热饱和温度 设有温度为 t、湿度为 H 的不饱和空气在绝热饱和塔内和大量水充分接触，水用泵循环，使塔内水温完全均匀。若塔与周围环境绝热，则水向空气中气化所需的潜热，只能由空气温度下降而放出的显热供给，同时水又将这部分热量带回空气中，因此空气的焓值不变，湿度不断增加。这一绝热冷却过程，实际上是等焓过程。

绝热冷却过程进行到空气被水汽饱和时，空气的温度不再下降，而与循环水的温度相同，此时的温度称为该空气的绝热饱和温度 t_{as}，与之对应的湿度称为绝热饱和湿度，用 H_{as} 表示。

湿球温度和绝热饱和温度都是湿空气的 t 与 H 的函数，对空气－水物系，二者数值近似相等，但它们分别由两个完全不同的概念求得。湿球温度是大量空气与少量水接触后水的稳定温度；而绝热饱和温度是大量水与少量空气接触，空气达到饱和状态时的稳定温度，与大量水的温度相同。少量水达到湿球温度时，空气与水之间处于热量传递和水气传递的动态平衡状态；而少量空气达到绝热饱和温度时，空气与水的温度相同，处于静态平衡状态。

二、湿空气的 $H-I$ 图

当总压一定时，表明湿空气性质的各项参数（t，p，φ，H，I，t_w 等），只要规定其中任意两个相互独立的参数，湿空气的状态就被确定。为方便起见，将诸参数之间的关系在平面坐标上绘成图线。常用的湿度图有湿度－温度图（$H-t$）和焓湿图（$I-H$），下面介绍焓湿图的构成和应用。

图 7－4 所示为常压下（$p_t = 101.3\text{kPa}$）湿空气的 $H-I$ 图。为了使各种关系曲线分散开，采用两坐标轴交角为 135°的斜角坐标系。为了便于读取湿度数据，将横轴上湿度 H 的数值投影到与纵轴正交的辅助水平轴上。图中共有五种关系曲线，图上任何一点都代表一定温度 t 和湿度 H 的湿空气状态。

1. 等焓线（即等 I 线） 等焓线是一组与斜轴平行的直线，范围 0～680 kJ/kg 绝干空气。在同一条等 I 线上不同的点所代表的湿空气的状态不同，但都具有相同的焓值，其值可以在纵轴上读出。

2. 等湿线（即等 H 线） 等湿线是一组与纵轴平行的直线，范围 0～0.2 kg/kg 绝干空气。在同一根等 H 线上不同的点都具有相同的湿度值，其值在辅助水平轴上读出。

3. 等温线（即等 t 线） 将式 $I = (1.01 + 1.88H)\,t + 2490H$ 改写成

$$I = 1.01t + (1.88t + 2490)\,H \tag{7-10}$$

由式（7－10）可知，当空气的干球温度 t 不变时，I 与 H 成直线关系，因此在 $H-I$ 图中对应不同的 t，可作出许多条等 t 线，各种不同的温度的等温线，与水平轴倾斜，范围 0～250℃。

式（7－10）为线性方程，等温线的斜率为（$1.88t + 2490$），是温度的函数，故各等温线相互之间不平行。

4. 等相对湿度线（即等 φ 线） 等相对湿度线是根据式 $H = 0.622\dfrac{\varphi p_s}{p_t - \varphi p_s}$ 绘制的一组从原点出发的曲线。当总压 p_t 一定时，对于任意规定的 φ 值，上式可简化为 H 和 p_s 的关系式，而 p_s 又是温度的函数，因此对应一个温度 t，就可根据水蒸汽表查到相应的 p_s 值，再根据上式计算出相应的湿度 H，将上述各点（H，t）连接起来，就构成等相对湿度线。由此可绘出一系列的等 φ 线群，范围 5～100%。

$\varphi = 100\%$ 的等 φ 线为饱和空气线，此时空气完全被水汽所饱和。饱和空气线以上（$\varphi < 100\%$）为不饱和空气区域。当空气的湿度 H 为一定值时，其温度越高，则相对湿 φ 值就

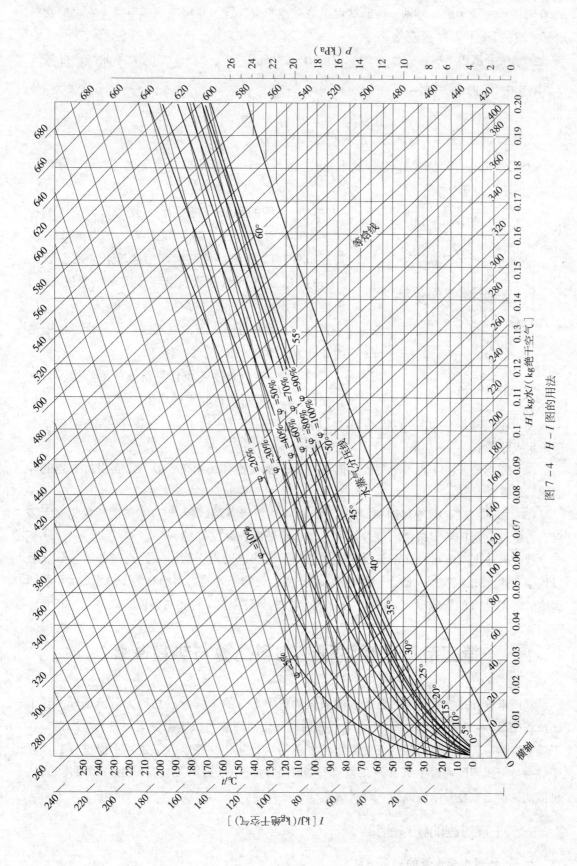

图 7 - 4 H - I 图的用法

越低，其吸收水气的能力就越强。故湿空气进入干燥器之前，必须先经预热以提高其温度。$\varphi = 0$ 时的等 φ 线为纵坐标轴。饱和线以下为过饱和空气区，此湿空气成雾状，它会使物料增湿，故在干燥操作中要避免。

5. 水气分压线 该线表示空气的湿度 H 与空气中水汽分压 p 之间关系曲线，可将式

$$H = 0.622 \frac{p}{p_t - p} \text{改写为}$$

$$p = \frac{p_t H}{0.622 + H}$$

由此式可知，当湿空气的总压 p_t 不变时，水汽分压 p 随湿度 H 而变化。水蒸气分压标于右端纵轴上，其单位为 kPa。

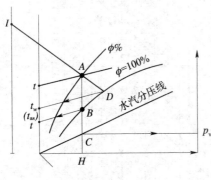

图 7 – 5 H – I 图的用法

6. H – I 图的用法 利用 H – I 图查取湿空气的各项参数非常方便。已知湿空气的某一状态点 A 的位置，如图 7 – 5 所示。可直接读出通过点 A 的参数 t、φ、H 及 I，进而可由 H 值读出参数 p、t_d 的数值，由 I 值读出参数 t_{as}（或 t_w）的数值。

（1）湿度 H，由 A 点沿等湿线向下与水平辅助轴的交点 H，即可读出 A 点的湿度值。

（2）焓值 I，通过 A 点作等焓线的平行线，与纵轴交于 I 点，即可读得 A 点的焓值。

（3）水汽分压 p，由 A 点沿等湿度线向下交水蒸气分压线于 C，在图 7 – 5 右端纵轴上读出水汽分压值。

（4）露点 t_d，由 A 点沿等湿度线向下与 $\varphi = 100\%$ 饱和线相交于 B 点，再由过 B 点的等温线读出露点 t_d 值。

（5）湿球温度 t_w（绝热饱和温度 t_{as}），由 A 点沿着等焓线与 $\varphi = 100\%$ 饱和线相交于 D 点，再由过 D 点的等温线读出湿球温度 t_w（即绝热饱和温度 t_{as} 值）。

通过上述查图可知，首先必须确定代表湿空气状态的点，然后才能查得各项参数。可以根据下述已知条件之一来确定湿空气的状态点，已知条件是：湿空气的干球温度 t 和湿球温度 t_w，湿空气的干球温度 t 和露点 t_d，湿空气的干球温度 t 和相对湿度 φ。

第二节 干燥过程的物料衡算与热量衡算

扫码"学一学"

利用不饱和热空气作为热源除去湿固体物料中水分的干燥方法总称为对流干燥，其干燥流程如图 7 – 1 所示，即常温下的空气先通过预热器加热至一定温度后再进入干燥器，在干燥器中热空气和湿物料接触，使湿物料表面的水分气化并将水汽带走。干燥过程的计算中应通过干燥器的物料衡算和热量衡算计算出湿物料中水分蒸发、空气用量和所需热量，再依此选择适宜型号的鼓风机、设计或选择换热器等。

一、干燥过程的物料衡算

（一）物料中含水量的表示方法

1. 湿基含水量 湿物料中所含水分的质量分率称为湿物料的湿基含水量。

$$w = \frac{湿物料中水分的质量}{湿物料总质量} \times 100\% \tag{7-11}$$

2. 干基含水量　不含水分的物料通常称为绝对干料或干料。湿物料中水分的质量与绝对干料质量之比，称为湿物料的干基含水量。

$$X = \frac{湿物料中水分的质量}{湿物料中绝对干物料质量} \times 100\% \tag{7-12}$$

上述两种含水量之间的换算关系如下

$$X = \frac{w}{1-w} \quad \text{kg 水/kg 干物料}$$

或

$$w = \frac{X}{1+X} \quad \text{kg 水/kg 湿物料} \tag{7-13}$$

制药生产中，通常用湿基含水量来表示物料中水分的多少。但在干燥器的物料衡算中，由于干燥过程中湿物料的质量不断变化，而绝对干物料质量不变，故采用干基含水量计算较为方便。

（二）干燥器的物料衡算

通过物料衡算可求出干燥产品流量、物料的水分蒸发量和空气消耗量。对图 7-6 所示的连续干燥器作物料衡算如下。

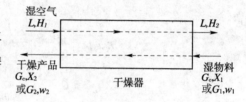

图 7-6　各物流进出逆流干燥器示意图

设　G_1——进入干燥器的湿物料质量流量，kg/s；

　　G_2——出干燥器的产品质量流量，kg/s；

　　G_c——湿物料中绝对干料质量流量，kg/s；

　　w_1，w_2——干燥前后物料的湿基含水量，kg 水/kg 湿物料；

　　X_1，X_2——干燥前后物料的干基含水量，kg 水/kg 干物料；

　　H_1，H_2——进出干燥器的湿空气的湿度，kg 水/kg 绝干空气；

　　W——水分蒸发量，kg/s；

　　L——湿空气中绝干空气的质量流量，kg/s。

1. 水分蒸发量　若不计干燥过程中物料损失量，则在干燥前、后物料中绝干物料质量流量 G_c 不变，即

$$G_c = G_1 \ (1-w_1) \ = G_2 \ (1-w_2)$$

整理得

$$G_2 = G_1 \frac{(1-w_1)}{1-w_2} \tag{7-14}$$

对干燥器中水分作物料衡算，可得

$$W = L \ (H_2 - H_1) \ = G_c \ (X_1 - X_2) \tag{7-15}$$

2. 绝干空气消耗量　整理式（7-15）得

$$L = \frac{G_c (X_1 - X_2)}{H_2 - H_1} = \frac{W}{H_2 - H_1} \tag{7-16}$$

设蒸发 1kg 水分所消耗的绝干空气量为 l kg 绝干空气，称为单位空气消耗量，其单位为 kg 绝干空气/kg 水分，则

$$l = \frac{L}{W} = \frac{1}{H_2 - H_1} \tag{7-17}$$

如果以 H_0 表示空气预热前的湿度，而空气经预热器后，其湿度不变，故 $H_0 = H_1$，则式（7-17）可写为

$$l = \frac{1}{H_2 - H_0} \qquad (7-18)$$

由式（7-18）可见，单位空气消耗量仅与 H_2、H_0 有关，与路径无关。H_0 愈大，l 亦愈大，由于 H 是由空气初始温度及相对湿度所决定的，所以在其他条件相同的情况下，l 将随着温度及相对湿度的增加而增大，对同一干燥过程而言，夏季的空气消耗量比冬季为大，故选择输送空气的风机装置，也必须按全年最大空气消耗量而定。

二、干燥过程的热量衡算

通过干燥系统的热量衡算，可以求出物料干燥所消耗的热量和预热器的传热面积，同时确定干燥器排出废气的湿度 H_2 和焓 I_2 等状态参数。

干燥过程的热量衡算见图 7-7 所示，包括预热器和干燥器两部分。

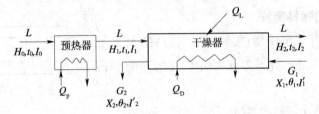

图 7-7　连续干燥过程的热量衡算示意图

I_0，I_1，I_2——分别为新鲜湿空气进入预热器、离开预热器（即进入干燥器）和离开干燥器时的焓，kJ/kg 绝干空气；

t_0，t_1，t_2——分别为新鲜湿空气进入预热器、离开预热器（即进入干燥器）和离开干燥器时的温度，℃；

L——绝干空气的流量，kg 绝干空气/s；

Q_p——单位时间内预热器中空气消耗的热量，kW；

G_1，G_2——分别为湿物料进入和离开干燥器的质量流量，kg/s；

θ_1，θ_2——分别为湿物料进入和离开干燥器的温度，℃；

I'_1，I'_2——分别为湿物料进入和离开干燥器的焓，kJ/kg 绝干物料；

Q_D——单位时间内向干燥器补充的热量，kW；

Q_L——干燥器的热损失速率，kW

若忽略预热器的热损失，加入预热器作热量衡算，得

$$Q_p = L(I_1 - I_0) = L(1.01 + 1.88H_0)(t_1 - t_0) \qquad (7-19)$$

以干燥器为研究对象作热量衡算，得

单位时间内进入干燥器的热量 = 单位时间内带出干燥器的热量

或
$$LI_1 + G_c I'_1 + Q_D = LI_2 + G_c I'_2 + Q_L \qquad (7-20)$$

式中，$I = (1.01 + 1.88H)t$；$I' = c_m \theta$（c_m 为湿物料的比热容，kJ/（kg 干物料·℃））；$c_m = c_s + X c_w$，c_s 为绝干物料的比热容，c_w 为水的比热容（$c_0 = 4.187$kJ/（kg 水·℃））。

为了分析干燥过程中热量的有效利用程度，对图 7-7 所示干燥过程进行热量分析，如表 7-1 所示。

表 7 – 1 干燥过程热量衡算

输入系统热量	输出系统热量
1. 湿物料 G_1 带入热量 由于 $G_1 = G_2 + W$，因此可认为 G_1 带入热量为两部分之和 水分带入热量：$W\theta_1 c_w$ G_2 带入热量：$G_c (c_s + c_w X_2) \theta_1$	1. G_2 带走热量 $G_c (c_s + c_w X_2) \theta_2$
2. 空气带入热量 $LI_0 = L(1.01 + 1.88H_0) t_0 + r_0 H_0 L$	2. 空气带出热量 可分为两部分 湿度为 H_0 的空气带出热量：$L(1.01 + 1.88H_0) t_2 + r_0 H_0 L$ W kg 水汽带出热量：$W(c_v t_2 + r_0)$
3. 预热器向空气输入热量 $Q_p = L(I_1 - I_0)$ $= L(1.01 + 1.88H_0)(t_1 - t_0)$	
4. 向干燥器补充的热量 Q_D	3. 干燥器的热损失 Q_L

干燥系统消耗的总热量 Q 为 Q_p 与 Q_D 之和，即

$$Q = Q_p + Q_D = L(I_2 - I_0) + G_c(I_2' - I_1') + G_L \tag{7 – 21}$$

由式（7 – 21）可见，干燥系统的总热量消耗于：加热空气、加热湿物料、蒸发水分、损失于周围环境中。其中只有蒸发水分的热量直接用于干燥目的。因此将干燥系统的热效率定义为

$$\eta = \frac{蒸发水分所需的热量}{向干燥系统输入的总热量} \times 100\% \tag{7 – 22}$$

干燥热效率表示干燥器的工作性能，热效率越高表示热能利用程度越好。根据式（7 – 18），若空气的出口温度降低而湿度增高，则可以降低单位空气消耗量并提高干燥系统的热效率。但空气湿度增加，使物料与空气间的推动力 ΔH 减小，从而降低干燥速率，延长干燥时间，若要达到同样的干燥效果，则要增大设备容积。

因此，一般来说，干燥吸水性物料时，空气出口应该温度高、湿度低，即相对湿度要低。在实际干燥操作中，空气出干燥器时的温度，需要比进入干燥器时的湿球温度高 20 ~ 50℃ 这样才能避免因废气出口温度过低，以至接近饱和状态，而在设备及管道出口处凝结析出水滴的现象出现。

干燥操作能耗很大，而干燥过程平均热效率仅为 3% 左右。因此，改善干燥过程、提高干燥热效率对于降低能耗、节约能源具有重要意义。提高对流干燥系统热效率的三种有效方法，即强化干燥器内的传热、传质过程，采用部分排气再循环和回收排气余热。

第三节 干燥速率与干燥时间

干燥器的尺寸需要通过干燥速率来确定，根据干燥原理可知，干燥速率不仅取决于干燥介质的性质和操作条件，而且还取决于物料中所含水分的性质。

一、物料中所含水分的性质

湿固体物料所含水分称为总水分。根据能否在一定的干燥条件下被除去，其可分为平

扫码"学一学"

衡水分与自由水分；根据水分与固体物料的结合方式，其可分为结合水分和非结合水分。

（一）结合水分与非结合水分

1. 结合水分 通过化学力或物理化学力与固体物料相结合的水分称为结合水分，如结晶水、毛细管中的水及细胞中溶胀的水分。结合水分与物料间结合力较强，其蒸汽压低于同温度下纯水的饱和蒸汽压，致使干燥过程的传质推动力降低，故除去结合力分较困难。

2. 非结合水分 存在物料表面的润湿水分；粗大毛细管中水分和物料孔隙中水分；即通过机械的方式附着在固体物料上的水分，该类水分称为非结合水分。由于非结合水分的蒸汽压等于同温度下纯水的饱和蒸汽压，易于去除。

物料所含结晶水、结合水分或非结合水分的量仅取决于物料本身的性质，而与干燥介质状况无关。

（二）平衡水分与自由水分

1. 平衡水分 当一定温度、相对湿度的不饱和湿空气流过某湿物料表面时，由于湿物

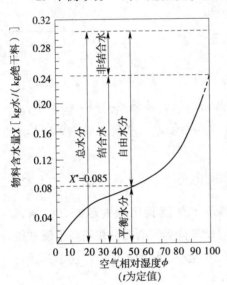

图 7 - 8　固体物料（丝）中所含
水分的性质

料表面水蒸气压大于空气中水蒸气分压，则湿物料的水分向空气中气化，直到物料表面水蒸气压与空气中水蒸气分压相等时为止，即物料中的水分与该空气中水蒸气达到平衡状态，此时物料所含水分称为该空气条件下物料的平衡水分，用 X^* 表示。平衡水分是湿物料在一定空气状态下干燥的极限。平衡水分随物料的种类及空气的状态不同而异。物料不同，在同一空气状态下的平衡水分不同；同一种物料，在不同空气状态下的平衡水分液不同。

2. 自由水分 物料中超过平衡水分的那一部分水分，称为自由水分。干燥过程中可除去的水分只能是自由水分（包括全部非结合水和部分结合水），不能除去平衡水分。自由水分和平衡水分，结合水分和非结合水分以及它们与物料的总水分之间的关系见图 7 - 8。

二、干燥特性曲线

干燥速率不仅取决于干燥条件，而且也与物料含水性质有关。假定干燥条件恒定，即干燥介质（不饱和湿空气）的温度、湿度、流速以及与物料接触的状况均不变，例如用大量的空气干燥少量的湿物料就属于就接近于恒定干燥情况。

（一）干燥曲线

由于干燥机制及过程皆很复杂，直至目前研究得尚不够充分，所以干燥速率的数据多取自实验测定值。在一定干燥条件下干燥某一物料，记录下不同时间下湿物料的质量，直到物料质量不再变化为止，此时物料中所含水分即为平衡水分。然后，取出物料，测量物料与空气接触表面积，再将物料放入烘箱内烘干到恒重为止，此即绝对干料质量。根据以上数据计算出每一时刻物料的干基含水量为

$$X = \frac{G' - G'_c}{G'_c}$$

（7 - 23）

式中，G' 为为某一时刻湿物料的质量，kg；G_c' 为为绝对干物料质量，kg。

将湿物料每一时刻的干基含水量 X 与干燥时间 t 标绘在坐标纸上，即得到干燥曲线，如图 7-9 所示，可以直接读出在一定干燥条件下，将某物料干燥至某一干基含水量所需的时间。

干燥速率为单位时间内在单位干燥面积上气化的水分量 W'，如用微分式表示，得

$$U = \frac{dW'}{Adt} \qquad (7-24)$$

式中，U 为干燥速率，$kg/m^2 \cdot s$；W' 为气化水分量，kg；A 为干燥面积，m^2；t 为干燥时间，s。

而　　$dW' = -G_c'dX$

故式（7-24）可写成

$$U = \frac{dW'}{Adt} = -\frac{G_c'dX}{Adt} \qquad (7-25)$$

式（7-25）中的负号表示物料含水量随着干燥时间的增加而减少。

由图 7-9 的干燥曲线，测出不同 X 下的斜率 dX/dt，然后乘以常数 G_c'/S 后取负号即为干燥速率 U。按照上述方法，测得一系列的 X 和 U，标绘成曲线，即为干燥速率曲线。图 7-10 所示。

曲线 AB 段，物料含水量降至 X'，为升速阶段，时间较短，物料预热到湿球温度时，即进入恒速干燥阶段，此段称为预热阶段，时间不长，一般可忽略不计。

曲线 BC 段，物料含水量从 X' 到 X_c 的范围内，物料的干燥速率保持恒定，其值不随物料含水量而变，称为恒速干燥阶段。

曲线 CE 段，物料的含水量低于 X_c，直至达到平衡水分 X^* 为止。在此段内，干燥速率随物料含水量的减少而降低，称为降速干燥阶段。线段 CE 在 D 点有转折，这是随物料性质决定的，有的平滑，有的有转折。

图 7-10 中 C 点为恒速与降速段之分界点，称为临界点。该点的干燥速率仍为恒速阶段的干燥速率，与该点对应的物料含水量 X_c 称为临界含水量。只要湿物料中含有非结合水分，一般总存在恒速与降速两个不同的阶段。

图 7-10 中 E 点为达到平衡含水量 X^*，干燥速率为零。

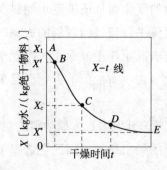

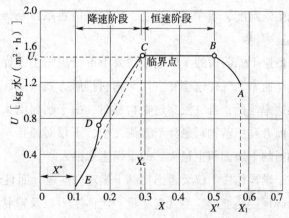

图 7-9　恒定干燥条件下物料的
　　　　干燥实验曲线

图 7-10　恒定干燥条件下的干燥速率曲线

（二）恒速干燥阶段

在此阶段，整个物料表面都有充分的非结合水分，物料表面的蒸汽压与同温度下水的蒸汽压相同，所以在恒定干燥条件下，物料表面与空气间的传热和传质过程与测定湿球温度的情况类似。此时物料内部水分扩散速率大于表面水分气化速率，故属于表面气化控制阶段。空气传给物料的热量等于水分气化所需的热量，物料表面的温度始终保持为空气的湿球温度。该阶段干燥速率的大小，主要取决于空气的性质，而与湿物料性质关系很小。

（三）降速干燥阶段

当物料含水量降至临界含水量 X_c 以后，干燥速率随含水量的减少而降低。这是由于热量向物料内部传热的方式为热传导，固体物料为热的不良导体，热阻较大，导热速率较小，水分由物料内部向物料表面迁移的速率低于湿物料表面水分气化的速率，在物料表面出现干燥区域，表面温度逐渐升高。随着干燥的进行，干燥区域逐渐增大，而干燥速率的计算是以总表面积为基准的，所以干燥速率下降。此为降速干燥阶段的第一部分，称为不饱和表面干燥，又称为第一降速阶段，如 CD 段所示，除去的为非结合水。

后来物料表面的水分完全气化，水分的气化平面由物料表面移向内部。随着干燥的进行，水分的气化平面继续内移，干燥速率进一步下降，此段称为第二降速阶段，如 DE 段所示，从 D 点开始除去结合水。直至物料的含水量降至平衡含水量 X^* 时，干燥即行停止，如图中 E 点所示。

在降速阶段，干燥速率主要取决于水分在物料内部的迁移速率，所以又称降速阶段为内部迁移控制阶段。这时外界空气条件不是影响干燥速率的主要因素，主要因素是物料的结构、形状和大小等。

所以，当物料中含水量大于临界含水量时，属于表面气化控制阶段，亦即等速阶段；而当物料含水量小于临界含水量时，属内部扩散控制阶段，即降速阶段。而当达到平衡含水量时，则干燥速率为零。实际上，在工业生产中，物料不会被干燥到平衡含水量，而是在临界含水量和平衡含水量之间，这要根据产品要求和经济核算决定。

（三）干燥速率的影响因素

1. 恒速干燥阶段的影响因素 在恒速干燥阶段中，物料表面完全润湿，由于其表面状况与湿球温度调湿纱布的状况十分相似，两者的传热传质机制基本相同。提高空气温度、降低空气湿度、增大空气流速，使对流传热系数及传质系数增大，均能够提高恒速阶段的干燥速率。

恒速干燥阶段的干燥速率的大小不仅决定于干燥介质的变化而且还决定于物料表面水的气化速率。气化速率和空气与物料接触方式有关。若气流平行流过物料层的表面时，其干燥速率较低；若气流穿过物料层时，由于物料的大部分表面用作干燥面积，因此干燥速率比前者高；若物料悬浮于气流之中，不仅对流传热系数与传质系数值最大，而且单位质量物料的干燥面积也最大，故干燥速率很大。

干燥操作中不仅要考虑提高干燥速率问题，而且还要考虑其他因素，如物料的热敏性、被粉碎程度、变形、空气消耗量、流体阻力以及粉状物料的带出量等，因此在选择干燥条件时，须全面考虑，以确定适宜的温度、湿度和流速等。

2. 降速干燥阶段的影响因素 在降速干燥阶段中，由于水分自物料内部向表面气化的速率低于物料表面上水分的气化速率之故，其干燥速率取决于水分迁移速率。影响干燥速率的主要因素有：物料本身的结构、性质、形状和大小等。

物料的性质和干燥方法对降速干燥速率的影响较显著。按照物料结构和水在物料中的结合状态分类，有吸湿性或非吸湿性物料。物料的形状差别很大，如颗粒状、粉状、片状、纤维状、膏糊状、液滴状等。干燥方法也各不相同，如各种对流干燥、传导干燥、真空干燥及辐射干燥等。

三、恒定干燥条件下干燥时间的计算

在恒定干燥条件下，物料从最初含水量 X_1 干燥至最终含水量 X_2 所需时间 t，可根据该条件下测定的干燥速率曲线求得。

（一）恒速干燥阶段

设恒速干燥阶段的干燥速率为 U_0，根据式（7-25），即

$$U_0 = -\frac{G'_c \mathrm{d}X}{A \mathrm{d}t}$$

将上式分离变量后积分，得

$$\int_0^{t_1} \mathrm{d}t = -\frac{G'_c}{A U_0} \int_{X_1}^{X_c} \mathrm{d}X$$

$$t_1 = \frac{G'_c}{S U_0}(X_1 - X_c) \tag{7-26}$$

式中，t_1 为恒速阶段干燥时间，s；X_1 为物料的初始含水量，kg/kg 绝干物料。

（二）降速干燥阶段

降速干燥阶段物料含水量由 X_c 下降到 X_2 所需的时间 t_2，可由式（7-25）积分求得，即

$$t_2 = \int_0^{t_2} \mathrm{d}t = -\frac{G'_c}{A} \int_{X_c}^{X_2} \frac{\mathrm{d}X}{U} = \frac{G'_c}{A} \int_{X_2}^{X_c} \frac{\mathrm{d}X}{U} \tag{7-27}$$

式中，t_2 为降速阶段干燥时间，s；X_2 为降速阶段终了时物料的含水量，kg/kg 绝干物料；U 为降速阶段的瞬时干燥速率，kg/（m^2·s）。

式（7-27）中积分项的计算方法如下。

（1）图解积分法 当 U 与 X 不呈直线关系时，式（7-27）可根据干燥速率曲线的形状用图解积分法求解 t_2：以 X 为横坐标，$1/U$ 为纵坐标，在图中标绘 $1/U$ 与对应的 X，由纵线 $X = X_c$ 与 $X = X_2$、横坐标轴及曲线所包围的面积为积分项的值，如图7-11所示。

（2）解析计算法 当 U 与 X 呈直线关系时，用临界点 C 与平衡水分点 E 所连接的直线 CE 代替降速阶段的干燥速率曲线（图7-10），此时降速阶段的干燥速率与物料中自由水分含量成正比，即

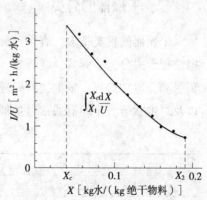

图7-11 图解积分法求干燥时间

$$U = -\frac{G'_c \mathrm{d}X}{A \mathrm{d}t} = K_X (X - X^*) \tag{7-28}$$

式中，K_X 为比例系数，kg/（m^2·ΔX），即虚线 CE 的斜率。

$$K_X = \frac{U_0}{X_c - X^*}$$

式（7-28）积分，得

$$t_2 = \frac{G_c}{K_X A} \ln \frac{X_c - X^*}{X_2 - X^*} \tag{7-29}$$

因此，物料干燥所需时间，即物料在干燥器内停留时间为

$$t = t_1 + t_2$$

对于间歇操作的干燥器而言，还应考虑装卸物料所需时间 t'，则每批物料干燥周期为

$$t = t_1 + t_2 + t'$$

扫码"学一学"

第四节　干　燥　器

一、干燥器的基本要求

在制药生产中，由于被干燥物料的形状和性质都各不相同，生产规模或生产能力差别悬殊，对于干燥后的产品要求也不尽相同，采用的干燥方法和干燥器的形式也是多种多样的。通常，对干燥器的要求如下。

（1）满足干燥产品的质量要求，如达到指定干燥程度的含水率，保证产品的强度和不影响外观性状及使用价值等。

（2）设备的生产能力高，干燥速率快，干燥时间短，干燥器尺寸小。

（3）热效率高，能量消耗少（即蒸发1kg水或干燥1吨成品的耗能量）。

（4）经济性好，辅助设备费用低。

（5）操作方便，制造、维修容易，操作条件好。

二、干燥器的分类

干燥器的种类很多，有多种分类方法。根据操作方法分，有间歇式和连续式两种；根据结构形式分，有厢式、隧道式、转筒式、气流式等；根据传热方式，可分为对流、传导、辐射和介电加热等；根据物料处理方式，可分为液体、浆状、膏糊状、粉状、片状、块状，以及纤维状等。干燥器通常可按加热的方式来分类，如表7-2所示。

表7-2　常用干燥器的分类

项　目	按传热方式分类			
	对流干燥器	传导干燥器	辐射干燥器	介电加热干燥器
干燥器形式	厢式干燥器	滚筒干燥器	红外线干燥器	微波干燥器
	气流干燥器	真空盘架式干燥器（真空）		
	沸腾干燥器	真空耙式干燥器		
	转筒干燥器	冷冻干燥器		
	喷雾干燥器			

（一）对流型干燥器

1. 厢式干燥器　厢式干燥器是一种典型的常压间歇式干燥器，小型的称为烘箱，大型

的称为烘房，又称盘式干燥器。这种干燥器的基本结构如图 7 - 12 所示，厢内支架放有许多长方形的料盘，湿物料置于料盘中，物料的堆积厚度约为 10 ~ 100mm。新鲜空气由风机 3 吸入，经加热器 4 预热后沿挡板 5 均匀地在各料盘内的物料上方掠过并进行干燥，这种结构为平行流式。部分废气经排出管 2 排出，余下的循环使用，以提高热效率。废气循环量由吸入口或排出口的挡板进行调节。

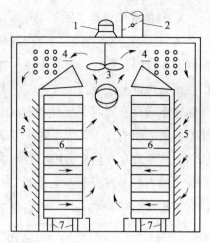

图 7 - 12 厢式干燥器

1—空气入口；2—空气出口；3—风机；

4—加热器；5—挡板；6—盘架；7—移动轮

筛网式托盘干燥器的热交换为穿流，干燥效率为平行流式的 3 ~ 10 倍，但动力消耗量较大。

厢式干燥器的优点是：适应性强，同一设备可适用于干燥多种物料；每批物料可以单独处理，并能适当改变温度；适合制药工业生产批量少品种多的特点；结构简单；物料破损少、粉尘少等。

其缺点是：干燥时间长，完成一定干燥任务所需设备容积大；物料分散不均匀，翻动物料或装卸物料的劳动条件差，热利用率低等。

2. 带式干燥器 带式干燥器如图 7 - 13 所示，在截面为长方形的干燥室或隧道内，安装带式输送设备。传送带多为网状，气流与物料成错流，带子在前移过程中，物料不断地与热空气接触而被干燥。传送带可以是多层的，带宽约为 1 ~ 3m，长度约为 4 ~ 50m，干燥时间为 5 ~ 120min。通常在物料的运动方向上分成许多区段，每个区段都可装设风机和加热器。在不同区段内，气流方向及气体的温度、湿度和速度都可不同，例如在湿料区段，采用的气体速度可大于干燥产品区段的气体速度。由于被干燥物料的性质不同，传送带可用帆布、橡胶、涂胶布或金属丝网制成。

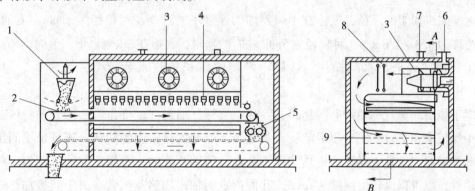

图 7 - 13 带式干燥器

1—加料器；2—传送带；3—风机；4—热空气喷嘴；5—压碎机；

6—空气入口；7—空气出口；8—加热器；9—空气再分配器

物料在带式干燥器内翻动较少，故可保持物料的形状，也可同时连续干燥多种固体物料，但要求带上的堆积厚度、装载密度均匀一致，否则通风不均匀，使产品质量下降。这种干燥器的生产能力及热效率均较低，热效率约在 40% 以下。带式干燥器适用于干燥颗粒状、块状和纤维状的物料。

3. 转筒式干燥器 图 7-14 所示为用热空气直接加热的逆流操作转筒干燥器，其主要部分为与水平线略呈倾斜的旋转圆筒。物料从转筒较高的一端送入，与由另一端进入的热空气逆流接触，随着圆筒的旋转，物料在重力作用下流向较低的一端时即被干燥完毕而送出。圆筒内壁上装有若干块抄板，其作用是将物料抄起后再洒下，以增大干燥表面积，使干燥速率增高，同时还促使物料向前运行。当圆筒旋转一周时，物料被抄起和洒下一次，物料前进的距离等于其落下的高度乘以圆筒的倾斜率。抄板的形式很多，常用的如图 7-15 所示，其中直立式抄板适用于处理黏性或较湿的物料；45°和 90°的抄板适用于处理散粒状或较干的物料。抄板基本上纵贯整个圆筒内壁，在物料入口端的抄板也可制成螺旋形的，以促进物料的初始运动并导入物料。

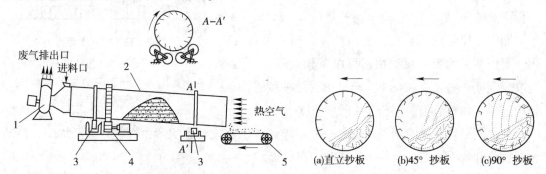

图 7-14　热空气直接加热的逆流操作转筒干燥器　　　　图 7-15　常用的抄板形式
1—鼓风机；2—转筒；3—支承装置；
4—驱动齿轮；5—带式输送器

干燥器内空气与物料间的流向可采用逆流、并流或并逆流相结合的操作。通常在处理含水量较高、允许快速干燥而不致发生裂纹或焦化、产品不能耐高温而吸水性又较低的物料时，宜采用并流干燥；当处理不允许快速干燥而产品能耐高温的物料时，宜采用逆流干燥。

为了减少粉尘的飞扬，气体在干燥器内的速度不宜过高，对粒径为 1mm 左右的物料，气体速度为 0.3~1.0m/s；对粒径为 5mm 左右的物料，气速在 3m/s 以下。有时为防止转筒中粉尘外流，可采用真空操作。转筒干燥器的体积传热系数较低，约为 0.2~0.5W/(m^3 · ℃)。

对于能耐高温且不怕污染的物料，除热空气外，烟道气也可作为干燥介质，以获得较高的干燥速率和热效率。对于不能受污染或极易引起大量粉尘的物料，还可采用间接加热的转筒干燥器。这种干燥器的传热壁面为装在转筒轴心处的一个固定的同心圆筒，筒内通以烟道气，也可以沿转筒内壁装一圈或几圈固定的轴向加热蒸汽管。由于间接加热式的转筒干燥器的效率低，目前较少采用。

转筒干燥器的优点是机械化程度高，生产能力大，流动阻力小，容易控制，产品质量均匀。此外，转筒干燥器对物料的适应性较强，不仅适用于处理散粒状物料，当处理黏性膏状物料或含水量较高的物料时，可向其中掺入部分干料以降低黏性。

转筒干燥器的缺点是设备笨重，金属材料耗量多，热效率低（约为 50%），结构复杂，占地面积大，传动部件需经常维修等。目前国内采用的转筒干燥器直径为 0.6~2.5m，长度为 2~27m，处理物料的含水量为 3%~50%，产品含水量可降到 0.5%，甚至低到 0.1%（均为湿基）。物料在转筒内的停留时间为几分钟到两小时，或更高。

4. 喷雾干燥器 喷雾干燥器是将溶液、膏状物或含有微粒的悬浮液通过喷雾而成雾状细滴分散于热气流中，使水分迅速气化而达到干燥的目的。如果将 $1cm^3$ 体积的液体雾化成直径为 $10\mu m$ 的球形雾滴，其表面积将增加数千倍，显著地加大了水分蒸发面积，提高了干燥速率，缩短了干燥时间。目前喷雾干燥已广泛地应用于食品、医药、染料、塑料及化肥等工业生产中。

常用的喷雾干燥流程如图 7 – 16 所示。喷雾室有塔式和箱式两种，以塔式应用最为广泛。料浆用送料泵压至雾化器，在干燥室中喷成雾滴而分散在热气流中，雾滴在与干燥器内壁接触前水分已迅速气化，成为微粒或细粉落到器底，产品由风机吸至旋风分离器中而被回收，废气经风机排出。

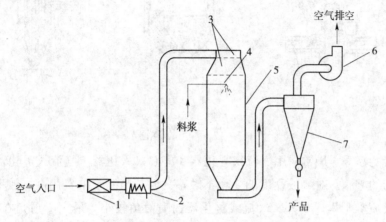

图 7 – 16 喷雾干燥设备流程
1—过滤器；2—加热器；3—空气分布器；4—雾化器；5—干燥塔；
6—风机；7—旋风分离器

一般喷雾干燥操作中雾滴的平均直径为 $20\sim60\mu m$。使料浆雾化所用的雾化器（又称喷雾器）是喷雾干燥器的关键元件。对雾化器的一般要求为：所产生的雾滴均匀，结构简单，生产能力大，能量消耗低及操作容易等。常用的雾化器有三种基本形式。

（1）离心雾化器 离心雾化器如图 7 – 17（a）所示。料液进入一高速旋转圆盘的中部，圆盘上有放射形叶片，一般圆盘转速为 $4000\sim20000r/min$，圆周速度为 $100\sim160m/s$。液体受离心力的作用而被加速，到达周边时呈雾状被甩出。离心式雾化器由于转盘没有小孔，因此适用于高黏度（$9Pa\cdot s$）或带固体的料液，操作弹性大，可以在设计生产能力的 $\pm25\%$ 范围内调节流量，对产品粒度的影响并不大，但离心式雾化器的机械加工要求严格，制造费高，雾滴较粗，喷距（喷滴飞行的径向距离）较大，因此干燥器的直径较大，常用于中药提取液的干燥。

（2）压力式雾化器 压力式雾化器如图 7 – 17（b）所示。系利用高压泵使液浆在高压（$3000\sim20000kPa$）下通入喷嘴，喷嘴内有螺旋室，液体在其中高速旋转，然后从出口的小孔处呈雾状喷出。这种雾化器适用于一般黏度的液体，动力消耗最少，大约每 $1kg$ 溶液消耗 $4\sim10W$ 能量，但必须有高压液泵，且因喷孔小，易被堵塞及磨损而影响正常雾化，操作弹性小，产量可调节范围窄。

（3）气流式雾化器 气流式雾化器如图 7 – 17（c）所示。用表压为 $100\sim700kPa$ 的压缩空气压缩料液，以 $200\sim300m/s$（有时甚至达到超声速）从喷嘴喷出，靠气、液两相间速度差所产生的摩擦力使料液分成雾滴。气流式雾化器动能消耗大，每1kg料液需要消耗0.4~0.8kg的压缩空气（100~700kPa表压），但其结构简单，制造容易，适用于任何黏度或较稀的悬浮液。

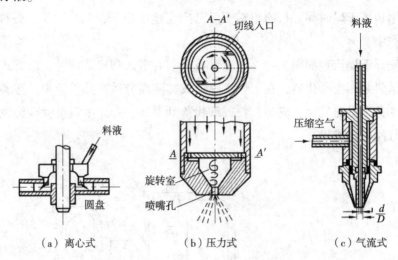

图7-17　常用的雾化器

中药浸膏的喷雾干燥常采用气流式雾化器和离心式雾化器。气流式雾化器能产生出粒度较小而均匀的雾滴，对溶液黏度的变化不敏感，但其压缩空气费用高、效率低，故多用于中小型规模喷雾干燥。另外，气流式雾化器的喷射角较小，最大喷射角在70°~80°左右，故其干燥器直径较小，但安装高度较高。离心式雾化器操作可靠，进料量变化时不影响其操作，雾化的液滴直径可由其转速调节，操作具有较大的灵活性，其干燥器直径较大。

喷雾干燥器生产能力以其水分蒸发量（kg/h）表示，离心式5~1500kg/h，气流式5~100kg/h。制药用喷雾干燥器进干燥器热风温度≤200℃，进干燥器的热风和进气流式雾化器的气体均应符合《药品生产质量管理规范》所规定的洁净度。喷雾干燥器的工作压力应维持0.5~1.5kPa的正压。

喷雾干燥室内热气流与雾滴的流动方向，直接关系到产品质量以及粉末回收装置的负荷等问题。各型喷雾干燥设备中，热气流与雾滴的流动方向有并流、逆流及混合流三类。每种流向又可分为直线流动和螺旋流动。

并流操作时，热空气与雾滴以相同的方向运动，即自干燥室顶部进入，同向运动，热空气与干粉接触时的温度最低，粉末沉降于底部，而废气则夹带粉末从靠近底部的排风管一起排至集粉装置。可采用较高的热风温度，适于热敏物料干燥。这种设计有利于微粒的干燥及制品的卸出，缺点是加重了回收装置的负担。

直线流动的并流，即液滴随高速气流直行下降，这样可减少液滴流向器壁的机会，适合于易粘壁的物料。其缺点是雾滴在干燥器中的停留时间较短。螺旋流动的并流，物料在器内的停留时间较长，但由于离心力的作用将粒子甩向器壁，因而使物料粘壁的机会增多。

逆流时热风自干燥室的底部上升，料液从顶部喷洒而下。在这种操作中，已干制品与高温气体相接触，物料在器内的停留时间也较长，宜于干燥较大颗粒或较难干燥的物料，不适用于热敏性物料的干燥。由于废气由顶部排出，为了减少未干雾滴被废气带走，必须控制气体速度保持在较低的水平。在给定的生产能力，采用逆流的干燥机的直径就很大，但由于其传热、传质的推动力都较大，故热能利用率较高。

混合流操作时，热空气与料液先逆流流动，然后呈并流流动，干燥特性介于并、逆流之间，综合了并流和逆流的优点，削弱了两者明显的弊端，且有搅动作用，所以脱水效率较高，用于不易干燥的料液。

喷雾干燥器的特点如下。

（1）物料干燥时间短，一般为几秒到几十秒钟，因此特别适用于干燥热敏性物料。

（2）改变操作条件即可控制或调节产品指标，例如颗粒直径、粒度分布、物料最终湿含量等，或者可以直接得到类球形颗粒。

（3）根据工艺需要，可将产品制成粉末状或空心球体。

（4）可以省去一般操作中在干燥前要进行蒸发、结晶、过滤等过程及在干燥后需要进行粉碎与筛分等过程，流程较采用其他干燥器要短。采用喷雾干燥时，在干燥器内可以直接将溶液干燥成粉末状产品，不仅缩短了工艺流程，而且容易实现机械化、连续化、自动化，此外还可减轻劳动强度，改善劳动条件。

（5）经常发生粘壁现象，影响产品质量。

（6）喷雾干燥器的体积传热系数较小，对于不能用高温载热体干燥的物料，所需的设备就较庞大。

（7）对气体的分离要求较高，对于微小粉末状产品应选择可靠的气 - 固分离装置，避免产品的损失及污染周围环境。

喷雾干燥器在制药工业中主要用于下列几方面：适用于热敏性物料或易氧化的物料干燥；喷雾干燥在数秒内完成，使产品不致过热；宜用于制备片剂和胶囊剂；可用于固体颗粒和液体包衣及包囊。

5. 沸腾干燥器 沸腾干燥又称为流化干燥，它是流态化原理在干燥中的应用。如图 7 - 18 所示的为单层圆筒沸腾床干燥器。在分布板上加入待干燥的颗粒物料，热空气由多孔板的底部送入，使其均匀地分散并与物料接触。当气流速度较低时，颗粒层是不动的，气体在颗粒层的空隙中通过，干燥原理与厢式干燥器完全类似，这样的颗粒层通常称为固定床。当气流速度继续增加后，颗粒开始松动，床层略有膨胀，且颗粒也会在一定区间变换位置。当气流速度再增高时，颗粒即悬浮在上升的气流中，此时形成的床层称为流化床。由固定床转为流化床时的气流速度称为临界流化速度，气流速度愈大，流化床层愈高。

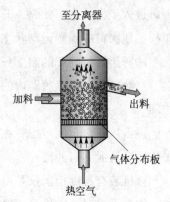

图 7 - 18 单层圆筒流化床干燥器

在流化床中，由于气 - 固间的高度混合，颗粒呈沸腾状态，使整个床内的温度均匀，不致发生局部过热，气 - 固之间传热、传质良好。流态化技术对干燥颗粒状物料十分有益，因为在流态化状态时，每个颗粒都完全被热空气所包围，这样，不仅可达到干燥的目的，同时，还可获得制造片剂所需的颗粒形状和大小。

沸腾干燥器的种类很多，各种沸腾干燥器的基本结构由下列几部分组成：原料输送系统、热空气供给系统、空气分布板、干燥室、气 - 固分离器和产品回收系统。在制药工业中，供使用的沸腾干燥器有两种：立式和卧式。

单层立式沸腾干燥器流化所需的空气由鼓风机送入，空气在加热器中被加热到所需要的温度，从多孔板底部通入并通过湿物料向上流动。湿物料加在干燥室内的多孔板上，调节空气流量使气流速度稳定在适宜范围内，为了防止细颗粒带走，在干燥室内部装有旋风分离器，干燥后的物料从干燥器旁侧卸料口排出。

如图 7-19 所示为 CFG120 型沸腾干燥机。整台机器以机身作为主要的支承件。上部是上气室，室内装有数个捕集袋。含有细粉的热空气通过滤袋的网孔排出，而将细粉捕集下来。机身的下部有两个端面，一个和下气室相连，另一个和加热器的进风管相连。空气经过滤、受热后通过下气室到达沸腾器。沸腾器与上下气室有一定的间隙，该间隙可通过调节而达到良好的位置。工作前对上下气室的密封圈充气，使之膨胀而将间隙达到密封状态。

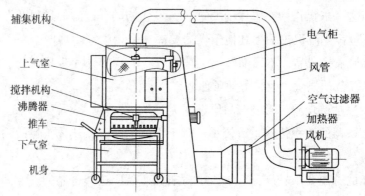

图 7-19　CFG120 高效沸腾干燥机

容器内装有搅拌机构。其输入转轴的外端装有嵌牙。当容器内盛入物料后，将车推入到位，并使嵌牙与机身的牙嵌离合器的牙齿相嵌合，再经上下气室的密封圈充气密封后，即可进入工作状态。此时，开启风机电源，使容器成为负压。热空气由下部冲出，通过分布板，使物料成沸腾运动状态，并经热交换后带走水分。

沸腾干燥机内部的温度分布一般为如下状态：经加热器加热后的空气温度可达 110℃ 左右。当物料加入后沸腾器内的温度在 40~45℃ 范围内。容器顶部出口的温度约为 30~35℃ 之间。

设备从安全角度考虑，在上气室设置了一个泄爆口，如果操作时，沸腾器内发生粉尘爆炸，会从泄爆口冲出，不会造成大的危险。另外设备要有可靠的接地，防止聚集静电。

该机装有温度指示仪和温度控制仪，使操作过程按要求的温度进行。

物料干燥时，搅拌桨不停地进行旋转，使物料均匀地沸腾。当物料干燥后，容器脱离上下气室密封圈而被移出。

由于单层沸腾干燥器可能引起物料的返混合短路，使颗粒在干燥器中的停留时间不同，部分物料未经完全干燥就离开干燥器，而另一部分物料因停留时间过长而产生干燥过度的现象。

为了保证物料能均匀地进行干燥，操作稳定可靠，而流体阻力又较小，可采用多层沸腾干燥器。

图 7-20 所示的为二层的沸腾床干燥器。物料加入第一层，经溢流管流到第二层，然后由出料口排出。热气体由干燥器的底部送入，经第二层及第一层与物料接触后从器顶排出。物料在每层中互相混合，但层与层间不混合，分布较均匀，且停留时间较长，干燥产品的含水量较低，此外还可提高热利用率。国内采用五层沸腾床干燥器来干燥涤纶切片，

效果良好。但是多层沸腾床干燥器的主要问题是如何定量地控制物料使其转入下一层，以及不使热气流沿溢流管短路流动。因此常因操作不当而破坏了沸腾床层。此外，多层结构复杂，流动阻力也较大。

卧式多室沸腾床的横截面为长方形，如图 7 - 21 所示，器内用垂直挡板分隔成多室(4 ~ 8 室)，挡板下端与多孔板之间留有足够的距离，使物料能逐室通过，至最后从卸料口排出。热空气分别通入各室，因此各室的空气温度、湿度和流量均可调节。如在第一室中由于物料较湿，热空气量可调大，至最后一室，为了冷却产品，可以通入冷空气。这种形式的干燥操作可使每个室内的干燥速率达到最大，且不降低效率或不破坏热敏性物料。这种形式的干燥器与多层沸腾床干燥器相比，操作稳定可靠，流体阻力较低，但热效率较低。

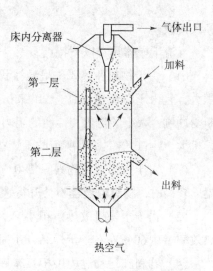

图 7 - 20　二层圆筒沸腾床干燥器

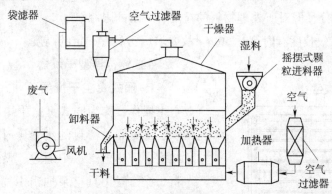

图 7 - 21　卧式多室沸腾床干燥器

6. 气流干燥器　对于能在气体中自由流动的颗粒物料，可采用气流干燥方法除去其中水分。气流干燥是将湿态时为泥状、粉粒状或块状的物料，在热气流中分散成粉粒状，一边随热气流并流输送，一边进行干燥。根据湿物料的分散特性，气流干燥装置可分为带粉碎机型、分散型和直接加入型。泥状物料宜采用分散型，块状物料宜采用带粉碎机型，使其分散后再进入气流干燥器。

如图 7 - 22 所示为装有粉碎机的气流干燥装置的流程图。气流干燥器的主体是直立圆管，湿物料由加料斗加入螺旋输送混合器中，与一定量的干燥物料混合后进入粉碎机。从燃烧炉来的烟道气（也可以是热空气）也同时进入粉碎机，将粉粒状的固体吹入气流干燥器中。由于热气体作高速运动，使物料颗粒分散并悬浮在气流中。热气流与物料间进行传热和传质，物料得以干燥，并随气流进入旋风分离器，经分离后由底部排出，再借分配器的作用，定时地排出作为产品或送入螺旋混合器供循环使用。废气

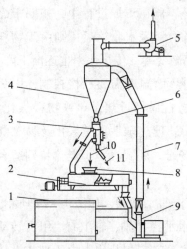

图 7 - 22　装有粉碎机的气流干燥装置
1—燃烧炉；2—螺旋桨式输送混合器；3—流动固体物料的分配器；4—旋风分离器；5—风机；6—星式加料器；7—气流干燥器；8—加料斗；9—球磨机；10—干燥产品；11—湿物料

经风机放空。

气流干燥器具有以下特点。

（1）由于物料在热风中呈悬浮状态，能最大限度地与热空气接触，气－固间的接触面积大，且由于气流速度高达 20～40m/s，空气涡流的高速搅动，使气－固边界层的气膜不断受冲刷，减小了传热和传质的阻力，容积传热系数可达 2300～7000W/m³·K，比转筒干燥机大 20～30 倍。所以所需的干燥机体积可大为减小，即能实现小设备大生产的目标。

（2）对于大多数的物料只需 0.5～2s，最长不超过 5s，因为是并流操作，当干燥介质温度较高时，物料温度也不会升得太高，所以特别适宜于热敏性物料的干燥。

（3）由于干燥机散热面积小，所以热损失小，最多不超过 5%。因而干燥非结合水时热效率可达 60% 左右，干燥结合水时热效率可达 20% 左右。

（4）物料在运动过程中相互摩擦并与壁面碰撞，对物料有破碎作用，因此气流干燥器不适于干燥易粉碎的物料。

（5）对除尘设备要求严格，系统的流动阻力大。

（6）固体物料在流化床中具有"流体"性质，所以运输方便，操作稳定，成品质量稳定，装置无活动部分，但对所处理物料的粒度有一定的限制。

（7）干燥管有效长度有时高达 30m，故要求厂房具有一定的高度。

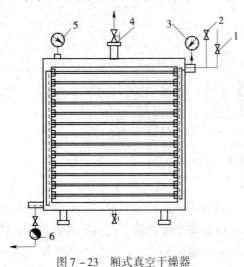

图 7－23　厢式真空干燥器

1—加热蒸汽进口阀；2—安全阀；3—压力表；
4—抽气口；5—真空表；6—疏水阀

（二）传导型干燥器

1. 厢式真空干燥器　厢式干燥器也可在真空下操作，称为厢式真空干燥器，如图7－23所示。干燥厢是密封的，干燥时将盘架制成空心结构，加热蒸汽从中通过，借传导方式加热物料。操作时用真空泵抽出由物料中蒸出的水汽或其他蒸气，以维持干燥器的真空度。

厢式真空干燥器在干燥过程中，初期干燥速度很快，但当物料脱水收缩后，则由于物料与料盘的接触逐渐变差，传热速率也逐渐下降。操作过程中，加热面温度需要严格控制，以免与料盘接触的物料局部过热，导致物料焦化。真空干燥适宜于处理热敏性、易氧化及易燃烧的物料，或用于所排出的蒸汽需要回收及防止污染环境的场合。厢式真空干燥器特别适合中药稠浸膏的干燥。

2. 真空耙式干燥器　真空耙式干燥器是一种间歇式操作的干燥器，如图 7－24 所示。器身是由金属制成的一个带有蒸汽夹套的圆筒，内装有一水平搅拌轴，轴上有一组可转动的耙式搅拌器组成。湿物料从壳体上方加入，干燥产品从底部卸料口排出。由于耙式搅拌器的不断转动，使物料不断地与热的器壁接触、均匀地干燥。物料由间接蒸汽加热，干燥器完全密闭，气化后的水汽由真空泵抽定，经旋风分离器后，再经冷凝器将水蒸气冷凝而排除或回收溶剂。不凝性气体由真空泵抽出放空。

真空耙式干燥器的优点：它比厢式干燥器劳动条件好、强度低、适应性强，不需空气作干燥介质，干燥速率较快。其缺点：干燥时间仍较长，生产能力低，结构复杂，经常维修，卸料不易卸尽。

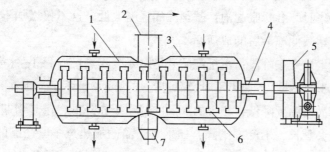

图 7-24 真空耙式干燥器

1—筒体；2—加料器；3—蒸汽夹套；4—转轴；5—转动装置；6—搅拌叶片；7—卸料口

耙式干燥器适用于干燥小批量的浆状、膏状、粒状和粉状物料，尤其对膏状物料的干燥应用较多。适用于在空气中易氧化、燃烧，热敏性的物料，或用于要求产品含水量低，常压下难以蒸发的物料以及需要回收溶剂、防止污染环境的场合。

3. 冷冻干燥器 冷冻干燥是利用升华的原理进行干燥的一种技术，将待干燥物在低温下快速冻结，再在高真空条件下将其中的冰升华为水蒸气而去除的过程，又称为升华干燥或冻干。首先将湿物料冷冻至冰点以下，使其中的水分冻结为固态的冰，然后再将物料中的水分（冰）在较高的真空度下加热，使冰不经过液态直接升华为水蒸气排出，留下的固体即为干燥产品。干燥产品在使用前加水即可复原。

由图 7-25 所示冰的饱和蒸汽压图，可以看出，固态的水（冰）和液态的水一样在不同的温度下，都具有不同的饱和蒸汽压。

冷冻干燥的原理用水的三相图加以说明，如图 7-26 所示。图中 OA 线是冰和水的平衡曲线，在此线上冰、水共存；OB 线是水和水蒸气的平衡曲线，在此线上水、汽共存；OC 线是冰和水蒸气的平衡曲线，在此线上冰、汽共存；O 点是冰、水、汽的平衡点，在此温度和压力下，冰、水、汽共存，此点温度为 0.01℃，压力为 613.3Pa，此时对于冰来说，降压或升温都会打破气固平衡，从图可以看出，当压力低于 613.3Pa 时，不管温度如何变化，只有水的固态和气态存在，液态不存在。固相（冰）受热时不经过液相直接变为气相；而气相遇冷时放热直接变为冰。

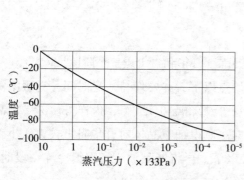

图 7-25 冰的饱和蒸汽压图

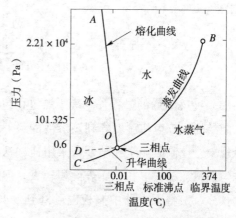

图 7-26 水的三相平衡图

在整个升华阶段，产品必须保持在冻结状态，不然就不能得到性状良好的产品。在产品的预冻阶段，还要掌握合适的预冻温度。如果预冻温度不够低，则产品可能没有完全冻结实，在抽真空升华时，会膨胀起泡；若预冻的温度太低，这不仅增加不必要的能量消耗，而且对于某些产品会减低冻干后的成活率。

在冻干产品的干燥升华阶段，由于产品升华时要吸收热量（每1g冰完全升华成水蒸气大约需要吸收2.8kJ的热量），如果不对产品进行加热或热量不足，则在升华时将吸收产品本身的热量而使产品的温度降低，相应的产品的蒸汽压亦降低，于是引起升华速度的降低，整个干燥的时间就会延长，生产率下降；如果对产品的加热过多，产品的升华速率固然会提高，但在抵消了产品升华所吸收的热量之后，多余的热量会使冻结产品本身的温度上升，使产品可能出现局部熔化甚至全部熔化，引起产品的干缩起泡现象，整个干燥就会失败。

低共熔点是在水溶液冷却过程中，冰和溶质同时析出结晶混合物时的温度。由上述冷冻干燥原理可知，对于正常的产品冻干生产时，应控制其冻干温度在低共熔点以下。由于一般药品中所含的水，基本上为一种溶液，其冰点要比水低，因此选择升华的温度在 $-10 \sim -40℃$，压力为 $260 \sim 10$Pa。

（1）冷冻干燥基本要求　被干燥物料的表面水的蒸汽压必须高于周围大气中的蒸汽分压，即蒸汽压的推动力为正值；对干燥的加热速度，应使物料的表面和内部均能维持所要求的温度；必须配备排出蒸发水分的措施。

（2）冷冻干燥器的组成　冷凝干燥器是一种间歇式操作的干燥器，有五个部分组成：冷冻干燥室、冷凝器、真空源、热源和冷源。预冻、抽真空、加热、冷凝器除霜均为间歇操作，如图7-27所示。

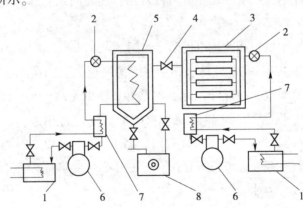

图7-27　冷冻干燥装置

1—冷凝器；2—膨胀阀；3—干燥室；4—阀门；5—低温冷凝器；

6—制冷压缩机；7—热交换器；8—真空泵

（3）冷冻干燥的过程　冷冻干燥过程包括预冻、升华和再干燥三个阶段。

制品的预冻应将湿度降到该溶液的最低共熔点以下，并要保持一定时间，克服溶液的过冷现象，使制品完全冻结。常采用速冻法，每分钟降温10~50℃，这样可使冻干制品粒子均匀细腻、疏松多孔、比表面积较大。但速冻法所得细粒晶体对升华阻力较大。小型制品的预冻一般将干燥器中搁板温度降到-40℃以下，再将制品放入，继续冷冻一段时间，待完全冻结后即可进行升华操作。

升华时干燥器内绝对压力保持在0.1托（1托=133.3Pa，相当于1mmHg）左右，同时要给搁板加热，以供给热量。将制品在冷冻干燥时的温度与板温随时间变化所绘出的曲线称冻干曲线。要获得冻干曲线必须对各种不同制品和操作条件进行实验。由于升华阶段时水大量升华，此时制品温度不宜超过最低共熔点，以防止产品中产生僵块或产品外观上的缺陷，这个阶段板温控制在 ±10℃ 之间。制品的再干燥阶段除去的是结合水分，此时固体表面的蒸汽压会降低，干燥速率明显下降。这个阶段将板温升高，控制在 30℃ 左右。直至制品温度与板温重合，即达到干燥终点。

（4）冷冻干燥的特点 冷冻干燥的优点如下。

①由于物料处于冷冻状态下干燥，能很好地保存物料的色、香、味，各种芳香物质的损失极少，可以保留物料中的有效物质。

②由于物料在冷冻状态、真空条件下进行干燥，即使对热敏性物料，也能在不失去其酶活性或生物试样原来性质的条件下长期保存，因此其干燥产品很稳定。

③由于物料在升华脱水前先预冻，形成稳定的固体结构，所以在升华气化后，其原组织的多孔性能保持不变，故干燥后的产品不失原有的固体结构，对多孔性结构的干燥产品，在使用前若添加水或汤，即可在短时间内恢复干燥前的状态。

④在低温和缺氧状态下干燥；可以避免物料在干燥时所受到的热损害和氧化损害。

⑤热能利用经济，由于温度很低，采用常温或稍高的加热剂即可满足供热要求。

⑥干燥产品重量轻、体积小，包装费用较低，贮存、运输方便。

⑦干燥后的产品含水量低，产品能长期保存而不变质。

冷冻干燥的缺点如下。

由于在高真空和低温条件下干燥，需要配备获得高真空和低温制冷设备，故设备的投资和操作费用均很大；干燥产品成本高，价格贵，比一般热烘干燥或喷雾干燥所得产品成本要高数倍。

（5）冷冻干燥的适用范围 冷冻干燥适用于血清、血浆、抗生素、激素、细菌培养基、疫苗等方面。对于制药工业，可作为酶、维生素和抗生素物质等各种药剂的制备工序，用于中药原料制成天花粉针剂等。

（三）红外干燥器

红外线是一种看不见的电磁波，波长范围为 0.80～1000μm。将波长在 5.6μm 以下的区域，称为近红外线；波长在 5.6～1000μm 之间的区域称为远红外线。被干燥物料受到红外线能量的辐射后使物料中的水分气化而干燥，所以红外干燥亦称为红外辐射加热干燥。

由于物料对红外辐射的吸收波段大部分在远红外区域内，如水、有机物及高分子化合物等在远红外区域内具有很宽的吸收带，故采用远红外干燥要优于近红外辐射干燥。

1. 红外干燥器的组成 远红外干燥装置是由红外辐射源、干燥室、排气系统及机械传动系统等组成。

（1）红外辐射源 一种是红外线灯，另外一种是将金属氧化物、氢氧化铁等混合制成涂料涂覆在管状表面上，可以提高辐射能力，达到高效的加热干燥的目的。

红外辐射装置由三部分组成：金属或陶瓷作基体材料；在基体表面覆盖发射远红外线的涂层；提供基体、涂层发热的热源。热源可以是电加热器，也可以煤气加热器。

（2）干燥室 根据远红外线辐射强度与距离的平方成反比的关系，干燥室应设有能升降的装置，通过远红外线辐射元件与被干燥物料之间的距离的自由调节，使被照射物料所受到的辐射能的强弱得以控制。另方面，通过调节电压来调节红外线的波长，使之适合被干燥物料的吸收波长。在干燥室还应装有风机，使适量的热风循环流动，以提高干燥效率，同时，还可降低涂层的温度，防止涂层产生裂纹或被照射物体的变形。

（3）排气系统　排气系统主要是考虑到气体爆炸、防止环境污染以及促进干燥等因素。排气量借助于插板来调节。

（4）机械传动系统　被干燥的物料由传送带送入干燥器，以适当的速度通过干燥室干燥后送至出口。

2. 红外干燥器的形式　红外干燥器有间歇式和连续式。间歇式可随时启闭辐射源；连续式可用运输带连续地移动物料。

3. 红外干燥器的特点

（1）红外干燥器的优点　设备简单，操作方便灵活，可在短时间内调节温度，不必中断生产；干燥速率快，干燥时间短，与热风干燥器相比，干燥时间可缩短 1/3 左右；热效率高，不需要干燥介质；干燥产品质量好，由于物料表层和表层下均吸收红外线，能保证各种物料制成不同形状，产品的干燥效果相同；系统密闭性好，可以避免干燥过程中的溶剂或其他有毒物的挥发，无环境污染；灯泡寿命长，易于维修；设备小，成本低；能与其他干燥器连用，易于自动化。

（2）红外干燥器的缺点　电耗较大；因固体的热辐射频率高、波长短，透入物料深度浅，只限于薄层物料的干燥。

4. 远红外干燥器的适用范围　远红外干燥器适用于热敏性物料的干燥，尤适用于多孔性薄层物料，在中药生产中应用于湿颗粒干燥，具有色、香、味好，颗粒均匀的效果，也用于中药水丸的干燥；安瓿的干燥灭菌可用连续隧道式远红外煤气烘箱或连续电热隧道灭菌烘箱。

（四）微波干燥器

微波加热干燥法是以电磁波代替热源，即微波干燥是利用电介质加热的原理。微波是指频率很高，波长很短，介于无线电波和光波之间的一种电磁波，它具有两者的性质和特点，如直线传播、反射等。微波又称超高频电磁波。

微波干燥过程是将湿物料置于高频电场内，湿物料中的水分子在微波电场作用下，它被极化并沿着微波电场的方向整齐排列，由于微波电场是一种高频交变电场，当电场不断交变时，水分子则会迅速随着电场方向的交互变化而转动并产生了剧烈的碰撞和摩擦，结果使一部分的微波能量转化为分子运动的能量，以热能的形式表现出来，使水的温度升高，从而达到干燥的效能。也就是说，微波被电介质吸收后，微波的能量在电介质内部转换成热能，因此，微波干燥就是利用被干燥物料本身是发热体的加热方式，这种加热方式称为内部加热方式。微波干燥器实质上是微波加热器在干燥操作中的应用。

1. 微波干燥器的组成　主要由微波电、微波发生器、干燥室、连接波导管及冷却系统等组成。其中微波加热器（干燥室）是关键设备。

2. 微波干燥器的特点

（1）微波干燥器的优点

①干燥速度快、干燥时间短。由于微波干燥依靠物料内部加热方式，故干燥时间只需一般干燥过程的 1/100 ~ 1/10。

②干燥均匀、产品质量好。由于微波能够透入物料内部，即使形状较复杂的物料也能

进行较均匀的干燥，或对含水量分布不均匀的物料也可达到均匀干燥的要求，还可避免常规干燥过程中的表面硬化和内外干燥不均匀现象。并能保留被干燥物料原有的色、香、味、营养成分和维生素等损失较小，产品质量高。

③调节灵敏、易于自动控制。还可发展与计算机等组成遥控操作系统。

④具有自动平衡的性能。当处理含水量分布不均匀的物料时，微波加热正好集中于水分多的部位，吸收能量也多，水分蒸发就快，因此微波能量不会集中于干燥的物料，则可以避免干燥过程中的过热现象，此现象称为自动平衡性能。

⑤穿透能力强。微波能对绝大多数的非金属材料具有一定的穿透能力，因此对干燥的物料表里一致，有利于微波加热广泛应用。

⑥热效率高。微波干燥时，物料本身作为发热体，一般热效率在50%以上，占地面积小。

⑦避免了操作环境的高温。由于微波干燥设备壁面无热量辐射，炉壁是冷的，避免了高温，改善了劳动条件。

微波干燥器的操作费用虽比其他干燥器要高，但从加热效率、安装面积、操作环境及环境保护等方面综合考虑后，微波干燥器的优点仍然是主要的。

为了安全起见，在微波干燥器中对微波的泄漏量均有规定。

（2）微波干燥的缺点 微波干燥器的设备费用昂贵、耗电最大、产量小、质量不够稳定，若装置不妥，有漏波的可能。

3. 微波干燥器的应用范围 微波干燥器的应用广泛，用于自动化、机械化、新产品试制方面。可以和其他方法并用，例如先用热空气除去大部分水分后，再用微波干燥，既可缩短热空气的干燥时间，还可节约微波能耗。微波干燥与真空联合，用于物料的瞬间脱水，尤其适用于中药浸膏的干燥。

三、干燥器的选型与操作

影响最佳干燥装置选择的因素很多，除装置本身的适应性外，还需综合考虑一些因素，例如：被处理物料的物化特性、产品产量与质量、辅助设备、能量消耗、环境污染和噪声的控制以及设备费、操作费等。选择干燥装置时，宜根据被干燥物料的干燥特性选择操作费用低的设备。

若干燥装置选择不当，则会给干燥过程带来许多困难，甚至影响生产能力等，因此，在选择前必须熟悉大多数干燥装置，才有可能选择出合适的装置。

（一）干燥器选型

在制药生产中，为了完成一定的干燥任务，需要选择适宜的干燥器形式。通常，干燥器选型应考虑以下各项因素。

1. 物料的特性 物料的特性不同，采用的干燥方法也不同。物料的特性包括物料形状、含水量、水分结合方式、热敏性等。例如对于散粒状物料，以选用气流干燥器和沸腾干燥器为多。

2. 产品的质量 例如在医药工业中许多产品要求无菌，避免高温分解，此时干燥器的选型主要从保证质量上考虑，其次才考虑经济性等问题。

3. 生产能力 生产能力不同，干燥方法也不尽相同。例如当干燥大量浆液时可采用喷雾干燥，而生产能力低时宜用厢式干燥。

4. 劳动条件和环境保护　某些干燥器虽然经济适用，但劳动强度大、条件差，且生产不能连续化，这样的干燥器特别不宜处理高温有毒粉尘多的物料。所以应考虑粉尘量，粉尘的回收方法及再处理方法，溶剂的回收，水、气污染、噪声、振动等。

5. 经济性　在符合上述要求下，应使干燥器的投资费用和操作费用为最低，即采用适宜的或最优的干燥器形式。如：安装预脱水装置、废热利用与废气再循环等。

6. 其他要求　例如设备的制造、维修、操作及设备尺寸是否受到限制等也是应考虑的因素。

此外，根据干燥过程的特点和要求，还可采用组合式干燥器。例如，对于最终含水量要求较高的可采用气流–沸腾干燥器；对于膏状物料，可采用沸腾–气流干燥器。

（二）干燥器的操作

1. 流动方式的选择　气体和物料在干燥器中的流动方式，一般可分为并流、逆流和错流。

在并流操作中，物料的移动方向和介质的流动方向相同。因在干燥的第一阶段中，物料的温度等于空气的湿球温度，故并流时要采用较高的气体初始温度，或在相同的气体温度下，物料的出口温度较逆流时的为低，被物料带走的热量就少。可见，在干燥强度和经济性方面，并流优于逆流。但是，并流干燥的推动力沿进程逐渐下降，干燥后阶段的推动力变得很小，使干燥速率降低，因而难于获得含水量低的产品。并流操作适用于：当物料含水量较高时，允许进行快速干燥而不产生龟裂或焦化的物料；干燥后期不耐高温，即干燥产品易发生变色、氧化或分解等变化的物料。

在逆流操作中，物料的移动方向和介质的流动方向相反，整个干燥过程中的干燥推动力较均匀。它适用于：在高含水量时，不允许采用快速干燥的物料；在干燥后期，可耐高温的物料；要求获得含水量很低的干燥产品。

在错流操作中，干燥介质与物料间运动方向相互垂直。各个位置上的物料都与高温、低湿的介质相接触，因此干燥推动力比较大，且有较大的气固接触面积，又可采用较高的气体速度，所以干燥速率很高。它适用于：无论在高或低的含水量时，都可进行快速干燥，且可耐高温的物料；因阻力大或干燥器构造的要求不适宜采用并流或逆流操作的场合。

2. 干燥介质的进口温度　为了强化干燥过程和提高经济性，干燥介质的进口温度宜保持在物料允许的最高温度范围内，但应考虑避免物料发生变色、分解等理化变化。对于同一种物料，允许的介质进口温度随干燥器形式不同而异。例如，在厢式干燥器中，由于物料是静止的，因此应选用较低的介质进口温度；在转筒、沸腾、气流等干燥器中，由于物料不断地翻动，致使干燥较均匀，速率快、时间短，因此介质进口温度可高些。

3. 干燥介质出口的相对湿度和温度　提高干燥介质出口的相对湿度，可以减少空气消耗量及传热量，即可降低操作费用；但因出口的相对湿度增大，干燥介质中水气分压增高，使干燥过程的平均推动力下降，为了保持相同的干燥能力，就需增大干燥器的尺寸，即加大了投资费用。所以，最适宜的出口相对湿度值应通过经济衡算来决定。

对于同一种物料，所选的干燥器的类型不同，适宜的出口相对湿度值也不相同。例如，对气流干燥器，由于物料在干燥器内的停留时间很短，就要求有较大的推动力以提高干燥速率，因此一般出口气体水气分压需低于出口物料表面水蒸气压的50%；对转筒干燥器，出口气体中水气分压一般为物料表面水蒸气压的 50% ~80% 。对某些干燥器，要求保证一定的空气速度，因此应考虑气量和出口的相对湿度的关系，即为了满足较大气速的要求，可使用较多的空气量而减少出口的相对湿度值。

干燥介质的出口温度应该与出口的相对湿度同时予以考虑。若出口温度增高，则热损失大，干燥热效率就低；若出口温度降低，而出口的相对湿度又较高，此时湿空气可能会在干燥器后面的设备和管路中析出水滴，因此破坏了干燥的正常操作。对气流干燥器，一般要求出口温度较物料出口温度高 10 ~30℃ ，或出口温度较入口气体的绝热饱和温度高 20 ~50℃ 。

4. 物料的出口温度　当恒速干燥阶段时，物料的出口温度等于与它相接触的气体湿球温度。在降速干燥阶段，物料温度不断升高，此时气体供给物料的热量一部分用于蒸发物料中的水分，一部分则用于加热物料使其温度升高。

物料的出口温度与很多因素有关，但主要取决于物料的临界含水量及降速干燥阶段的传质系数。临界含水量愈低，物料的出口温度也愈低；传质系数愈高，出口温度值愈低。

扫码"练一练"

第八章 药物的前处理设备

第一节 中药前处理设备

中药饮片系指药材经过炮制后可直接用于中医临床或制剂生产使用的处方药品，是供中医临床调剂及成药生产的配方原料。中药炮制是按中医药理论，根据药材自身性质及调剂、制剂和临床应用的需求，所采取的一项独特的制药技术。其目的是：洁净药物，便于调剂和制剂并利于贮藏保管；降低或消除药物的毒性或副作用，增强药物疗效；改变或缓和药物的性味；改变或增强药物的作用趋向；改变药物作用部位或增强对某部位的作用；矫臭矫味便于服用。

通过中药炮制将中药材制成饮片的设备称为饮片机械。包括净制、切制、炮制、干燥等设备。

一、净制设备

净制是药材在切制、炮制或调配、制剂前，选取规定的药用部分，除去非药用部分及杂质以达到一定洁净度标准，保证剂量准确的方法。净选的一般操作有：挑选、筛选、风选、洗净、漂净、刷净、刮除、剪切、沸焯、压碾、火燎、制霜等。中药品种繁多，不同中药材其性状、大小、硬度等多不尽相同，且不同产地采用的加工方法也不完全相同，这对设备的选用增加了许多困难。净选设备的使用以及型号选择也有一定的局限性，故目前一部分操作仍以手工为主。

中药饮片生产过程中常采用水洗法去除中药材附着的泥土或不洁净物，水洗过程中常用的设备为洗药机。工作原理是利用清水通过翻滚、碰撞、喷射等方法清洗药材。目前洗药机有滚筒式、履带式和刮板式等。

图8-1所示为滚筒式洗药机，其工作原理：将药物从滚筒口送入后，启动机器同时放水，利用内部带有筛孔的圆筒在回转时与水形成相对运动和喷水作用，冲洗药材，冲洗水可以经水泵打起作第二次冲洗，药材洗净后在另一端排除。圆筒转速为4～14 r/min，药材洗涤时间为60～100s。该洗药机适于洗涤直径5～240mm或长度短于300mm的大多数药材。

此种洗药机的特点是：①结构简单，操作方便，使用广泛；②应用水泵使水反复冲洗，节约用水；③利用导轮作用，噪声和振动较小；④圆筒内有内螺旋状导板以推进物

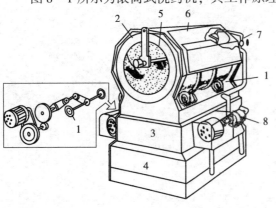

图8-1 洗药机

1—导轮；2—滚筒；3—水箱；4—水泥水箱；
5—冲洗管；6—防护罩；7—二次冲洗管；8—水泵

料，实现连续加料。

履带式洗药机适用于长度较长药材的清洗。其工作原理是：将药材置于移动的履带上，药材随履带移动的同时采用高压水喷射，以冲洗药材表面杂质。在使用过程中应注意药材不能放置过多，并应勤加翻动，以保证药材表面冲洗完全。

刮板式洗药机与滚筒式洗药机工作原理相似，其利用三套旋转刮板搅拌和推进浸入水槽内弧形滤板上的药材，冲洗的杂质通过滤板筛孔落于槽底。刮板式洗药机的特点：①对药材适应性强；②能连续作业，生产能力较高；③因刮板弧形滤板之间有空隙，因此不适用于清洗小于20mm的颗粒药材。

二、切制设备

将净选后的药材进行软化，再切成一定规格片、丝、块、段等的炮制工艺，称为饮片切制。药材经切制后能够进一步除杂，有利于有效成分煎出，利于炮制、调配和制剂，便于鉴别和贮存。某些植物类中药材自古就有在产地趁鲜进行切制的习惯，但大多数天然植物药需经产地加工干燥成中药材方能作为中药饮片的生产原料，这类药材在切制前要经过水处理，待药材柔软后方可切制。水处理的原则是"少泡多润，药透水尽"。将药材浸润，使其软化的设备为润药机。将经水处理的中药材切制成饮片的设备为切药机。

在水处理过程中，应根据药材的质地情况选取不同的处理方法，一般分为冷浸软化法和蒸煮软化法，多数药材可采用前者，主要有水泡润软化法、水湿软化法。水湿软化法又可分为洗润法、淋润法和浸润法。蒸煮软化法可用热水焯或蒸煮处理。为了加速浸润和提高药材质量，润药机常常配有加压或真空设备。润药机主要有卧式罐和立式罐两种，可分为真空喷淋冷润、真空蒸汽润化、真空冷浸、加压冷浸等。

图8-2所示为真空加温润药机，其操作方法为：药物经洗药机洗净后，投入圆柱形罐体内，打开真空泵，放入蒸汽，使温度逐步上升至规定的范围，保温15~20min，关闭蒸汽使药材软化。

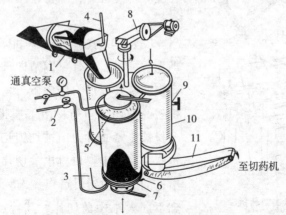

图8-2 真空加温润药机

1—洗药机；2—蒸汽管；3—水银温度计；4—加水管；5—顶盖；6—放水阀门；

7—底盖；8—减速器；9—定位钉；10—保温筒；11—输送带

图8-3所示为减压冷浸润药机，其工作原理为：利用真空泵抽出药材组织间隙的气体，在接近真空时，维持原真空度不变，将水注入罐内，浸没药材，再恢复常压，使水迅速进入药材组织内部，达到与传统浸润方法相似的含水量，同时节约操作时间，提高软化效率。

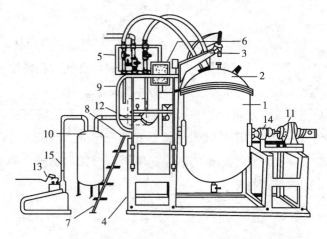

图 8-3　减压冷浸润药机

1—罐体；2—罐盖；3—移位架；4—机架；5—管线架；6—开关箱；7—梯子；

8—工作台；9—扶手架；10—缓冲罐；11—减速机；12—液压动力站；

13—真空泵；14—罐体定位螺；15—减震胶管

气相置换真空润药设备是综合了真空加温润药机和减压冷浸润药机的优点研制而成。在真空泵作用下，抽取药材内部空气，并维持高真空状态，充入蒸汽，受压差作用和气态分子具有良好渗透性，可使气态水迅速充满药材内部空隙，使药材快速均匀软化。气相置换真空润药机的优点在于：①完全避免了药材在浸润时有效成分的流失；②可大幅缩短药材软化时间，提高生产效率；③避免液态水对药材的浸泡和污水排放，有利于环境保护；④可大幅降低药材含水量，提高药材切片的外观质量，且有利于后续干燥，节约能源。

中药饮片的类型不仅能影响外观和调配，一般情况下，质地致密、坚实者，宜切薄片；质地松泡、粉性大者，宜切厚片；有时为突出鉴别特征或美观，选择切成直片或斜片；叶类可切成宽丝，全草或细枝可切成小段，角类或木类可"镑"成薄片。目前，全国各地的切药机种类较多，如剁刀式切药机、旋转式切药机、往复式切药机等，现将常用的几种切药机做一简要介绍。

图 8-4 为旋转式切药机示意图，此类切药机由动力、推进、切片、调节四部分组成，其三片切刀固定在旋转圆形刀床内侧，切刀的前侧有一固定于机架的刀门，当药材由下履带输送至上下履带间，药材被压紧通过刀门被切刀切割，得到的成品落入护罩由底部出料口排出。切片的长度由药材经履带给进的速度决定，可以调节六种履带输送速度，得到不同大小中药切片。其特点是：使用范围较广，可以进行颗粒类药物的切制，且对根、茎、草、皮、块状及果实类药材有较好的适应性，但不宜用于坚硬、球状及黏性过大药材的切制。

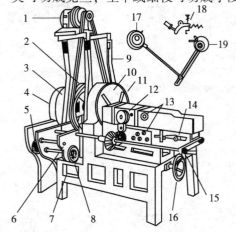

图 8-4　旋转式切药机

1—电动机；2—皮带轮；3—偏心轴（三套）；

4—安全罩；5—撑牙齿轮；6—撑牙齿轮轴；

7—出料口；8—手扳轮；9—架子；10—刀床；

11—刀；12—输送滚轮齿轮；13—输送滚轮轴；

14—输送带松紧调节器；15—套轴；

16—机身进退手扳轮；17—偏心轮；

18—弹簧；19—撑牙

剁刀式切药机如图 8-5 所示，刀片通过导轨与偏心轮相连，当皮带轮旋转时带动偏心轮，偏心轮的转动使导轨和刀片做上下往复运动，药材通过输送带推送至刀床处被压紧时即受到刀片截切。切段长度由传送带的推进速度决定。本机结构简单，适应性强，一般根、根茎、全草类药材均可切制，不适于颗粒状药材的切制。

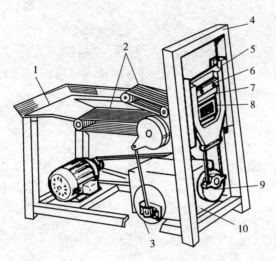

图 8 - 5　剁刀式切药机

1—台面；2—输送带（无声链条组成）；3—偏心调片子厚度部分；4—机身；5—导轨；6—压力板；

7—刀片；8—出料口；9—偏心轮；10—减速器

图 8 - 6 为多功能切药机外形图，这种切药机主要适用于根茎、块状及果实类中药材，圆片以及多种规格斜形片的加工切制。此种切药机结构特点：①体积小，重量轻，效率高，噪声低，操作维修方便；②药物切制过程无机械输送；③根据药物形状、直径选择不同的进药口，以保证饮片质量。

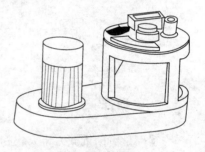

图 8 - 6　多功能切药机

三、炮制设备

常用的炮制方法有炒、炙、煅、煮等。炒法是指将净制或切制过的药物，筛去灰屑，大小分档，置炒制容器内，加辅料或不加辅料，用不同火力加热，并不断翻动或转动使之达到一定程度的炮制方法。将净选或切制后的药物，加入一定量的液体辅料拌炒，使辅料逐渐渗入药物组织内部的炮制方法称为炙法，如蜜炙、酒炙、盐炙等。煅制是将药物直接放于无烟炉中或适当耐火容器内煅烧的一种方法。炮制工序大多为传统技艺，除炒药机外多为手工操作。

炒药机分为卧式滚筒炒药机和立式平底搅拌拌炒机，均可用于药物的炒法和炙法等操作。图 8 - 7 为滚筒式炒药机，将药材投入附有抄板的滚筒内，筒外采用煤气等加热，同时转动滚筒，炒毕，反向转动滚筒，由于抄板作用，药材即能排出。一般炒药筒体积为 0.2m³，每小时处理药材 50 ~ 180kg。

目前还有中药微机程控炒药机，温度由微机程序控制，药材质量和工作效率都有较大提高。

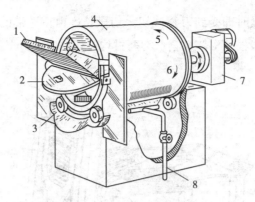

图 8-7 滚筒式炒药机

1—上料口；2—盖板；3—导轮；4—炒药筒；5—出料；6—炒药；7—加速器；8—煤气

四、干燥设备

药材经切制后应及时进行干燥，干燥温度应根据药物性质灵活掌握，一般药物以不超过 80℃ 为宜，含芳香挥发性成分的药材以不超过 50℃ 为宜。干燥后饮片的含水量应控制在 7% ~ 13% 为宜，且应放凉后贮存，以防饮片回潮、发霉。中药饮片宜采用远红外辐射干燥、微波干燥或带式干燥等，具体干燥方法和设备的选择详见干燥一章。

第二节 粉碎设备

扫码"学一学"

一、概述

粉碎是借助机械力将大块物料碎成适宜程度的碎块或细粉的单元操作，是药物制剂工作中的重要组成部分。药物粉碎的目的：①增加药物的表面积，有利于提高难溶性药物的溶出度，提高其生物利用度；②便于调剂和服用，有利于制备各种药物剂型；③便于物料的干燥和贮存。但不适当的粉碎也会产生不良后果，如药物晶型改变、热分解、黏附、凝聚性增大、密度减小、毒性增加等。因此，在粉碎药物时，应全面考虑最终确定的粉碎粒度和粉碎方法。

二、粉碎的基本原理

固体物料的粉碎过程，一般是利用外加机械力如冲击力、压缩力、研磨力和剪切力等，部分地破坏物质分子间的内聚力，使大颗粒变成小颗粒，表面积增大，将机械能转变为物料破碎前的变形能、物料粉碎新增的表面能、晶体结构或表面结构发生变化所消耗的能量以及设备转动过程中的能耗。药物的性质是影响粉碎效率和决定粉碎方法的主要因素。其主要的物理性质如下。

1. 硬度 一般采用摩氏指数来表示物料的坚硬程度，从软到硬规定：滑石粉的硬度为 1，金刚石的硬度为 10。一般硬质物料的硬度为 7 ~ 10，中等硬质物料的硬度约为 4 ~ 6，软质物料的硬度约为 1 ~ 3。中药材的硬度多属软质，但骨甲类药物较硬且韧，需经过砂烫或炒制加工以利于粉碎。

2. 脆性 脆性是指物料在外力作用下易于破碎成小颗粒的性质。极性晶体物料，具有一定的晶格，而有一定的脆性，易于粉碎。粉碎时一般沿晶体的结合面碎裂成小晶体，如生石膏、硼砂等矿物类药材；非极性晶体物料脆性较弱，当施加一定的机械力时，易产生变形，阻碍它们的粉碎，此时可加入少量挥发性液体，当液体渗入固体分子的裂隙时，由于降低了分子间的内聚力，使晶体易从裂隙处开裂，从而利于粉碎。

3. 弹性　固体物料受力后其内部质点之间产生相对运动，物料因此而发生变形，若外加载荷消除后，变形随之消失，物料的这种特性称为弹性。非晶体药物其分子呈不规则排列，具有一定的弹性，粉碎时一部分机械能用于引起弹性形变，最后转化为热能，降低粉碎效率，此时可采用减低温度（0℃）以减小弹性变形，增加脆性，以利其粉碎，如乳香、没药等。

4. 水分　一般情况下，物料的水分越少越有利于粉碎，如药物含水量为 3.3% ~ 4% 时，较容易粉碎，且不易引起粉尘飞扬。当水分超过 4% 时，会引起黏着而阻碍粉碎，降低粉碎效率。当水分超过 9% 时脆性减弱难以粉碎。

5. 温度　粉碎过程中会有部分机械能转化为热能，温度升高造成挥发性成分的损失或分解，物料变软、变黏，此时可以采用低温粉碎。

6. 重聚性　药物经粉碎后表面积增大，表面能增加，形成不稳定状态，已粉碎的粉末有重新结聚的倾向，这种现象称为重聚性。当不同药物混合粉碎时，一种药物适度地掺入到另一种药物中，粉末表面能降低而减少粉末的再结聚。如黏性与粉性药物混合粉碎，粉性药物使分子内聚力减少，能缓解黏性药物的黏性，有利于粉碎。

粉碎过程中，物料在机械力的作用下产生应力，当应力超过物料本身分子间内聚力时，物料被粉碎。一般情况下，外力主要作用在物料的突出部位，产生很大的局部应力；局部温度升高产生局部膨胀，物料出现小裂纹。随着外力不断施加，在裂纹处产生应力集中，裂纹迅速延伸和扩散，使物料破碎。细粉的研磨需要较多的能量，这是因为需要在较小颗粒上产生许多裂纹，磨碎后产生大量的表面，表面能骤增。如果物料内部存在结构上的缺陷、裂纹，则受力时在缺陷、裂纹处产生应力集中，使物料沿着这些脆弱面破碎。物料破碎时实际的破坏强度仅是理论破坏强度的 1/1000 ~ 1/100，因此粉碎机的效率仅有 0.1% ~ 3%。实践证明，粉碎操作中，增加新的表面积而消耗的能量只占全部消耗能量的一小部分，除机械运转消耗的能量，绝大部分主要消耗在粒子的弹性形变，粒子与粒子，粒子与器壁的摩擦，物料受力在粉碎室内的快速运动，以及粉碎时产生的振动、噪声、热量和机械自身的损耗等。

通常把粉碎前、后颗粒的平均粒径之比称为粉碎度，又称粉碎比，是衡量物料粉碎程度的重要指标，粉碎度越大，粉碎后的粒径愈小。

即

$$i = \frac{D_1}{D_2}$$

式中，i 为粉碎度或粉碎比；D_1 为粉碎前物料颗粒的平均粒径；D_2 为粉碎后颗粒的平均粒径。

根据粉碎度 i，可将粉碎分为四个等级：粗碎、中碎、细碎和超细碎。粗碎的粉碎度 i 为 3 ~ 7，产物颗粒的平均粒径在数十毫米至数毫米之间；中碎的粉碎度 i 为 20 ~ 60，D_2 在数毫米至数百微米之间；细碎的粉碎度 i 在 100 以上，D_2 在数百微米至数十微米之间；超细碎的粉碎度 i 可达 200 ~ 1000，平均直径 D_2 在数十微米至数微米以下。

三、粉碎方法

1. 开路粉碎与循环粉碎 待粉碎物料只通过粉碎设备一次即得到粉碎产品的粉碎方法称为开路粉碎，如图 8-8（a）所示。此种粉碎工艺流程简单，粉碎时一边把物料连续地供给粉碎机，一边不断地从粉碎机中取出已粉碎的细物料，操作方便，设备少、占地面积小，但粉碎得到的成品粒度分布宽，适用于粗颗粒以及对颗粒粒径要求不高的物料粉碎。循环粉碎是指粉碎产品中尚未达到要求的粗颗粒，通过筛分设备将粗颗粒分离出来再返回粉碎设备中继续粉碎的操作。如图 8-8（b）所示。循环粉碎的动力消耗相对较低，成品的粒径可以任意选择，粒度分布均匀；产品质量高、纯度好，适用于细碎或对颗粒粒度范围要求较严格的粉碎。

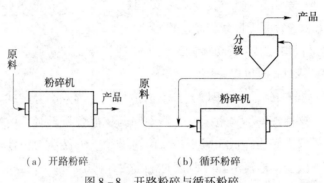

(a) 开路粉碎　　　　　　(b) 循环粉碎

图 8-8　开路粉碎与循环粉碎

2. 单独粉碎与混合粉碎 单独粉碎是将处方中的某种药物单独进行粉碎的方法。一般药物通常单独粉碎，此时可以依据药物的性质针对性地选择粉碎方法和设备，同时可以避免粉碎过程中不同物料损耗不同而引起含量的不准，也便于在不同制剂中的应用。单独粉碎过程中已粉碎粉末有重新结聚的趋向，应采取适当措施避免。对于氧化性、还原性较强的药物应进行单独粉碎，避免在粉碎过程中两者反应引起爆炸。毒性药物以及后期需要特殊处理的药物也应单独粉碎。

混合粉碎是将处方中两种或两种以上的药物一起粉碎的方法。这种粉碎方法可以将一种物料粉末渗入到另一种粉末中，降低分子间内聚力和表面能，防止粉末重新聚集。混合粉碎可避免黏性物料或油性物料单独粉碎的困难，又可使粉碎和混合同时进行，提高生产效率。

3. 干法粉碎与湿法粉碎 干法粉碎是指物料经适当的干燥处理，使其含水量达到一定要求再粉碎的方法。物料含水量的多少需根据药物的性质以及粉碎设备的要求确定，分别采用单独粉碎或混合粉碎以及特殊处理后粉碎。

湿法粉碎系指向药物中加入适量水或其他液体并与之一起研磨粉碎的方法，也称加液研磨法。通常选用的液体以不引起药物膨胀，不发生化学变化，不影响药效为原则，通常采用水或乙醇。加入液体的目的是将小分子液体渗入药物颗粒的裂隙中，以减少分子间的引力而利于粉碎，同时可避免粉尘飞扬，特别适合毒性或刺激性较强药物的粉碎。传统粉碎方法水飞属于湿法粉碎，即将药物先打成碎块，除去杂质，放入研钵或电动研钵中，加适量水，用研锤重力研磨。当有部分细粉研成时，应倾泻出来，余下的药物再加水反复研磨，倾泻，直至全部研细为止，再将研得的混悬液合并，将沉淀得到的湿粉干燥即得。

4. 低温粉碎 低温粉碎是在粉碎之前或粉碎过程中将物料进行冷却，以增加物料脆性，降低韧性与延伸性，提高粉碎效果的方法。一般的方法有：物料先进行冷却，迅速通过高速锤击粉碎机粉碎；粉碎机壳通入低温冷却水，物料在冷却状态下粉碎；将物料与干冰或液氮混合后粉碎；或上述方法组合粉碎。低温粉碎适用于热塑性、强韧性、热敏性、挥发性及熔点低的药物。该粉碎方法不仅提高粉碎效率和产品细度，同时也可较好地保护药物的有效成分，且能降低粉碎机的能量消耗。

5. 闭塞粉碎与自由粉碎 闭塞粉碎是在粉碎过程中不及时排除已达到粉碎要求的细粉而继续和粗粉一起重复粉碎的操作，又称缓冲粉碎。细粉在粉碎过程中起到缓冲作用，影响粉碎效果且耗能增加，因此，闭塞粉碎适用于小规模的间歇操作。自由粉碎是指在粉碎过程中能及时排出已到要求的细粉而不影响粗颗粒继续粉碎的操作。自由粉碎效率较高，适用于连续操作。

6. 超微粉碎 超微粉碎技术是 20 世纪 70 年代后发展起来的一种物料加工高新技术。超微粉碎又称超细粉碎，是指将物料磨碎到粒径为微米级以下的操作。超微粉体通常可分为微米级、亚微米级以及纳米级粉体。粉体粒径在 1 ~ 100nm 的称为纳米粉体；粒径为 0.1 ~ 1μm 的称为亚微米粉体；粒径大于 1μm 的称为微米粉体。超微粉碎的关键是方法、设备以及粉碎后粉体分级。对超微粉体不仅要求粒度，而且粒径分布要窄。

药物经超微粉碎后，可以增加药物吸收率，提高药物生物利用度，有利于提高药效，也为制剂创造条件。但应注意到超微粉碎对药物毒副作用以及毒性药物产生的影响。

四、粉碎设备

1. 锤击式粉碎机 如图 8 - 9 所示，锤击式粉碎机主要由带有内齿形衬板的机壳、高速旋转的旋转圆盘、安装在圆盘上的自由摆动的 T 形锤、加料斗、螺旋加料器、筛板以及产品出口等组成，结构紧凑、简单，操作安全方便，生产能力大，能耗小，粉碎粒径比较均匀，其粒度可以由锤头的性状、大小、转速以及筛网的目数来调节。其缺点是锤头磨损较快，过度粉碎的粉尘较多，筛板容易堵塞，以 30 ~ 200 目为好。

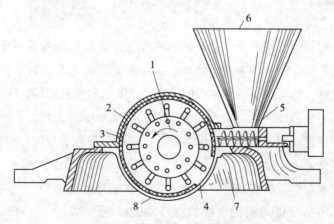

图 8 - 9 锤击式粉碎机

1—圆盘；2—T 形锤；3—内齿形衬板；4—筛板；5—螺旋加料器；

6—加料斗；7—产品排出口；8—机壳

固体物料经加料斗由螺旋加料器连续地定量进入到粉碎室，粉碎室上部装有内齿形衬板，下部有筛板，物料受到高速旋转锤的强大冲击作用、剪切作用和被抛向衬板的撞击等作用而被粉碎，细料通过筛板排出为成品，粗料继续被粉碎。此种粉碎机可满足干燥、性脆易碎、韧性物料以及中碎、细碎、超细碎等的粉碎要求，粉碎比一般为 20～70。不适于粉碎黏性物料，因黏性物料容易堵塞筛板及黏附在粉碎室内。

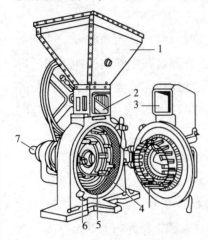

图 8 - 10　冲击柱式粉碎机

1—加料斗；2—抖动装置；3—加料口；

4—钢齿；5—环状筛板；6—出粉口；

7—水平轴

2. 冲击柱式粉碎机　如图 8 - 10 所示，也称万能磨粉机，其主要结构是两个带钢齿（冲击柱）圆盘和环形筛板，两个钢齿盘分别为定子和转子，钢齿相互交错。粉碎时，物料由加料斗加入，由定子中心轴向进入粉碎机，由于转子的离心作用，物料从中心部位被抛向外壁的过程中物料在钢齿间粉碎。由于转子外圈速度大于内圈速度，因此，物料越靠近外壁所受冲击力越大，粉碎的越来越细，最后物料达到外壁透过筛孔即得成品。在应用时，先打开机器空转，待高速转动再加入药料，以免阻塞钢齿而增加电动机启动时的负荷；加入的物料大小合适，必要时应预先粗碎。

粉末的粗细主要由筛板的筛孔大小控制。由于转子的转速很快，产生强烈气流，促使细粉通过筛板，细粉容易飞扬，故需要安装集尘排气装置，以利安全和收集粉末。

冲击柱式粉碎机因转子高速旋转，零部件容易磨损，产热也较多，其钢齿采用 45 号钢或其他硬质金属制备。同时应保证整个机器处于良好润滑状态。

万能磨粉机使用范围广泛，适于粉碎干燥、非组织性药物，不宜粉碎腐蚀性、毒剧药及贵重药，避免粉尘飞扬造成中毒或浪费；由于转子高速旋转产生热量，因此对于含挥发性成分、热敏性成分和黏性药物不宜采用万能磨粉机。

3. 双辊破碎机　如图 8 - 11 所示，（a）为双辊破碎机工作原理图，（b）为结构示意图。其主要部件为两个平行的辊子，辊面可以是光滑的也可是带齿的。一个辊子安装在固定轴承上，另一个在活动轴承上，活动轴承和辊子通过弹簧与挡板相连。两个辊子由电动机带动且运动速度相同但方向相反。物料进入两个辊子之间，物料被辊子夹住受挤压而破碎，破碎的物料由下部排除。两个辊子之间的最小间隙为排料口宽度，排料口宽度的调节是通过改变挡板位置，从而调节活动轴承的极限位置及排料口宽度的方法达到的。

活动轴承的作用是当硬杂质进入两辊之间时，活动辊子受力增加，迫使活动轴承压迫弹簧向右移动，使排料口间隙增加，排除杂物，可以起到保险装置的作用。

光滑辊面磨损低，适于坚硬的磨蚀性强和软质物料，破碎比为 6～8，且粒度较小；根据物料性质、粒度要求以及工作条件可以设计选择不同齿形和排列位置的辊面，破碎效果好但抗磨损性差，不适于破碎磨蚀性强的物料，破碎比为 10～15，可破碎颗粒大的黏性物料。

4. 柴田式粉碎机　柴田式粉碎机也称万能粉碎机，在各类粉碎机中它的粉碎能力最大，是中药厂普遍使用的粉碎机。其结构为在粉碎机的水平轴上装有甩盘，甩盘上有刀形的挡板和打板，在轴的后端装有风轮。如图 8 - 12 所示。粉碎时，药物由加料口进入机内，当转轴高速旋转时，药物受到打板的打击、剪切和挡板的撞击作用而粉碎，通过风扇，细粉被空气带至出口排出。粉碎机的粉碎度是由挡板调节的。

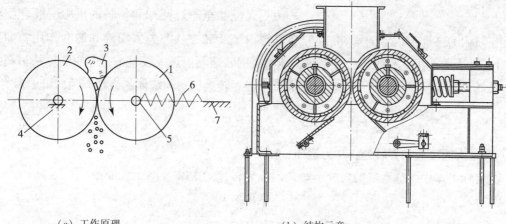

(a) 工作原理   (b) 结构示意

图 8-11 双辊破碎机的工作原理及结构示意图

1，2—辊子；3—物料；4—固定轴承；5—活动轴承；6—弹簧；7—机架

柴田式粉碎机结构简单，使用方便，粉碎能力强，广泛应用于黏软性、纤维性及坚硬的动植物原料。操作时，必须先让机器空转，正常后方可加料粉碎，且要等机内物料排空并空转 1min 后停机。

5. 球磨机 球磨机是一种细碎设备，其主要组成部分为一个由铁、不锈钢或瓷制成的圆形球罐，球罐的轴固定在轴承上，罐内装有一定数量大小不同的钢球或瓷球和物料，如图 8-13 所示。当罐体转动时，由于离心力和罐壁摩擦力的作用球和物料被带到一定高度，物料借圆球落下时的撞击劈裂作用以及球与罐壁间、球与球之间的研磨作用而被粉碎，同时物料不断改变其相对位置可达到混合目的。粉碎效果与圆筒的转速、球与物料的装量、球的大小与重量等有关。

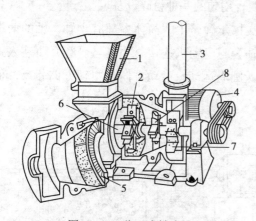

图 8-12 柴田式粉碎机

1—加料斗；2—打板；3—出粉风管；4—电机；
5—机壳内壁钢齿；6—动力轴；7—风扇；8—挡板

图 8-13 球磨机示意图

球磨机要有适当的转速才能达到良好的粉碎效果。当罐体的转速较小时，由于罐内壁与圆球间的摩擦作用，球和物料被带到混合物休止角所对应的高度后滑落，此时物料的粉碎主要依靠研磨作用，如图 8-14（a）所示。当罐体转速逐渐变大时，则离心力增加，圆

图 8 - 14　球磨机内球的三种运动情况

球和物料上升高度随之增加，混合物呈抛物线轨迹下落，如图 8 - 14（b）所示，此时产生了圆球对物料的撞击作用。若再增大罐体的转速，则产生的离心力更大，甚至超过圆球和物料的重力，混合物将紧贴罐内壁旋转，从而失去粉碎和混合作用，如图 8 - 14（c）所示。为了有效地粉碎物料，球磨机的转速不能过大或过小，应使圆球从最高的位置以最大的转速下落，这一转速的极限值为临界转速，它与罐体的直径有关，可表示为

$$n_临 = \frac{42.3}{\sqrt{D}} \ (\text{r/min}) \tag{8 - 1}$$

式中，$n_临$ 为球罐的临界转速；D 为罐体直径，m。

在实际工作中，球磨机的转速一般采用临界转速的 75% ~ 88%，即

$$n_临 = \frac{32}{\sqrt{D}} \sim \frac{37.2}{\sqrt{D}} \ (\text{r/min}) \tag{8 - 2}$$

除转速外，影响球磨机粉碎效果的因素还有圆球的大小、重量、数量、被粉碎药物的性质等。圆球必须有一定的重量和硬度，方能使其在一定高度落下具有最大的击碎力。圆球的直径一般不应小于 65mm，其直径应大于被粉碎物料的 4 ~ 9 倍。由于圆球的磨损，为保证粉碎效果应及时更换新球。

圆球的数目不应过多，过多会造成运转时上升的球与下降的球发生碰撞现象。通常圆球的填装体积占球罐总体积的 30% ~ 35%。

罐体的直径与长度应有一定比例，罐体过长，仅部分圆球起作用，实际操作中一般取长度：直径 = 1.64：1.56 较为适宜。被粉碎物料不应超过球罐总容量的 1/2。

球磨机结构简单，密封操作粉尘少，对具有较大吸湿性物料可防止吸潮，常用于毒、剧、贵重物料及粘附性、凝结性粉状物料的粉碎和混合。可用于干法粉碎和湿法粉碎。

6. 振动磨　振动磨是利用研磨介质（球形、柱形或棒形）在振动磨筒体内做高频振动产生冲击、摩擦、剪切等作用，将物料磨细和混合均匀的一种粉碎设备。

如图 8 - 15 所示，振动磨槽形或管形筒体支撑于弹簧上，筒体中部有主轴，轴的两端有偏心块，主轴的轴承装在筒体上，通过挠性轴套与电动机连接。物料与研磨介质装入弹簧支撑的筒体内，有偏心块激振装置驱动筒体做圆周运动，运动方向与主轴方向相反。例如主轴以顺时针方向旋转，则研磨介质按逆时针方向进行循环运动；研磨介质除了公转运动外，还进行自转运动。当振动频率高时，加速度增大，研磨介质运动较快，各层介质在径向运动速度依次减慢，形成速度差，介质之间产生冲击、摩擦、剪切等作用使物料粉碎。筒体的振动频率为 25 ~ 42Hz，振幅在 3 ~ 20mm 之间。

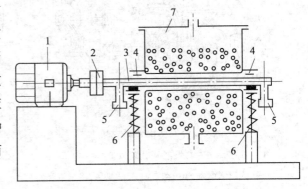

图 8 - 15　间歇式振动磨

1—电机；2—联轴器；3—主轴；

4—轴承；5—偏心重块；6—弹簧；7—槽体

振动磨可干法操作，也可湿法操作，适于物料的细碎，可将物料粉碎至数微

米级，但不易对韧性物料进行粉碎。

振动磨的特点：①研磨效率高。与球磨机相比，振动磨研磨介质直径小，研磨表面积大，装填系数高（约80%），冲击次数多，此外，研磨介质冲击力大，所以研磨效率比球磨机高几倍到十几倍；②成品粒径小，平均粒径可达 $2 \sim 3 \mu m$ 以下，且粒径分布均匀；③粉碎可在密闭条件下连续操作；④外形尺寸比球磨机小，操作维修方便，但振动磨运转时产生噪声大（$90 \sim 120 dB$），需要采取隔声和消声等措施；⑤粉碎过程中产热较多，需要采取冷却措施。

7. 气流粉碎机 气流粉碎机又称流能磨，是利用高速弹性气体（压缩空气或惰性气体）作为粉碎动力，在高速气流作用下，使药物颗粒之间以及颗粒与器壁之间发生激烈冲击、碰撞、摩擦，同时受到气流对物料剪切作用，达到超细粉碎的目的，同时还有分级和混合作用。

气流粉碎机形式较多，图 8-16 为立式环形喷射式气流粉碎机，其主要结构有粉碎室、分级器和加料管等。压缩空气（$0.709 \sim 1.01 MPa$）自底部喷嘴进入粉碎室后立即膨胀变为超音速气流并在机内高速循环，物料经加料口、送料器输至环形粉碎室底部喷嘴上，被压缩空气引射进入粉碎室，迫使物料粒子之间、粒子与器壁之间发生高速碰撞、冲击、研磨以及受气流的剪切作用达到

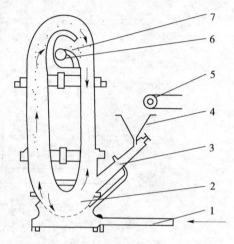

图 8-16 立式环形喷射式气流粉碎机
1—空气入口管；2—粉碎室；3—文丘里加料管；
4—料斗；5—带式加料器；6—分级器；
7—分级器入口

粉碎。粉碎后的细颗粒随气流上升，经产品出口被吸入分级器，再经捕集器得到成品，较粗的颗粒由于旋转气流的离心作用，沿环形粉碎室外侧下至底部，与新输入的物料一起重新粉碎。

图 8-17 所示为塔靶式气流粉碎机的结构示意图。这种塔靶式气流粉碎机兼有对喷式及流化床式流能磨的某些特点，结构独特。主要由给料机、喷射泵、塔靶及气室、喷嘴、反射靶、分级器、分级室、离心分离机、变频调速器等构成。其中"塔靶"位于多喷嘴对喷的中心位置，构成保持沸腾的气流粉碎室，物料在高速气流的对喷及反射靶的冲击力作用下被粉碎。粉碎后的物料经离心分离机控制排料的细度。这类粉碎机特别适于中药材的粉碎。固定靶一般用坚硬的耐磨材料制造并可以拆卸和更换。

气流粉碎机的特点：①所得成品为超细粉，平均粒径可达到 $5 \mu m$ 以下；②气流粉碎时，能自行分级，粗粉受离心力的作用不会混入成品中，因此成品粒度均匀；③流能磨粉碎过程，由于气体自喷嘴喷出膨胀时的冷却效应，故本法适用于低熔点或热敏感物料的粉碎；④对于易氧化药物，采用惰性气体进行粉碎，能避免降价失效；⑤易于对机器及压缩空气进行无菌处理，可在无菌条件下操作，特别适用于无菌粉末的粉碎；⑥可以实现联合操作，如可以利用热压缩气体同时进行粉碎和干燥处理；⑦设备结构紧凑、简单、磨损小，容易维修。但成本较高，一般仅适用于精细粉碎。

8. 胶体磨 胶体磨又称分散磨，液流及细颗粒高速进入机体内狭小空隙，利用液流产生的强大剪切力使聚合体的颗粒分散为单位颗粒，或使轻度粘连的颗粒聚合体分散于液相

中以及将液体分散为粒度约为 1μm 的液滴。这种磨的粉碎效率较高，但只能用于湿法粉碎。图 8 - 18 为胶体磨示意图。

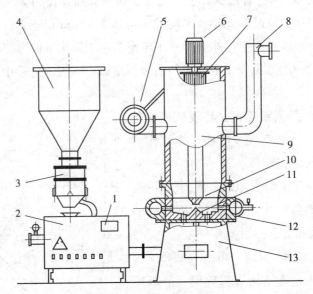

图 8 - 17　塔靶式气流粉碎机

1—激振控制仪；2—喷射泵；3—给料斗；4—料斗；5—二次风机；6—电动机；
7—分级转子；8—出料管；9—沉降室；10—反射靶；11—塔靶；12 气包；13—机座

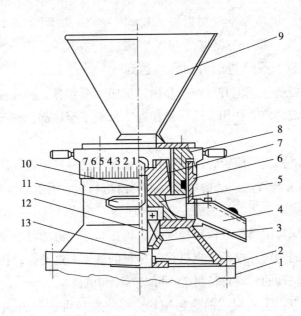

图 8 - 18　胶体磨

1—电机机座；2—机座；3—密封盖；4—排料槽；5—圆盘；6—磨壳；7—锥形转子；
8—定子；9—给料斗；10—主轴；11—铭牌；12—机械密封；13—甩油盘

　　胶体磨属于混合、分散机械，它的作用是把较粗大的固体粒子或液滴分散、细化以便于微粒分散体系的形成。它广泛用于胶体溶液、混悬液、乳浊液等液体药剂的制备过程。

　　胶体磨的关键部件是研磨器，由不锈钢制成，它是由两个同轴的具有极小间隙并带有斜槽和研齿的锥形转子和定子组成。转子和定子上的斜槽旋向相同并与其轴线成一定角度工作时转子以高速旋转（转速常能大于 3000r/min），当待分散的原料液通过转子与定子之间的细小间隙时，在高速剪切力、摩擦碰撞、高频振荡等多种复合作用下，其中的粗分散体（固体粒子或液滴）得以粉碎、细化，从而得到良好的乳化、混合效果。

胶体磨是高速精密机械，为了达到良好的研磨粉碎效果，研磨器磨齿间隙极小（可根据需要调节），装配精度要求极高。由于转速高，为了防止起动电机电流过大，应采用空载启动后投料，停车前须将磨腔中的物料排净，否则不利于再次空车启动。

9. 粉碎机组 粉碎机组一般由粉碎机、风选器、旋风分离器、料仓、电控柜等组成。图 8-19 为粉碎机组示意图。粉碎机为内置风选器，粗料重回加料口，细粒至旋风分离器分出为产品。粉碎机组是生产中药丸剂等常用的设备。

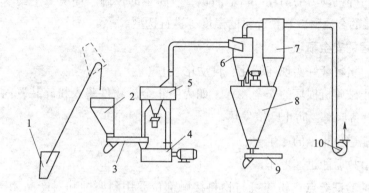

图 8-19 粉碎机组示意图

1—斗式提升机；2—储料斗；3—电磁振动给料器；4—粉碎机；5—圆盘筛；6—旋风分离器；
7—脉冲布袋除尘器；8—混合槽；9—电磁振动卸料器；10—引风机

五、粉碎设备的应用

1. 选型 制药过程中的粉碎作业，是把某种固体原料药在一定时间内粉碎成所需粒径大小颗粒的过程。中药产品粒度一般为 50～200 目，有时要求更细的粉末。为了得到这样的产品，需要经过几段粉碎才能达到，将大颗粒原料经过一次粉碎作业就得到细粉产品并不合理，所以在粉碎作业时，各段分别选择适当的粉碎设备是必要的。当然，段数越小，粉碎机越少，生产投资费也少，操作也方便。

（1）根据粉碎设备的性质 通常把破碎过程的机械称为破碎机，磨粉过程的机械称为磨碎机。破碎机的产品粒径大于 5mm，磨碎机的产品粒度小于 5mm，超微粉碎的产品粒度在 1～100μm 左右。辊式破碎机、颚式破碎机为破碎机；球磨机、振动磨合胶体磨等属于磨碎机；锤击式粉碎机和冲击式粉碎机既有破碎作用，又有磨碎过程。中药工业最常用的是冲击式和锤式粉碎机。

（2）根据物料的性质 包括物料破碎性、硬度、密度、胶质性、表面摩擦系数等。原料的粉碎性与机器的处理能力和所需动力密切相关，对具有劈开性的矿物药，可采用颚式、辊式破碎机；对抗压缩和强冲击较弱的硬度中等以下的药物，可采用冲击式破碎机；对无劈开性的物料（如兽骨等），可采用锤击式破碎机；对于易滑动的物料（如滑石），一般用冲击式破碎机。

球磨机适用于中等硬度和磨蚀物料；射流磨适于中等硬度的脆性物料；锤式磨合万能

磨粉机除黏性、纤维性、热敏性物料外适用范围很广；黏性、纤维性、油脂性和热敏性物料可采用冷却粉碎设备，如磨碎作业可用涡轮粉磨机。

（3）根据原料的状态　是指物料的湿度、温度等，如水分吸附过多，可能引起堵塞现象，降低处理能力，严重时造成停车、损坏机械。在干式粉碎时，如湿度超过3%时则处理能力急剧下降，尤其是球磨机。为避免过高的含湿量，事先必须用干燥方法将湿分除掉，然后粉碎。

（4）根据原料的尺寸　对于粉磨设备，进料粒度小，则生产能力强。

（5）根据粉碎机的处理能力　处理能力是指一定尺寸的物料被粉碎至一定尺寸时，单位时间内的破碎量，是粉碎机的重要参数。

（6）根据粉碎机动力的消耗、占地面积、对粉尘的控制、环境卫生要求、粉碎机内部与物料直接接触的金属材料和粉碎机的温度等进行选型。

2. 粉碎过程的安全事项

（1）加粒、出料最好实现连续化、自动化。

（2）有防止破碎机损坏的安全装置，如为防止金属物件落入粉碎装置内，必须设磁性分离器。注意设备润滑，防止摩擦发热。

（3）尽可能避免粉尘的产生。

（4）发生事故后能迅速停车。

3. 粉碎机的验证要点　粉碎机与物料接触部位要用耐腐蚀和对产品无害的材料制造，粉碎机应方便清洁处理和维修保养，运转平稳，噪声低，操作时产生粉尘外泄少。

产品验证时应对加料速度进行确认，以达到物料在粉碎机内有适宜停留时间，粉碎出的粒径分布达到所规定的要求。通常用筛分来检验粉碎后物料粒度。

第三节　筛分设备

扫码"学一学"

一、概述

筛分是用筛网按所要求的颗粒粒径大小将物料分成各种粒度级别的单元操作。筛分是分离不同粒径颗粒较为简单的操作，经济且分离精度较高。筛分的目的是得到粒度均匀的物料，即筛除过粗和过细颗粒，去除杂质，并有整粒的作用。筛分过程可用于直接制成品，也可作为中间工序，对药品质量及制剂生产的顺利进行都有重要意义。

根据药筛制作方法，可将药筛分为编织筛和冲眼筛。编织筛是利用一定强度的金属丝（如不锈钢丝、钢丝等）或非金属丝（如尼龙丝、绢丝等）编制而成。因其筛线容易移位致使筛孔变形，故常将金属丝交叉处压扁固定。编织筛适用于粗、细粉的筛分。冲眼筛系在金属板上冲制出一系列形状的筛孔而成，其筛孔坚固，孔径不宜变形，但孔径不能太细，多用于高速旋转粉碎机的筛板及药丸的分档。

我国制药工业用筛的标准是泰勒标准和药典标准。符合药典规定标准的筛叫药典筛，也称标准筛，其孔径大小用筛号表示，见表8-1。《中国药典》共规定了9种筛号，一号筛孔径最大，九号筛孔径最小。我国制药工业用筛采用泰勒标准筛，是以每英寸（2.54cm）长度上含一个孔径与一个线径之和的个数（近似数）加目来表示。从2.5目到400目共分为32个等级，但还没有统一标准的规格。如筛网所用筛线材质不同或直径不同，目数虽然相同，实际筛孔大小是不一样的，因此必须注明孔径的具体大小。

表 8 - 1　中国药典标准筛规格

药筛号	平均筛孔内径（μm）	药粉等级	规格
1 号	2000 ± 70	最粗粉	1 号 100%，3 号 ≤20%
2 号	850 ± 29	粗粉	2 号 100%，4 号 ≤40%
3 号	355 ± 13		
4 号	250 ± 9.9	中粉	4 号 100%，5 号 ≤60%
5 号	180 ± 7.6	细粉	5 号 100%，6 号 ≥95%
6 号	150 ± 6.6	最细粉	6 号 100%，7 号 ≥95%
7 号	125 ± 5.8		
8 号	90 ± 4.6	极细粉	8 号 100%，9 号 ≥95%
9 号	75 ± 4.1		

二、常用的筛分设备

1. 手摇筛　手摇筛为编织筛，圆形或方形。通常按筛号大小依次套叠，亦称套筛。最粗筛在顶部，其上加盖，最细筛在底部，套在接收器上。应用时取所需号数的药筛，套在接收器上，盖好盖子，用手摇动过筛，也可选用整套筛，将物料放在最上层，可完成对物料的分级，测定粒度分布。此筛适用于毒性、刺激性或质轻的药粉，可避免粉尘飞扬，但只能用于少量粉末的筛分。

2. 振荡筛　振荡筛是利用机械装置（如偏心轮、偏重轮等）或电磁装置（电磁铁和弹簧接触器等）使筛产生振动将物料进行分离的设备。图 8 - 20 为圆形振动筛粉机，电动机通轴上有两个不平衡锤，筛框以弹簧支撑于底座上，开动电机后上部重锤带动筛网做水平圆周运动，而下部重锤又使筛网做垂直方向运动，故筛网在三维方向上发生振荡使物料筛分。筛分后粗料由上部出料口排出，细粉由下部出口排出。其筛网直径一般为 0.4 ~ 1.5m，每台可由 1 ~ 5 层筛网组成。振荡筛能够连续进行筛分操作，具有分离效果好，单位筛面处理能力大、占地面积小、重量轻等优点。类似的设备还有旋动筛、滚动筛、多用振动筛等。

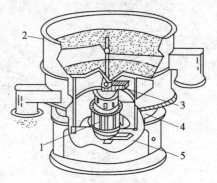

图 8 - 20　圆形振荡筛粉机

1—电机；2—筛网；3—上部重锤；
4—弹簧；5—下部重锤

3. 悬挂式偏重筛分机　如图 8 - 21 所示，筛粉机悬挂于弓形铁架上，由偏重轮、筛子、接收器、主轴、电机等构件组成。工作时利用偏重轮转动时不平衡性产生振动、簸动，促使药物粉末进行筛分。为防止筛孔堵塞，筛内装有毛刷，随时刷过筛网。为防止粉尘飞扬，可以用布将整个筛粉机罩住。当不通过的粗粉积聚过多时，应停机，取出粗料，再开动机器加入药粉。此种筛结构简单，造价低，占地小，效率高，适用于无显著黏性的药物粉末过筛。

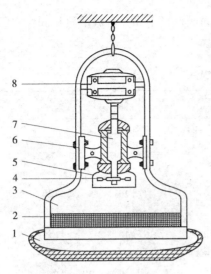

图 8 - 21　悬挂式偏重筛粉机

1—接受器；2—筛子；3—加粉口；

4—偏重轮；5—保护罩；6—轴座；

7—主轴；8—电机

4. 电磁簸动筛药机　如图 8 - 22 所示，电磁簸动筛药机由电磁铁、筛网架、弹簧接触器等组成，利用较高频率（每秒 200 次以上）和较小振幅（其振动幅度在 2mm 以内）造成簸动。由于振幅小，频率高，药粉在筛网上跳动，故能使粉粒散离，易于通过筛网，加强其通过效率。簸动筛具有较强的振荡性能，因此适用于筛黏性较强的药粉，如含油或树脂的药物等。

5. 微细分级机　微细分级机为离心机械式气流分离筛分设备。工作原理是依靠轮叶高速旋转，使气流中夹带的粗、细微粒因产生的离心力大小不同而分开。图 8 - 23 为微细分离机的结构示意图。工作时待处理物料随气流经给料管和可调节的管进入机内，向上经过锥形体而进入分级区。由轴带动高速旋转的旋转叶轮进行分级，细物料随气流经过叶片之间的间隙，向上经排出口排出，粗粒被叶片所阻，沿中部机体的内壁向下滑动，经环形体自机体下部的排出口排出。冲洗气流（又称二次风）经气流入口送入机内，流过沿环形体下落的粗粒物料，并将其中夹杂的细物料分出，向上排送，以提高分级效率。

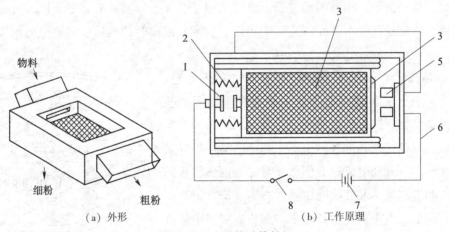

（a）外形　　　　　　　　（b）工作原理

图 8 - 22　电磁簸动筛粉机

1—接触器；2—弹簧；3—筛网；4—衔铁；5—电磁铁；6—电路；7—电源；8—开关

微细分级机可单独使用，也可用于干燥和粉碎的工艺流程中，安装在主机的顶部配套使用，此时流程中的引风机或鼓风机将气流及其夹带的细粉引入分级机分级后，细粉自排出口排出得到成品，而粗颗粒沿排出口回到粉碎机内重新粉碎。

微细分级机的特点是适用于各种物料的分级，分级范围广，纤维状、薄片状、近似球形、块状等各种形状的物料均可分级。成品粒度可在 $5 \sim 150 \mu m$ 任意选择；分级精度高，可提高成品质量和纯度；该机结构简单，维修、操作、调节容易；与各种粉碎机配套使用，提高效率。

调节微细分级机的分离效果的措施有：①调节叶轮转速；②调节气流速度；③调节二次风；④调节叶轮叶片数；⑤调节物料上升管出口位置高低；⑥调节空气环形体；⑦改变

加料速度。

三、筛分效果的评价

对筛分机的筛分效果进行验证，采用筛分仪对通过筛网的细粉和未通过筛网的粗粉经粒径分布检验，验证筛分机的筛分效率，检查粗粉和细粉粒度能否满足生产要求。

物料进行筛分操作时，通过孔径为 D 的筛网将物料分为粒径大于 D 及小于 D 的两部分，理想的筛分操作时两部分粒径各不相混，但由于固体粒子形态不规则，表面状态、密度等也各不相同，实际粒径较大的物料中常常残留有小粒子，粒径较小的物料中也常混入较大粒子。可以采用牛顿分离效率、有效分离效率以及部分分离效率评价筛分效果。

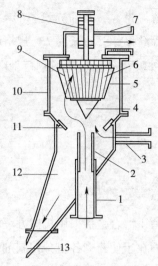

图8-23　轮筐式选粉机

1—给料管；2—可调节的管子；3—气流入口；4—锥形体；5—旋转轮筐；6—叶片；7—细粒排出口；8—轴；9—叶片之间的间隙；10—中部机体；11—环形体；12—下部机体；13—粗粒排出口

1. 总分离效率（牛顿分离效率）　将 $m_F \text{kg}$ 的原料进行筛分得 $m_R \text{kg}$ 成品（细粒）和 $m_P \text{kg}$ 余料（粗粉）。则物料平衡式为

$$m_F = m_R + m_P \tag{8-3}$$

设大于设定分离粒径 d_o 的粗粉在 m_F、m_R、m_P 中所含质量分数分别为 X_F、X_R、X_P 则下列平衡式成立

$$m_F X_F = m_R X_R + m_P X_P \tag{8-4}$$

粒径大于 d_o 的粒子在筛上回收率

$$\eta_P = \frac{m_P X_P}{m_F X_F} = \frac{X_P (X_F - X_R)}{X_F (X_P - X_R)} \tag{8-5}$$

粒径小于 d_o 的粒子在筛下回收率

$$\eta_R = \frac{m_R (1 - X_R)}{m_F (1 - X_F)} = \frac{(X_P - X_F)(1 - X_R)}{(X_P - X_R)(1 - X_F)} \tag{8-6}$$

总分离效率常用牛顿分离效率 η_N 表示，即

$$\eta_N = \eta_P + \eta_R - 1 \tag{8-7}$$

理想分离时，$\eta_P = 1$，$\eta_R = 1$，$\eta_N = 1$；

实际分离时 $0 < \eta_P < 1$，$0 < \eta_R < 1$，$0 < \eta_N < 1$。

2. 部分分离效率　在物料筛分时，常需考察物料中某粒度范围粒子的分离程度，设物粒中某粒径范围 $d_i + \Delta d_i$ 的粒子重量为 $m_F \text{kg}$，筛分后，筛上该粒径范围的粒子重量为 $m_P \text{kg}$，筛下该粒径范围的粒子重量为 $m_R \text{kg}$。则有

筛上产品部分分离效率　　$\Delta \eta_{上} = m_P / m_F \tag{8-8}$

筛下产品部分分离效率　　$\Delta \eta_{下} = m_R / m_F \tag{8-9}$

部分分离效率是某粒度范围内该粒度粒子的筛分回收率。用同样的方法可求出其他粒径范围粒子的部分分离效率。如部分分离效率为50%，表示该粒度的粒子过筛后正好一半在筛上，一半在筛下。如果某粒径范围的粒子完全被分离，该粒子的部分分离效率

$$\Delta \eta_{上} = 1, \ \Delta \eta_{下} = 0 \ \text{或} \ \Delta \eta_{上} = 0, \ \Delta \eta_{下} = 1$$

影响分离效率的因素很多，主要是粒子的性质（如粒度、粒子形态、密度、电荷性、

含湿量等）及筛分设备的参数（如振动方式、时间、速度，筛网孔径、面积等）。筛网的筛孔尺寸（边长为 L）规格应按物料粒径 d 来选取。当 $d/L < 0.75$ 时，粉粒容易通过筛网，当 $0.75 < d/L < 1$ 时颗粒难以过筛，当颗粒达到 $1 < d/L < 1.5$ 时就更难通过筛网并易堵塞。

扫码"学一学"

第四节　混合设备

一、概述

混合是指采用机械方法将两种或两种以上物料相互分散而达到均匀状态的操作。其目的在于使药物各组分在制剂中均匀一致，保证制剂的外观质量和内在质量。参与混合的物料相互间不能发生化学反应，并保持各自原有的化学性质。

1. 混合机制　药物固体物料混合机制有对流混合、剪切混合和扩散混合。

（1）对流混合　药物粒子在混合设备内翻转，或靠混合器内搅拌器的作用使粒子群产生大幅度位移，经过多次转移物料在对流作用下达到混合。混合设备的种类决定了对流混合效果。

（2）剪切混合　由于粒子群内部力的作用结果，在不同组成的区域间发生剪切作用而产生滑动面，破坏粒子群的凝聚状态而进行局部混合，同时伴随有粉碎作用。

（3）扩散混合　相邻粒子间发生紊乱运动相互交换位置而进行的局部混合。当粒子的形状、填充状态或流动速度不同时，可发生扩散混合。

一般在实际操作中，三种混合方式不是独立进行的，而是同时发生的，只不过所表现的程度随混合机的类型而异。例如水平转筒混合器内以对流混合为主，而搅拌混合器内以强制对流和剪切混合为主。一般来说在混合开始阶段以对流和剪切为主，随后扩散作用增加。

2. 混合方法　实验中少量物料的混合常常采用搅拌混合、研磨混合、过筛混合。生产中大量物料的混合一般采用机械搅拌或容器旋转使物料产生整体和局部的移动而达到混合目的。

（1）机械混合　通过机械设备将大量物料混合均匀的方法。

（2）过筛混合　选取适当的药筛，将物料一次或多次过筛达到均匀混合目的的方法。由于在过筛过程中较细或较重的粉末先通过药筛，故过筛后仍需加以适当的搅拌才能混合均匀。

（3）研磨混合　将不同固体物料放入容器中研磨使之混合均匀的方法。该方法适于少量物料的混合，不能用于具有吸湿性或爆炸性成分的混合。

二、混合程度的表示方法

混合程度是衡量混合过程中物料均一程度的指标。当物料在混合机内的位置达到随机分布时，称此时的混合达到完全均匀混合。当粒子由于受其形状、粒径、密度等不均匀的影响，各组分粒子在混合的同时伴随着分离，因此不能达到完全均匀的混合，只能说总体上较均匀。在实际工作中常常以统计混合限度作为完全混合状态，并以此为基准表示实际的混合程度。具体操作为粉粒状物料混合均匀后，在混合机内随机取样分析，计算统计参数和混合度。也可在混合过程中随机检测混合度，找到混合度随时间变化的关系，从而了解和研究各种混合操作的控制机理及混合速度等。

1. 标准偏差 σ 或方差 σ^2

$$\sigma = \left[\frac{1}{n-1}\sum_{i=1}^{n}(x_i - x)^2\right]^{1/2} \tag{8-10}$$

$$\sigma^2 = \frac{1}{n-1}\sum_{i=1}^{n}(x_i - x)^2 \tag{8-11}$$

式中，n 为抽样次数；x_i 为某一组分在第 i 次抽样中的分率（重量或个数）；x 为样品中某一组分的平均分率（重量或个数），以 $x = (1/n)\sum x_i$ 代替某一组分的理论分率。计算结果，σ 或 σ^2 值越小，越接近于平均分率，这些值为 0 时，此混合物达到完全混合。

2. 混合度 M

$$\sigma_t^2 = \sum (x_i - x)/N$$

$$M = \frac{\sigma_0^2 - \sigma_t^2}{\sigma_0^2 - \sigma_\infty^2} \tag{8-12}$$

$$\sigma_0^2 = x(1-x)$$

$$\sigma_\infty^2 = x(1-x)/n$$

式中，σ_0^2 为两组分完全分离状态下的方差；σ_∞^2 为两组分完全均匀混合状态下的方差，n 为样品中固体粒子的总数；σ_t^2 为混合时间为 t 时的方差；N 为样品数。

完全分离状态时
$$M_0 = \lim_{t \to 0}\frac{\sigma_0^2 - \sigma_t^2}{\sigma_0^2 - \sigma_\infty^2} = \frac{\sigma_0^2 - \sigma_0^2}{\sigma_0^2 - \sigma_\infty^2} = 0 \tag{8-13}$$

完全混合状态时
$$M_\infty = \lim_{t \to \infty}\frac{\sigma_0^2 - \sigma_t}{\sigma_0^2 - \sigma_\infty^2} = \frac{\sigma_0^2 - \sigma_\infty^2}{\sigma_0^2 - \sigma_\infty^2} = 1 \tag{8-14}$$

混合度 M 一般介于 0~1。

3. 混合指数 I 取适量的混合样品，比较测定含量与规定含量，计算出混合指数为

$$I = \frac{X_1 + X_2 + \cdots + X_n}{n} \times 100\% \tag{8-15}$$

式中，n 为同一时刻不同位置所取样本数；X 为混合物含量。当测定含量 x_w（质量分数）大于规定含量 x_{w0}，则

$$X = (1 - x_w)/(1 - x_{w0}) \tag{8-16}$$

当 $x_w < x_{w_0}$，则：

$$X = x_w/x_{w_0} \tag{8-17}$$

混合指数一般在 0~100%。混合指数与前述混合度非常相似，混合指数愈大，混合均匀程度也愈高，而以 100% 为极限。该法适用于已知成分的混合。成分复杂、含量难以测定的样品（如中药材）应用较困难。

三、混合设备

1. 搅拌槽型混合机 如图 8-24 所示，该混合机是由槽型容器和其内部的螺旋状搅拌桨（有单桨、双桨两种）组成。搅拌时可将物料由外向中心集结，又将中心物料推向两端，以达到均匀混合的目的。混合时主要以剪切混合为主，槽内装料约占槽容积的 80%。混合槽可绕水平轴转动以便于卸料。这种混合设备特别适用于制粒前的捏合（制软材）操作，

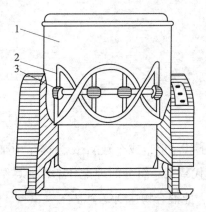

图 8-24　搅拌槽式混合机图

1—混合槽；2—搅拌桨；3—固定轴

但槽型混合机效率较低，混合所需时间较长，另外，搅拌轴两端的密封件容易漏粉，影响产品质量和成品率。但由于它价格低廉，操作简便，易于维修，对均匀度要求不高的药物，仍得到广泛应用。

2. 锥形垂直螺旋混合机　如图 8-25 所示，锥形垂直螺旋混合机是一种新型混合装置，由锥形容器和内装的螺旋推进器、摆动臂和传动部件等组成。螺旋推进器在容器内既有自转又有公转，自转的速度约为 60 r/min，公转的速度约为 2 r/min，容器的圆锥角约为 35°，充填量约为 30%。在混合的过程中，物料在推进器的作用下自底部上升，同时在公转作用下，物料靠其自重从容器上部落入底部，在两种运动作用下不断改变空间位置，逐渐达到随机分布混合目的。

有的混合机容器内是双螺旋推进器，工作时，螺旋推进器自转带动物料向上运动，在容器内形成两股沿器壁对称上升的螺旋柱物流，同时在螺旋推进器公转作用下，螺旋柱体外的物料混入螺旋柱体物料内。整个锥体内的物料不断错位混掺，在短时间内达到均匀混合，进一步提高了混合效率。

锥形垂直螺旋混合机的特点：混合速度快，混合度高，混合量比较大时也能达到均匀混合，可用于固体间或固体与液体间的混合，而且动力消耗较其他混合机少，操作时锥体密闭，有利于生产流程安排和改善劳动环境。

3. V 形混合机　如图 8-26 所示，V 形混合机由两个圆筒成 V 形交叉结合状。交叉角为 80°~81°，直径与长度之比为 0.8~0.9。工作时，V 形混合筒旋转时物料分成两部分，再使两部分物料重新汇合在一起，经过反复循环，在短时间内能混合均匀。在 V 形混合机固定轴上加上耙式搅拌装置，改进为 V 形强制搅拌型混合机，混合效果更好，可用于较细粉粒、凝块后或两种以上的粉体、含有一定水分的物料混合。如果在圆筒末端连接真空机，V 形混合机也可用于真空作业。

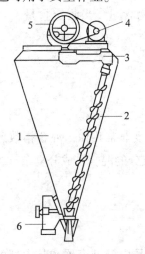

图 8-25　锥形垂直螺旋混合机

1—锥形筒体；2—螺旋桨；3—摆动臂；

4—电机；5—减速器；6—出料

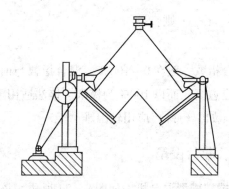

图 8-26　V 形混合机

V 形混合机以对流混合为主，混合速度快、无死角、混合均匀、效果好，应用广泛。操作中最适宜转速一般为临界转速的 30% ~ 40%。

4. 多向运动混合机 又称为三维运动混合机。如图 8 – 27 所示。该机由机座、传动装置、电器控制系统、多项运动机构、混合筒等组成，混合筒两端呈锥形，筒身连接带有万向节的轴，其中一个为主动轴，另一个为从动轴，主动轴转动时带动混合筒运动。该机利用三维摆动、平移转动和摇滚原理，产生强力的交替脉动，并且混合时产生的涡流具有变化的能量梯度，使物料在混合过程中加速流动和扩散。同时避免了一般混合机因离心力作用所产生的物料比重偏折和积聚现象，混合无死角，能有效确保不同密度和不同粒度的几种物料均匀混合。

多向运动混合机的混合均匀度可达 99.9% 以上，最佳填充率为 80% 左右，最大填充率为 90%，明显高于一般混合机。混合时间短，混合时无升温现象，但该机只能间歇式工作。

5. 圆盘形混合机 如图 8 – 28 所示，被混合物料由加料口分别加到高速旋转的环形圆盘（转速为 1500 ~ 5400r/min）和下部圆盘中，由于惯性离心作用，物料粉粒被散开，在散开的过程中粒子间相互混合，混合后的物料受到挡板阻挡由排料口排出。该混合机混合量由圆盘的大小决定，可连续操作，混合时间短，混合程度与加料是否均匀有关，物料混合比可通过加料器进行调节。

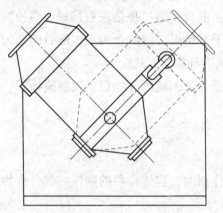

图 8 – 27 多向运动混合机

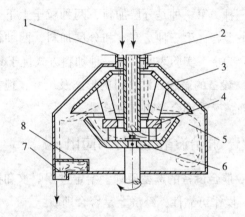

图 8 – 28 回转圆盘形混合机

1，2—加料口；3—上锥形板；4—环形圆盘；

5—混合区；6—下部圆盘；7—出料口；

8—出料挡板

四、影响混合的因素

固体物料在混合的过程中往往存在离析现象。离析是与粒子混合相反的过程，妨碍良好的混合，也可使已混合好的物料重新分离，降低混合程度，在实际工作中应结合各种影响混合因素防止离析。

1. 组分药物比例量 组分药物比例量相差悬殊时，难以混合均匀。此时可采用"等量递增法"混合。具体操作是：取量小的组分与等量的量大组分，同时置于混合器中混匀，再加入与混合物等量的量大组分稀释均匀，如此倍量增加至加完量大的组分为止，混匀。实践表明，粒径相同的两种粒子混合时，比例量对混合程度影响不大，当粒径相差悬殊时，药物比例量对混合程度影响显著。

2. 组分药物的密度   粒径相同密度不同的粒子，由于流动速度的差异在混合时产生分离作用；粒径和密度都不同的粒子，由于粒径和流速的双重差异在混合时产生的分离作用更大。对于组分药物密度相差悬殊时，一般应将密度小（质轻）者先放入混合容器中，再放入密度大（质重）者，并选择适宜的混合时间，这样可以避免质轻者浮于上部或飞扬，而质重者沉于底部难以混匀。

3. 物料的粒径   在混合操作中，各组分粒子的粒径相近时，物料容易混合均匀。如果物料粒径相差悬殊，由于粒子间的分离作用，混合程度较低，此时应在混合之前进行预粉碎处理，使各组分的粒子直径基本一致，然后再进行混合，可得到较好的混合效果。

4. 物料色泽   物料的色泽深浅相差悬殊时，会对物料混合的均匀程度产生影响，此时可以采用打底套色法混合物料，该方法是对药粉混合的一种经验方法。所谓"打底"系指将量少的、色深的药粉先放入研钵中（混合之前应先用量多的药粉饱和研钵内壁）作为基础。然后将量多的、色浅的药粉逐渐分次加入研钵中，经研磨混匀，即是"套色"。此方法侧重色泽，而忽略了粉体粒子等比例对混合的影响，因此可以将等量递增法和打底套色法结合使用，即将色深的组分放入研钵中，再加入等量色浅的组分混匀，如此重复直至完成物料混合。

5. 操作条件的影响   物料的填充量、装填方式等都能影响物料的混合。物料的装填方式有三种，第一种是分层加料，两种粒子上下对流混合；第二种是左右加料，两种粒子横向扩散混合；第三种是左右和分层加料，两种粒子开始以对流混合为主，然后转变为以扩散混合为主。实验表明，第一种加料方式优于其他两种加料方式。

6. 设备的影响   混合机的形态及尺寸，搅拌物料的内插物（挡板、强制搅拌等）材质和表面情况等都会影响混合效果。

五、混合设备的选择与应用

1. 混合设备的选型原则   给定过程要求和操作目的，固体物料的物性，混合机的操作条件，操作可靠性，经济上是否合理。

2. 混合设备的验证要点   将不同物料进行一定时间（如 10 分钟）混合后，在混合机内均匀布点采样分析，检验混合均匀性。当混合性质差别较大的物料（如粒径、粒子状态、粒子密度等）时，需验证混合机转速和混合时间。

扫码"练一练"

第九章 中药提取流程与设备

固液提取是应用溶剂将固体物中的可溶性组分提取出来的过程。这一过程可以用来获取有价值的固体物质的溶液，或者用来除去不溶性固体物中所夹带的可溶性物质。进行提取的原料，多数情况下是溶质与不溶性固体所组成的混合物。

中成药中除多数丸剂、散剂、全粉末压片剂等直接以原药材粉碎制成制剂外，其他大部分均需要用溶媒浸出。药材浸出属于固液萃取过程。

中药材可分为植物类、动物类和矿物类等。植物类中通常有根、茎、皮、叶、花、果、实、种子和全草等，其各药用部分的植物组织又各不相同，如有薄壁组织、分泌组织、保护组织、输导组织、机械组织等。植物药材的浸出物质各不相同，如生物碱、苷类、黄酮类、蒽醌类、木质素、挥发油、氨基酸、蛋白质、多糖、鞣质和黏液质等，所以植物药材的浸出及影响因素十分复杂，尽管目前固液萃取理论已取得很大进展，但对中药材的浸出仍有许多问题尚未解决。

第一节 概　述

扫码"学一学"

药材提取时，根据生产规模、溶剂种类、药材性质及所制的剂型可采用不同的浸出方法。按药材在设备内加入方式可分为间歇式、半连续式和连续式；按药材在设备内处理方式可分为静态（固定床）、动态（分散接触式）和移动床（连续浸出）；按溶剂和药材接触方式可分为单罐（常温）、温浸（40~50℃）和热回流（沸腾温度）；按所用溶剂种类可分为水提取、醇提取和有机溶剂提取（乙酸乙酯、丙酮和正己烷等）。

一、重浸渍与多级逆流浸出

重浸渍与多级逆流浸出是中药材浸出最常采用的方法，如静态提取、冷浸、温浸、热回流及罐组串联等。

（一）重浸渍

将药材饮片投入提取罐内，加入溶剂，用间接蒸汽（或同时用直接蒸汽）加热至沸，保持回流一定时间，而后排出浸出液，再加溶剂重复上述操作，这种在静态罐内数次加入溶剂进行浸渍以提高有效成分浸出率的方法称为重浸渍。类似于动态浸出只加入一次溶剂称为单次浸渍。

中药材浸出是内部含可溶解物质的多孔固体与液体相互作用而扩散的过程，因为药材中有效成分常存在于细胞内的液泡中或存在于细胞壁上，浸出过程就是使溶剂通过细胞壁、质膜，再通过液泡膜将有效成分浸出的过程。对于干燥药材浸出过程的质量传递主要有如下几种。

溶剂通过毛细管向干燥药材内部渗透的浸润，细胞内部物质的湿润，细胞内部有效成分的溶解，有效成分经多孔细胞壁以分子扩散形式的传质，有效成分自壁面向溶液中扩散。

药材浸出时，溶液中浸出物质的浓度逐渐增加，一直到浸出物质自药材中扩散入溶液的量与自溶液扩散至药材的量相平衡，溶液的浓度即为平衡浓度。此时，可认为溶液的浓度等于药材内部液体的浓度。平衡条件下有效成分的浸出率与放出的浸出液量和药材中含有的溶液量有关。

浸出率 E 表示固体药材中可溶物质被浸出的百分率，可用药材被浸渍后所放出的浸出液中所含浸出物质量与原药材中所含浸出物质总量的比值表示。如浸渍后药材中所含溶液剂量为1，此时所加入浸渍设备中溶剂量设为 M，则所放出的浸出液的溶剂量为 $a = M - 1$。在平衡条件下浸渍一次的浸出率 E_1 为

$$E_1 = \frac{M-1}{M}$$

由浸出率定义可知：$(1 - E_1)$ 为浸渍一次后药材中所剩浸出物质的百分率。

如以重浸渍法对该药材浸渍第二次，则第二次浸渍后所放出浸出液中被浸出物质的浸出率 E_2 为

$$E_2 = \frac{M-1}{M}(1 - E_1) = \frac{M-1}{M^2}$$

浸渍二次后，两次浸出液中总浸出率 E 为

$$E = E_1 + E_2 = \frac{M^2-1}{M^2}$$

依此类推，经 n 次浸渍后总浸出率为

$$E = \frac{M^n-1}{M^n} \tag{9-1}$$

第 n 次浸渍的单次浸出率 E_n 为

$$E_n = \frac{M-1}{M^n} \tag{9-2}$$

由式（9-1）和式（9-2）可以看出，每次浸渍的单次浸出率与浸渍次数指数成反比关系。过多增加浸渍次数，单次浸出率增加很少，浸出液量增加很多，后部的蒸发浓缩能量消耗可能超过提高单次浸出率的经济效益。一般重浸渍次数是4~5次，若溶剂量较大，浸渍次数可在3~4次。

$M < 2$ 时，溶剂量的少许变化对总浸出率影响较大。一般 $M > 5$ 时，经三次浸渍即可将绝大部分溶质浸出。

例9-1 某一中药药材200kg浸提3次后有效成分浸出率达到0.936，已知药材对溶剂的吸收量为1.6，假设每次浸提后药材中所剩余的溶剂量等于其本身的质量。浸取3次时所消耗的溶剂总量为多少？

解：$E = \frac{M^n-1}{M^n}$，其中 $E = 0.936$，$n = 3$，带入得到。$M = 2.5$。

第一次浸提所需溶剂量为 $W_1 = 200 \times 1.6 \times 2.5 = 800$（kg）
第二次浸提所需溶剂量为 $W_2 = 200 \times 1.6 \times 1.5 = 480$（kg）
第三次浸提所需溶剂量为 $W_3 = 200 \times 1.6 \times 1.5 = 480$（kg）
浸提3次时所消耗的溶剂总量 $W = 800 + 480 + 480 = 1760$（kg）

（二）多级逆流浸出

以罐组串联进行的半连续提取中，不含溶质的新鲜溶剂加入到药材最后的浸出灌中，

以最大限度地将溶质浸出，同时，最后的溶剂将最初的药材进行浸出，以得到溶质较浓的浸出液。这种数罐串联称为多级逆流浸出。新鲜溶剂加入的罐称第一级，最末级是最初的新药材。如图9-1所示为五级逆流浸出流程示意图。

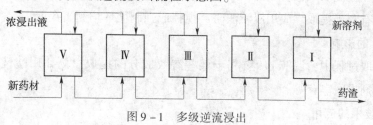

图9-1　多级逆流浸出

二、提取工艺参数

根据提取原理和实际生产过程，提取工艺主要参数如下。

（一）药材粉碎的程度

被提取药材，粉碎程度越高，接触面积就越大。其溶质从药材内部扩散到表面所通过距离越短，提取速率越高。但实际生产中药材不宜过细，因为过细反而会使得提取液和药渣分离困难，并且由于吸附作用而影响扩散速度。对于植物药的提取，若粉碎得过细，使大量细胞破裂，一些黏液和高分子物质进入溶液，使提取液变得浑浊，无效成分增加，影响产品质量。一般要求粒度适宜且均匀。

中药提取时，叶、花、草类甚至不必粉碎；果实、种子类可按实际情况粉碎；根、茎、皮类一般选用饮片，也可以根据实际情况粉碎成一定粒度。

（二）温度

由于溶质在溶剂中的溶解度一般随温度提高而增加，同时扩散系数亦随温度升高而增大，故使提取速率和提取收率均有提高。但温度升高，杂质混入较多，使热敏性组分分解破坏，使易挥发性组分损失加大，因此利用升温方式来提高提取速率有一定局限性。在提取操作时应控制温度在沸点以下为宜。

（三）溶剂用量及提取次数

在定量溶剂的情况下，多次提取可提高提取收率。第一次提取溶剂用量要超过药材溶解度所需要的量，不同药材的溶剂用量和提取次数都需要通过实验来确定。

溶剂用量将直接影响到提取效果，若其他操作条件不变，溶剂量越大，提取次数减少，提取速率快。但加大溶剂用量使提取液变稀，这将给提取液中溶质的回收带来困难。所以溶剂用量要适宜。

（四）时间

在一定条件下，时间越长越有利于提取过程。当扩散达到平衡时，时间就不起作用了，相反地会使杂质量增加，影响产品纯度。

（五）压强

药材组织坚实，溶剂较难浸润，提高提取压强有利于加速浸润过程，使药材组织内更快地充满溶剂和形成浓溶液，从而使开始发生溶质扩散过程所得时间缩短。当药材组织内充满溶剂之后，加大压强对扩散速率则没有什么影响。对组织松软、容易湿润的药材的提取影响则不很显著。

（六）浓度差

浓度差是指药材内部溶解的浓溶液与其外面周围溶液的浓度差值。浓度差值越大，提取速率越快。在选提取工艺和设备时，以其最大浓度差作为基础。一般连续逆流提取，能保持浓度差，有利于提取。应用浸渍法时，搅拌或强制循环均利于提取。

（七）pH 的影响

在中药提取过程中，调节 pH 有利于某些有效成分的提取，例如用酸性溶剂提取生物碱，用碱性溶剂提取皂苷等。

（八）新技术的应用

采用超声协助提取、微波辅助提取、电场强化浸出和脉冲强化浸出等技术，以增加提取量，减少提取时间和溶剂用量。

综合上述，各类参数的相互影响比较复杂，应根据药材的特性和提取液的工艺要求，经过实验选择最适宜的条件。

第二节　提取流程与设备

扫码"学一学"

一、提取流程

中草药提取流程与药材在设备内处理方式（静态、动态）、溶剂种类、操作参数（温度、压力）、产物性质（浸出物、挥发油、油脂等）、溶剂与药材接触方式（浸渍、渗漉）等条件有关。

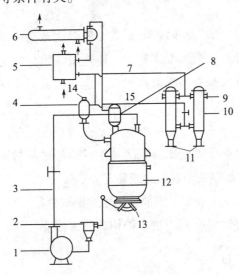

图 9 - 2　多能提取流程

1—水泵；2—管道过滤器；3—至浓缩工段；4—气液分离器；5—冷却器；6—冷凝器；7—油水液8—泡沫分离器；9—芳香油出口；10—油水分离器；11—放水口放水器；12—提取罐；13—排液口；14—放空；15—芳香水回流

（一）多能提取流程

多能提取流程如图 9 - 2 所示，由提取罐、冷凝器、冷却器、油水分离器、滤渣器等组成。提取罐夹套通入蒸汽加热，料液中的蒸汽经冷凝、冷却，经油水分离器可分出芳香油，或直接回流入罐，可进行浸渍、温浸、热回流等操作。在滤渣器后用泵将料液泵回原罐尚可进行循环提取。本流程可进行水提，也可进行醇提（不用油水分离器）。热回流浸取液澄明度较差，由于高温等因素使得非有效成分也易被浸出，一般用于固体口服制剂或外用药。

（二）渗漉流程

渗漉是将药材浸润，加入提取罐，再加入乙醇，浸渍一定时间后按一定流量放出渗漉液，同时缓加乙醇使罐中保持一定液位，当按规定量乙醇加完，渗漉液也全部漉出。渗漉常在常温下操作，所得浸出液澄明度好，但操作周期长。

为缩短渗漉时间，可采用温浸法，即将提取温度控制在 40 ~ 50℃，此时罐上部需设冷凝器回流，但药液澄明度和醇耗不及常温渗漉法。

本流程也可用于循环浸出，其浸出液不断流经贮罐用泵再泵入提取罐内，保持液面不变，其温度按要求而定。由于固液两相有相对运动，使浸出过程加快，可缩短每批操作时间。所得浸出液澄明度好，渗漉液浓度也高。

（三）索氏提取流程

索氏提取也称热回流循环提取，如图9-3所示。将药材置提取罐内，加药材的5～10倍的适宜溶剂。开启提取罐和夹套的蒸汽阀，加热至沸腾20～30min后，用泵将1/3浸出液抽入浓缩蒸发器。关闭提取罐和夹套的蒸汽阀，开启浓缩加热器蒸汽阀使浸出液进行浓缩。浓缩时产生二次蒸汽，通过蒸发器上升管送入提取罐作为提取的溶剂和热源，维持提取罐内沸腾。

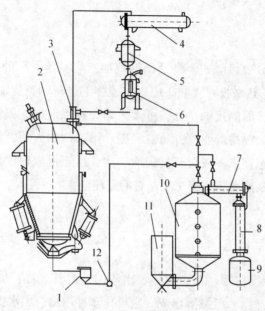

图9-3 索氏提取流程

1—过滤器；2—提取罐；3—泡沫分离器；4—提取罐冷凝器；5—抽取罐冷却器；6—油水分离器；
7—浓缩冷却器；8—浓缩冷凝器；9—蒸发液料罐；10—浓缩蒸发器；11—浓缩加热器；12—泵

优点是药材不断与新鲜溶剂接触，从而加快浸出速率和提高了浸出率，但药材和浸出液受热时间很长，使得非有效成分被浸出的量也增加，所得浸出液澄明度较差，也不适于热敏性药材的浸出。

（四）加压提取

提高浸取压强可加速药材的浸润过程，对坚实难润药材可加速浸取过程。加压方法有二种：一是用泵加压，另一是用蒸汽升温升压。后者升温后对有效成分能否破坏，需试验确定。

（五）罐组逆流提取流程

罐组逆流提取如图9-4所示。系将一定数量提取罐串联，溶剂依次通过各罐。如图9-4，若溶剂依次由Ⅰ～Ⅳ罐得渗漉液，待Ⅰ罐内有效成分全部漉出后，溶剂改由Ⅱ罐依次至Ⅴ罐，依此类推。在整个操作过程中始终有一个罐卸渣和加料。由于是逆流提取，所以既有较高浸出率，又能获得较浓的浸出液。本流程所得浸出液澄明度较好。罐组一般由5～10个罐组成，一般价值高、批量大的品种宜用较多的罐串联。本流程所用溶剂既可用乙醇也可用水。

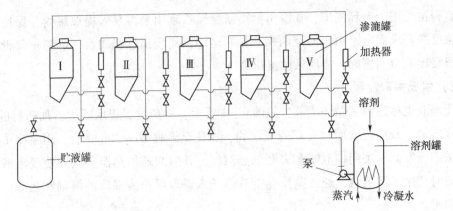

图 9 - 4　罐组逆流提取流程

（六）动态提取流程

动态提取属于液固分散接触式，将经预处理加工成一定大小的粗颗粒（粒径 2 ~ 3mm 左右）与以 1:10 比例的热水投入提取罐中，在搅拌下进行动态提取，由于药材粒径较小，且在罐中升温时间较短，液固接触良好，可大大缩短提取时间。提取后，料液经螺杆泵打入下卸料离心机分渣，为提高澄明度，药液经振动筛、加热灭菌、经超速离心机分离或板框压滤机得浸出液。动态提取一般对药材提取一次，由于提取得比较完全，且药渣中含液量很少，对有效成分的浸出率相当于 3 次左右的重浸渍。

二、提取设备

（一）多能提取罐

如图 9 - 5 表示多能提取罐，系由罐体、出渣门、提升气缸、加料口、夹套、出渣门、气缸等组成。它可作多种用途，如水提、醇提、热回流提取、循环提取、提挥发油、回收药渣中有机溶剂等。出渣门上有直接蒸汽进口，可通直接蒸汽以加速水提的加热时间。罐内有三叉式提升破拱装置，通过气缸带动，以利出渣。出渣门由二个气缸分别带动开合轴完成门的启闭和带动斜面摩擦自锁机构将出渣门锁紧。大容积提取罐的加料口也采用气动锁紧机构，密封加料口采用四联杆死点锁紧机构提高了安全性。多能提取罐规格0.5 ~ 6m³。小容积罐的下部采用正锥形，大容积罐采用斜锥形以利出渣。

多能提取罐的罐内操作压力为 0.15MPa，夹层为 0.3MPa，属于压力容器。为防止误操作快开门引起跑料和人身安全，对快开门需设安全保险装置，以达到：快开门锁紧后方能通气升压，罐内卸压后方能打开锁紧装置，并可显示各动作的操作和报警功能。

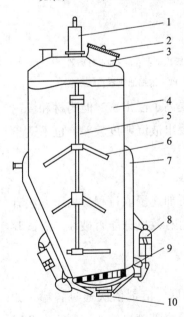

图 9 - 5　多能提取罐

1—上气动装置；2—盖；3—加料口；
4—罐体；5—上下移动轴；6—料叉；
7—夹层；8—下气动装置；9—带滤板的活底；10—出渣门

（二）直筒形和微倒锥形多能提取罐

直筒形提取罐如图 9 - 6 所示。罐体高径比较大，一般在 2.5 以上，更多地应用于渗漉、罐组逆流提取和醇提、药酒等，也可用于水提取。直筒形提取罐设备总高度较高，罐体材料消耗较高,但可缩短加热时间,节省占地面积。容积为 0.5～2m³。

为解决中药材尤其是根、枝、茎和叶类在床层互相交叉和提取后床层下沉产生对器壁的挤压而不能自动顺利出渣,可采用微倒锥形提取罐,如图 9-7 所示。其下部筒身为具有 0°23′ 的倒锥形筒体,使一些难以自动出渣的药材在出渣门开启后全部排出垂落,缩短了出渣时间。

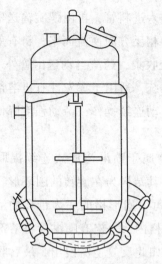

图 9-6 直筒形多能提取罐

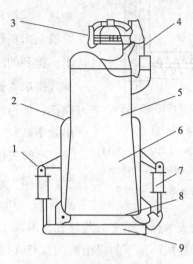

图 9-7 微倒锥形多能提取罐

1—启闭气缸;2—夹套;3—加料门;4—加料门气缸;

5—圆柱筒体;6—倒锥形筒体;7—锁紧气缸;

8—假底;9—排渣门

(三) 翻转式提取罐

翻转式提取罐如图 9-8 所示。可用于药材的煎煮、热回流提取和提油等。罐身利用液压通过齿条、齿轮机构可使罐体倾斜 125°,由上口出渣。罐盖可通过液压上升或下降,罐盖封闭力大、严密,可加压煎煮,解决煮不透提不净现象。本设备特点是料口直径大,容易加料与出料,适合于中药材质轻、杈多、块大、品种杂的特点。

(四) 动态提取罐

动态提取罐由带搅拌和蒸汽加热的夹套构成,常用容积为 3m³,可投料 200kg,提取温度

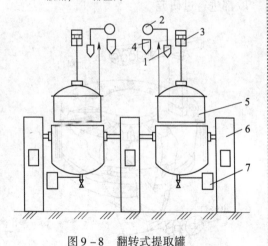

图 9-8 翻转式提取罐

1—分离器;2—冷凝器;3—液压缸;4—油水分离器;

5—提取罐;6—支座;7—滤渣器

95℃或 100℃,提取时间 2h。搅拌转速 120r/min。由于药材颗粒较小,溶质容易浸出,固液接触面积大;在搅拌下降低了固体周围溶质浓度,增加了扩散推动力;温度高,有效成分溶解度增加,扩散推动力增加;并且温度高而致溶液黏度减小,扩散系数增加,促进了浸取速度的加快。因此动态提取罐缩短提取时间,提高浸出率十分明显。动态提取的浸出液后处理较复杂。

(五) 移动床连续提取器

移动床连续提取器一般有浸渍式、喷淋渗漉式和混合式 3 种,其特点是提取过程连续

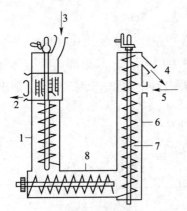

图9-9 U形螺旋推进式
提取器示意图

1—进料管；2—浸出液；3—药材；
4—药渣；5—溶剂；6—出料管；
7—螺旋输送器；8—水平管

进行，加料和排渣都是连续进行的。连续提取器适用于大批量生产，在其他工业使用广泛。

U形螺旋推进式提取器属于浸渍式连续逆流提取器的一种，如图9-9所示。其主要结构由进料管、出料管、水平管及螺旋输送器组成；各管均有蒸汽夹层，以通蒸汽加热。药材自加料斗进入进料管，再由螺旋输送器经水平管推向出料管，溶剂由相反方向逆流而来，将有效成分浸出，得到的浸出液口处收集，药渣自动送出管外。U形螺旋式提取器属于密闭系统，适用于挥发性有机溶剂的提取操作；加料卸料均为自动连续操作，劳动强度降低，且浸出效率高。

平转式连续提取器属于喷淋渗漉式连续提取器的一种，如图9-10所示。其结构为在旋转的圆环形容器内间隔有12～18个料格，每个扇形格的底为带孔的活底，借活底下的滚轮支承在轨道上。药材在提取器上部加入到格内，每格有喷淋管将溶剂喷淋到药材上以进行提取。淋下的浸出液用泵打入前一格内，如此反复逆流浸出，最后收集的是浓度很高的浸出液。浸完药材的格子转到出渣处，此格下部的轨道断开，滚轮失去支承，活底开启出渣。提取器转过一定角度后，滚轮随上坡轨上升，活底关闭，重新加料进行浸出操作。平转式提取器在油脂行业使用广泛，其他如从栲胶提鞣质以及莨菪、阿托品的提取都进行过研究。

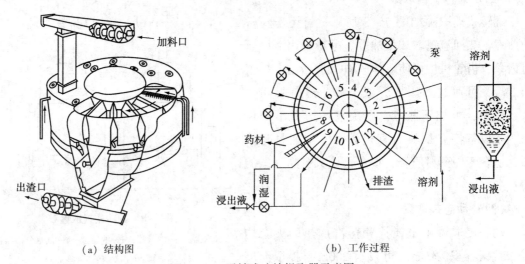

（a）结构图　　　　　　　　（b）工作过程

图9-10 平转式连续提取器示意图

三、浸出液处理设备

浸出液需经蒸发浓缩、醇沉淀、干燥等操作，可制成浸膏、干粉等产品。

（一）蒸发浓缩设备

用于中药生产的蒸发浓缩设备有升膜式、降膜式、外循环式、真空盘管式、刮板式、碟片式离心薄膜蒸发器、真空浓缩罐等。由于中药是多品种生产，各品种间性质差异较大，一般均根据浓缩比来选择上述设备。如薄膜蒸发器由于是料液一次通过式，当浓缩比较大时，易致加热管结垢堵塞，多用于浓缩比较小的制剂产品的浸出液浓缩等。离心薄膜蒸发器用于单一品种生产，浓缩比较小的品种较为合适。真空盘管式蒸发器由于其适应性较广，至今仍为一些小批量产品经常使用。外循环蒸发器对浸出液的蒸发效果较好，该设备紧凑，易清洗，不易结垢，浓缩比大，可浓缩到相对密度1.25，使用广泛。

多效蒸发器节能显著，得到广泛使用，取得良好效果。三效节能浓缩器采用外加热自然循环与负压蒸发方式，具有蒸发速度快，浓缩比大，有的密度可达1.4g/cm³（一般中药浸膏），此时可不再需二次真空收膏，蒸发器内有特殊结构，使料液在无泡沫状态下浓缩，不易跑料。蒸发器易清洗，产易结垢。蒸发器操作灵活。可单效、双效或三效操作；与一般蒸发器相比，三效蒸发器的节能效果使装置费不到一年收回。

（二）醇沉淀设备

醇沉淀是中药提取常用操作。浸出液经浓缩后进行醇沉，可促使淀粉、树胶、蛋白质、果胶、多糖、黏液质、色素等醇不溶物析出沉淀，借此除去杂质，提高浸膏质量；醇沉前，浸出液经浓缩至密度为$1.15 \sim 1.25 \text{g/cm}^3$，所用乙醇浓度90%以上。醇沉液的含醇量为$60\% \sim 75\%$。若浓缩液体积为$V$，$c$为混合后醇沉液的醇浓度，$c_E$为原醇浓度，则需加入的醇量$V_E$为

$$V_E = \frac{cV}{c_E - c} \tag{9-3}$$

醇沉时间与罐内温度成反比，如常温下需24h以上，5℃时需8h左右。加醇时需在搅拌下缓慢加入，以防局部醇浓度过高使沉淀包裹浓缩液。醇沉设备有机械搅拌冷冻醇沉罐和空气搅拌醇沉罐，前者常用。

机械搅拌醇沉罐为锥底罐，带夹层，搅拌为三叶片，转速$220 \sim 280 \text{r/min}$。醇沉后的上清液通过罐侧的出液管出料，出料管在罐内倾斜一定角度，此角度可通过导向齿轮由手柄调节，以调节管口位置使上清液出净。罐底的排沉淀物口有两种形式，一种是气动快开底盖，另一种是球阀，前者用于渣状沉淀物，后者用于浆状或絮状沉淀物。

（三）蒸馏与精馏设备

醇提液和醇沉液均需蒸馏回收乙醇，前述的蒸发浓缩设备大部分可用于蒸馏操作。为避免有效成分的破坏，宜采用真空蒸馏，常压蒸馏因料液温度高和受热时间长不宜采用。

醇沉液蒸馏出的乙醇需精馏得浓乙醇以循环套用。浓乙醇的浓度一般在90%左右，与用95%浓度的乙醇相比，塔高要矮得多，能量消耗亦低。精馏塔所用塔填料多用高效的规整填料，已经代替了传统的拉西环填料。新型填料如压延刺孔波纹填料、孔板波纹填料等在制药工业广泛采用，具有通量大、阻力小、效率高、价格适中、抗污染能力较强等优点。

（四）浸膏干燥设备

常用的浸膏干燥设备是热风循环干燥箱和喷雾干燥器，对小批量浸膏干燥可用真空干燥器，国外典型设备是连续输送带式真空干燥机。浓缩液密度为$1.20 \sim 1.25 \text{g/cm}^3$即可用喷雾干燥器干燥，而真空干燥器则要求浓缩液密度在$1.25 \sim 1.30 \text{g/cm}^3$。

真空干燥器有方形及圆筒形两种。方形真空干燥器的加热面积$12 \sim 22 \text{m}^2$，圆筒形$12 \sim 32 \text{m}^2$。由于方形容器耐压不及圆筒形，目前多采用圆筒形真空干燥器。真空干燥器可用于膏状、粉状、颗粒状物料干燥，尤其适用于热敏性物料的低温干燥，并可回收物料中的溶

剂。部分真空干燥器尚可通直接蒸汽用于低压灭菌（105～115℃），可对物料兼作灭菌用。

喷雾干燥是用雾化器将溶液喷成雾滴分散于热气流中，使水分迅速蒸发以直接获得干燥产品的干燥设备。通常雾滴直径 10～60μm，每 1L 溶液具有 100～600m² 的蒸发面积，因此干燥时间很短，3～10s。

喷雾干燥所用雾化器有三种形式：压力式雾化器、气流式雾化器和离心式雾化器。气流式雾化器是利用高压泵将溶液压至 2～20MPa，经喷嘴喷成雾滴。压力式雾化器是利用压缩空气的高速运动（一般 200～300m/s）使料液在喷嘴出口处产生液膜分裂并雾化成滴。雾滴大小取决于气液相间的相对速度和溶液的黏度。压缩空气由喷嘴外部的斜通道以高速旋转与由喷嘴内部流出的溶液在喷嘴头外接触而雾化，此种喷嘴为外部混合式。反之，空气与溶液在喷嘴头内接触的为内部混合式。前者的料液及空气流可分别单独控制，对雾化的控制范围要大些；后者可达到较高的能量转换。以上两种喷嘴是空气和溶液两流体雾化，故称为双流体喷嘴。若在喷嘴头中导入两道空气流，使喷嘴有内部混合和外部混合称为三流体喷嘴，常用于雾化高黏度的料液。离心式雾化器是利用高速旋转的转盘或转轮使注于其上的溶液获得最大的离心能量，在盘（轮）的边缘分散成为雾滴。其转速 7500～25000r/min，圆周速度 90～140m/s。雾化器的驱动，对小型的可采用涡轮式或皮带传动，大中型的采用变频电机、齿轮传动。

喷雾干燥器中雾滴与热气流的流动方向可有三种：并流型、逆流型、混流型。制药工业常用并流型，即液滴与热空气自上而下同向运动，可采用较高的热风温度，适于热敏物料干燥。

中药浸膏的喷雾干燥常采用气流式雾化器和离心式雾化器。气流式雾化器能产生出粒度料小而均匀的雾滴，对溶液黏度的变化不敏感，但其压缩空气费用高、效率低，故多用于中小型规模喷雾干燥。另外，气流式雾化器的喷射角较小，最大喷射角在 70°～80°，故其干燥器直径较小，但安装高度较高。离心式雾化器操作可靠，进料量变化时不影响其操作，雾化的液滴直径可由其转速调节，操作具有较大的灵活性，其干燥器直径较大。

用于中药浸膏的喷雾干燥器的工作过程为：启动风机，空气经过滤器、蒸汽加热器、电加热器、热风分配器进入干燥室，药液用螺杆泵定量送入离心盘，在高速下形成薄膜、细丝或液滴，同时又受到周围空气的摩擦与撕裂等作用，喷洒成大小均匀的雾滴。干燥后的干粉落于干燥器的锥底，另一部分收集于旋风分离器。废气经离心机排出。

喷雾干燥器的生产能力通常以其水分蒸发量（kg/h）表示，其规格对离心式为 5～1500kg/h，对气流式为 5～100kg/h。制药用喷雾干燥器进干燥器热风温度≤200℃，进干燥器的热风和进气流式雾化器的气体均应符合 GMP 所规定的洁净度。喷雾干燥器的工作压力应维持 0.5～1.5kPa 的正压。

第三节　中药浸取新技术

一、超声辅助浸取技术

（一）辅助浸取原理

超声波是指振动频率大于 20kHz，超出人耳听觉的一般上限的声波。超声波具有空化效应、机械效应和热效应，可以加快介质分子的运动速度，增大介质的穿透力，减少目标萃取物与样品基体之间的作用力从而提高中药有效成分的提取率。

1. 空化效应 超声波在液体介质中传播时，不断产生无数内部压力达到上千个大气压的微气泡，并不断"爆破"产生微观上的强大微波作用在中药材上，使其中药材成分物质被"轰击"逸出，并使得药材基体被不断剥蚀，其中不属于植物结构的药效成分不断被分离出来，加速植物有效成分的浸提溶出。

2. 机械效应 超声波的连续介质中传播时，介质质点将超声波能量传递到药材中药效成分质点上，从而获得巨大的加速度和动能，迅速逸出药材基体而游离于介质溶液中。

3. 热效应 超声波在介质中的传播，其声能不断被介质的质点吸收，介质将所吸收的能量全部或大部分转变成热能，从而导致介质本身和药材组织温度的升高，增大了药物有效成分的溶解速度。值得注意的是，这种吸收声能引起的药物组织内部温度的升高是瞬间的，这利于被提取的有效成分的生物活性稳定。

（二）超声辅助浸取设备

超声辅助浸取设备主要分为外置式超声提取器和内置式超声提取器两类。

外置式超声提取器分为槽式超声提取器、罐式超声提取器（图9-11）、管式超声提取器和多面体式超声提取器；内置式超声提取器分为板式超声提取器、棒状超声提取器、探头式超声提取器和多面体式超声提取器。

（三）超声辅助浸取优点

（1）超声辅助浸取技术显著提高浸取率，加热温度50℃左右，时间约为30分钟，尤其适用于含有遇热不稳定、易水解或氧化的有效成分的药材。

（2）超声辅助浸取技术适应性广，不受药材成分极性、分子量大小的限制，适用于绝大多数种类中药材的各类成分的浸取提取。

（3）超声辅助浸取工艺运行成本低，综合经济效益显著；操作简单易行，设备维护、保养方便。

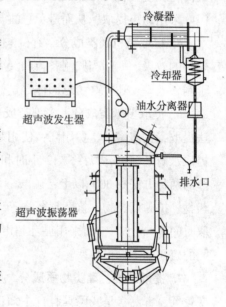

图9-11 罐式超声提取器

（四）超声辅助浸取技术在中药提取中的应用

中药中所含的成分相当复杂，不仅含有有效成分，还含有无效成分。要提高中草药的治疗效果，必须把其有效成分提取出来。提取直接关系到成品中有效成分含量及其内在质量、临床疗效、经济效益。与传统的中药材提取技术提取时间长，提出率低相比，而所需设备简单、操作方便、提取时间短、提取率高、节能、节约药材、无需加热等优点，在提取中草药有效成分方面的应用日益广泛，在色素、皂苷、黄酮、蒽醌、多糖、生物碱、萜类等有效物质提取发挥显著优势。

1. 提取皂苷类成分 皂苷类成分常用加水煎煮法或有机溶剂浸泡进行提取，耗时长，提出率低。采用超声技术则可缩短提取时间，提高提出率。从长梗绞股蓝中提取其主要有效成分绞股蓝皂苷，以75%乙醇回流为对照，超声提取3次，每次80分钟，可明显提高绞股蓝皂苷的得率。

2. 提取生物碱类成分 从中草药中用常规方法提取生物碱一般提取时间长，收率低，而经超声处理后可以获得很好的效果。从黄柏中提取小檗碱，以饱和石灰水浸泡 24 小时为对照，用 20kHz 的超声波提取 30 分钟，提出率比对照组高 18.26%，且小檗碱的结构未发生改变。

3. 提取黄酮类成分　黄酮类成分常用加水煎煮法，碱提酸沉法或乙醇、甲醇浸泡提取，费时、费工、提取率低，而超声提取则可提高提出率，缩短提取时间。从黄芩根茎中提取主要有效成分黄芩苷，以水为溶剂，仅超声提取 10 分钟就高于加水煎煮 3 小时的提取率，并以 20kHz 超声波提取 40 分钟的黄芩苷的提出率为最高。从槐米中提取芦丁，超声提取 40 分钟，其提出率为 22.53%，是目前大生产得率的 1.7 ~ 2 倍，经对比试验可知，节约药材 30% ~ 40%，具有较高的经济效益。

4. 提取蒽醌类成分　蒽衍生物在植物体存在形式复杂，游离态与结合态经常共存于同一种中草药中，一般提取都采用乙醇或稀碱性水溶液提取，因长时间受热而破坏其中的有效成分，影响提出率。从大黄中提取大黄蒽醌类成分，与常规煎煮法相比，用超声法提取 10 分钟比煎煮法提取 3 小时的蒽醌类成分高，同时以频率为 20kHz 的超声波提取的提出率最高，在复方首乌口服液的提取工艺中，对含有大量的蒽醌类衍生物的何首乌、大黄、番泻叶采用超声提取，从而避免蒽醌苷类物质因久煎破坏有效成分。

5. 提取有机酸类成分　有机酸广泛存在于植物各部位，使用超声波提取技术可以得到较好的效果。如用当归制备当归浸膏时，同传统制备方法相比较，使用超声制备不仅提高了制备效率，还提高了总固体含量，有效成分阿魏酸的含量也得到了提高。

6. 提取多糖类成分　多糖类成分具有抗肿瘤、增强免疫的作用，一般采用浸泡或水煮法提取，提出率低，费用高；使用超声波提取可以缩短提取时间，提高提出率。从茯苓中提取水溶性多糖，以冷浸 12 小时和热浸 1 小时作用对照，超声波提取 1 小时，提出率比对照的两种方法高 30% 以上；硫酸酯多糖是一种海洋生物活性多糖，可用于制备艾滋病治疗药物、抗肿瘤药物、抗病毒药物等。从海带中提取硫酸酯多糖，常用的水煮法（100℃）提取时间 4 ~ 6 小时，而采用循环超声波提取机在 30℃ 下提取时间仅为 20 分钟，即可达到相同的硫酸酯多糖提取率。

7. 提取萜类、酯类物质成分　萜类和酯类物质常用溶剂提取，提取时间过长，而提取率较低。青蒿素是我国具有自主知识产权，并得到国际承认的抗疟特效药，是世界卫生组织推荐药品，它是一种含过氧基团的倍半萜内酯，由于过氧基团预热易分解，从而使青蒿素失去药性，因此一般在 50℃ 以下采用的石油醚冷浸或搅拌提取，提取率一般在 60% 左右，提取时间一般在 24 ~ 48 小时；而采用循环超声波提取，青蒿素提取率可达到 90%，较常规提取法青蒿素回收率提高 25% 以上，提取时间缩短为 30 分钟。石油醚回收率达到 90%，较常规提取方法显著降低。

二、微波协助浸取技术

(一) 微波协助浸取原理

微波是一种波长在 1mm ~ 1m（其相应的频率为 300MHz ~ 300GHz）的电磁波，它介于红外线和无线电波之间。微波的频率很高，所以在某些场合也称为超高频。微波萃取技术 (microwave assisted extraction technique) 是将被萃取的原料浸于某选定的溶剂中，通过微波反应器发射微波能，使原料中的化学成分迅速溶出的技术。其主要原理包括热效应、溶剂界面的扩散效应和溶剂的激活效应。

1. 热效应 以每秒数十亿次的速度进行周期变化,物料中的极性分子如水分子、蛋白质、核酸、碳水化合物等在微波的作用下呈方向性排列的趋势,当电场方向发生变化时,亦以同样的速度做电场极性转动,致使分子间频繁碰撞而产生了大量的摩擦热,导致物料在短时间内温度迅速升高。从而使被萃取物质物理性质(如分子结构、黏度等)发生改变,使其迅速溶入溶剂中。

2. 溶剂界面的扩散效应 所产生的电磁场加速萃取溶剂界面的扩散速率,使溶剂和被萃取物质充分接触,从而提高萃取效率。

3. 溶剂的激活效应 微波萃取使用极性溶剂比用非极性溶剂更有利,因为极性溶剂吸收微波能,从而提高溶剂的活性,使溶剂和样品间的相互作用更有效。

(二)微波协助浸取设备与工艺

微波提取的设备主要分两类:一类是微波提取罐,另一类为连续微波提取线。两者主要区别:提取罐是分批处理物料,类似常规的多功能提取罐;连续微波提取线是以连续方式工作的提取设备。具体参数一般由设备生产厂根据使用厂家的要求设计。微波协助浸取器结构如图 9 - 12 所示。

在我国,目前应用于工业微波机使用的频率有两种:2450MHz 和 915MHz。使用中,可根据被加热材料的形状、大小、均匀性和含水量及对物料的穿透深度来选择。

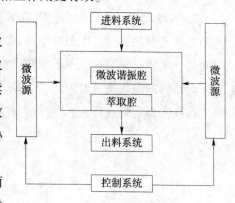

图 9 - 12 微波协助浸取器

(三)微波协助浸取优点

传统热萃取是以热传导、热辐射等方式由外向里进行,而微波萃取是微波瞬间穿透物料里外同时加热进行萃取。传统热萃取相比,微波萃取的主要优点如下。

(1)质量高、纯度高、提取率高,可有效地保护药材的有效成分不受破坏。

(2)具有高选择性、速度快、省时,可节省 50% ~90% 以上的时间,溶剂用量较常规方法少 50% ~90%,安全、节能、无污染,生产设备较简单,节省投资,被称为"绿色提取工艺"。

(四)微波协助浸取技术的影响因素

影响微波协助浸取的主要工艺参数包括萃取溶剂、萃取功率和萃取时间等,其中萃取溶剂的选择对萃取结果的影响至关重要。

1. 溶剂 通常是以"相似相溶"方式进行选择。微波提取的溶剂有:甲醇、丙酮、乙酸、二氯甲烷、正己烷、乙腈、苯和甲苯等有机溶剂及硝酸、盐酸、氢氟酸和磷酸等无机试剂,以及己烷 – 丙酮、二氯甲烷 – 甲醇和水 – 甲苯等混合溶剂。

2. 温度 不高于溶剂沸点。

3. 时间 累计辐射时间对提高提取效率只是在刚开始是有利,经过一段时间后提取效率不再增加,因此每次辐射时间不宜过长。

4. pH 溶液的 pH 也会对微波萃取的效率产生一定的影响,针对不同的萃取样品,溶液有一个最佳的用于萃取的酸碱度。

（五）微波协助浸取技术在中药提取中的应用

目前，微波协助浸取技术在提取中药有效成分方面包括油脂、色素、多糖、黄酮、氨基酸和萜类等。

1. 油脂类化合物 微波萃取油脂类化合物目前研究较多。利用微波照射干馏（无溶剂微波萃取）法从罗勒、薄荷花、百里香、山苍子中可以提取香精油；从山苍子中提取柠檬醛中，用微波辐照水蒸馏提取山苍子果实中的精油，发现微波法的提取时间只是传统的水蒸气蒸馏法提取时间的1/4，但微波法提取的精油得率较传统法增加了 2.48%，而且精油中柠檬醛的含量提高了 6.14% 以上。

2. 色素类化合物 提取栀子黄色素与传统浸提法相比具有色素产率高、色价高、节省溶剂、设备简单等优点。

3. 多糖类化合物 用微波提取酵母胞内的海藻糖，微波处理酵母细胞经 60s 后，细胞表面出现孔洞和裂纹，细胞发生破碎。与传统提取工艺相比较，微波破细胞提取具有提取时间短、不需有机溶剂、不需加热、海藻糖收率高、杂质溶出少等优点。

微波协助提取技术对中药的提取和生产将具有重要的应用价值和广阔的应用前景。目前大多在实验室中进行，其中试剂及工程放大尚需验证完善。

扫码"练一练"

第十章　固体制剂生产设备

第一节　丸剂设备

扫码"学一学"

一、概述

丸剂是指在药物细粉或药材提取物中添加适宜的黏合剂或辅料制成的球形或类球形的制剂。这是我国最古老的传统剂型之一。

1. 丸剂特点　丸剂作用缓和、持久，适用于缓效药物、调和气血药物及剧毒药物的制备。古代药书中有"丸者缓也"的记载，丸剂在胃肠道中缓慢崩解，逐渐释放药物，吸收显效迟缓，能减小毒性及不良反应。丸剂不仅能容纳固体、半固体药物，还可以较多地容纳黏稠性的液体药物，并可掩盖药物的不良臭味。此外，丸剂制作简便，适于药厂生产和基层医疗单位自制。

但是，一般丸剂的服用剂量大，小儿吞服困难。若制作技术不当，制品的崩解时限难控制。丸剂多由原药材粉碎加工而成，很易造成微生物污染和霉变，其有效成分的含量标准也难掌握。

2. 分类　按赋形剂的不同，丸剂又分为水丸、蜜丸、水蜜丸、浓缩丸、糊丸、微丸等。

（1）水丸　又称水泛丸，系指药材细粉用水或用黄酒、醋、稀药汁、糖液黏合制成的丸剂。

（2）蜜丸　系指药材细粉用蜂蜜作为黏合剂制成的丸剂。根据形状大小和制法不同，还可分为大蜜丸和小蜜丸。

（3）水蜜丸　系指药材粉末由蜂蜜和水共作黏合剂制成的丸剂。

（4）浓缩丸　系指从药材或部分药材中提取的清膏或浸膏，与适当的辅料或药物细粉，用水或蜂蜜作黏合剂黏合成的丸剂。

（5）糊丸　系指药物细粉用米糊或面糊为黏合剂制成的丸剂。

（6）微丸　系指直径小于 2.5mm 的各类丸剂。

3. 常用的赋形剂

（1）黏合剂　指用于增加药物细粉的黏性、增加丸块的可塑性和帮助成形的附加剂。常用的有蜂蜜、米糊、面糊、糖液及植物性浸膏等。

（2）润湿剂　这类附加剂主要用于启发和增加药物的黏性，降低丸块的硬度，有利于加工成形。常用的有水、酒、米醋、水蜜、汤汁等。

（3）稀释剂或吸收剂　稀释剂及吸收剂的作用是使丸剂具有一定的重量和体积，便于成形。常用的有药材细粉、氢氧化铝凝胶、碳酸钙、甘油、磷酸钙及可溶性糖粉等。

二、丸剂的制备及其设备

丸剂的制备方法主要有两种，一为塑制法，一为泛制法。

（一）塑制法及设备

塑制法又称为丸块制丸法，是由药物细粉与适量的赋形剂混合，制成可塑性丸块，按剂量分制成丸剂的方法。其基本工艺流程如下。

1. 原材料的准备 按处方将药物及赋形剂进行粉碎，并经过筛后再混合，所用赋形剂多为黏合剂。

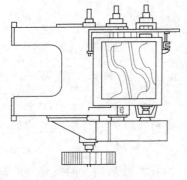

图 10 - 1 捏和机

2. 制丸块 将混合均匀的药粉加适量的黏合剂（如炼蜜等），充分研和均匀，制成可塑性团块。良好的团块黏度应适中，不易黏附器壁、不粘手、不松散，有一定弹性，受外力时能变形，通常用乳钵（小量生产）或捏和机。

如图 10 - 1 所示为捏和机示意图，它是由金属槽及两组强力的 S 形桨叶构成，槽底成半圆形。两组桨叶的转速不同，并沿相对方向旋转，利用桨叶间的挤压、分裂、搓捏及桨与槽壁间的研磨制备丸块。

3. 制丸条 常用螺旋式出条机（图 10 - 2）将丸块分段，搓成长条，通过螺旋输送器在出口挤制成丸条，也可以用挤压式出条机制丸条。

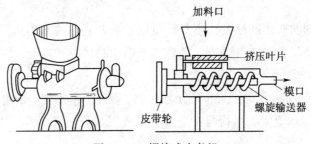

图 10 - 2 螺旋式出条机

4. 分割、搓圆 用带有沟槽的切丸板或轧丸机，如图 10 - 3 所示的滚筒式轧丸机，两个铜制滚筒上加工有半圆形的切丸槽，两滚筒以不同的速度作同向旋转，一快一慢，即将两筒间放置的丸条等量分割成段，再用如图 10 - 4 的搓丸板，将其手工搓圆成形。

5. 干燥整理 根据不同药物要求选择适当的干燥温度将搓圆后的丸剂进行干燥。一般在 80℃ 以下干燥，对含有较多挥发性成分的药物应在 60℃ 以下干燥。干燥方法也需根据干燥与灭菌的不同要求，选用干燥箱法、远红外辐射法或微波干燥等。其后再经筛丸或人工挑选整理，获得大小均匀的丸剂成品，进行包装、贮存。此法适于中药蜜丸、糊丸及西药水丸制备。

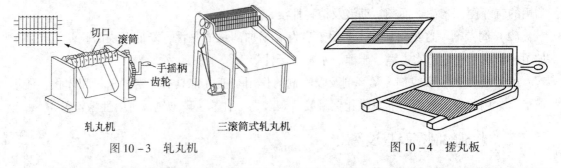

图 10 - 3 轧丸机　　　　　　　　　　　　图 10 - 4 搓丸板

目前规模性生产则采用联合制丸机，如图 10 - 5 所示的滚筒式制丸机，在同一机器上完成制丸条和分割、搓圆等过程。相对旋转的带半圆槽的滚筒，将料斗中丸块引出并制成丸条。做往复运动（运动方向垂直于出条方向）的搓板将丸条分割并搓圆，并经溜板导入竹筛进行筛选。搓板的往复运动是通过偏心轮及连杆传动的，一般单机产量约 500 粒/分钟以上。

在中药厂，广泛应用如图 10-6 所示的中药自动制丸机。由图看出，它的工作原理是将制好的药团投入锥形料斗内，利用螺旋推进器将药团挤压并推出出条嘴。出条嘴视产量要求可装置单条或多条的出条刀，药条经导轮引入制丸滚轮。制丸滚轮在回转的同时还利用其上的螺旋斜线使药条的切口被搓平，从而连续制成大小均匀的药丸。该机适于水丸、水蜜丸及蜜丸的生产，其结构简单、占地小，是目前较新型的自动制丸机械。

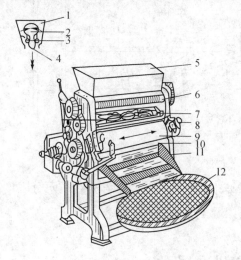

图 10-5 滚筒式制丸机

1—加料板；2—丸块；3—光辊；4—丸条；
5—加料板；6—带槽滚筒；7—牙板；8—调节器；
9—搓板；10—大滚筒；11—溜板；12—竹筛

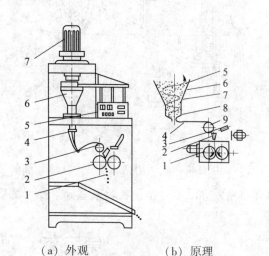

（a）外观 （b）原理

图 10-6 ZW-80A 中药自动制丸机及原理

a. 1—药丸；2—制丸；3—导轮；4—出条嘴；

5—控制器；6—料斗；7—交流电机

b. 1—制丸；2—导向架；3—喷头；4—药条；5—推进器；

6—药团；7—料斗；8—出条嘴；9—导轮

（二）泛制法

泛制法是指将药物细粉用水或其他液体黏合剂交替润湿，在容器中不断翻滚，逐层增大的一种制丸法。有传统的手工泛制及新型的机械泛制两种。

1. 手工泛制 取少量经 80 目筛筛过的药粉（是药粉总量的 1%~4%），均匀撒在容器内，预先用刷子涂布过水的部位，摇动容器使药粉黏附于器壁并被润湿，然后用刷子将药粉扫下，制成"丸核"。然后交替投入药粉及水，不断摇动容器，丸核似滚雪球一般逐渐长大和致密，成为光滑圆整、大小适当的丸剂。最后一次所加药粉应是特制的超细粉，完成"盖面"使外形更加美观。最后再经筛选，剔除过大或过小的丸粒，再经自然干燥或低温（60~70℃）烘干即得。

2. 机械泛制 大生产中以包衣锅依手工泛制的程序，完成起模、成丸、盖面、干燥、筛选等过程。

机械泛制丸剂是将药粉置于包衣锅中，用喷雾器将润湿剂如水等喷入转动着的包衣锅内的药粉上，使药粉均匀受水润湿，并形成细小颗粒。随着包衣锅不断转动，小颗粒逐渐致密、坚实。再撒布药粉、再喷水，如此反复直至成丸。泛制法生产的丸剂往往会出现粒度不匀和畸形，所以干燥后需经筛、拣，以确保临床使用方便和剂量准确。

另外还可以采用离心、流化等方法制丸。

丸剂筛选可使用滚筒筛、筛丸机、检丸器等，如图 10-7 及图 10-8 所示。

泛制法可用于制备水丸、水蜜丸、糊丸、浓缩丸及微丸。

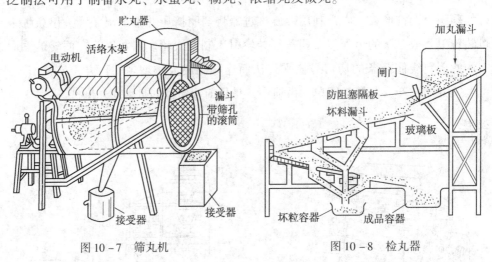

图 10-7 筛丸机   图 10-8 检丸器

在《中国药典》（2015 年版）中对丸剂的质量要求和检验项目包括：外观、水分限度、单丸重量差异限度，小包装装量差异限度、溶散时限及卫生学检查等。

第二节 颗粒剂设备

扫码"学一学"

一、概述

制粒是把粉末、熔融液，水溶液等状态的物料经加工制成具有一定形状与大小粒状物的操作，是使细粒物料团聚为较大粒度产品的加工过程，它几乎与所有的固体制剂相关。制粒物可能是中间体也可能是最终产品，在散剂、颗粒剂、胶囊剂中的颗粒是产品，在片剂生产中颗粒是中间体。制粒的目的是：①便于计量、配料和服用；②改善物料的流动性，避免黏结；③减少扬尘，便于贮运和再加工；④提高物料的密度、控制孔隙度。⑤防止各组分离析，保证颗粒的形状、大小均匀、外形美观等。

制粒方法不同，即使是同样的处方不仅所得颗粒的形状、大小强度不同，而且崩解性、溶解性也不同，从而会影响药效。因此，应根据物料的性质和所需颗粒的特性选择适宜的制粒方法。在医药生产中广泛应用的制粒方法可分为四大类。即湿法制粒、干法制粒、流化制粒和喷雾制粒。

二、湿法制粒及设备

（一）湿法制粒机制

湿法制粒首先是黏合剂中的液体将药物粉粒表面润湿，使粉粒间产生黏着力，然后在液体架桥与外加机械力作用下形成一定形状和大小的颗粒，经干燥后最终以固体桥的形式固结。

1. 液体的架桥原理 当把液体加入到粉末中时，由于液体的加入量不同，液体在粉末颗粒间存在的状态也不同而产生不同的作用力。液体在粉粒间的存在状态如下。①悬摆状：液体加入的量很少时，颗粒内的空气为连续相，液体为分散相，粉粒间的作用力来自于架桥液体的气液界面张力；②索带状：适当增加液体量时，空隙变小，空气成为分散相，液体为连续相，粉粒间的作用力取决于架桥液的界面张力与毛细管力；③毛细管状：当液体量增加刚好充满全部颗粒内部空隙，而颗粒表面没有润湿液体时，毛细管负压和界面张力产生强大的粉粒间的结合力；④泥浆状：当液体充满颗粒内部与表面时形成。此时，粉粒间的结合力消失，靠液体的表面张力来保持形态。

一般情况下，在颗粒内液体以悬摆状存在时颗粒松散，毛细管状存在时颗粒发黏，索带状存在时得到的颗粒较好。可见液体的加入量对湿法制粒起着决定性作用。

2. 从液体架桥到固体架桥的过渡 主要有以下三种形式。①部分溶解和固化。将亲水性药物粉末进行制粒时，粉粒之间架桥的液体将接触的表面部分溶解，在干燥过程中将部分溶解的物料析出而形成固体架桥。②黏合剂的固结。将水不溶性药物进行制粒时，加入的黏合剂溶液作架桥，靠黏性使粉末聚结成粒，干燥时，黏合剂中的溶剂蒸发，残留的黏合剂固结架桥。③药物溶质的析出。小剂量药物制粒时，常将药物溶解于适宜液体架桥剂中制粒以便药物能均匀混合在颗粒中，干燥时溶质析出而形成固体架桥。

（二）湿法剂粒设备

1. 摇摆式颗粒机 摇摆式颗粒机是目前国内常用的制粒设备，它结构简单，操作方便。它一般与槽式混合机配套使用。后者将原辅料制成软材后，经摇摆式颗粒机制成颗粒状。也可以用摇摆式颗粒机进行整粒，把块状或成圆团状的大块整成大小均匀的颗粒。

摇摆式颗粒机制粒的机制是强制挤出，对物料的性能有一定要求，物料必须黏松恰当，即在混合机内制得的软材要适于制粒。太黏挤出的颗粒成条不易断开，甚至黏结成团；太松则制成粉末。

摇摆式颗粒机的挤压作用如图10-9所示。图中七角滚轮4由于受机械作用而进行正反转的运动。当这种运动周而复始地进行时，受左右夹管3而夹紧的筛网5紧贴于滚轮的轮缘上，而此时的轮缘点处，筛网孔内的软材成挤压状，轮缘将软材挤向筛孔而将原孔中的物料挤出。这种原理正是模仿人工在筛网上用手搓压，而使软材通过筛孔而成颗粒的。

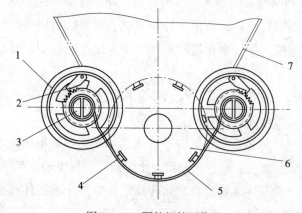

图10-9 颗粒机挤压作用

1—手柄；2—棘爪；3—夹管；4—七角滚轮；5—筛网；6—软材；7—料斗

摇摆式颗粒机整机的结构原理见图 10 - 10。

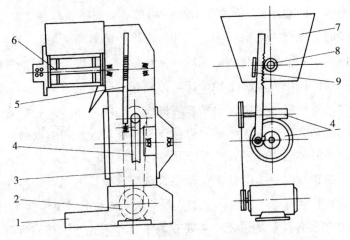

图 10 - 10　YK160 摇摆式颗粒机结构

1—底座；2—电机；3. 传动皮带；4—蜗轮蜗杆；5—齿条；

6—七角滚轮；7—料斗；8—转轴齿轮；9—挡块

电机通过传动皮带 3 将动力传到蜗杆和与蜗杆相啮合的蜗轮 4 上。由于在蜗轮的偏心位置安装一个轴，齿条 5 一端的轴承孔套在该偏心轴上，因此，每当蜗轮旋转一周齿条则上下移动一次。齿条的上下运动使得与之相啮合的滚轮转轴齿轮作正反相反相旋转，七角滚轮也随之正反相旋转。

该机装有自动供给润滑油的系统，由润滑油泵的活塞通过蜗杆上偏心凸轮的压缩做往复运动，将机油送到各轴承的部位，起润滑作用。

在制粒时，一般根据物料的性质、软材情况选用 10 ~ 20 目范围内的筛网，根据颗粒的色泽情况有时需进行二次过筛以达到均匀的效果。

摇摆式制粒机属于挤压式制粒设备，其特点是：①颗粒的粒度由筛网的孔径大小调节，粒子形状为圆柱状，粒度分布较窄；②挤压压力不大，可制成松软颗粒，适合压片；③制粒过程工序多，时间长，对湿热敏感的药物不适合；④劳动强度大，不适合大批量生产。

其他的挤压式制粒设备还有螺旋挤压式和旋转挤压式。

2. 转动制粒机　药物粉末中加入黏合剂，在转动、摇动、搅拌等作用下使粉末结聚成球形粒子的方法。这类制粒设备有圆筒旋转制粒机、倾斜转运锅等。这些转动制粒机多用于丸剂的生产，其液体喷入量、撒粉量等生产工序多凭经验控制。转动制粒过程分为母核形成、母核长大和压实三个阶段。

（1）母核形成阶段　在少量粉末中喷入少量润湿剂使其润湿，在滚动和搓动作用下使粉末聚集在一起形成大量母核，在中药生产中称为起模。

（2）母核长大阶段　母核在滚动时进一步压实，在药粉的不断撒入和液体的加入过程中，使其不断长大，如此反复，可得到一定大小的药丸，在中药生产中称为泛制。

（3）压实阶段　此阶段不加料，在继续转动过程中多余的液体被挤出而吸收到未被充分润湿的层粒中，从而压实形成一定机械强度的微丸剂。

近年来出现离心制粒机，容器底部旋转的圆盘带动物料做离心旋转运动，并在圆盘周边吹进的空气流作用下使物料向上运动，同时在重力作用下使物料层上部的粒子往下滑动落入圆盘中心，落下的粒子重新受到圆盘的离心旋转作用，从而使物料不停地旋转运动而形成球形颗粒。黏合剂向物料层斜面上部表面定量喷雾，使粒子表面润湿，并使撒布的药粉均匀附着在粒子表面层层包裹，反复操作，可得所需大小的球粒，调整上升气流温度可进行干燥。

3. 快速混合制粒机 快速混合制粒机是由盛料器、搅拌轴、搅拌电机、制粒刀、制粒电机、电器控制器和机架等组成，其结构如图 10 - 11 所示。

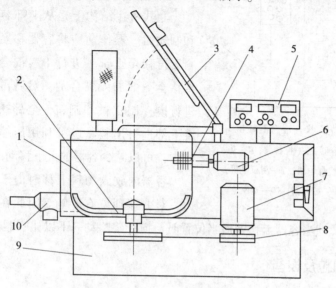

图 10 - 11 快速混合制粒机结构

1—盛料器；2—搅拌桨；3—盖；4—制粒刀；5—控制器；6—制粒电机；

7—搅拌电机；8—传动皮带；9—机座；10—控制出料门

快速混合制粒机是通过搅拌器混合及高速旋转制粒刀切制，将物料制成湿颗粒的机器。具有混合与制粒的功能；同时机器操作时混合部分处于密闭状态，粉尘飞扬极少；输入的转轴部位，其缝隙有气流进行气密封，粉尘无外溢；对轴也不存在由于粉末而"咬死"的现象。设备比较符合 GMP 的生产要求。

机器在工作时需要 0.5MPa 以上的压缩空气，用于轴的密封和出料门的开闭，盖板上有视孔可以观察物料翻动情况。也有加料口，通过此口加入黏合剂。还有一个出气口，上面扎紧一个圆柱形尼龙布套，当物料激烈翻动时容器里的空气通过布套孔被排出。

机器上还有一个水管接口，结束后打开水管的开关，水流会沿着轴的间隙进入容器内用于清洗。

操作时先将主、辅料按处方比例加入容器内，开动搅拌桨先干粉混合 1～2min，待均匀后加入黏合剂。物料在变湿的情况下再搅拌 4～5min。此时物料已基本成软材状态，再开启快速制粒刀，将软材切割成颗粒状。由于容器内的物料快速地翻动和转动，使得每一部分的物料在短时间内都能经过制粒刀部位，也就都能被切成大小均匀的颗粒。

快速混合制粒机的混合制粒时间短（一般仅需 8～10min），制成的颗粒大小均匀，质地结实，细粉少，压片时流动性好，压成片子后硬度较高，崩解、溶出性能也较好。制粒时所消耗的黏合剂，比传统的槽形混合机要少，且槽形混合机所做的品种移到该机器上操作，其处方不需作多大改动就可进行操作，成功的把握较大。工作时室内环境比较清洁，结束后，设备的清洗比较方便。正是由于如此多的优点，因而采用这种机器进行混合制粒的工序过程是比较理想的。

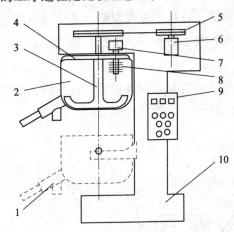

图 10-12　立式快速混合制粒机

1—出粒口；2—容器；3—搅拌器；4—盖；

5—皮带轮；6—搅拌电机；7—制粒电机；

8—制料刀；9—控制器；10—基座

还有一种立式的快速混合制粒机，其容积从 10L 起一直到 1200L。这种机器与卧式机相比较，在相同容积的情况下体积大，分量重。其传动件放在上部，容器可以上下移动，工作原理和实际效果基本与卧式机一样，其外形如图 10-12 所示。

立式机在结构上是从上部容器口输入搅拌器和制粒刀。操作前应将容器移至下部，投入原辅料后再移至上部，进行干粉混合。待混合均匀后再移至下部加入黏合剂，然后再上升到搅拌位置进行搅拌制软材和制粒，全部操作结束后，再移至下部进行出料。也可利用压缩泵将浆液打入容器内，可以减少容器的上下移动次数。

容器内放入物料上移时由于受到搅拌器的阻力，对上移到位有影响。因此在电器线路上安排了这样一个程序，即当容器上移到适当位置时，搅拌桨略动一下以让容器到位。

三、干法制粒及设备

干法造粒是直接将密度小、流动性差、易飞扬的粉状物料经压片、粉碎、筛分等物理过程，制成密度较大，易流动无粉尘的粒状制品。其工艺流程如图 10-13 所示。

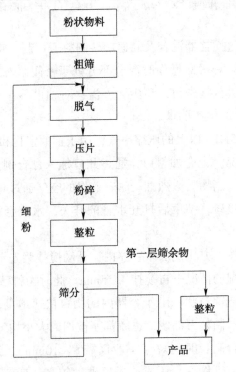

图 10-13　干法造粒工艺流程

图 10-14 所示是干法造粒的工艺设备。原料粉料投入原料仓中，经螺旋输送机定量地连续地送入原料筛，在此筛除粗粒子，粉料进入脱气槽，在此脱除空气及其他惰性气体后，

将使后面的压片致密，压片操作主要靠一对圆柱表面具有条形花纹的压辊滚压完成。连续压出来的薄片，在脱辊时形成大小不均匀的碎片，再经粉碎、整粒后，形成粒度均匀的、密度较大的粒状制品，由于粒度和密度增大，因而具有良好的流动性，筛出的细粉再返回去压片。这种工艺造粒均匀，质量好。干法辊压式造粒装置的操作过程全部自动化，但结构复杂，转动部件多，维修护理工作量大，造价较高。

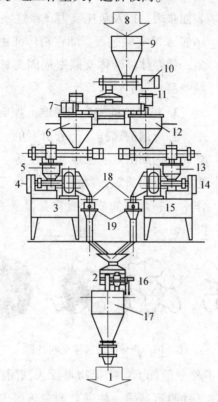

图 10 - 14　干法造粒工艺设备

1—制品；2—成品筛；3—压片机；4—螺旋送料机；5—搅拌器；6—脱气槽；7—粗筛分料机；8—原料；
9—原料仓；10—原料输送机；11—原料筛；12—脱气槽；13—搅拌器；14—螺旋送料机；15—压片机；
16—二次整料机；17—成品仓；18—螺旋加料器粉碎机；19——次整粒机

四、流化制粒及设备

流化制粒就是使粉粒物料在溶液的雾状气氛中流化，并使溶液在颗粒表面凝集的一种操作过程，又称一步制粒。它广泛应用于制药工业、食品工业、化学工业等造粒操作中。

（一）流态化造粒机理与操作

流态化造粒技术，根据处理量、用途等，大致分间歇操作和连续操作两种。对于医药制品，因其品种多而数量少的特点，多采用间歇流态化造粒装置；而对于处理量大、品种较为单一的品种，多采用连续式造粒装置。下面仅介绍间歇流态化造粒机制及过程。

1. 流化床造粒工艺流程　如图 10 - 15 所示，送风机吸入空气，经过空气过滤器，净化了的空气在加热器中加热到一定的温度，然后由流化床底部进入流化床主体。热空气穿过气体分布板使床层内的粉粒体呈流化状态。液态的黏合剂由送液装置泵送至喷嘴管内，由压缩空气将黏合剂喷成雾状，散布在流态化的粉料体表面，使粉粒体相互接触凝集成颗粒。集尘装置可阻止未与雾滴接触的粉末被空气带出。尾气由流化床顶部排出，由排风机放空。

2. 造粒机制　流化床造粒机制有三种，第一种情况是以黏合剂溶液为媒体，以粉粒体

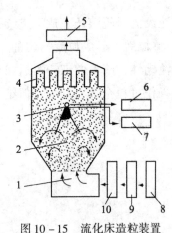

图 10 - 15　流化床造粒装置
结构原理图

1—流化气体；2—循环型流化床；

3—喷雾装置；4—集尘装置；

5—排风机；6—压缩空气；

7—送液装置；8—送风机；

9—过滤器；10—加热器

为核心，粉体相互接触附着凝集形成颗粒；第二种情况是，用与粉体物料同质的溶液利用喷嘴喷射，在粉粒上凝集长大的造粒方法；第三种情况是，把熔融的液体在同质的粉粒流化床中进行喷雾，在粉体上发生凝固干燥的造粒过程。

在颗粒形成过程中，起作用的是黏合剂溶液与颗粒间的表面张力，以及负压吸力。在这些力的作用下形成如图 10 - 16 所示的交联过程，即在粉体间由液体交联架桥形成凝集现象。粉粒体经液体交联变成固态骨架，经干燥即得多孔的颗粒产品。

3. 黏合剂的种类和用途　如前所述，在流态化造粒技术中，黏合剂的选择是十分重要的。从使用条件上考虑，要注意黏合剂的浓度、温度和黏度等。在造粒性能方面，则要考虑造粒时间长短，颗粒粒径大小等。在一般的流化床造粒操作中，黏合剂的浓度通常受泵送性能的限制，一般为 0.3 ~ 0.5Pa·s。

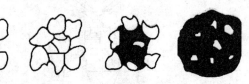

图 10 - 16　粉体间的液体交联过程

4. 造粒操作过程　操作步骤一般如下：①把物料投入密闭的流化床内；②启动风机、加热器，将物料流化起来；③开动喷雾装置，使黏合剂在床层内形成雾状，在几十分钟的连续喷雾过程中，雾滴在粉体上发生凝集和长大过程，一直到所希望的颗粒大小后，停止喷雾；④继续在床层中进行流态化干燥，最终得造粒产品。

5. 流化床和喷嘴的组合方式　在粉末上凝集的造粒操作中，为了减少未被液体凝集的微粉末的数量，喷嘴多设在流化床的上部。对于在药片、颗粒上进行包衣过程，喷嘴多设在流化床层内部或粉体层下部，这样可减少雾化液的损失。对于后者，如果喷嘴位置安装得不当，则将使粉末向器壁运动，从而发生黏壁或者在喷嘴前端出现结块现象。因此，在流态化造粒装置中，喷嘴的位置是十分重要的。

6. 造粒产品的形状与物性　由流化床造粒装置所得颗粒，多为带孔的不定形多面体，大部分近于球形。这是由于流化床内粒子的运动是回转循环的，即粒子由设备的中心向四壁运动，形成圆形的循环，使粒子间相互碰撞、粒子与壁面摩擦，结果使所得的颗粒近似球形。因此，床层内粒子运动得越激烈，所得颗粒产品的球形度越好。可见，颗粒形状与物料、黏合剂的种类及特性、颗粒在床内的流动形态等有关。

（二）影响颗粒物性的因素

流态化造粒机制是相当复杂的，由于粉体的物性不同，黏合剂溶液的组成不同，所得颗粒性质也是千差万别的；即使是同一种物料和黏合剂，若操作条件不同，颗粒产品的物性差别也是相当大的。下面介绍几种参数的改变对颗粒物性影响的实验结果。

1. 空气温度的影响　在颗粒形成过程中，随气体温度的升高，颗粒假密度变小，生成脆性的小颗粒。当流化颗粒用的空气温度上升时，增加了水溶性黏合剂的蒸发量，因而使黏合剂润湿粉末的能力以及黏合剂的浸透百分率都降低了，在相当高的温度下造粒时，则变成了黏合剂溶液的喷雾干燥，因而不能形成颗粒；另一种情况，在常温下造粒时，由于黏合剂溶液对于粉末的过度润湿，造成粉末的过早凝集，这就很难维持流化床的流动状态。如有实验介绍：当空气温度由25℃升至55℃时，粒子平均粒径将由311μm降到235μm。

2. 黏合剂雾化速度的影响　随着喷雾速度的增加，颗粒脆性下降，而平均粒径却增高了。这是因为当喷雾速度增加时，黏合剂的润湿能力和浸透能力也增加的结果。而浸透能力的增加又促使颗粒的假密度增加。但粒子的密度、空隙率、流动率等却变化不大。

3. 喷雾液滴　喷雾装置一般是气流式喷嘴。利用喷嘴内空气压力以及气液比，来调节黏合剂溶液的雾化程度，控制雾滴大小。增加空气压力时，雾滴直径变小。增大气液比时，雾滴也变小。因为增大雾化空气压力以及气液比，都是增大雾化能量，使雾滴变小。如实验表明，当雾化空气压力由0.05MPa增大至0.2MPa时，颗粒产品的平均粒径由438μm降到292μm。

在流态化造粒过程中，由于雾滴大小的不同，粒子生长过程也不同。当喷雾液滴较小时，蒸发进行很快，很难在粒子之间形成交联，因此，产品颗粒成长速度慢，而且粒子也不能生长成大颗粒。当雾滴较大时，颗粒生长速度增快。当雾滴进一步加大时，颗粒生长速度更快，颗粒直径也变得更大；但是，颗粒大小会变得很不均匀，粒度分布相当宽。

4. 喷嘴位置　流态化造粒过程中，喷嘴的位置对所造颗粒的平均粒径及粒子的脆性都有影响；但是，对颗粒的流动性能及假密度则影响不大，喷嘴越靠近流化床层，雾化了的黏合剂溶液越能有效地增加对粉体的润湿与浸透能力，从而促进颗粒的形成。在设计喷嘴的位置时，必须考虑粉末的密度、黏合剂溶液的蒸发速度。当喷嘴的位置离流化床层过近时，有可能在喷嘴的前缘出现喷射障碍。反之，若喷嘴离流化床层过高，将使黏合剂溶液在与粉体接触之前即已干燥，则不能得到颗粒产品。

5. 黏合剂及其浓度　黏合剂的种类及其浓度将决定其黏性，必对颗粒产品物性有影响，当黏合剂溶液的浓度增加时，颗粒的流动能力下降。对浓度相同的各黏合剂溶液，其黏性的差异也将引起颗粒直径和脆性的差异。

在流态化造粒过程中，由于粉体是处于悬浮状态下凝集成颗粒产品的，所以黏合剂的选择是十分重要的。不同的黏合剂溶液对粉末润湿浸透力的影响是很大的。

6. 造粒物料

（1）吸湿性物料的造粒　当物料中含有50%以上的吸湿性物料时，易与喷雾液中的水亲和，发生团聚现象；当吸湿性物料比较少的情况下喷雾时，颗粒产品则与喷雾干燥类似。

（2）亲水性物料　粉体与黏合剂溶液相互溶合易凝集形成粒子。亲水性物料在流化床中是最容易造粒的，采用其他方法造粒也是比较容易的。

（3）疏水性物料　此类物料的造粒，黏合剂的选择是相当困难的。黏合剂在粒子间形成液体交联现象，当其慢慢地蒸发后，则变成固体交联而形成颗粒。

（三）流化制粒设备（沸腾制粒机）

间歇式流态化造粒机中，在主机上部安装有袋式过滤器，多用于医药及食品工业。由于设置有袋式过滤器，可保证物料不被气流夹带出去。在流化床层内的粉料可形成颗粒，产品粒度分为100~1000μm，收率可达70%~90%，近于球形，最适宜作为制剂使用。装

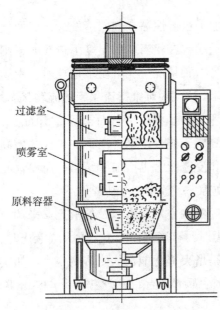

图 10 - 17　间歇式流态化造粒机

置处理能力为 5 ~ 300kg/批，时间约为 1h。图 10 - 17 为间歇式流态化造粒机的简图，特点如下。

（1）在同一装置内可实现混合、造粒、干燥等多种操作。

（2）处理时间短，整个工序大约 30 ~ 60min。

（3）粒度分布较窄，颗粒均匀。

（4）从原料加入到产品颗粒输出，在同一密闭容器内进行，因此可防止杂质渗入。

（5）操作简单，操作人员少；占地面积小；拆装清洗方便。

五、喷雾制粒及设备

喷雾制粒是将药物溶液或混悬液用雾化器喷雾于干燥室的热气流中，使水分迅速蒸发以直接制成干燥颗粒的方法。该法在数秒钟内即完成料液的浓缩、干燥、制粒过程，制成的颗粒呈球状。料液含水量可达 70% ~ 80%。以干燥为目的的过程称喷雾干燥；以制粒为目的的过程称喷雾制粒。

喷雾法的特点：①由液体直接得到粉状固体颗粒；②热风温度高，但雾滴比表面积大，干燥速度快（通常需要数秒至数十秒），物料的受热时间极短，干燥物料的温度相对低，适合于热敏性物料；③粒度范围约在几十微米至数百微米，堆密度在 200 ~ 600kg/m³ 的中空球状粒子较多，具有良好的溶解性、分散性和流动性。缺点是设备高大、气化大量液体，设备费用高、能量消耗大、操作费用高；黏性较大料液容易黏壁而使用受到限制，且需用特殊喷雾干燥设备。近年来这种设备在制药工业中得到广泛的应用与发展，如抗生素粉针的生产、微型胶囊的制备、固体分散体的研究以及中药提取液的干燥都利用到喷雾干燥制粒技术。

此外，在液相中晶析的制粒法也用于制备颗粒，此法是使药物在液相中析出结晶的同时，借架桥剂和搅拌的作用聚结成球形颗粒的方法，也叫球形晶析制粒法（简称球晶制粒法）。球晶制粒物可少用辅料或不用辅料进行直接压片，另外可利用药物与高分子的共沉淀法，制备缓释、速释、肠溶、胃溶性微丸、生物降解性毫微囊等多种功能性球形颗粒剂。

第三节　片剂设备

片剂是指一种或一种以上的固体药物，配以适当辅料经压制加工成的片状剂型。片剂按临床应用途径可分为口服片剂、口腔用片剂、外用片剂等类型。片剂的生产工序包括制粒、干燥、整粒、总混、压片、包衣、包装等。

一、片剂的特点及要求

1. 片剂特点及分类　片剂是指一种或一种以上的固体药物，配以适当辅料经压制加工成的片状剂型。片剂按临床应用途径可分为口服片剂、口腔用片剂、外用片剂等类型。

片剂与其他口服剂型相比优点如下。

①剂量准确；②长期贮存物理性能稳定；③药物的化学性及生理活性稳定；④携带和服用方便；⑤适于机械化、大规模生产、成本低，生产效率高，因此深受欢迎。

根据需要，片剂可以制成素片、包衣片。片剂的主要生产工序包括：①制粒；②压片；③包衣；④包装。

2. 片剂的赋形　片剂是用压片机压制成形的。片剂的形状是由不同形状的压模（也称冲模）所决定的。

每一片药应有相同的重量，其有效成分的含量应在药典规定的一定范围内（这非常重要）。为了保证片剂恒定的剂量，预先需得到有效成分分布均匀和能有效地防止成分的偏析或分离的粉粒，此工序即为造粒。将原料及辅料混匀造粒后，药物应具有以下几个特点。

（1）经过造粒后的药物流动性好，易于均匀地流入到冲模孔内并填充一定的质量。经造粒后的颗粒应接近于球形，使每次进入冲模孔中的药物量能够保证质量相同。

（2）药物具有可压性组分，物料加压后能形成稳定的、具有一定强度和形状的片剂。这些组分可能是有效成分（主药）本身，也可能是加入的辅料。当有效成分剂量较大时，药物对其物理性质起主要作用；在有效成分较少时，加入的辅料对颗粒的片剂的物理性质起决定作用。所以如何选好黏合剂和其他辅料，对于造粒和压片是非常关键的。

（3）颗粒的粒度范围分布应符合要求。在制成的颗粒中细颗粒含量较少，大颗粒较多，其颗粒分布范围较窄，这样细颗粒可充填大颗粒所形成的空隙，在片剂成形中大颗粒起"搭桥"作用。

（4）药物中所有成分都应混合均匀。保证颗粒中每一部分的含量和性质都相同，这样就会使制成的片剂也有相同质量。服用后在胃、肠道内能迅速崩解、溶解和吸收，产生预期疗效。

3. 片剂的质量要求　为了保证药品的质量与用药安全有效，对片剂的一般要求是含量准确，重量差异小；崩解时间符合规定、硬度适当、色泽均匀、光洁美观；不含致病菌，杂菌和霉菌控制在一定范围内。

二、压片机的工艺过程及原理

片剂生产的基本设备是压片机。压片机的结构类型很多，但其工艺过程及原理都近似。

1. 冲模　冲模是压制药片的模具，上、下冲的工作端面形成片剂的表面形状，中模孔径即为药片的直径。

冲模（图10-18）是压片机的主要工作元件，各类压片机均要使用冲模，只是具体尺寸略有差异。通常一副冲模包括上冲、中模、下冲三个零件，上、下冲的结构相似，其冲头直径也相等，上、下冲的冲头直径和中模的模孔相配合，可以在中模孔中自由上下滑动，但不会存在可以泄漏药粉的间隙。

图10-18所示为最常用的单体、单孔式冲

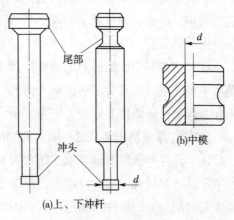

图10-18　冲模结构

模，此外也还有由多个冲头装配在一个冲杆中和每个中模具有多个模孔的组合式冲模，以及压制环形片剂的复合式冲模。

按冲模结构形状可划分为圆形、异形（包括多边形及曲线形）。冲头端面的形状有平面形、斜面形、浅凹形、深凹形及综合形等，平面形、斜边形冲头用于压制扁平的圆柱体状片剂，浅凹形用于压制双凸面片剂，深凹形主要压制包衣片剂的片芯，综合形主要用于压制异形片剂。为了便于识别及服用药品，在冲模端面上也可以刻制出药品名称、剂量及纵横的线条等标志。压制不同剂量的片剂，应选择大小适宜的冲模。如表 10-1 所示。

表 10-1 不同剂量片剂冲模的选择

片重（mg）	筛目数		冲头直径（mm）	片重（mg）	筛目数		冲头直径（mm）
	湿粒	干粒			湿粒	干粒	
50	18	16~20	5~5.5	200	14	12~16	8~8.5
100	16	14~20	6~6.5	300	12	10~16	9~10.5
150	16	14~20	7~8	500	10	10~12	12

2. 压片机的工作过程　压片机的工作过程可以分为如下步骤。

（1）下冲的冲头部位（其工作位置朝上）由中模孔下端伸入中模孔中，封住中模孔底。

（2）利用加料器向中模孔中填充药物。

（3）上冲的冲头部位（其工作位置朝下）自中模孔上端落入中模孔，并下行一定行程，将药粉压制成片。

（4）上冲提升出孔，下冲上升将药片顶出中模孔。完成一次压片过程。

（5）下冲降到原位，准备下一次填充。

三、压片机制片原理

1. 剂量的控制　各种片剂有不同的剂量要求，大的剂量调节是通过选择不同冲头直径的冲模来实现的，如有 $\phi6$、$\phi8$、$\phi11.5$、$\phi12$ 等冲头直径。在选定冲模尺寸之后，微小的剂量调节是通过调节下冲伸入中模孔的深度，从而改变封底后的中模孔的实际长度，达到调节模孔中药物的填充体积的目的。因此，在压片机上应具有调节下冲在模孔中的原始位置的机构，以满足剂量调节要求。由于不同批号的药粉配制总有比容的差异，这种调节功能是十分必要的。

在剂量控制中，加料器的动作原理也有一定的影响，比如颗粒药物是靠自重，自由滚落入中模孔中时，其装填情况较为疏松。如果采用多次强迫性填入方式时，模孔中将会填入较多药物，装填情况则较为密实。

2. 药片厚度及压实程度控制　药物的剂量是根据处方及药典来确定的，不可更改。为了贮运、保存和崩解时限要求，压片时对一定剂量的压力也是有要求的，它也将影响药片的实际厚度和外观。压片时的压力调节是必不可少的。这是通过调节上冲在模孔中的下行量来实现的。有的压片机在压片过程中不单有上冲下行动作，同时也可有下冲的上行动作，由上、下冲相对运动共同完成压片过程。但压力调节多是通过调节上冲下行量的机构来实现压力调节与控制的。

四、压片机的分类

依结构的繁简，压片机可分为单冲式压片机（图10-19）和多冲旋转式压片机（图10-20）。

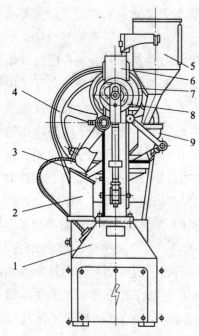

图10-19　单冲压片机

1—机座；2—药片盛器；3—出片溜道；4—皮带轮
（兼飞轮）；5—药粉桶；6—支架；7—上冲凸轮；
8—下冲凸轮；9—靴形加料器

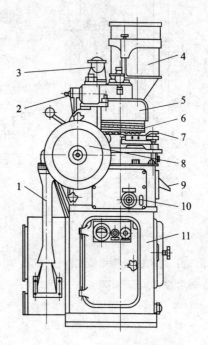

图10-20　多冲旋转压片机

1—清盘吸风系统；2—上压轮调节摆杆；3—上压
轮罩；4—药粉桶；5—机架；6—工段转盘；
7—刮料器；8—手（盘车）轮；9—出料盘；
10—填充调节手轮；11—机座

单冲式压片机是通过凸轮（或偏心轮）连杆机构（类似冲床的工作原理），使上、下冲产生相对运动而压制药片。单冲式并不一定只有一副冲模工作，也可以有两副或更多，但多副冲模同时冲压，由此引起机构的稳定性及可靠性要求严格，结构复杂，采用不多。

单冲压片机是间歇式生产，间歇加料，间歇出片，生产效率较低，适用于试验室和大尺寸片剂生产。

单冲压片机依机架及调节机构的结构不同，还可分有多种机型。

多冲旋转式压片机是将多副冲模呈圆周状装置在工作转盘上，各上、下冲的尾部由固定不动的升降导轨控制。当上、下冲随工作转盘同步旋转时，又受导轨控制做轴向的升降运动，从而完成压片过程。这时压片机的工艺过程是连续的，连续加料、连续出片。就整机来看，受力较为均匀平稳，在正式生产中被广泛使用。多冲旋转式压片机多按冲模数目来编制机器型号，如俗称19冲、33冲压片机等。

（一）单冲压片机

单冲压片机主要由冲模、加料机构、充填调节机构、压力调节机构及出片控制机构组成。本节将主要介绍单冲压片机的加料机构、充填调节机构、压力调节机构。

1. 加料机构　单冲压片机的加料机构由料斗和加料器组成，二者由挠性导管连接，料斗中的颗粒药物通过导管进入加料器。由于单冲压片机的冲模在机器上的位置不动，只有

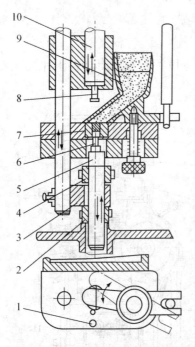

图 10 - 21　摆动式靴形加料器的压片机

1—药片；2—填充调节螺母；3—拨叉；
4—出片调节螺母；5—下冲套；6—下冲；
7—中模；8—上冲；9—靴形加料器；
10—上冲套

沿其轴线的往复冲压动作，而加料器有相对中模孔的位置移动，因此需采用挠性导管。常用的加料器有摆动式靴形加料器及往复式靴形加料器。

（1）摆动式靴形加料器　此加料器外形如一靴子，如图 10 - 21 所示，由凸轮带动做左右摆动。加料器底面与中模上表面保持微小（约 0.1mm）间隙，当摆动中出料口对准中模孔时，药物借加料器的抖动自出料口填入中模孔，当加料器摆动幅度加大后，加料口离开了中模孔，其底面即将中模上表面的颗粒刮平。此后，中模孔露出，上冲开始下降进行压片，待片剂于中模内压制成型后，上冲上升脱离开中模模孔，同时下冲也上升，并将片剂顶出中模模孔；在加料器向回摆动时，将压制好的片剂拨到盛器中，并再次向中模模孔中填充药粉。这种加料器中的药粉随加料器同时不停摆动，由于药粉的颗粒不均匀及不同原料的比重差异等，易造成药粉分层现象。

（2）往复式靴形加料器　这种加料器的外形也如靴子，其加料和刮平、推片等动作原理和摆动式加料器一样，如图 10 - 22 所示。所不同的是加料器于往复运动中，完成向中模孔中填充药物过程。加料器前进时，加料器前端将前个往复过程中由下冲捅出中模孔的药片推到盛器之中；同时，加料器覆盖了中模模孔，出料口对准中模模孔，颗粒药物填满模孔；当加料器后退时，加料器的底面将中模上表面的颗粒刮平；其后，模孔部位露出，上、下冲相对运动，将中模孔中粉粒压成药片，此后上冲快速提升，下冲上升将药片顶出模孔，完成一次压片过程。

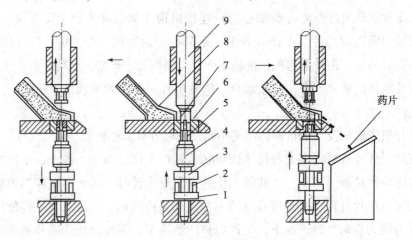

图 10 - 22　往复靴形加料器

1—填充调节螺母；2—拨叉；3—出片调节螺母；4—下冲套；5—上冲；6—中模；
7—上冲；8—加料器；9—上冲套

2. 填充调节机构　在压片机上通过调节下冲在中模孔中的伸入深度来改变药物的填充容积。当下冲下移，模孔内空容积增大，药物填充量增加，片剂剂量增大。相反，下冲上调时，模孔内容积减小，片剂剂量也减少。如图 10 - 21 及图 10 - 22 所示，在下冲套上装有填充调节螺母，旋转螺母即可使下冲上升或下降。当确认调节位置合适时，将螺母固定。这种填充调节机构又称为直接式调节机构，螺母的旋转量直接反映出中模孔容积的变化量。

3. 压力调节机构　单冲压片机是利用主轴上的偏心凸轮旋转带动上冲做上下往复运动完成压片过程的，通过调节上冲与曲柄相连的位置，从而改变冲程的起始位置，可以达到上冲对模孔中药物的压实程度。也可以通过复合偏心机构，改变总偏心距的方法，达到调节上冲对模孔中药物的冲击压力的目的。前一种可以叫作螺旋式调节，后一种称为偏心距式调节。

（1）螺旋式压力调节机构　图 10 - 23 所示为螺旋式压力调节的压片机。当进行压力调节时，先松开螺母，旋转上冲套，上冲向上移时，片剂厚度加大，冲压压力减小；上冲下移时，可以减小片厚，增大冲压压力。调整达到要求时，紧固螺母即可。

（2）偏心距式压力调节机构　图 10 - 24 所示为通过调节偏心距调节压力的压片机。主轴上所装的偏心轮具有另一个偏心套，需要调节压力时，旋转调节蜗杆，使偏心套（其外缘加工有蜗轮齿）在偏心轮上旋转，从而使总偏心距增大或减小，可以达到调节压片压力的目的。

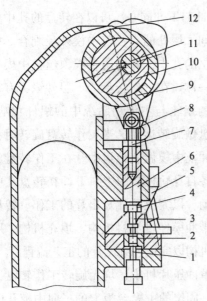

图 10 - 23　螺旋式压力调节的压片机

1—下冲；2—中模；3—上冲；4—锁紧螺母；
5—加料器；6—上冲套；7—紧固螺母；
8—连杆；9—偏心轮壳；10—偏心轮；
11—主轴；12—机身

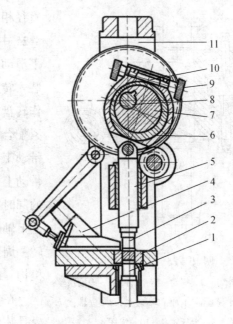

图 10 - 24　偏心距式调节压力机构的压片机

1—下冲；2—中模；3—上冲；4—加料器；5—上冲套；
6—偏心轮壳；7—偏心轮；8—主轴；9—偏心套；
10—调节蜗杆；11—机身

在单冲压片机上，对药片施加的是瞬时冲击力，片剂中的空气难以排尽，影响片剂质量。

4. 出片机构　在单冲压片机上，利用凸轮带动拨叉（图 10 - 21 及图 10 - 22）上下往复运动，从而使下冲大幅度上升，而将压制成的药片从中模孔中顶出。下冲上升的最高位置也是需要调节的，如果下冲顶出过高，会发生加料器拨药片动作和下冲运动发生干涉，从而造成下冲损坏现象；如果下冲顶出过低，药片不能完全露出中模上表面，容易发生药片打碎现象。这个调节是通过螺母（图10-21及图10-22）来完成的，旋转螺母可以改变它在下冲套上的轴向位置，从而改变拨叉对其作用时间的早晚和空程大小。当调节适当时，应将螺母7用销锁固。

（二）多冲旋转压片机

当前我国广泛使用的是旋转压片机，大部分均以机器装有的冲模数量而命名。如装有19冲模的叫ZP-19旋转压片机，装有33冲模的叫ZP-33型旋转压片机（简称为33冲压片机）。下面就33冲压片机作一介绍。ZP-33冲压片机主要用途是将含粉量在100目以上不超过10%的干燥颗粒压制成各种直径的普通圆片及单面、双面刻字的字片。当用冲模与工作转盘定位及导向时，亦可压制形状各异的异形药片。压片机除在制药行业使用外，还广泛应用在食品、化工、电子、冶金、日用等各工业部门压制片状及块状物品，具有操作简便、产量大、适用范围广等优点。

1. 旋转压片机各部件结构原理　旋转压片机一般均设有一个铸铁的机座，用以支撑和连接各个工作机构。

（1）工作转盘　旋转压片机有一个绕竖直轴线旋转的工作转盘，如图10-25所示，转盘外缘分为三层，在每层上均匀分布有多个（与副数相同）同心的通孔。其上下两层的孔

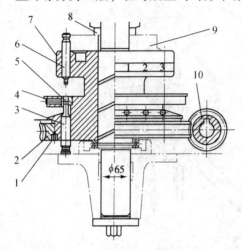

图10-25　工作转盘

1—紧定螺钉；2—蜗轮；3—下冲；4—中模顶丝；
5—中模；6—上冲；7—转盘；8—立轴；
9—上导轨盘；10—蜗杆

直径相同，尺寸与上下冲外径为间隙配合，如图10-25中的上冲与下冲同心，可以在转盘的孔中做上下滑动。中间一层孔的直径与中模外径配合。中模装入转盘中层的孔中，并利用中模顶丝将中模与工作转盘紧固一体。在工作转盘的下层外缘，有与其紧配合一体的蜗轮与主传动系统中的蜗杆相啮合，带动工作转盘做旋转运动。当工作转盘旋转时，也带动上、下冲及中模做旋转运动。在工作转盘旋转的同时，受各自导轨控制的上、下冲在转盘孔中作上下轴向运动，以完成压片及出片的工作。转盘旋转一周共拖带冲模经过加料机构、填充机构、压力机构、出片机构以完成连续压片的工艺流程。

在各种单冲压片机中，均无旋转工作转盘，中模是装置在一固定的中模台板上的。向中模孔中填充物料只能靠加料器与其相对运动来完成，由于填充物料是断续的，就决定了压片、出片也是断续的。

（2）加料机构　如33冲压片机的加料机构是月形栅式加料机构，如图10-26所示。月形栅式加料器固定在机架上，工作时它相对机架不动。其下底面与固定在工作转盘上的中模上表面保持一定间隙（0.05~0.1mm），当旋转中的中模从加料器下方通过时，栅格中的药物颗粒落入模孔中，弯曲的栅格板造成药物多次填充的形式。加料器的最末一个栅格上装有刮料板，它紧贴于转盘的工作平面，可将转盘及中模上表面的多余药物刮平

图10-26　月形栅式加料机构

和带走。月形栅式加料器多用无毒塑料或铜材铸造而成。

加料过程由图 10－27 所示，固定在机架上的料斗将随时向加料器布撒和补充药粉，填充轨的作用是控制剂量，当下冲升至最高点时，使模孔对着刮料板以后，下冲再有一次下降，以便在刮料板刮料后，再次使模孔中的药粉震实。图 10－28 所示为装有强迫式加料器的旋转压片机。这种是近代发展的一种加料器，为密封型加料器，于出料口处装有两组旋转刮料叶，当中模随转盘进入加料器的覆盖区域内时，刮料叶迫使药物颗粒多次填入中模模孔中。这种加料器适用于高速旋转压片机，尤其适于压制流动较差的颗粒物料，可提高剂量的精确度。

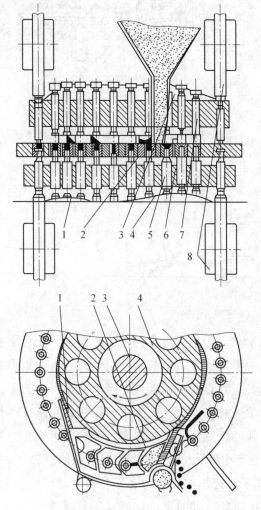

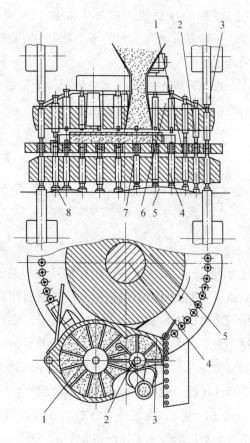

图 10－27 月形栅式加料器的旋转压片机

上：1—填充轨；2—料斗；3—上冲导轨；4—下冲导轨；
5—下冲；6—中模；7—上冲；8—下压轮
下：1—刮料板；2—栅式加料器；3—转盘；4—中心竖轴

图 10－28 强迫式加料器的旋转压片机

上：1—中膜；2—上冲；3—上、下压轮；4—下冲；
5—下冲导轨；6—轨；7—料斗；8—填充轨
下：1—第二道刮叶；2—第一道刮叶；3—加料器；
4—中心竖轴；5—转盘

（3）填充调节机构 在旋转式压片机上调节药物的填充剂量主要是靠填充轨，如图 10－29所示。转动刻度调节盘，即可带动轴转动，与其固联的蜗杆轴也转动。蜗轮转动时，其内部的螺纹孔使升降杆产生轴向移动，与升降杆固联的填充轨也随之上下移动，即可调节下冲在中模孔中的位置，从而达到调节填充量的要求。

（4）上下冲的导轨装置 旋转式压片机的压片、成形是靠上、下冲相向运动完成的。

上、下冲的轴向移动则是靠上、下冲的导轨控制的。上冲导轨可由多块导轨拼接而成一个回形导轨盘,其展开图形如图10-30所示,图中展开为180°,表示该机是双出片的,另180°仍有相同的导轨,转盘一周产出两粒药片。导轨盘紧固于不转的芯轴上部,上冲的尾部缩径处与上冲导轨的曲线凸缘接触。上冲导轨的截面形状如图10-30中的折倒断面所示,凸缘的截面积形状将与上冲缩径的截面吻合,当上冲随工作转盘旋转时,将受制于导轨的控制而产生轴向运动。

下冲的导轨较为简单,镶嵌于机架体上,下冲靠重量及上冲的压力压紧在下冲导轨面上。

根据冲模中物体的受力情况,上冲的下行导轨按余弦曲线设计,使上冲的始、末加

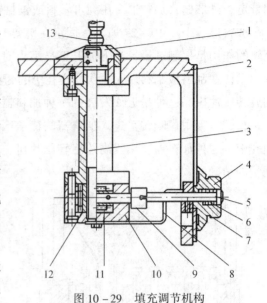

图 10-29　填充调节机构

1—填充轨;2—机架体;3—升降杆;4—该度调节盘;
5—弹簧;6—轴;7—挡圈;8—指针;9—蜗杆轴;
10—蜗轮罩;11—蜗杆;12—蜗轮;13—下冲

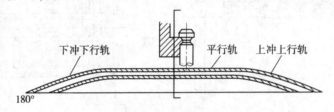

图 10-30　上冲导轨展开示意图

速度为零,以减少冲击作用和提高冲模的使用寿命。当上冲在上行轨中行走时,压片刚刚结束,上冲由低向高慢慢提升,逐渐由中模孔中退出,并达最高点。当上冲在平行轨中开始行走时,下冲在下冲上行轨上提升,逐步达到最高点,顶出药片。当上冲于下行轨中保持在最高处时,下冲已开始下落,其后下冲于填充轨上运行,此间中模孔完全暴露在加料器的覆盖区,完成加料过程。当上冲达到下行轨的控制区,上冲逐渐下行进入中模孔,进行压片过程,此时下冲虽于最低处但始终没有脱离中模孔,故孔底始终是封住的。

(5)压力调节装置　在旋转式压片机上真正对药物实施压力并不是靠上冲导轨。上、下冲于加压阶段,正置于机架上的一对上、下压轮处(此时上冲尾部脱开上冲导轨),上、下压轮在压片机上的位置及工作原理示如图10-31及图10-32所示。

①偏心调节压力机构　图10-31所示为一种偏心调节压力机构,上压轮装在一个偏心轴上。通过调节螺母,改变压缩弹簧的压力,并同时改变摇臂的摆角,从而改变偏心轴的偏心方位,以达到调节上压轮的最低点位置,也就改变了上冲的最低点位置。当冲模所受压力过大时,缓冲弹簧受力过大,使微动开关动作,使机器停车,达到过载保护的作用。

图10-32为另一种下压轮偏心调节机构,当松开紧定螺钉,利用梅花把手旋动蜗杆轴,转动蜗轮,也可改变偏心轴的偏心方位,以达到改变下压轮最高点位置的目的,从而调节了压片时下冲上升的最高位置。

②杠杆调节压力机构　图10-33所示为杠杆调节压力机构,上、下压轮分别装在上、

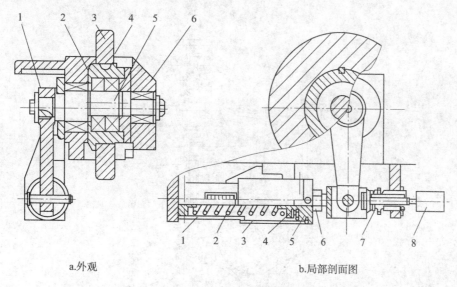

a.外观　　　　　　　　　　　　　b.局部剖面图

图 10-31　上压轮压力调节机构

a. 1—摇臂；2—轴承；3—上压轮；4—键；5—压轮轴（偏心轴）；6—压轮架

b. 1—罩壳；2—压缩弹簧；3—罩壳；4—弹簧座；5—轴承座；6—调节螺母；7—缓冲弹簧；8—微动开关

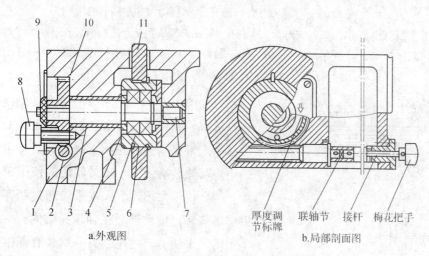

a.外观图　　　　　　　　　　　　b.局部剖面图

图 10-32　下压轮压力调节机构

a. 1—机体；2—蜗杆轴；3—轴套；4—轴承垫圈；5—轴承；6—压轮芯；7—下压轮轴（偏心轴）；

8—紧定螺钉；9—指示盘；10—蜗轮；11—下压轮

下压轮架上，菱形压轮架的一端分别与调节机构相连，另一端与固定支架连接。调节手轮，可改变上压轮架的上下位置，从而调节上冲进入中模孔的深度。调节片厚调节手柄使下压轮架上下运动，可以调节片剂厚度及硬度。压力由压力油缸控制。这种加压及压力调节机构可保证压力稳定增加，并在最大压力时可保持一定时间，对颗粒物料的压缩及空气的排出有一定的效果，因此适用于高速旋转压片机。

此外还有一些常用的压力调节（上冲下压行程）和厚度调节（上冲入孔深度）机构，其原理相似，但结构不同。

2. 旋转压片机的传动系统　现有的各种旋转压片机的传动机构大致相同，其共同点是都利用一个旋转的工作转盘，由工作转盘拖带着上、下冲，经过加料填充、压片、出片等动作机构，并靠上、下冲的导轨和压轮控制冲模作上下往复动作，从而压制出各种形状及大小的片剂药物。现以 ZP-33 型旋转压片机为例说明其传动过程，ZP-33 型压片机的传

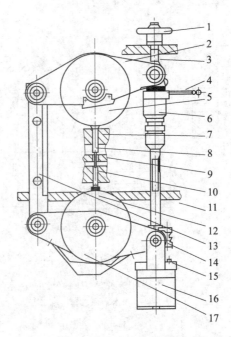

图 10-33 旋转式压片机的杠杆式压力与片厚调节机构

1—上冲进模量调节手轮；2—上压轮架；3—吊杆；4—片厚调节手柄；5—上压轮；6—片厚调节机构；

7—转盘；8—上冲；9—中模；10—下冲；11—主体台面；12—下压轮；13—固定支架；14—超压开关；

15—放气阀；16—压力油缸；17—下压轮架

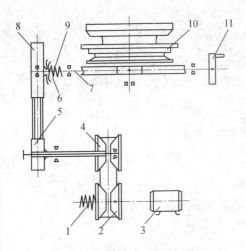

图 10-34 旋转压片机的传动系统

1—弹簧；2—变速盘；3—电动机；4—变速盘；

5—小皮带轮；6—摩擦离合器；7—传动器；

8—大皮带轮；9—弹簧；10—工作转盘；

11—手轮

动系统如图 10-34 所示。工作转盘传动由二级皮带和一级蜗轮蜗杆组成。电动机带动无级变速转盘转动，由皮带将动力传递给无级变速盘，再带动同轴的小皮带轮转动。大小皮带轮之间使用三角皮带连接，可获得较大速比。大皮带轮通过摩擦离合器使传动轴旋转。传动轴装在轴承托架内，一端装有试车手轮供手动盘车之用，另一端装有圆锥形摩擦离合器，并设有开关手柄控制开车和停车。当摘开离合器时，皮带轮将空转，工作转盘脱离开传动系统静止不动。当需要手动盘车时亦可摘开离合器，利用试车手轮转动工作转盘，可用来安装冲模，检查压片机各部运转情况和排除故障。需要特别指出旋转压片机上无级变速盘及摩擦离合器的正常工作均由弹簧压力来保证，当机器某个部位发生故障，使其负载超过弹簧压力时，就会发生打滑，避免机器受到严重损坏。

3. 压片机操作与调节

（1）冲模的安装 因压制的片型不同，所使用的冲模就需要经常更换。在更换冲模前应认真检查冲模有无碰边、裂缝，是否有混冲（不同规格的在一起）现象。将各安装件表面擦洗干净，并将中模先落入中模孔，保证上平面不高出转盘平面，然后固紧。而后将上冲逐件插入转盘孔中，检查冲头进入中模是否能上下滑动灵活，有无擦边现象。当确认上冲全部装好后，将导轨盘的锁卡装置锁住。再依次由转盘下方将下冲逐个装入孔中。当全套冲模装完，旋转盘车手轮观察上下冲进入中模孔及在轨道上的运行情况，应滑动自如，无磕碰及擦边现象。下冲最高点应高出工作转盘表面不大于 0.7mm，以免损坏其他零件。手动转盘转动几周后，方可开动电机，运转平稳后方可投入生产。

（2）操作与调整　压片机的操作者应熟悉机器的技术性能、结构及工作原理。使用前应仔细检查机器各部分安装是否正确、完整，按要求向各润滑点加注润滑油。检查药物颗粒度、含粉量、干燥程度是否符合要求，以免影响机器的正常运转及寿命。根据原料特性（黏度、流动性）、片径大小、要求的压力大小等选择合适的运转速度。如片径大、压力大时选慢速；片径小、压力小时选快速。

①压力调试　利用图 10−31 及图 10−32、图 10−33 所示的压力调节机构，可以调节压制某种片型所需的压力，以保证压出的药片具有一定的硬度及崩解时限。在压制新的片型时，通常应先将压力调至最大值。当指示红灯亮时，说明压力超过机器负荷，应立即停车。此时，将压力缓慢减低，至红灯刚灭，压力表牌指示的刻度即为该片型的合适压力。

②填充量调节　利用图 10−29 所示的填充调节机构，旋转刻度调节盘手把，即可改变药粉在中模的填充量。当对试压出的药片称重及测量出片重误差后，即可进行填充调节，直到片重合格。注意药粉中细粉过多，粗细差过大以及过湿等均易造成片重不准和片重变化。

③药片厚度调节　利用图 10−32 所示的下压轮调节机构，改变下压轮的偏心方位，也就改变了下冲的上升幅度，同时在指示盘上也有读数指示出药片的厚度值。由于颗粒的硬度及原料的可压缩性能不同，可能使压片压力发生变化，需注意片厚调节与压力调节的匹配。应通过对压出药片的厚度及硬度实测后，再做适当微调，直到合格。

④加料器输粉量的调节　为保证运行中加料器向中模孔及时添加药粉，加料器需有适宜的输送流量。如图 10−27 所示，在转盘平面上，总应保证加料器后有少量回流药粉，以保证药粉的填充。为此调整加料器高度，调整加料器下口刮料板开度，以及保证加料器内的药物层高度等都是十分必要的。

（三）高速压片机简介

高速压片机的特点是转速快、产量高，片剂质量好。压片时采用双压，它们都是由计算机控制，能将颗粒状物料连续进行压片，除可压普通圆片外，还能压各种形状的异形片。具有全封闭、压力大、噪声低、生产效率高、润滑系统完善、操作自动化等特点。另外，机器在传动、加压、充填、加料、冲头导轨、控制系统等方面都明显优于普通压片机。

1. 工作原理　压片机的主电机通过交流变频无级调速器，并经蜗轮减速后带动转台旋转。转台的转动使上、下冲头在导轨的作用下产生上、下相对运动。颗粒经充填、预压、主压、出片等工序被压成片剂。在整个压片过程中，控制系统通过对压力信号的检测、传输、计算、处理等实现对片重的自动控制，废片自动剔除，以及自动采样、故障显示和打印各种统计数据。

以 GZPK37A 为例，机器由压片机、计算机控制系统、ZS9 真空上料器、ZWS137 筛片机和 XC320 吸尘机几个部分组成。

机器的顶部为真空上料器 ZS9 二台，通过负压状态将颗料物料吸入，再加到压片机的加料器内。左右两边的 ZWS137 筛片机是将压出的片剂除去静电及表面粉尘，使片剂表面清洁，以利于包装。XC320 吸尘器的功能是将机器内和筛片机内的粉尘吸去，保持机器的清洁和防止室内粉尘的飞扬。

2. 机器的主要结构与特点

（1）传动部件 该部分由一台带制动的交流电机、皮带轮、蜗轮减速器及调节手轮等组成，电机的转速可由交流变频无级调速器调节，启动后通过一对带轮将动力传递到减速蜗轮上。而减速器的输出轴带动转台主轴旋转，电机的变速可使转台转速在 25~77r/min 之间变动，使压片产量由 11 万片/小时到 34 万片/小时。

（2）转台、导轨部件 由上下轴承、主轴、转台等组成的转台部件和由上下导轨组成的导轨部件，构成了上下冲杆的运动轨迹，转台携带冲杆做圆周运动，导轨使冲杆做有规则的上下运动，冲杆的复合运动完成了颗粒的填料、压片（在压轮的作用下）、出片的工作过程。

（3）加料器部件 颗粒的加料用强迫加料器，由小型直流电机通过小蜗轮减速器将动力传递给加料器的齿轮并分别驱动计量、配料和加料叶轮，颗粒物料从料斗底部进入计量室经叶轮混合后压入配料室，再流向加料室并经叶轮通过出料口送入中模。加料器的加料速度可按情况不同由无级调速器调节。

（4）充填和出片部件 颗粒充填量的控制，从大的方面来讲，设计时已将下冲下行轨分成 A、B、C、D、E 五档，每档范围均为 4mm，极限量为 5.5mm，操作前按品种确定所压片重后，应选用某一档轨道。机器控制系统对充填调节的范围是 0~2mm，控制系统从压轮所承受的压力值取得检测信号，通过运算后发出指令，使步进电机旋转，步进电机通过齿轮带动充填调节手轮旋转，使充填深度发生变化。步进电机使手轮每旋转一格调节深度为 0.01mm，手轮的左右旋转使充填量深度增加或减少，万向联轴节带动蜗杆、蜗轮转动。蜗轮中心有可上下移动的丝杆，丝杆上端固定有充填轨。手动旋转手轮可使充填轨上下移动，每旋转一周充填深度变化 0.5mm。步进电机由控制系统发出脉冲信号而左右旋转，以此改变充填量。图中万向联轴节和蜗杆、蜗轮的作用是用来改变传动方向，蜗轮只能转动而上下不能移动，丝杆与蜗轮配合，所以丝杆只能上下移动而不能转动，有的高速压片机在丝杆下端连接液压提升油缸，液压提升油缸平时只起软连接支承作用，当设备出现故障时，油缸可泄压，起到保护机器作用。

机器的出片机构，是在出片槽中安装了两条通道，左通道是排除废片，右通道是正常工作时片子的通道，两通道的切换，是通过槽底的旋转电磁铁加以控制。开车时废片通道打开，正常通道关闭，待机器压片稳定后，通道切换，正常片子通过筛片机进入筒内。

（5）压力部件 分预压和主压两部分，并有相对独立的调节机构和控制机构，压片时颗粒先经预压后再进行主压，这样能得到质量较好的片剂，预压和主压时冲杆的进模深度以及片厚可以通过手轮来进行调节，两个手轮各旋转一圈可使进模深度分别获得 0.16mm 和 0.1mm 的距离变化。两压轮的最大压力分别可达到 20kN 和 100kN。

压力部件中采用压力传感器，对预压和主压的微弱变化而产生的电信号进行采样、放大、运算并控制调节压力，使操作自动化。

上预压轮通过偏心轴支承在机架上，利用调节手柄可改变偏心距，从而改变上冲进入中模的位置，达到调节预压的作用。下预压轮支承在压轮支座上，压轮支座下部连有丝杆、蜗轮、蜗杆、万向联轴节和手柄。通过手柄可调节下冲进入中模的位置，达到预压力调节作用。压轮支座下的丝杆连在液压支承油缸上，当压片力超出给定预压力时，油缸可泄压，起到安全保护作用。预压的目的是为了使颗粒在压片过程中排除空气，对主压起到缓冲作用，提高质量和产量。

上压轮通过偏心轴支承在机架上，偏心轴一端连在上大臂的上端，上大臂的下端连在液压支承油缸的上端活塞杆上。液压支承油缸起软连接作用，并保护机器超压时不受损坏。下压轮也通过偏心轴支承在机架上，偏心轴一端连在下大臂的上端，下大臂的下端通过丝母、丝杆、螺旋齿轮副、万向联轴节等连在手柄上。通过手柄即可调节片厚。

压片时中模内孔受到很大的侧压力和摩擦力。侧压力和摩擦力均正比于压制的压力，即正压力。由于摩擦力随片剂厚度的增加而加大，故使正压力在片剂内逐层衰减。对旋转压片机，中模受力最大处是片剂厚度的中间部位。为避免长期总在中模内一个位置压片，为延长中模的使用寿命，在片剂厚度保持不变的条件下，应可以使上下冲头在中模孔内同时向上或向下移动，这就是冲头平移调节。冲头平移调节就是保持上下压轮距离不变条件下，同时使上下压轮向上或向下移动的调节。在上压轮的液压支承油缸下端活塞杆用连接块与下压轮的丝杆上端相连，此连接块通过丝母、丝杆、螺旋齿轮副、万向联轴节等连在手柄上。通过手柄可使上下压轮同时升降同样的距离。

（6）片剂计数与剔废部件　片剂自动计数是利用磁电式接近传感器来工作的。在传动部件的一个皮带轮外侧固定一个带齿的计数盘，其齿数与压片机转盘的冲头数相对应。在齿的下方有一个固定的磁电式接近传感器，传感器内有永久磁铁和线圈。当计数盘上的齿移过传感器时，永久磁铁周围的磁力线发生偏移，这样就相当于线圈切割了磁力线，在线圈中产生感应电流并将电信号传递至控制系统。这样，计数盘所转过的齿数就代表转盘上所压片的冲头数，也就是压出的片数。根据齿的顺序，通过控制系统就可以甄别出冲头所在的顺序号。

对同一规格的片剂，压片机生产之初通过手动将片重、硬度、崩解度调节至符合要求，然后转至电脑控制状态，所压制出的片厚是相同的，片重也是相同的。如果中模内颗粒充填得过松、过密，说明片重产生了差异，此时压片的冲杆反力也发生了变化。在上压轮的上大臂处装有压力应变片，检测第一次压片时的冲杆反力并输入电脑，冲杆反力在上下限内所压出的片剂为合格品，反之为不合格品并记下压制此片的冲杆序号。在转盘的出片处装有剔废器，剔废器有一压缩空气的吹气孔对向出片通道，平时吹气孔是关闭的。当出现废片时，电脑根据产生废片的冲杆顺序号。输出电信号给吹气孔开关，压缩空气可将不合格片剔出。同时，电脑亦将电信号输出给出片机构，经放大使电磁装置通电，并迅速吸合出片挡板，挡住合格片通道，使废片进入废片通道收集。

（7）润滑系统　高速压片机对各零部件的润滑部位供给润滑油，以保证机器的正常运转是至关重要的，该机设计时已考虑了一套完善的润滑系统，机器开动后油路畅通，润滑油沿管路流经各润滑点。机器首次启用时应空转1h，让油路充分流畅，然后再装冲模等部件，进行正常操作。

（8）液压系统　高速压片机中，上压轮、下预压轮和充填调节机构设有液压油缸，起软连接支承和安全保护作用。液压系统由液压泵、贮能器、液压油缸、溢流阀等组成。正常操作时，油缸内的液压油起支承作用。当支承压力超过所设定的压力时，液压油通过溢流阀泄压，从而起到安全保护作用。

（9）控制系统　GZPK37A 型全自动高速压片机有一套控制系统，能对整个压片过程进行自动检测和控制。系统的核心是可编程序器，其控制电路有 80 个输入、输出点。程序编制方便、可靠。

控制器根据压力检测信号，利用一套液压系统来调节预压力和主压力，并根据片重值相应调整填充量。当片重超过设定值的界限时，机器给予自动剔除，若出现异常情况，能自动停机。

控制器还有一套显示和打印功能，能将设定数据、实际工作数据、统计数据以及故障原因、操作环境等显示、打印出来。

（10）吸尘部件　在压片机有二个吸尘口，一个在中模上方的加料器旁，另一个在下层转盘的上方，通过底座后保护板与吸尘器相连，吸尘器独立于压片机之外。吸尘器与压片机同时起动，使中模所在的转盘上下方的粉尘吸出。

五、片剂包衣设备

将素片包制成糖衣片或薄膜衣片的工艺要使用片剂的包衣设备。这种设备目前在国内大约有以下几类。

（1）用于手工操作的荸荠型糖衣机。锅的直径 0.8m 和 1m 两种，可分别包制 80kg 和 100kg 左右的药片（包好后的质量），锅的材料有铜和不锈钢 2 种。

（2）经改造后采用喷雾包衣的荸荠型糖衣机。其锅的大小、包衣量、材料等均与手工的相同，只要加上一套喷雾系统就可以进行自动喷雾包衣的操作工作。

（3）采用引进或使用国产的高效包衣机，进行全封闭的喷雾包衣。

（4）采用引进或使用国产的沸腾喷雾包衣机，进行自动喷雾包衣。这一设备目前国内使用得还不多。

（一）简单包衣机

在片剂生产中长期使用半手工操作的简单包衣机，如图 10-35 所示。形状似荸荠的糖衣锅体安装在轴线空间位置可调的转轴上，当敞口的锅体随转轴旋转时，压制片在锅体内随之翻滚，由人工间歇地向锅内喷洒糖浆及滑石粉。在不断吹送的热风中，包裹在压制片上的糖浆被干燥。为了提高和保持锅体内的温度，必要时可打开辅助加热器。为了加快干燥和防止粉尘，有的糖衣锅还附有吸尘抽风系统，此时吸尘口与供热风口要配置得当，以防热风短路被抽走。根据药片的尺寸及性质不同，可以调节转轴的转速及倾角，添加糖浆及色素靠人工凭经验，有一定环境污染，药品也易染菌，产品质量不稳定。

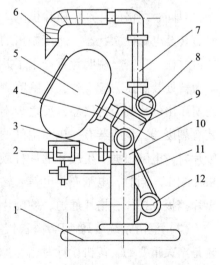

图 10-35　简单包衣机

1—底座；2—辅助加热器；3—仰角调节轮；
4—转轴；5—糖衣锅体；6—热风管；
7—电加热器；8—风机；9—减速箱；
10—可动机架；11—机身；12—电机

（二）喷雾包衣

片剂包衣工艺采用手工操作存在着产品质量不稳定，粉尘飞扬严重，劳动强度大，个人技术要求高等问题。采用喷雾法包衣工艺进行药物的包衣能够克服手工操作的这些缺点。喷雾包衣可在国内经改造的荸荠型包衣锅上加以使用，投资费用不高，使用较多。

有气喷雾是包衣溶液随气流一起从喷枪口喷出。这种喷雾方法称为有气喷雾法。

无气喷雾则是包衣溶液或具有一定黏性的溶液、悬浮液在受到压力的情况下从喷枪口喷出。液体喷出时不带气体，这种喷雾方法称为无气喷雾法。

有气喷雾适用于溶液包衣。溶液中不含或含有极少的固态物质，溶液的黏度较小，一般可使用有机溶剂或水溶性的薄膜包衣材料。

无气喷雾由于压力较大，所以除可用于溶液包衣外，也可用于有一定黏度的液体包衣，这种液体可以含有一定比例的固态物质，例如用于含有不溶性固体材料的薄膜包衣以及含粉糖浆、糖浆等的包衣。

（三）程序控制无气喷雾包衣装置

无气喷雾包衣装置主要由无气泵、液罐、程序控制器、自动喷枪及包衣机等组成。以现有包衣机进行粉糖包衣为例，操作过程如下。

（1）将糖浆和粉末按一定的比例配制成粉糖浆悬浮液，加适量黏合剂混合均匀后，经胶体磨磨细、磨匀，再加入到液罐中。

（2）将液罐中的夹套水温调节到 70~80℃ 左右，开启搅拌，使浆液均匀，不沉淀。并恒定在 60~70℃ 左右。

（3）将包衣机内的喷枪放在适当的位置（一般喷嘴离片层约 300mm 距离），喷嘴角度调好（喷液扇面应垂直于片芯的运动方向）。

（4）调节压缩空气的减压阀，打开无气泵的气缸开关，并调节压力（以喷液压力为 10MPa 左右为准）。

（5）按产品要求编好程序控制器的输入数据。开启电源开关，控制器开始工作。

（四）高效包衣机

高效包衣机的结构、原理与传统的敞口式包衣机完全不同。敞口式包衣机干燥时，热风仅吹在片芯层表面，并被返回吸出。热交换限于表面层，且部分热量由吸风口直接吸出而没有利用，浪费了部分热源。而高效包衣机干燥时热风是穿过片芯间隙，并与表面的水分或有机溶剂进行热交换。这样热源得到充分的利用，片芯表面的湿液充分挥发，因而干燥效率很高。

1. 锅形结构　高效包衣机的锅型结构大致可以分成网孔式、间隔网孔式和无孔式三类。

（1）网孔式高效包衣机　包衣锅的整个圆周都带有 $\phi1.8~2.5mm$ 圆孔。经过滤并被加热的净化空气从锅的右上部通过网孔进入锅内，热空气穿过运动状态的片芯间隙，由锅底下部的网孔穿过再经排风管排出。由于整个锅体被包在一个封闭的金属外壳内。因而热气流不能从其他孔中排出。

热空气流动的途径可以是逆向的，也可以从锅底左下部网孔穿入，再经右上方风管排出。前一种称为直流式，后一种称为反流式。这两种方式使片芯分别处于"紧密"和"疏松"的状态，可根据品种的不同进行选择。

（2）间隔网孔式高效包衣机　间隔网孔式的开孔部分不是整个圆周，而按圆周的几个等分部位。一般是 4 个等分，也即圆周每隔 90° 开孔一个区域，并与 4 个风管连接。工作时 4 个风管与锅体一起转动。由于 4 个风管分别与 4 个风门连通，风门旋转时分别间隔地被出风口接通每一管道而达到排湿的效果。

旋转风门的 4 个圆孔与锅体 4 个管道相连，管道的圆口正好与固定风门的圆口对准，处于通风状态。

这种间隙的排湿结构使锅体减少了打孔的范围，减轻了加工量。同时热量也得到充分的利用，节约了能源，不足之处是风机负载不均匀，对风机有一定的影响。

（3）无孔式高效包衣机　无孔式高效包衣机是指锅的圆周没有圆孔，其热交换通过另外的形式进行。目前已知的有两种：一是将布满小孔的 2～3 个吸气桨叶浸没在片芯内，使加热空气穿过片芯层，再穿过桨叶小孔进入吸气管道内被排出。

吸气管引入干净热空气，通过片芯层再穿过桨叶的网孔进入排风管并被排出机外。二是采用了一种较新颖的锅形结构，目前已在国际上得到应用。其流通的热风是由旋转轴的部位进入锅内，然后穿过运动着的片芯层，通过锅的下部两侧而被排出锅外。

这种新颖的无孔高效包衣机能实现一种独特的通风路线，是靠锅体前后两面的圆盖特殊的形状。在锅的内侧绕圆周方向设计了多层斜面结构。锅体旋转时带动圆盖一起转动，按照旋转的正反方向而产生两种不同的效果。当正转时（顺时针方向），锅体处于工作状态，其斜面不断阻挡片芯流入外部，而热风却能从斜面处的空档中流出。当反转时（逆时针方向）此时处于出料状态，这时由于斜面反向运动，使包好的药片沿切线方向排出。

无孔高效包衣机在设计上具有新的构思，机器除了能达到与有孔机同样的效果外，由于锅体内表面平整、光洁，对运动着的物料没有任何损伤，在加工时也省却了钻孔这一工序，而且机器除适用于片剂包衣外，也适用于微丸等小型药物的包衣。

2. 配套装置　高效包衣机是由多组装置配套而成整体。除主体包衣锅外，大致可分为四大部分：定量喷雾系统、供气和排气系统以及程序控制设备，如图 10-36 所示。

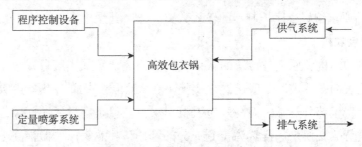

图 10-36　高效包衣机的配套装置

定量喷雾系统是将包衣液按程序要求定量送入包衣锅，并通过喷枪口雾化喷到片芯表面。该系统由液缸、泵、计量器和喷枪组成。定量控制一般是采用活塞定量结构。它是利用活塞行程确定容积的方法来达到量的控制，也有利用计时器进行时间控制流量的方法。喷枪是由气动控制，按有气和无气喷雾两种不同方式选用不同喷枪，并按锅体大小和物料多少放入 2～6 只喷枪，以达到均匀喷洒的效果。另外根据包衣液的特性选用有气或无气喷雾，并相应选用高压无气泵或电动蠕动泵。而空气压缩机产生的压缩空气经空气处理后供给自动喷枪和无气泵。

送风、供热系统是由中效和高效过滤器、热交换器组成。由于排风系统产生的锅体负压效应，使外界的空气通过过滤器，并经加热后到达锅体内部。热交换器有温度检测，操作者可根据情况选择适当的进气温度。

排风系统是由吸尘器、鼓风机组成。从锅体内排出的湿热空气经吸尘器后再由鼓风机排出。系统中可以安装空气过滤器，并将部分过滤后的热空气返回到送风系统中重新利用，以达到节约能源的目的。

送风和排风系统的管道中都装有风量调节器,可调节进、排风量的大小。

程序控制设备的核心是可编程序器或微处理机。这一核心一方面接受来自外部的各种检测信号,另一方面向各执行元件发出各种指令,以实现对锅体、喷枪、泵以及温度、湿度、风量等参数的控制。

六、压片机、包衣机的 GMP 验证

(一)压片机的 GMP 验证要点

应考察的操作参数有:压片机转速、冲模的配套性、片重调节装置、压制压力调节装置等。验证应对下列项目进行评估:外观、片重差异、片厚、硬度、溶出度(崩解时限)、含量、脆碎度。

(二)包衣机的 GMP 验证要点

应考察的操作参数有:锅的转速、进排风温度、风量、喷射速率、喷雾粒度、喷雾直径、包衣液用量、包衣液浓度等。验证应对下列项目进行评估:片面、片重差异、溶出度(崩解时限)。

(三)全自动包衣机的 GMP 验证

1. 安装确认　包衣机容量适应生产要求,材质为不锈钢,符合 GMP 要求,机器的结构适于清洗,有自动控制系统,仪表符合计量要求且经过检验,安装地点和操作空间符合要求。有与包衣机所需要的公用工程与之配套,技术资料对操作方法有详尽的描述。

2. 运行确认　包衣机进行空载时,对以下参数和参数间的影响进行确认:温度、进风量、排风量、压差、喷液流量、喷射直径、雾化粒度等。

3. 性能确认　包衣机用空白片进行负载运转,对以下参数进行确认:包衣机的物料填加量、锅的转速、空气流量、进风和出风温度、锅的内外压差、喷液流量和喷液直径、喷枪位置、包衣液的均匀度。

4. 工艺验证　制定对原辅料的要求,确定处方和生产操作规程、质量标准、化验方法,并移交大生产。

第四节　胶囊剂设备

扫码"学一学"

一、概述

目前国内外生产的剂型中除了片剂、针剂外,硬胶囊剂已成为第三大剂型。胶囊制剂可分为软胶囊剂和硬胶囊剂。软胶囊剂是指通过滴制或滚模压制方法将加热熔融的胶液制成胶囊,在囊皮未干硬之前装填药物,所包容药物是液体。硬胶囊剂是指用食用明胶为主要原料的胶液,先制成空心的干硬胶囊(分为囊体及囊帽),然后往空心胶囊中装填药物,所包容的药物是粉状、片状或颗粒状药物,也可以是液体药物。药物制成胶囊的目的:掩盖药物的不良臭味和减少药物的刺激性,增加药物稳定性;提高药物在胃肠液中分散性和生物利用度。按比例填充不同释放度的薄膜包衣颗粒或小丸也可以制成缓控释或肠溶胶囊剂。具有颜色或印字的胶壳,不仅美观,而且便于识别。胶囊剂的生产关键是胶囊的制造

质量及药物的充填技术。胶囊剂设备结构复杂，技术及质量要求严格。

空心硬胶囊由胶囊体和胶囊帽两部分套合而成，胶囊体的外径略小于胶囊帽的内径，二者可以套合，并通过局部的凹陷部位使二者锁紧，或用胶液将套口处黏合，以防止贮运中体与帽脱开和药物的散落。

空心胶囊的尺寸规格已经国际标准化，我国药用明胶硬胶囊标准共分6个型号，分别是0、1、2、3、4、5号共6种规格。号码越大，容积越小，其装量容积如表10-2所示。硬胶囊制剂常用的规格是0、1、2、3号4种。

表10-2　空心胶囊装量　　　　　　　　　　　　　　　　　　　　单位：g

规格	5	4	3	2	1	0
装量	0.14	0.21	0.27	0.35	0.48	0.66

空心胶囊的生产工艺过程如下。

溶胶→保温脱泡→蘸胶→整形→烘干→脱模→切口（定长度）→印字→套合→包装。

空心硬胶囊的质量取决于胶囊制造机的质量和工艺水平，它是直接影响胶囊质量的因素，例如帽与囊体套合的尺寸精度，切口的光整度，锁扣的可靠性，胶囊的可塑性、吸湿性等。虽然空心胶囊制造商已经提供了合格的空心胶囊产品，但由于空心胶囊使用明胶原料的特性，其含水量的变化，依据环境的温度和湿度，在质量合格的范围内，水分的增减是可逆的，出厂时的含水量在13%～16%。如果运输及贮存得当，硬空心胶囊可贮存几年而不变形。最理想的贮存条件为相对湿度50%，温度21℃。如果包装箱未打开，而环境条件为相对湿度35%～65%、温度15～25℃，胶囊出厂后可保质9个月。假若环境超过上述条件，胶囊则易变形。变软时，帽体难分开；变脆时，易穿孔，破损。在上分装机使用时，都会使机械无法正常工作。为了防止上述情况的发生，空心胶囊的运输和贮存要严格要求，即使包装时已有防潮措施，但在夏天要避免暴晒，贮存时不要将胶囊包装箱（桶）直接放在地板上，要远离辐射源和太阳直晒，更应避免水溅的侵袭。

二、全自动硬胶囊填充机

全自动胶囊填充机，一般是指将预套合的硬胶囊及药粉直接放入机器上的胶囊贮桶及药粉贮桶后，不需要人工加以任何辅助动作，填充机即可自动完成填充药粉，制成胶囊制剂。此外机器上还带有剔除未曾拔开和未填充药粉的胶囊、清洁囊板等功能的辅助设施。现有的各种囊填充机，胶囊处理与填充机构基本是相同的。但是药粉的计量机构有所不同，一种为插管计量，一种为模板计量，分别称为插管式胶囊填充机和模板式胶囊填充机。从主工作盘的运转形式上分有连续回转和间歇回转的两种形式。这里主要介绍间歇回转式胶囊填充机。

（一）全自动胶囊填充机的工艺过程

在填充机上首先要将杂乱堆垛的空心套合胶囊的轴线排列一致，并保证胶囊帽在上，胶囊体在下的体位。即首先要完成空心胶囊的定向排列，并将排列好的胶囊落入囊板。然后将空心胶囊帽、体轴向分离（俗称拔囊），再将空心胶囊帽、体轴线水平错离，以便于填充药粉。

填充机上另一重要的功能是药粉的计量及填充。此外还有剔除未拔开的空胶囊，胶囊帽、体对位并轴线闭合，闭合后的胶囊排出机外及清洁胶囊板等功能。

（二）胶囊填充机各部件结构原理

在填充机工作台面上设置有主工作盘，由此盘拖动胶囊板作周向旋转。围绕主工作盘设置有计量装置、空胶囊排列装置、拔囊、剔除废囊、闭合、出料、清洁等机构。在工作台下边的机壳里装有传动系统，将运动传递给各装置及机构，以完成填充胶囊的工艺。

1. 胶囊填充机各工位功能 胶囊填充机各工位功能如图 10-37 所示，其各工位的作用如下：自胶囊贮桶来的杂乱空心胶囊，经过定向排列装置，使胶囊都排列成胶囊帽在上的状态，落入到主工作盘上的囊板孔中（以 1200 型填充机为例，每块囊板上有 12 个孔，每个孔可放 1 个胶囊）。在拔囊工位，利用囊板上各孔径的微小差异和真空抽力，使胶囊帽留在上囊板，而胶囊体落入下囊板孔中。在帽体错位工位上，上囊板将连同胶囊帽移开，使胶囊体上口置于计量填充装置的下方，以便于填充药物。当遇有未拔开的胶囊时，整个胶囊始终悬吊在上囊板上，为了防止这类空囊与装药的胶囊混合，在剔除废囊工位上，将未拔开的空囊由上囊板中剔除，使其

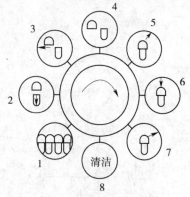

图 10-37 工位示意图
1—排列；2—拔囊；3—帽体错位；
4—计量充填；5—剔除废囊；6—闭合；
7—出料；8—清洁

不与成品混淆。闭合工位是使上下囊板孔轴线对位，利用外加压力将胶囊帽与装药后的胶囊体闭合。出料工位是将闭合后的胶囊从上下囊板孔中顶出，进入下一步包装。清洁工位是为了确保各工位动作的顺利进行，利用吸尘系统将上下囊板孔中的药粉、碎胶囊皮等清除。

2. 主工作盘 根据各工位要求，在不同工位上，有时需要上、下囊板孔轴线对齐（如拔囊、闭合等），有时则需要二者分开（如填充、剔除等）。这是通过主工作盘的结构及动作实现的。上、下囊板在主工作盘上的结构如图 10-38 所示。主工作盘由固定不动的固定轴连同组合凸轮和做间歇回转的回转工作盘组成。主工作盘有两个功能，一是拖动上、下囊板间歇转位；一是根据不同工作要求移动上、下囊板的相对位置。在整机工作中下囊板直接固联在回转工作盘的周缘上，其回转半径始终不变。上囊板固定在做上下轴向滑动的滑块上，滑块的顶部装有能沿水平轴线旋转的滚子，在拉簧的作用下，滚子始终沿着固定在固定轴上的组合凸轮（下端面上为圆柱凸轮曲线）滚动，滚子轴线随着凸轮曲线的高低而上下，从而带动上囊板沿高度上离开或靠近下囊板。与此同时，装有上囊板的滑块套在滑块的两根导柱上，当滑块上下移动时，除受凸轮曲线控制外，其运动由导柱导向，以确保囊板上囊孔轴线总是铅垂的。滑块的顶部装有轴线铅垂的滚子，当工作盘回转时，滚子又受组合凸轮上的平面盘形凸轮曲线槽控制，从而拖动滑块做径向辐射状的外伸或内缩运动。轴承座是一个比较特殊的滚动轴承座，在环形轴承座上呈径向辐射状装有 12 对轴承。固装在滑块上的导杆就是在直线滚动轴承的导引下，控制上囊板在沿组合凸轮曲线运动时，始终保持与下囊板在同一半径方向上。这样当回转工作盘带动上、下囊板间歇转位时，受固定的组合轮控制，上囊板将携带胶囊帽做相对下囊板上的胶囊体做上下拔合动作或轴线错离动作。

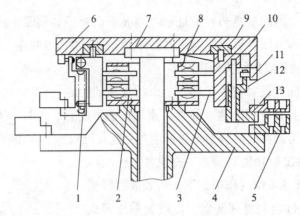

图 10-38　主工作盘结构

1—拉簧；2—滑动轴承；3—导杆；4—回转工作盘；5—下囊板；6—组合凸轮；7—固定轴；8—轴承座；

9—滚子2；10—滑块1；11—滚子2；12—滑块2；13—上囊板

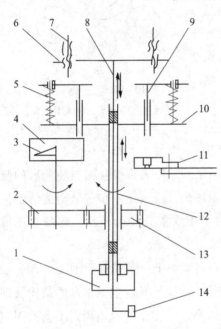

图 10-39　插管计量装置

1—摆辊架；2—齿轮；3—刮板；4—药粉盒；

5—弹簧；6—打板；7—调节顶柱；8—打杆；

9—冲杆；10—插管架；11—囊板；

12—花键轴；13—花键齿轮；14—摆辊

3. 填充计量装置　当前，胶囊填充机填充计量方式基本分为两种，一种为插管式计量，一种为模板式计量。

（1）插管计量装置　插管计量装置原理如图 10-39所示，插管架上装有若干（2~8）对插管与冲杆，对称排列于打杆的两侧。一侧对着药粉盒，一侧对着胶囊板。冲杆套在插管内，二者之间只有极小的配合间隙（0.1mm）。插管内径略小于胶囊体内径。冲杆与插管由花键轴拖动，受一分度盘控制，同步间歇做 180° 回转。在回转的间歇时间内，打杆通过摆辊被带槽的盘形凸轮控制作上下往复动作，它不回转。同时插管架也通过摆辊架受另一盘形凸轮控制作上下往复动作。两个盘形凸轮的曲线应保证冲杆与插管在同步下移一段时间后，冲杆再有一段单独下行时间，然后二者再同步抬起上升。在冲杆及插管间歇回转的同时，通过齿轮及的带动药粉盒也做间歇回转，固定不动的刮板将药粉盒内的药粉耙匀刮平。在冲杆与插管做上下往复动作时，药粉盒保持不动。对着药粉盒上方的一组插管下行时，插入药粉盒，穿过粉层至粉盒底部（一般插管与粉盒底应保证 0.1mm 间隙，使插管下行时，既不会损坏插管，也可以将药粉柱压实）。插管内就衔取到一定体积的药粉柱。然后利用冲杆相对插管的下行动作将药粉柱压实，至此完成一次计量动作。当衔着药粉柱的插管上行后间歇旋转 180°，使之处于胶囊板上方，再利用冲杆的下行动作将药粉柱捅出插管，落入胶囊体中。图 10-39 所示的位置是打杆与插管上行到上限，即将旋转的瞬时。转动调节顶柱即可改变其下端的伸出长度，当打杆下行时，冲杆受压的下行幅度就得到调整，从而满足不同的药柱高度要求及推出药柱的动作幅度。冲杆相对插管的上行动作是靠弹簧来实现的。

在插管计量中，药粉柱的质量决定于它的体积和比容。药粉柱的体积是由药粉盒内粉层高度、插管内径及冲杆的相对行程决定的。药粉柱的比容则由药粉柱的密度及松实程度而定。因此要根据药粉柱的物性调节药粉柱体积的计量精度。插管内径及冲杆的相对行程可通过结构设计及制造精度来保证。使用前精心调整打杆及花键轴的两个凸轮曲线的相对位置，方能达到所要求的插管与冲杆的相对行程。

插管计量的另一关键是采用可调节刮板，耙料器等装置控制粉盒内粉层高度，药粉的松实程度。调节工作要依药粉的性质而定。当药粉较黏、流动性较差、如羽毛状结晶或轻体药粉易结团块、架桥形成空穴等易使计量精度超差时，需将药粉耙松、翻匀、刮实方能保证插管在药粉盒内每次衔取的药粉质量均符合计量要求。如果药粉黏度较低、流动性较好，则只需用刮板将粉层刮平，控制粉层一定高度即可保证计量精度。

在使用插管式填充机时应注意根据药粉性质不同来调节插管与冲杆的相对行程，避免压的不实，插管内衔取的药粉柱在转位时松散掉落。另一方面也应防止黏性药粉压的过实而粘在冲杆端部，造成计量不足。在设计上，为克服这个缺点，冲杆在插管内上下运动时，冲杆上有一销钉将沿管壁上的螺旋槽旋转，使冲杆与插管有一个微小的旋转动作，以避免药粉粘在插管壁或冲杆端部。

插管式填充机对药粉的适用范围较宽，在国内已用于多种药物的生产。

（2）模板计量装置　流动性较好的药粉宜使用模板计量装置。如图 10 - 40 所示，药粉盒是由计量模板和粉盒圈组成，工作时带着药粉做间歇回转运动。图 10 - 40 的左图是粉盒的周向展开图，计量模板上开有若干组（图示为 6 组）贯通的模孔，呈周向均布（图 10 - 40 中以单孔代表孔群）。a ~ f 代表各组冲杆，各组冲杆的数目与各组模孔的数目相同。各组冲杆安装在同一横梁（图中未标出）上，并由凸轮机构带动做上下往复运动。在冲杆上升后的间歇时间内，药粉盒间歇回转一个角度。药粉盒每次的回转角度，就是各组模孔（也是各组冲杆）的分度值。故计量模孔中的药粉就会依次被各组冲杆压实一次。当冲杆自模孔中抬起时，粉盒转动，模板上边的药粉会自动将模孔中剩余的空间填满。如此填充一次、压实一次，直到第 f 次时，模板下方的托板在此处有一半圆缺口，第 f 组冲杆的位置最低，它将模孔中的药粉柱捅出计量模板，并使其落入刚好停在下边的空胶囊体内，即完成一次填充工作。在第 f 组冲杆位置上还悬吊着一个不运动的刮粉器，利用刮粉器与模板之间（有 0.1 mm 间隙）的相对运动，将模板表面上的多余药粉刮除，以保证药粉柱的计量要求。

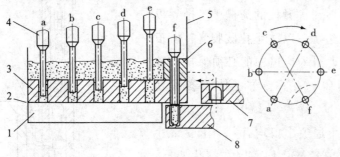

图 10 - 40　模板计量装置

1—托板；2—0.5mm 间隙；3—计量模板；4—冲杆；5—粉盒圈；6—刮粉器；7—上囊板；8—下囊板

图 10 - 40 中各组冲杆悬吊的高度不同，其高度是通过螺旋调节的。当各组冲杆同时下压时，相对模孔内药粉的压实程度不同，通过这个原理可以对药粉柱的质量进行微调。当不同药物需要大的计量调节范围时（此时必然要改变胶囊的型号），则需要更换不同孔径及

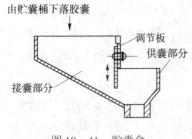

图 10 - 41　贮囊盒

厚度的计量模板，以及更换相应尺寸的冲杆。模板计量中为了避免金属冲杆与模孔壁的接触与摩擦造成药物污染，模孔的孔径精度及相对位置精度和冲杆的安装位置精度均需很高。同时还需要高精度的导向装置，以保证冲杆对模孔的轴线对中，防止冲杆对模孔的磕边及磨损。模板上的所有单孔精度均直接影响计量模板的寿命和药物装量精度。综上所述，模板计量装置的制造、调试精度高，加工比较困难。但是由于此种装置配有不同厚度的多块计量模板，因此剂量调节范围较广。又由于填充次数多，并且每一组冲杆均可独立迅速调节，容易保证剂量的精度。但从实际生产看，这种计量装置对一些黏度大，相对密度小的药物较难控制计量精度，还会发生计量模板与托板相黏合的情况。

4. 空胶囊排列，定向装置

（1）空胶囊排列装置　为保证胶囊不变形，机用胶囊在储运中均是套合在一起的。杂乱的套合胶囊在填充药粉前必须使胶囊帽在上，胶囊体在下，所以胶囊填充机通常都有使胶囊排列整齐的排列定向装置。胶囊贮桶多置于较高位置上，桶底连接一过渡的贮囊盒。利用胶囊光滑的外形，空胶囊自贮桶底部自由滑入贮囊盒中，贮囊盒由不锈钢制成，结构如图10-42所示。一块调节隔板将贮囊盒分成接囊和供囊两部分。接囊部分接受自贮桶内滑落的胶囊，供囊部分并联有几个下囊通道，其数目的多少应与囊板上的孔数对应。调节隔板的作用是根据胶囊型号的不同，控制和保持各下囊通道端部有一定量的胶囊。胶囊太多，易被顶碎、卡住；胶囊太少，不能确保每个通道中都落满胶囊。通道可以是弹簧钢丝螺旋绕制管、乳胶管等柔性的，也可以是用有机玻璃、铝合金等刚性的板材上加工有一组通孔。借助机器的抖动（前者）或排囊板做上下往复运动（后者），使表面光滑、易于滑动的空心胶囊自行进入通道。图 10-42 所示为刚性通道，又称为排囊板的纵向剖视示意图，在垂直板面方向上，可以有若干平行的滑槽。预套合的空胶囊通过上下往复运动的排囊板往定向囊座输送。排囊板上端始终埋在贮囊盒供囊部分的胶囊堆之中，胶囊由于受排囊板上下抖动自动落入到排囊板的滑槽中。排囊板上端应避免尖锐边缘，以防止扎破胶囊，由于空心胶囊是靠重力引入通道中的必须保持滑道清洁光滑，无阻碍物存在，方能使胶囊顺利下落。

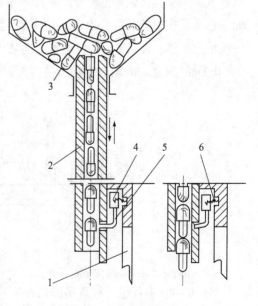

　　排囊板的每个通道出口均有一个卡囊簧片能将胶囊卡住，卡囊簧片均紧固在簧片架上，当排囊板在下行送囊时，紧固在机体上的一个撞块将簧片架旋转一定角度，从而使卡囊簧片脱离开胶囊，胶囊靠自重从出口送出；当排囊板上行时，撞块与簧片架脱开，压簧又将簧片架压回原来位置，卡囊簧片又将下一个胶囊卡

图 10 - 42　排列装置

1—压囊爪；2—排囊板；3—贮囊盒；4—簧片架；
5—卡囊簧片；6—压簧

住，因此排囊板一次行程只能完成一个胶囊的下落动作。

（2）空胶囊定向装置　自由滑落的胶囊在排囊板通道中有的帽在上，有的帽在下，当卡囊簧片被打开，胶囊靠重力下落到定向囊座滑槽中。为使其定向排列，水平往复动作的推爪使胶囊在定向囊座的滑槽内水平运动，如图 10 - 43 所示，由于胶囊帽直径大于胶囊体直径，定向囊座的滑槽宽度（垂直纸面方向上）略大于胶囊体直径而小于胶囊帽的直径，这样就使滑槽对胶囊帽有个夹紧力，而与胶囊体并不接触。由于在结构设计上，保证推爪始终作用在直径较小的胶囊体中部，因此，当推爪推动胶囊运动时，推爪与滑槽对胶囊帽的夹紧点之间形成一个力矩，这样随着推爪的运动，就发生了胶囊的调头运动，永远使胶囊体朝前地被水平推到定向囊座的右边缘，铅垂运动的压爪将胶囊再翻转 90°，垂直地推入到囊板孔中。

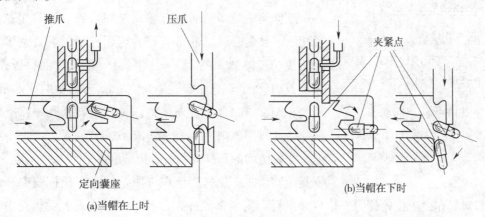

图 10 - 43　空胶囊定向装置

5. 拔囊机构　拔囊机构的作用是将套合着的胶囊帽体分离，如不能完全、有效地在此机构上使胶囊帽体分离，则直接影响填充药粉的工作。现有的机型多是利用真空吸力将套合的胶囊拔开，此机构中除真空系统（包括真空泵、真空管路、真空电磁阀等），还有一个气体分配板，可以保证囊板上欲同时拔开的几个胶囊受到相同的真空吸力。如图 10 - 44 所示，当主工作盘的上囊板接住定向囊座送来的胶囊后，气体分配板与下囊板的下表面贴严，此时由真空电磁阀控制，

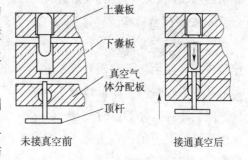

图 10 - 44　拔囊机构

真空接通。和真空气体分配板同步上升的有一组顶杆伸入到下囊板的孔中，使顶杆与气孔之间形成一个环隙，以减少真空空间。上下囊板孔径不同，且各为台阶孔，上囊板的台阶小孔尺寸小于囊帽直径，当真空吸囊时，此台阶可以挡住囊帽下行，囊体直径较小，就被吸落到下囊板孔中。下囊板的台阶小孔是保证囊体下落时到一定位置即自行停位，不会被顶杆顶破。至此完成了胶囊帽、体分离的过程。

6. 填充与送粉机构　在胶囊帽、体分离后，回转工作盘转位时，上囊板孔的轴线靠组合凸轮拖动，与下囊板轴线错开，以便于药粉柱的填充。经计量装置制成的药粉柱被推出计量模板或插管时，药粉柱靠自重落入其下方的胶囊体中。从而完成向胶囊中填充药粉的动作。

为保证计量准确及药粉盒内粉层的一定高度，要不断地向药粉盒内补充所消耗的药粉。通常在填充机上亦设置有送粉机构。送粉机构由贮桶及输送器组成。药粉贮桶多置于机器的高位上，桶内设有低速回转的搅拌桨，以防桶内药粉搭桥而不能顺利供粉。贮桶底部开孔处设有一个螺旋输送器（俗称绞龙）。当药粉盒内粉层降低到一定高度后，电气系统将自动打开螺旋输送器电机，把药粉输送到粉盒内。待药粉盒内粉层达到需要高度后，电机自动关闭，停止送粉。这里还需要有一套精小的减速装置提供搅拌桨及输送器的动力。

有的机型则是采用电磁振荡机构，当药粉层低于规定的高度，电磁振荡自行开启，将药粉补充到药粉盒内，待达到需要的粉层高度后，振荡自行停止。

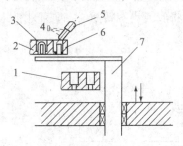

图 10-45　剔除机构

1—下囊板；2—上囊板；3—胶囊帽；
4—吹风；5—未拔开胶囊；6—顶杆；
7—顶杆架

7. 剔除机构　空胶囊在储运中帽、体是预套合的，并没有锁紧锁口。但由于在制造中个别胶囊帽、体直径差过小，在储运中颠簸可能自行锁紧锁口，或有的是帽、体直径相近，预套合时已非常紧密，这两种情况靠真空吸力是无法使帽、体分开的，于是胶囊会一直拖在上囊板孔中，并不曾填充药粉，为防止这些空胶囊与装粉的成品混淆，需要在帽、体闭合前，先从错开轴线的囊板孔中将空胶囊剔除，此机构如图 10-45 所示。在剔除工位上，一个可以上下往复运动的顶杆架装置于上囊板和下囊板之间，当上、下囊板转动时，顶杆架停在下限位置上，顶杆脱离开囊板孔。当囊板在此工位停位时，顶杆架上行，安装在顶杆架上的顶杆插入到上囊板孔中，如果囊板孔中存有已拔开的胶囊帽时，上行的顶杆与囊帽不发生干涉（如图 10-45 中左侧）；当囊板孔中存有未拔开的空胶囊时（如图 10-45 中右侧），就被上行的顶杆顶出上囊板，并借助压缩风力，将其吹入集囊袋中。

8. 胶囊闭合机构　经过剔除工位以后，在回转工作盘转位过程中，上囊板孔轴线在组合凸轮控制下，沿回转工作盘半径外伸至与下囊板孔轴线重合，最终使置于上、下囊板孔中的胶囊帽、体轴线对中。当轴线对中的上、下囊板一同旋转到闭合工位时（图 10-46），处在囊板上方的弹性压板与下方的顶杆开始相向运动。弹性压板向下行，将胶囊帽压住，顶杆开始上行，自下囊板孔中插入顶住胶囊体底部，随着顶杆的上升，胶囊帽、体被闭合，锁紧。调整弹性压板及顶杆相向运动的幅度，可以适应不同型号胶囊闭合的需要。

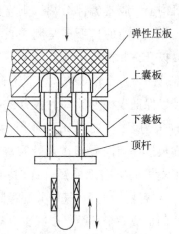

弹性压板

上囊板

下囊板

顶杆

图 10-46　闭合机构

9. 出料机构　胶囊剂成品是利用出料顶杆自下囊板下端孔内由下而上将胶囊顶出囊板孔的，如图 10-47 所示。当囊板孔轴线对中的上、下囊板携带闭合好的胶囊回转时，出料顶杆在下囊板下方。当主工作盘停位时，出料顶杆靠凸轮控制上升，将胶囊顶出囊板孔。为使其排出顺畅，一般还在侧向辅助以压缩空气，利用风压将顶出囊板的胶囊吹到出料滑道中去，以备下道工序包装。

10. 清洁机构　上、下囊板在经过拔囊、填充药粉、出料等工位后，难免有药粉散落及胶囊破碎等情况发生，以至污染了囊板孔，这样就会影响下一周期的工作。为此在填充机上设置了清洁机构，如图 10 - 48 所示。清洁室上开有风道，可以接通压缩空气及吸尘系统。当囊孔轴线对中的上、下囊板在主工作盘拖动下，停在清洁工位时，正好置于清洁室缺口处，这时压缩空气开通，将囊板孔中粉末、碎囊皮等由下囊板下方向上吹出囊孔。置于囊板孔上方的吸尘系统将其吸入吸尘器中，使囊板孔保证清洁，以利于下一周期排囊、填充药粉的工作。

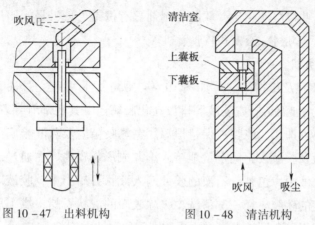

图 10 - 47　出料机构　　　　　图 10 - 48　清洁机构

（三）常见故障及处理

为预防损坏机件，填充机故障处理一般应在停机状态下进行。即用手动盘车的方式，按填充机的操作程序运转，确定故障的位置和性质再进行处理。

在生产中，有的故障是与包装材料（胶囊）有关，而与机器无关。如机器运转中胶囊在排囊板通道中下落不畅或卡在通道中不下落，此类情况发生大多是由于个别胶囊尺寸不合标准，外径过大而引起的；又由于胶囊在排囊板通道中下落是靠自重而达到的。因此当通道不洁或有异物（碎囊皮等）时，也易使胶囊卡在排囊板通道中不下落，此时只需清除通道中异物即可。

有些故障是由于机器的某些机构调整不当引起的。如运行中有大量胶囊不能在拔囊工位上有效地将帽、体分离，在排除了胶囊本身质量问题后，就要考虑真空系统出现故障，使真空度达不到要求所致。这多是真空气体分配板表面不洁、不能严密地与下囊板底面贴合，只需清理污物，调节真空气体分配板上升距离，使之与下囊板贴严就能解决。

在机器运行中有时发生胶囊不能准确落入囊板孔中，多是由于卡囊簧片开合时间不当，排囊板不能适时排放胶囊，或推爪和压爪相对位置不正确，不能准确地将胶囊翻转压入至囊板孔中，这时，只要调整好推爪的相对位置即可排除此故障。

（四）胶囊填充机的 GMP 验证要点

应考查的操作参数有填充机转速、填充量调节装置、模具的配套性、推杆运动的中心性、填充环境的温湿度、配套的真空度等。验证应对下列项目进行评估：外观、囊重差异、溶出度（释放速率）、含量。

三、半自动胶囊填充机

全自动胶囊填充机产量较大，由于价格较高，使用维修复杂，对操作人员技术水平要求较高，适用于批量较大的药品生产。对于药品生产品种多、批量小的生产则多采用半自动胶囊填充机。在半自动胶囊填充机中，由于加入的人工辅助动作不同，其结构形式也不尽相同，半自动胶囊填充机多是利用机械动作自动完成排囊、拔囊、填充药物、闭合等功能，并且各功能分做成单机，而错离、剔除废囊、顶出、清洁囊板以及各单机之间连续过程则由人工完成。各单机动作简单，故其结构简单、造价低廉、维修方便。

四、软胶囊剂制备设备

较胶囊制剂与一些口服液相比，软胶囊制剂具有携带方便，易于服用等特点。制备软胶囊剂常用的设备有滴丸机、滚模式软胶囊机等。

（一）软胶囊滴丸机

1. 滴丸机工艺流程及结构简介 如图 10 - 49 所示，将明胶、甘油、水和其他添加剂（防腐剂、着色剂等）加温熔制成胶液。盛放在化胶箱内，其底部有导管与热胶箱相连接。热胶箱是利用电加热器加热，使胶液保持恒温。在热胶箱内及药液箱底部均设置定量柱塞泵，用柱塞泵将药液及胶液按比例定量地挤入滴丸成形装置内。在通过成形装置出口的瞬间，药液被包容在胶液中。包裹着药液的胶丸滴入液状石蜡当中，胶液冷却固化形成一粒粒的软胶囊。滴制出的软胶囊经乙醇清洗，去除表面的液状石蜡，烘干后即成为合格的软胶囊制剂，人们常服用的鱼肝油丸，维生素胶丸等均属此类制剂。

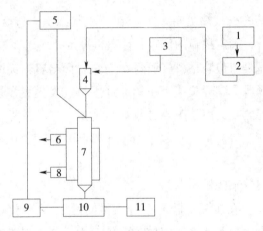

图 10 - 49　滴丸机工艺流程

1—化胶箱；2—热胶箱；3—药液箱；4—滴丸成形装置；5—石蜡高位槽；6—冷却液进口；
7—冷凝器；8—冷却液出口；9—泵；10—滴丸过滤箱；11—成品箱

滴丸机上有个两层的框式机架，机架上层设隔板，板上用来安装动力减速系统，隔板的下方吊装有液状石蜡的循环系统；机架下层设有台面板，台面板上安装有热胶箱、药液箱。泵的动力来自蜗轮减速器的输出轴，经热胶箱及药液箱上的传动轴，再通过凸轮传给胶液及药液定量柱塞泵。滴丸成形装置设于台面板上，一台滴丸机可设置有一个或两个滴丸成形机构。

2. 滴丸成形机构 滴丸成形机构如图 10 - 50 所示，它由主体、滴头、滴嘴等零件组成。滴丸机工作时由柱塞泵间歇地、定时地将热熔胶液经胶液进口注入到主体中心孔中。热熔胶液通过主体的通孔，流入到滴头顶部的凹槽里，再通过与凹槽相通的两个较大通孔继续下流，流经滴头底部周圈均布的六个小孔（图中只画出两个孔）。其后胶液沿滴头与滴嘴所形成的环隙滴出，此时胶液是个空心的环状滴。由于胶液的表面张力使其自然收缩闭合成球面。在胶液滴出的同时，药液通过连接管注入到滴头内孔之中，自滴头滴出的药液就被包裹在胶液里面，一起滴入到冷凝器的液状石蜡之中。由于热胶液遇冷凝而形成球形滴丸。为保证液状石蜡不因滴丸滴入而升温，在石蜡筒外周能引入冷却水加以冷却。

3. 滴丸计量泵　对于合格的软胶囊丸，每次滴出的胶液和药液的质量各自应当恒定，并且两者之间比例应适当。准确的计量装置采用的是柱塞式计量泵，如图 10 – 51，浸在药液箱中的柱塞式计量泵的泵体上装有三个可以调节行程的柱塞。柱塞的外径与泵体的通道配合严密，以保证密封。两端柱塞具有启闭泵体通道的作用，当柱塞下端的环槽与泵体上的横孔对齐时，药液可以通过，反之孔道关闭。中间的柱塞为主柱塞，在工作中起吸、推药液的作用。三个柱塞分别由三个凸板控制其做往复升降动作，三个凸轮由同一根轴传动。当中间柱塞受凸轮控制开始下降时，左侧柱塞先下行，将入口通道封闭，防止被吸到泵体中的药液倒流出去；此时

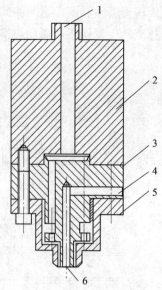

图 10 – 50　滴丸成形机构
1—胶液进口；2—主体；3—滴头；
4—药液进口；5—滴嘴；6—药液出口

右侧柱塞上升，其环槽与泵体通孔相对，通道打开，药液被推挤出泵体。其后，右侧柱塞下降，封住出口，中间柱塞提升，药液吸入横孔，如此往复动作，通过计量柱塞每次均挤出定量的药液。同理浸在热胶箱底部的柱塞泵，亦将胶液按一定比例定量挤出泵体。

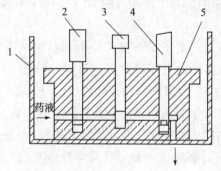

图 10 – 51　滴丸计量泵
1—药液箱；2—柱塞；3—柱塞；
4—柱塞；5—泵体

滴丸生产中遇到外形不规则，如不圆或形如蝌蚪，多是由于明胶熔制不合格（浓度、黏度不合格）或是液状石蜡的温度过高，胶丸不能及时冷却固化所致；滴头与喷嘴间的间隙也将直接影响胶丸的成形质量。此外，有时胶液与药液的滴出时间不匹配，则需调整控制柱塞行程的凸轮在传动轴上的安装方位，使胶液与药液的滴出时间相匹配。

（二）滚模式软胶囊机

1. 总体结构　滚模式软胶囊机由主机、软胶囊输送机、定型干燥机、电气控制柜、明胶贮桶和药液贮桶等多个单体设备组成，各部分的相对位置如图 10 – 52 所示，药液桶、明胶桶吊置于高处，以一定流速向主机上的明胶盒和供药斗内流入明胶和药液，其余各部分则直接安置在工作场地的地面上。

图 10 – 53 所示为软胶囊机主机的外形图，机身用来支承整个主机，内装的电动机是主机的动力源，机身内还装有主机的动力分配及传动机构，机身的前部装有喷体及一对滚模、一对导向筒和剥丸器等。供药泵置于机身上方，其顶部有供药斗，供药泵的动力由机身中传出，供药泵是由两组共 10 个连动的柱塞组成的柱塞泵用来向喷体内定量喷送药液。机身两侧各配置有一个胶带鼓轮、一个明胶盒和一套油辊系统，配制好的胶液由吊挂的明胶桶靠自重沿明胶导管流入明胶盒，通过明胶盒下部开口将明胶涂布于胶带鼓轮表面上。由于主机后方有冷风吹进，使胶带鼓轮冷却，因此涂布于鼓轮上的胶液在胶带鼓轮表面上形成胶带，调节明胶盒下部开口的大小就可以调节胶带的厚度，胶带经油辊系统及导向筒后被

送入楔形喷体和滚模之间的间隙内。喷体上装有加热元件,使得胶带与喷体接触时被重新加热变软,以便于胶囊的喷挤成形及使两侧胶带能可靠地粘接一体,制成合格的胶囊。

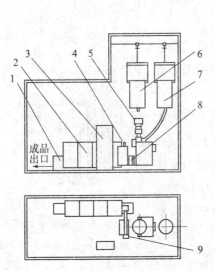

图 10-52　滚模式软胶囊机总体布置

1—风机;2—干燥机;3—电控柜;4—链带输送机;
5—主机;6 药液桶;7—明胶桶;
8—剩胶桶;9—废囊桶

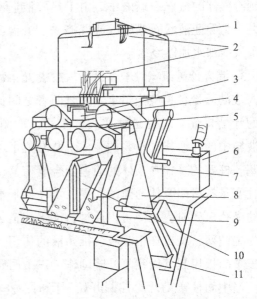

图 10-53　软胶囊机主机

1—供药泵;2—输药管;3—导向筒;4—喷体;5—滚模;
6—明胶盒;7—机身;8—胶带;9—油辊系统;
10—剥丸器;11—胶带鼓轮

配制好的药液从吊挂的药桶流入主机顶部的供药斗内,并由供药泵的 10 根供药管从喷体上的喷药孔定量喷出。

机头前面的剥丸器是用来将成形后的胶囊从胶带上剥落下来,机身的下部有拉网轴,用来将脱落完胶囊的网状废胶带垂直下拉,以便使胶带始终处于绷紧状态。

在机身及供药泵内各装有一个润滑泵,供油润滑主机上相对运动的部位。

链带式输送机是用来将生产出来的软胶囊输送到定形干燥机内。定形干燥机是由数节可正、反转的转笼组成,转笼用不锈钢材料制成,转笼内壁上焊有螺旋片。当转笼正转时,转笼内的胶囊边滚动边被风机送来的清洁风所干燥,反转时则将初步干燥好的胶囊排出转笼。

2. 主要机构的结构原理

(1) 胶带成形装置　由明胶、甘油、水及其他添加剂(如防腐剂、着色剂等)加温熔制成的胶液置于吊挂着的明胶桶内,温度控制在 60° 左右。通过保温导管,胶液靠自重流入到机身两侧的明胶盒内。明胶盒是长方体的,其纵剖面如图 10-54 所示。明胶盒内设置有电加热元件以使盒内明胶保持 36℃ 左右恒温,既可防止胶液冷却凝固,又能保持胶的流动性,以利于胶带的生产。明胶盒的底部及后面各有一块可以调节的活动板,调节这两块滑动板,可以使明胶盒底部形成一个开口。流量调节板前后移动可加大或减小开口,使胶液流量增大或减少,厚度调节板上下移动,则可调节胶带成形的厚度。明胶盒的开口位于旋转的胶带鼓轮的上方,随着胶带鼓轮的平稳转动,胶液通过明胶盒下方的开口,靠自重涂布

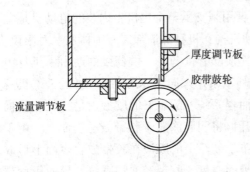

厚度调节板
胶带鼓轮
流量调节板

图 10-54　明胶盒示意图

于胶带鼓轮的外表面上。鼓轮的宽度与滚模长度相同。胶带鼓轮外表面光滑，表面粗糙度 Ra 值不大于 $0.8\mu m$。胶带鼓轮的转动要求平稳，以保证胶带生成的均匀。由于主机后部有冷风吹入（冷风温度为 $8 \sim 12℃$ 较好），使得涂布于胶带鼓轮上的胶液在鼓轮表面上冷却并形成胶带。为了能使胶带在机器中连续、顺畅地运行，在胶带成形过程中还设置了油辊系统，油辊系统是由上、下两个平行钢辊输引胶带行走，在两钢辊之间有个"海绵"辊，通过辊子中心供油，利用"海绵"的毛细作用吸饱食用油并涂敷于经过其表面的胶带上，使得胶带表面更加光滑。

（2）软胶囊成形装置 经胶带成形装置制成的连续胶带，经油辊系统和导向筒，被送入软胶囊机上的楔形喷体与两个滚模所形成的夹缝之间。如图 10-55 所示，胶带与喷体的曲面能良好贴合，并形成密封状态，使空气不会进入成形的软胶囊之中。在运行中，喷体静止不动，一对滚模则按箭头方向同步转动。滚模的结构如图 10-56 所示，在其圆周表面均匀分布有许多凹槽（相当于半个胶囊的形状），在滚模轴向上凹槽的排数与喷体的喷药孔数相等，而滚模周向上凹槽的个数又与供药泵的冲程次数及自身转数相匹配。当滚模转到凹槽与楔形喷体上的一排喷药孔对准时，供药泵即将药液通过喷体上的一排小孔喷出，这两个动作必须由传动机构保证协调。喷体上的加热元件使得与喷体接触的胶带变软，靠喷射压力使两条变软的胶带与滚模对应的部位产生变形，并挤胀到滚模凹槽底部，由于每个凹槽底都有小通气孔，利于胶带充满凹槽，不会因有空气，使软胶囊不饱满，当每个滚模凹槽内形成了注满药液的半个软胶囊时，凹槽周边的回形凸台（高度 $0.1 \sim 0.3mm$）随着两个滚模的相向运转，两凸台对合，形成胶囊周边上的压紧力，使胶带被挤压黏结，形成一粒粒软胶囊，并从胶带上脱落下来。

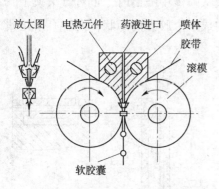

图 10-55 软胶囊成形装置

图 10-56 滚模

胶囊成形机构上的两个滚模主轴的平行度，是保证正常生产软胶囊的关键。若两轴不平行，则两个滚模上的凹槽及凸台就不能良好的对应，胶囊就不能可靠地被挤压粘合，并顺利地从胶带上脱落下来。通常滚模主轴的平行度要求在全长上不大于 $0.05mm$。在组装后利用标准滚模在主轴上进行漏光检查，以确保滚模能均匀接触。

滚模是软胶囊机的主要零件，它的设计及加工直接影响着软胶囊的质量，尤其是影响软胶囊的接缝黏合度。由于接缝处的胶带厚度小于其他部位，因此有时会造成经过贮存及运输等过程产生接缝开裂漏药现象，这是由于接缝处胶带太薄，黏合不牢所致。当一对滚模凹槽周边的凸台啮合时，大部分胶带被挤压到凸台的外部空间，就使接缝处变薄。当凸台高度适当时，如凸台高度值为 $t^{+0.3}_{+0.1}$（t 为胶带厚度，mm）凸台外部空间基本被胶带所充

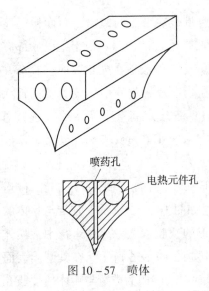

满，当两滚模的对应凸台互相对合挤压胶带时，胶带向凸台外部空间扩展的余地很小，而大部分被挤压向凸台内的空间。接缝处将得到胶带的补充，此处胶带厚度可达到其他部位的85%以上较好。如果凸台过低，则会产生切不断胶带，软胶囊黏合不上等后果。

软胶囊成形装置的另一关键零件是楔形喷体，如图10-57所示，喷体曲面的形状将直接影响软胶囊质量。在软胶囊成形过程中，胶带局部被逐渐拉伸变薄，喷体曲面必须与滚模外径相吻合，否则胶带将不易与喷体曲面良好贴合，那样药液从喷体的喷药小孔喷出后就会沿喷体与胶带的缝隙外渗，既影响软胶囊的质量，又会降低软胶囊接缝处的黏合强度。

图10-57 喷体

为保证喷体表面温度一致，在喷体内装有管状加热元件，并应使其与喷体均匀接触，方能使胶带受热变软的程度处处均匀一致，在其接受喷挤药液后，药液的压力使胶带完全地挤胀到滚模的凹槽中。滚模上凹槽的形状、大小不同，即可生产出形状、大小各异的软较囊。因为软胶囊成型于滚模上的凹槽中，所以此类软胶囊机又称为滚模式软胶囊机。

（3）药液计量装置　药液装量差异大小是制成合格的软胶囊的又一项重要技术指标，要想得到较小的装量差异，第一要保证供药系统密封可靠，无漏药现象；其次还需要保证向胶囊中喷送的药液量可调。在软胶囊机上使用的药液计量装置是柱塞泵，其利用凸轮带动的10个柱塞，在一个往复运动中向楔形喷体中供药2次，调节柱塞的行程，即可调节供药量的大小；由于柱塞可以提供较大的压力，当药液从喷体中喷出时，正对着滚模上具有凹槽的地方，使已被加热软化的胶带迅速变形，而构成半个胶囊的形状，内容有一定量的药液。经两滚模凸台的压合而制得合格的软胶囊。

（4）剥丸器　软胶囊经滚模压制成形后，一般都能被切压脱离胶带，但是也有个别胶囊未能完全脱离胶带，此时需加一外力将其从胶带上剥离下来，因此在软胶囊机中设置了剥丸器，如图10-58所示，在基板上面焊有固定板，固定板上方安装有可以滚动的六角形滚轴，滚轴的长度大于胶带的宽度，利用可以移动的调节板控制调节板与滚轴之间的缝隙，在生产中一般将两者之间缝隙调至大于胶带厚度，小于胶囊的外径，当胶带缝隙间通过时，靠固定板上方的滚轴将未能脱

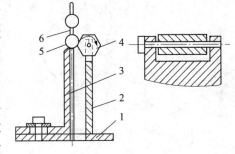

图10-58 剥丸器
1—基板；2—固定板；3—调节板；
4—滚轴；5—胶囊；6—胶带

离胶带的软胶囊剥落下来。被剥落下来的胶囊即沿筛网轨道滑落到输送机上。

（5）拉网轴　在软胶囊产中，软胶囊不断地被从胶带上剥离下来，同时也不停地产生出网状的废胶带需要回收和重新熔制，为此在软囊机的剥丸器下方设置了拉网轴，用来将网状废胶带拉下，收集到剩胶桶内。拉网轴结构如图10-59所示，在一基板上焊有支架，其上装有滚轴，在基板上还装有可以移动的支架，其上装有滚轴，两个滚轴与传动系统相连接，并能够相向地转动，两滚轴的长度均长于胶带的宽度。在生产中，首先将剥落了胶

囊的网状胶带夹入两滚轴中间，调节两滚轴的间隙，使间隙小于胶带的厚度，这样当两滚轴转动时就将网状废胶带垂直向下拉紧，并送入下面的剩胶桶内回收。

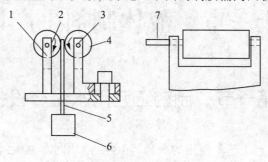

图 10 - 59　拉网轴

1—支架；2—滚轴；3—可调支架；4—滚轴；

5—网状胶带；6—废胶桶；7—连传动系统

3. 软胶囊机常见故障

（1）胶带质量　明胶盒中有异物、杂质及未熔硬胶时，易造成胶带厚度及表面不匀现象；胶带鼓轮表面有油，易造成胶带表面有凸起点子或波浪条纹；若明胶盒厚度调节板刀口有弯曲现象，易造成胶带出现间断的沟波或皱纹；冷风供量不足，易造成胶带粘鼓现象。

（2）软胶囊成形不良　喷体两侧胶带厚度不等或太薄，易造成胶囊成形不规则；喷体温度过高也易造成胶囊成形不规则。

滚模破损会造成胶囊接缝粗糙不平；两滚模凹槽错位将使接缝重叠。

（3）装量不准　供药泵内柱塞密封不良、药液管堵塞、药液喷孔大小与凹槽不配套等会造成胶囊装量不准。

扫码"练一练"

第十一章　液体制剂生产设备

第一节　制药工艺用水生产设备

工艺用水是药品生产工艺中使用的水，其中包括饮用水、纯化水和注射用水。

纯化水：为原水经采用离子交换法、反渗透法、蒸馏法或其他适宜的方法制得供药用的水，不含任何附加剂。

注射用水为纯化水经蒸馏所得的水，是不含热原的纯水，必须符合药典的要求。注射用水必须在防止内毒素产生的设计条件下生产、贮藏和分类。

在注射用水中，常以去离子水、电渗析水再经蒸馏才能使用。当水源水质较好时，反渗透法制得的水可以直接作为注射用水。

一、蒸馏法

它是目前国际上通用的注射用水制备方法。获得的蒸馏水质量与水源、原水的处理、蒸馏器的材质结构以及水的贮存有密切的关系。蒸馏法常是采用去离子水及电渗析水作原水，如果用蒸馏水作原水，则可以生产出重蒸馏水。蒸馏器有塔式蒸馏器、气压式蒸馏水机及多效蒸馏水机等。利用多效（分三级、四级、五级）蒸馏设备不仅节省蒸汽耗量，而且产量大，并能直接获得无热原注射用水。

（一）塔式蒸馏器

塔式蒸馏器是一类老式蒸馏水机，如图 11 – 1 所示。其原理是先将蒸发器内放入蒸馏水，蒸汽经除沫后进入蛇管，放出热量，大部分冷凝为回气水进入废气排出器中，废气从废气排出器上方排出，回气水流回蒸发器内，过量的则由溢流管排出。蒸发器内原水蒸发，二次蒸汽上升遇到捕沫器将雾滴捕集，蒸汽绕过挡水罩使液滴再一次被阻留分离后进入塔顶 U 形冷凝器，冷凝水落于挡水罩上并汇集到挡水罩周围的凹槽，流入第二冷凝器，继续冷却成重蒸馏水。不凝性气体从塔顶排出。

这种单效蒸馏水机结构简单，但效率低，出水量为 50～400L/h，只用于小规模生产中，并且产品质量不稳定。

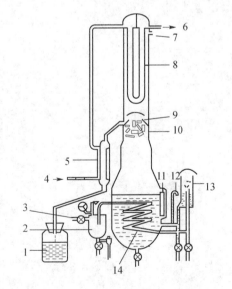

图 11 – 1　塔式蒸馏器示意图

1—蒸馏水；2—蒸汽选择器；3—蒸气进口；
4—冷却水进口；5—第二冷凝器；6—冷却水出口；
7—排气孔；8—第一冷凝器；9—收集器；
10—隔沫装置；11—水位管；12—溢流管；
13—废气排出器；14—加热蛇管

（二）气压式蒸馏水机

气压式蒸馏水机是将已达饮用水标准的原水

进行处理，其原理如图 11−2 所示。原水自进水管引入预加热器后由泵打入蒸发冷凝器的管内，受热蒸发。蒸汽自蒸发室上升，经捕雾器后引入压缩机。蒸汽被压缩成过热蒸汽，在蒸发冷凝器的管间，通过管壁与进水换热，使进水受热蒸发，自身放出潜热冷凝，再经泵打入换热器使新进水预热，并将产品自出口引出。蒸发冷凝器下部设有蒸汽加热管及辅助电加热器。叶片式转子压缩机是该机的关键部件，过热蒸汽的加热保证了蒸馏水中无菌、无热原的质量要求。这种蒸馏水机的优点还在于运转费用低，仅是多效蒸馏水机的 15%。

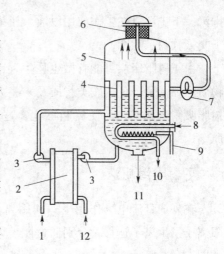

图 11−2 气压式蒸馏水机原理示意图

1—进水管；2—换热器（预加热器）；3—泵；4—蒸发冷凝器；5—蒸发室；6—捕雾器；7—压缩机；8—加热蒸汽进口；9—电加热器；10—冷凝水出口；11—浓缩水出口；12—蒸馏水出口

（三）多效蒸馏水机

多效蒸馏水机直接利用加热蒸汽的蒸发器称为第一效蒸馏。以后，将前一效蒸发出的二次蒸汽作为后一效的加热蒸汽，前一效的浓缩水作为后一效原水再次被加热蒸发，依次类推。由于前一效的操作压力和温度均高于后一效，多效之间串联时，效间的流体流动不需要用泵输送。

其末效可以是在真空下操作。各效的二次蒸汽都用于后一效的加热，所以生蒸汽的利用率提高。如不计损失时，理论上可以认为蒸汽耗量与蒸发气量之比是效数的倒数。实际上当然会存在温差损失及设备热损失，经验上认为三效蒸馏时，其单位蒸汽耗量是单级蒸馏的 0.4 倍，四效时可达 0.3 倍。四效蒸馏水机的原理示意见图 11−3。

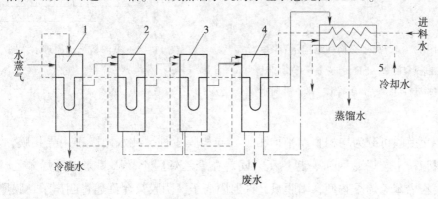

图 11−3 列管式四效蒸馏水机

1，2，3，4—蒸发器；5—冷凝器

二、去离子法

去离子法是利用离子交换树脂将水中溶解的盐类、矿物质及溶解性气体等去除。由于水中杂质种类繁多，故在做离子交换除杂时，既备有阴离子树脂也备有阳离子树脂，或是在装有混合树脂的离子交换器中进行。由于颗粒状的离子交换树脂多是装在有机玻璃管内使用，所以通常俗称为离子交换柱。产水量 5m³/h 以下常用有机玻璃制造，其柱高与柱径之比为 5~10。产水量较大时，材质多为钢衬胶或复合玻璃钢的有机玻璃，其高径比为 2~5。树脂层高度约占圆筒高度的 60%。上排污口工作期间用以排空气，在再生和反洗时用以排污。下排污口在工作前用以通入压缩空气使树脂松动，正洗时用以排污。图 11 - 4 是离子交换柱的示意图。

由于树脂床层可能有微生物生存，以致使水含有热原。特别是树脂本身可能释放有机物质，如低分子量的胺类物质及一些大分子有机物（腐殖土、鞣酸、木质素等）均可能被树脂吸附和截留，而使树脂毒化，这是去离子法进行水处理时可能引起水质下降的重要原因。

三、电渗析法

在外加直流电场作用下，利用离子交换膜对溶液中离子的选择透过性，使溶液中阴、阳离子发生离子迁移，分别通过阴、阳离子交换膜而达到除盐或浓缩的目的。其结构原理如图 11 - 5 所示。

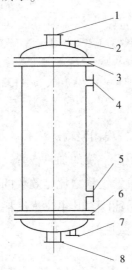

图 11 - 4　离子交换柱结构示意图

1—进水口；2—上排污口；3—上布水器；

4—树脂进料口；5—树脂放出口；6—下布水器；

7—下排污口；8—出水口

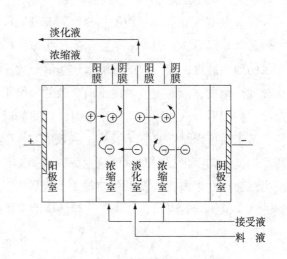

图 11 - 5　电渗析结构原理示意图

离子交换膜可分为均相膜、半均相膜、导相膜 3 种。纯水用膜都用导相膜，它是将离子交换树脂粉末与尼龙网在一起热压，固定在聚乙烯膜上。阳膜是聚乙烯苯乙烯磺酸型，阴膜是聚乙烯苯乙烯季胺型，阳膜只允许通阳离子，阴膜只允许通过阴离子。膜厚 0.5mm。由于电渗析器是由多层隔室组成，淡化室中阴、阳离子迁移到相邻的淡室，达到除盐淡化目的。

由于阳极的极室中有初生态氯产生，对阴膜有毒害作用，故贴近电极的第一张膜宜用阳膜，因为阳膜价格较低且耐用。因在阴极的极室及阴膜的浓室侧易有沉淀，故电渗析每运行 4 ~ 8h 需倒换电极，此时原浓室变为淡室，逐渐升到工作电压，以防离子迅速转移使膜生垢。电渗析器的组装方式是用"级"和"段"表示，一对电极为一级，水流方向相同的若干隔室为一段。增加段数可增加流程长度，所得水质较高。极数和段数的组合由产水量及水质确定。

四、反渗透法

反渗透是用一定的大于渗透压的压力，使盐水经过反渗透器，其中纯水透过反渗透膜，同时盐水得到浓缩，因为它和自然渗透相反，故称反渗透（RO）。

通常的渗透概念是指一种浓溶液向一种稀溶液的自然渗透，但是在这里是靠外界压力使原水中的水透过膜，而杂质被膜阻挡下来，原水中的杂质浓度将越来越高，故称做反渗透。其原理如图 11 – 6。π 为溶液渗透压，p 为所加外压。反渗透膜不仅可以阻挡截留住细菌、病毒、热原、高分子有机物，还可以阻挡盐类及糖类等小分子。反渗透法制纯水时没有相变，故能耗较低。反渗透膜能使水透过的机制有许多假说，一般认为是反渗透膜对水的溶解扩散过程，水被膜表面优先吸附溶解，在压力作用下水在膜内快速移动，溶质不易被膜溶解，而且其扩散系数也低于水分子，所以透过膜的水远多于溶质。

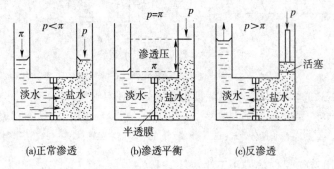

图 11 – 6　反渗透原理

反渗透装置与一般微孔膜滤过装置的结构完全一样，只是由于它需要较高的压力（一般在 2.5 ~ 7MPa），所以结构强度要求高。由于水透过膜的速率较低，故一般反渗透装置中单位体积的膜面积要大。工业中使用较多的反渗透装置形式是螺旋卷绕式及中空纤维式。

应用反渗透法时都需备有高压泵来提供原水的压力。目前主要采用柱塞泵。柱塞泵的扬程高、流量小，同时提供原水的流量总有起伏脉动，常用双柱塞式或三柱塞式泵以减小流量脉动幅度。

反渗透膜使用条件较为苛刻，比如原水中悬浮物、有害化学元素、微生物等均会降低膜的使用效果，所以原水的预处理较为严格。当水源水质较好时，反渗透法制得的水可以直接作为注射用水。

五、制水工艺的设计与水系统验证

我国《药品生产质量管理规范》规定：纯化水、注射用水的制备、贮存和分配应能防止微生物的滋生和污染。贮存和输送管道所用材料应无毒、耐腐蚀。管道的设计和安装应避免死角、盲管。贮罐和管道要规定清洗、灭菌周期。注射用水贮罐的通气口应安装不脱落纤维的疏水性除菌滤器。工艺用水系统验证是所有药品生产过程必须包括的验证内容，有关注射用水系统验证的重点有以下六方面内容。

1. 典型注射用水系统简介　包括纯化水贮罐、多效蒸馏水机、纯蒸汽发生器、注射用水贮罐、注射用水泵换热器（一台加热器和一台冷却器），如图 11 – 7 所示。

2. 纯化水与注射用水管路系统的要求

（1）采用低碳不锈钢，内壁抛光并做钝化处理。

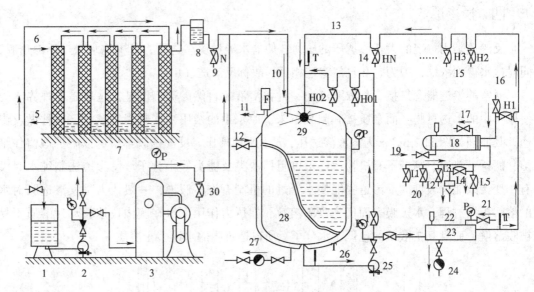

图 11-7 典型注射用水系统图

1—纯化水贮罐；2—泵；3—蒸汽发生器；4—纯化水；5—冷凝水；6—蒸汽进口；7—多效蒸馏水机；8—冷凝器；9—取样阀；10—呼吸过滤器；11—通大气；12—进蒸汽；13—配水循环管道；14—用水点；15—隔膜阀；16—纯蒸汽；17—冷却出水；18—冷却器；19—冷却进水；20—用水点；21—蒸汽进水；22—放气阀；23—加热器；24—冷凝水；25—注射用水泵；26—配水循环管理；27—冷凝水；28—蒸馏水贮罐；29—在线清洗喷淋球；30—取样阀

（2）管路采用氩弧焊焊接或用卫生夹头连接。

（3）阀门采用不锈钢隔膜阀，卫生夹头连接。

（4）管路适度倾斜，以便排除积水。

（5）管路采用串联循环布置，经加热回流入贮罐。阀门盲管段长度对加热系统 $<6d$，对冷却系统 $<4d$，d 为管径。

（6）回路保持 65℃ 以上循环，用水点处冷却。

（7）系统能用纯蒸汽灭菌。

（8）管路安装完成后进行水压试验，不得有渗漏。

3. 注射用水贮罐的要求

（1）采用低碳不锈钢，内壁抛光并作纯化处理。

（2）罐外有夹层，外罩保温层，有水位自控系统。

（3）呼吸器装有小于 $0.45\mu m$ 疏水性无菌过滤器。

4. 管路清洗、钝化和灭菌　管路清洗时，首先用去离子水循环预清洗，然后用碱液循环清洗，最后用去离子水直接排放清洗；系统纯化时，用酸液循环一定时间对内壁进行钝化，最后用高压蒸汽冲洗干净；管路灭菌时，将纯蒸汽通入整个不锈钢管路系统，每个使用点至少冲洗 15min。每周灭菌 1 次。

5. 系统运行　开动整个系统，检查设备操作情况和性能，测试水质，连续测试 3 周。

6. 注射用水的日常监测　送回水总管和各使用点每日检测 1 次。监测标准如化学指标、微生物指标和细菌内毒素指标按药典有关规定，每周至少全面检查一次。

第二节　注射剂生产设备

注射剂的容器是由硬质中性玻璃制成的安瓿或青霉素小瓶或输液瓶等。也有采用塑料的。安瓿的式样为有颈安瓿与粉末安瓿两种，其容积通常为 1、2、5、10、20ml 等几种规格。安瓿多为无色，琥珀色安瓿可过滤紫外线，适用于对光敏感的药物，主要是由于氧化铁的存在，但痕量的氧化铁有可能浸入产品中，所以这种颜色的容器目前已很少使用。

新国标 GB2637 – 1995 规定水针剂安瓿一律为曲颈易折安瓿，过去习惯使用的直颈安瓿、双联安瓿及曲颈安瓿均已淘汰。

粉末安瓿系供分装注射用粉末成结晶性药物之用，故瓶的口径粗或带喇叭口便于药物装入。

输液瓶口内径必须符合要求，光滑圆整，大小合适，以免影响密封程度。常用硬质中性玻璃制成，其物理化学性质稳定并要符合国家标准。现在也开始采用聚丙烯塑料瓶或塑料袋，它们有耐水、耐腐蚀、无毒质轻、耐热性好、机械强度高、化学性质稳性强等特点，而且可以热压灭菌。目前聚氯乙烯和聚丙烯两种材质应用最为广泛。但湿气和空气可透过塑料而影响贮存期的质量，透明性、耐热性差，强烈振荡也可产生轻度乳光等。

一、安瓿的洗淋设备

安瓿作为盛放注射药品的容器，在其制造及运输过程中难免会有微生物及不溶性尘埃沾带于瓶内，为此在灌装针剂药液前必须进行洗涤，要求在最后一次清洗时，须采用经微孔滤膜精滤过的注射用水加压冲洗，然后再经灭菌干燥方能灌注药水。

(一) 安瓿冲淋机

其作用是用清洗液冲淋安瓿内、外的浮尘及向瓶内灌满净水。

安瓿冲淋机的名称很多，如有的叫注水机、有的叫清洗机、有的叫冲淋机，结构、形式也多。最简单的冲淋机如图 11 – 8 所示，它仅由供水及传送系统构成，安瓿在安瓿盘内一直处于口朝上的状态，在传送带上逐一通过各组喷头下方；冲淋水压 0.12 ~ 0.2MPa，并通过喷头上直径 $\Phi1$ ~ $\Phi1.3$（mm）的小孔喷出，其具有足够的冲淋力量将瓶内外的污尘冲净，并将瓶内注满洗水。这

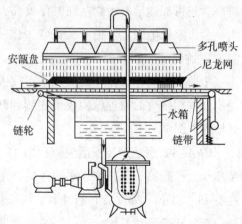

图 11 – 8　安瓿喷淋机

种冲淋机生产率高，缺点是耗水量大，且不能确保单支安瓿的淋洗效果，使个别瓶子因受水量小冲洗不充分。

为克服上述不足，有的清洗机利用一排往复运动的注射针头向传送到位的一组安瓿进行冲淋；冲淋时针头插入安瓿丝颈中，使洗水直接冲洗瓶子内壁。还有的清洗机在安瓿盘入机后，利用一个翻盘机构使安瓿口朝下，上面有喷淋嘴冲洗瓶外壁，下面一排针头由下向上喷冲瓶内壁，使污尘能及时流出瓶口。更有的清洗机分有循环水喷淋、蒸馏水喷淋及无油压缩空气吹干等过程，以确保清洗质量。经冲淋、注水的安瓿，待加热、蒸煮后还需

经离心甩水机，用压紧栏杆将数排安瓿盘固定在离心机的转子上，利用大于重力80～120倍的离心力将安瓿内的洗水甩净、沥干，如图11-9所示。

（二）大型连续式超声安瓿清洗机

在超声振荡作用下，水与物体的接触表面将产生空化现象。所谓空化是在声波作用下液体中产生微气泡，小气泡在超声波作用下逐渐长大，当尺寸适当时产生共振而闭合。在小泡破灭时自中心向外产生微驻波，随之产生高压、高温，小泡涨大时会摩擦生电，于破灭时又中和，伴随有放电、发光现象，气泡附近的微冲流增强了流体搅拌及冲刷作用。超声波的清洗效果是其他清洗方法不能比拟的，当将安瓿浸没在超声波清洗槽中，它不仅保证外壁洁净，也可保证安瓿内部无尘、无菌，而达到洁净指标。

超声波发生器发出的高频电振荡，通常频率为16～25kHz，加振荡于具有压电效应的压电陶瓷上（如锆钛酸铅），压电陶瓷将电振荡转化为机械振荡，再通过偶合振子将振动传导给清洗槽底部，以使清洗液产生超声空化现象。

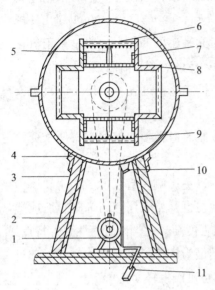

图11-9 安瓿甩水机

1—电机；2—皮带；3—机架；4—外壳；
5—安瓿；6—固定杆；7—铝盘；
8—离心架框；9—丝网罩盘；
10—出水口；11—刹车踏板

进行超声清洗时，切忌将清洗件直接压在清洗槽底部，使超声振子无法振动。应将安瓿置于能透声的框架内，悬吊着浸入清洗液中，效果最佳。

一般安瓿清洗时以蒸馏水作为清洗液。清洗液温度越高，越可加速溶解污物。同时温度高，清洗液的黏度越小，振荡空化效果越好。但温度增高会影响压电陶瓷及振子的正常工作，易将超声能转化成热能，做无用功。所以通常将温度控制在60～70℃操作为宜。

工业上常用连续操作的机器来实现大规模处理安瓿的要求。应用针头单支清洗技术与超声技术相结合的原理就构成了连续回转超声清洗机，如CAZ-9Z型超声波安瓿洗瓶机，其原理如图11-10所示。

CAZ-9Z型超声波安瓿洗瓶机由18等分圆盘、18排×9（针）的针盘、上下瞄准器、装瓶斗、推瓶器、出瓶器、水箱等构件组成。输送带作间歇运动，每批送瓶9支。整个针盘有18个工位，每个工位有9针，可安排9支安瓿同时进行清洗。针盘由螺旋锥齿轮、螺杆一等分圆盘传动系统传动，当主轴转过一周则针盘转过1/18周，一个工位。

洗瓶时，将安瓿送入装瓶斗，由输送带送进的一排9支安瓿，经推瓶器一一依次推入针盘的第一个工位。当针盘被针管带动转至第2个工位时，瓶底紧靠圆盘底座，同时由针管注水。从第2个工位至第7个工位，安瓿在水箱内进行超声波用纯化水洗涤，水温控制在60～65℃，使玻璃安瓿表面上的污垢溶解，这一阶段称为粗洗。当安瓿转到第10工位，针管喷出净化压缩空气将安瓿内部污水吹净。在第11、12工位，针管对安瓿冲注循环水（经过过滤的纯化水），对安瓿再次进行冲洗。13工位重复10工位送气。14工位针管用洁净的注射用水再次对安瓿内壁进行冲洗，15工位又是送气。至此，安瓿已洗涤干净，这一阶段称为精洗。当安瓿转到18工位时，针管再一次对安瓿送气并利用气压将安瓿从针管架上推离出来，再由出瓶器送入输送带。在整个超声波洗瓶过程中，应注意不断将污水排出并补充新鲜洁净的纯化水，严格执行操作规范。

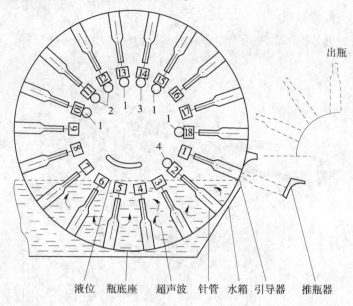

图11 - 10　CAZ - 9Z 型超声波安瓿洗瓶机工作原理

1—吹气；2—冲循环水；3—冲新鲜水；4—注水

二、灌封装置

将制备好的药液定量地灌注到洗净并经干燥灭菌的安瓿内加以封口的装置叫作灌封机。由于安瓿有不同的尺寸规格，一般适当更换灌封机的某些附件，即可适应不同安瓿的要求，通常灌封机具有同时灌封 4~8 支安瓿的功能，以保证生产效率。为保证灌封过程中的洁净，药液暴露部位均需在一百级层流空气保护下操作，因此凡有灌封机操作的车间必有洁净供气设备配置。

（一）针剂灌封的工艺过程

安瓿灌封的工艺过程一般应包括：安瓿的排整、灌注、充氮、封口等工序。

安瓿的排整是将密集堆排的灭菌安瓿依照灌封机的要求，即在一定的时间间隔（灌封机动作周期）内，将定量的（固定支数）安瓿按一定的距离间隔排放在灌封机的传送装置上。

灌注是将净制后的药液经计量，按一定体积注入到安瓿中去。为适应不同规格、尺寸的安瓿要求，计量机构应便于调节。由于安瓿颈部尺寸较小，经计量后的药液需使用类似注射针头状的灌注针灌入安瓿。又因灌封是数支安瓿同时灌注，故灌封机相应地有数套计量机构和灌注针头。

充氮是为了防止药品氧化，需要向安瓿内药液上部的空间充填氮气以取代空气。此外，有时在灌注药液前还得预充氮，提前以氮置换空气。充氮的功能也是通过氮气管线端部的针头来完成的。

封口是用火焰加热将已灌注药液且充氮后的安瓿颈部熔融后使其密封的。加热时安瓿需自转，使颈部均匀受热熔化。为确保封口不留毛细孔隐患，现代的灌封机上均采用拉丝封口工艺。拉丝封口不仅是瓶颈玻璃自身的熔合，而且用拉丝钳将瓶颈上部多余的玻璃靠机械动作强力拉走，加上安瓿自身的旋转动作，可以保证封口严密不漏，且使封口处玻璃薄厚均匀，而不易出现冷爆现象。

（二）常用的安瓿灌封机

AG 型安瓿灌封机是我国常用的安瓿灌封机，其结构如图 11 – 11 所示。

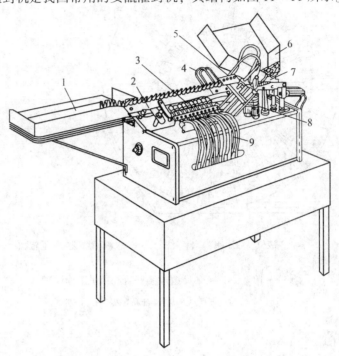

图 11 – 11　AG – 2 型安瓿灌封机

1—出瓶斗；2—传动齿板；3—火焰熔封灯头；4—止灌装置；5—灌注针头；
6—加瓶斗；7—进瓶转盘；8—灌注器；9—燃气管道

1. 排瓶机构　在灌封机上常用的排瓶机构有两种，一种是使用变距螺旋推进器（图 11 – 12a）；一种是梅花盘（图 11 – 12b）。变距螺旋杆上具有与安瓿外径相吻合的半圆槽，与水平面有一定倾角（或是利用传送带输送）的安瓿盘前口紧贴在螺旋杆上，自然落入半圆槽的安瓿随着推进器的回转而被带动沿杆轴方向前进。由于螺旋杆的螺距逐渐加大，密集排列的安瓿则被拉开间距，该间距大小是依灌封机各工位上安瓿应保持的间距设计的。推进器的回转速度要与整机的移瓶速度相匹配。梅花盘机构是利用工作盘上开有的轴向直槽，槽的横截面尺寸与安瓿外径相当，在安瓿盘前端所开的前口只能漏出一支安瓿，一旦贴在安瓿盘前口的梅花槽对准前口时，将有一支安瓿落入槽中，并被不停回转或间歇回转的梅花盘带走；当梅花盘外缘对着前口时，将有一支安瓿落入槽中，并被不停回转或间歇回转的梅花盘带走；当梅花盘外缘对着前口时，安瓿只能与盘缘相对摩擦滚动而不能被带走，同样梅花盘上直槽间的弦长与梅花盘的转速也需依整机动作节奏设计；梅花盘的间歇转动常是利用棘轮带动，如图 11 – 12（c）所示，当梅花盘是间歇回转时，它只是在传送带上起着闸门的作用，传送带在连续移动，而梅花盘转过一齿即放行一支安瓿前进，梅花盘不转时，安瓿便被阻挡在传送带上不能前进；梅花盘的同一轴上固装着一个棘轮，当传动系统中保持凸轮连续回转时，棘爪杆受凸轮控制间歇动作，从而实现安瓿的间歇放行动作。不过这种定距分隔机构运行速度较低，多用于较大的瓶装药物的输送中。

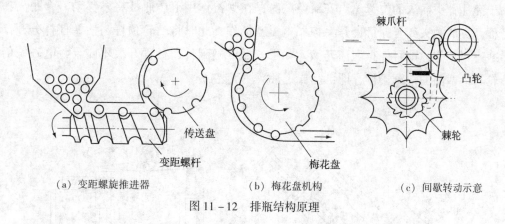

（a）变距螺旋推进器　　　　（b）梅花盘机构　　　　（c）间歇转动示意

图 11 - 12　排瓶结构原理

2. 移瓶机构　将排瓶机构送出的具有一定间隔的一组安瓿相继送到灌封工位或封口工位的机构为移瓶机构。常用的移瓶机构分有两类，一类是利用安瓿传送带的大跨距（相当于一组安瓿的排列长度）间歇移动；一类是利用具有 V 形槽的移瓶板的间歇摆动。对于前者，如果安瓿在传送带上没有专门的定位卡头时，为了保证于移动停位时，使安瓿能对准灌药针管或是封口燃气喷嘴，则需在传送带侧面有辅助的定位机构（如 V 形槽板），对安瓿位置进行微量调整；后者是利用凸轮摇杆机构控制移瓶板做近似矩形轨迹的运动如图 11 - 13，于倾置的托板上的安瓿重心倚靠在侧栏上，当移瓶板沿矩形轨迹上移（如 a）时，托起安瓿，移瓶板向右平移（如 b）时，安瓿底仍在托板上，但瓶体将随移瓶板移动，当移瓶板下移（如 c）时，安瓿重心又靠在侧栏上，然后移瓶板空程返回（如 d）。

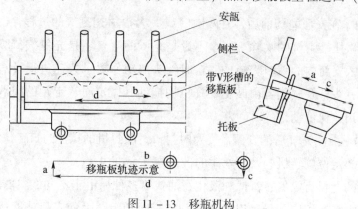

图 11 - 13　移瓶机构

3. 灌注机构　向安瓿内灌注药液要求计量准确，药液的浓度是预先配制好的，因此药液计量是以体积量控制的。图 11 - 14 为 ALG - 2 型安瓿拉丝灌封机灌装机结构示意图。

在灌封机上是利用计量活塞来完成定体积药液的抽取及灌注工作时，针筒与贮液罐及针头间的连接管线上均有单向阀控制，当活塞上移时，单向阀 8 打开，单向阀 9 关闭，药液自贮液瓶流入针筒，当活塞下移时，单向阀 8 关闭，单向阀 9 打开，活塞推压药液通过针头注入安瓿。调节杠杆的支点位置，可以改变杠杆两端的臂长比例，从而改变活塞的行程，以达到调节控制灌注药液的剂量。传动系统使凸轮旋转现一周，活塞往返运动一次，即可实现一次灌注。

当因破损等原因出现安瓿空缺现象时，不仅会造成药液的浪费，也会引起机器台面的污染，所以机器上设有自动止灌装置。每次安瓿到达灌装位置时，有一压瓶板将安瓿推压紧贴于灌注针头插入的位置。当安瓿空缺时，在弹簧作用下压瓶板将多移动一个距离，致使行程开关的触头闭合，行程开关控制电磁铁动作，此时将凸轮顶杆与活塞杠杆分开，计量活塞不再工作，即可停止灌注药液。如果安瓿准确到位，行程开关不闭合，电磁铁仍保证凸轮与活塞间的协调动作，即可完成正常灌注工艺。

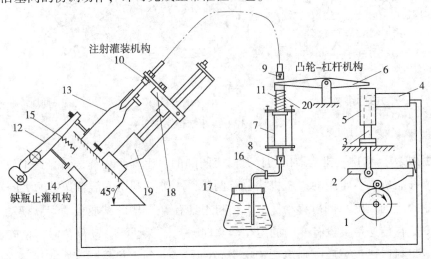

图 11 – 14　ALG – 2 安瓿拉丝灌封机灌装机结构

1—凸轮；2—扇形板；3—顶杆；4—电磁阀；5—顶杆座；6—压杆；7—针筒；8，9—单向玻璃阀；

10—针头；11—压簧；12—摆杆；13—安瓿；14—行程开关；15—拉簧；16—螺丝夹；

17—储液罐；18—针头托架；19—针头托架座；20—针筒芯

4. 充气机构　在安瓿灌药前后常有两次（或一次）填充氮气的过程，也有的在第一次充氮前，先有一次压缩空气的吹除工序。不论是充压缩空气还是充氮气，所有充气过程都是在充气针头插入安瓿内的瞬时完成的。这时针头的动作要求快速进退及短时停留，气阀同时快速启闭。针头架及气阀各由凸轮摆杆机构拖动其做定时、定距的间歇往复动作，两个凸轮安装的转角差保证动作的时间差。

5. 封口机构　灌注充气后的安瓿需要及时封口。灌封机的拉丝封口工位有三个装置，即火焰喷嘴、安瓿定位旋转机构及拉丝钳的进退与开合机构。

封口火焰用的燃料有煤气、汽油和液化石油气等多种。由于不同燃料的燃烧热值不同，其火焰喷嘴结构也需有相应差异，以保证在一定时间和距离上使安瓿玻璃达到熔融的最佳温度，故需依能源选配适当喷嘴。喷嘴在灌注机上安装位置固定，且常燃不断。在封口工位常安置两套喷嘴，占据两个工位长度，一套用于熔断，一套用于封口熔接。熔断喷嘴火焰大，在该工位上辅有拉丝钳机构。封口熔接喷嘴火焰小，用以在拉丝断口上充分密接。

图 11 – 15 为 ALG – 2 安瓿拉丝灌封机气动拉丝封口结构示意图。

封口喷嘴位置上，安瓿体两侧分别设有压瓶板及橡胶转轮，图 11 – 16 是这部分装置的俯视示意。压瓶板由凸轮摆杆带动做间歇地推压安瓿动作；由主传动轴经齿轮增速后拖动橡胶转轮不停回转。当安瓿体贴上转轮时，将被带动绕其自身轴线旋转。

为了防止安瓿颈部自动熔合后会有毛细孔遗存造成药液渗漏，在第一组火焰喷嘴的对面设置有可移动的拉丝钳，当安瓿丝颈加热一定时间后，拉丝钳张开并快速趋近安瓿丝颈，然后钳口闭合夹住丝头，由于安瓿是旋转的，丝颈上部又被夹住，熔融的断口即刻熔合密封。随后拉丝钳夹住丝头快速退回原位，并张开钳口，丢掉丝头。

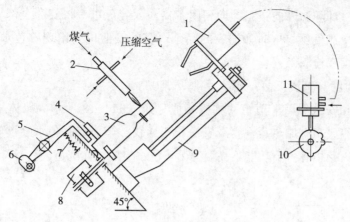

图 11 - 15　ALG - 2 安瓿拉丝灌封机气动拉丝封口结构

1—拉丝钳；2—喷嘴；3—安瓿；4—压瓶滚轮；5—摆杆；6—凸轮；

7—拉簧；8—减速箱；9—钳座；10—凸轮；11—气阀

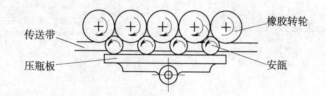

图 11 - 16　转瓶机构示意

拉丝钳的驱动有机构式和气动式两种，图 11 - 17为气动拉丝钳结构示意图，两支钳爪用连杆连接在滑块上，气缸活塞杆通过弹簧使滑块运动，当活塞杆向前时，钳爪张开，活塞杆通过弹簧使滑块运动，当活塞杆向前时，钳爪张开，活塞杆往后时，钳爪闭合，钳爪夹持安瓿丝颈的夹紧力取决于弹簧的弹力，故需选择适宜张力的弹簧，方能保证动作的满意、可靠。气动式拉丝钳无传动装置，结构简单、夹紧弹性好，但噪声大，气缸的回气排于操作室内影响室内空气的洁净度，而且需要单独配置压缩空气系统。机械式的拉丝钳其动作准确，无噪声及气流的污染，但结构较为复杂。

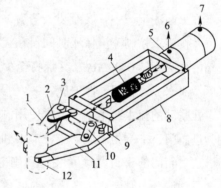

图 11 - 17　气动拉丝钳结构示意

1, 11—钳爪；2, 10—连杆；3, 9—销轴；

4—弹簧；5—气缸；6, 7—空气；

8—机架；12—安瓿丝颈

三、真空检漏箱

(一) 真空检漏的目的及原理

真空检漏的目的是检查安瓿封口的严密性，以保证安瓿灌封后的密封性。使用真空检漏技术的原理是将置于真空密闭容器中的安瓿于 0.09MPa 的真空度下保持 15min 以上时间，使封口不严密的安瓿内部也处于相应的真空状态，其后向容器中注入着色水（红色或蓝色水），将安瓿全部浸没于水中，着色水在压力作用下将渗入封口不严密的安瓿内部，使药液染色，从而与合格的、密封性好的安瓿得以区别。对于使用灭菌法生产的安瓿，常于灌封后立即进行灭菌消毒，而灭菌消毒与真空检漏设备可用同一个密闭容器。当利用湿热法的蒸汽高温灭菌未冷却降温之前，立即向密闭容器注入着色水，将安瓿全部浸没后，安瓿内的气体与药水遇冷成负压。这时如遇有封品不严密的安瓿也会出现着色水渗入安瓿的象，故可同机实现灭菌和检漏工艺。

（二）真空检漏（蒸汽灭菌）箱

真空检漏箱和安瓿干燥灭菌箱的结构相似，如图 11 – 18 所示。箱体采用双层夹壁结构，以利保温。箱底布有加热蒸汽管及安瓿托架导轨。箱顶布有色水喷淋管，并有管线与真空泵相连。该灭菌柜有三个功能：高温灭菌、色水检漏、冲洗色迹。

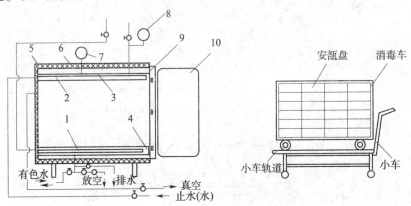

图 11 – 18　安瓿灭菌箱

1—蒸汽管；2—淋水管；3—内壁；4—消毒箱轨道；5—保温层；6—外壳；7—安全阀；

8—压力表；9—高温密封圈；10—门

在灭菌法生产中，安瓿装入箱后，紧锁箱门，根据药品灭菌的温度要求控制蒸汽压力值。并按要求控制蒸汽保压时间。在无菌法生产中，于锁紧密封门后应直接接通真空系统使箱内真空度达 0.09MPa，并保持至少 1min 以上，再向箱内注入有色水。当箱内装满有色水后，泄水、开箱门、取安瓿。

在联动的流水线生产中，常使用洞道式检漏箱，在箱体前后均设有自动密封箱门，一端为进瓶门，一端为出瓶门，使消毒和检漏前后的安瓿不走回头路，能保证严格分开不混淆。这时箱门的密封及锁紧装置利用电气及机械连锁安全装置。箱内加压时，箱门自锁，不会手动误开。其温度、压力、时间等均有程序控制，可以预先设定。在使用这类自动化程度较高的设备时，更需要定期检查和校正各类指示仪表，以确保设备的可靠运行。

第三节　口服液剂生产设备

一、口服液瓶超声波清洗机

YQC8000/10 – C 是原 XP – 3 型超声波清洗机的新标准表示方法，其额定生产率为 8000 瓶/小时，适用于 10ml 口服液瓶，这种机型在国内外都属于技术上先进水平。

如图 11 – 19 所示，玻璃瓶预先整齐码入储瓶盘中，整盘玻璃瓶放入洗瓶机的料槽中，以推板将整盘的瓶子推出，撤掉贮瓶盘，此时玻璃瓶留在料槽中，全部瓶子口朝上且相互靠紧，料槽与水平面成 30°夹角，料槽中的瓶子在重力作用下自动下滑，料槽上方置淋水器将玻璃内淋满循环水（循环水由机内泵提供压力，经滤过后循环使用）。注满水的玻璃瓶下滑到水箱中水面以下时，利用超声波在液体中的空化作用对玻璃瓶进行清洗。超声波换能头紧靠在料槽末端，也与水平面成30°夹角，故可确保瓶子通畅地通过。

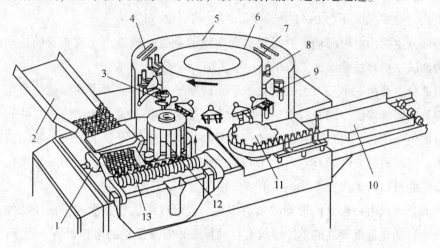

图11-19 YQC8000/10-C型超声波洗瓶机

1—超声波换能头；2—料槽；3—瓶子翻转工位；4、5、7—喷水工位；6、8、9—喷气工位；
10—滑道；11—拨盘；12—提升轮；13—送瓶螺杆

经过超声波初步洗涤的玻璃瓶，由送瓶螺杆将瓶子理齐逐个序贯送入提升轮的10个送瓶器中，送瓶器由旋转滑道带动做匀速回转的同时，受固定的凸轮控制作升降运动，旋转滑道运转一周，送瓶器完成接瓶、上升、交瓶、下降一个完整的运动周期。提升轮将玻璃瓶逐个交给大转盘上的机械手。

大转盘周向均布13个机械手机架，每个机架上左右对称装两对机械手夹子，大转盘带动机械手匀速旋转，夹子在提升轮和拨盘的位置上由固定环上的凸轮控制开夹动作接送瓶子。机械手在位置由翻转凸轮控制翻转180°，从而使瓶口向下便于接受下面诸工位的水、气冲洗，固定在摆环上的射针和喷管完成对瓶子的三次水和三次气的内外冲洗。射针插入瓶内，从射针顶端的五个小孔中喷出的激流冲洗瓶子内壁和瓶底，与此同时固定在喷头架上的喷头则喷水冲洗瓶外壁，喷压力循环水和压力净化水，喷压缩空气以便吹净残水。射针和喷头固定在摆环上，摆环由摇摆凸轮和升降凸轮控制完成"上升-跟随大转动-下降-快速返回"这样的运动循环。洗净后的瓶子在机械手夹持下再经翻转180°，使瓶口恢复向上，然后送入拨盘，拨盘拨动玻璃瓶由滑道送入灭菌干燥隧道。

整台洗瓶机由一台直流电机带动，可实现平稳的无级调速，三水三气由外部或机内泵加压并经机器本体上的三个滤过器滤过，水气的供和停由行程开关和电磁阀控制，压力可根据需要调节并由压力表显示。

二、口服液剂灌封机

口服液剂灌封机是用于易拉盖口服液玻璃瓶的自动定量灌装和封口的设备。由于灌药量的准确性和轧盖的严密、平整在很大程度上决定了产品的包装质量，所以灌封机是口服液剂生产设备中的主机。根据口服液玻璃瓶在灌封过程完成送瓶、灌液、加盖、轧封的运动形式，灌封机有直线式和回转式二种。

灌封机结构上一般包括：自动送瓶、灌药、送盖、封口、传动等几个部分。由于灌药量的准确性对产品是非常重要的要求，故灌药部分的关键部件是泵组件和药量调整机构，它们主要功能就是定量灌装药液。大型联动生产线上的泵组件由不锈钢件精密加工而成，简单生产线上也有用注射用针管构成泵组件。药量调整机构有粗调和精调两套机构，这样的调整机构一般要求保证 0.1ml 的精确度。

送盖部分主要由电磁振动台、滑道实现瓶盖的翻盖、选盖，完成瓶盖的自动供给。送盖部分的调试是整台机器调试工作中的一项关键。

封口部分主要由三爪三刀组成的机械手完成瓶子的封口，为了确保药品质量，产品的密封要得到很好的保证，同时封口的平整美观也是药厂非常关注的，故密封性和平整性是封口部分的主要指标。封口部分的传动较为复杂，其调整装置要求适应包装瓶和盖的不同尺寸要求。国产机适应性较好，对瓶子和盖的尺寸要求不是很高，但锁盖质量比不上进口机；进口机的封口较为严密、平整，但适应性差。

传动部分可以由一台电机带动的集中传动，也可以由送瓶、灌药、压盖部件几台电机协调传动。自动化程度较高的生产线具有自动检测和安全保护的电控设备，用于产品计数、包装材料检测、机器和人体的安全防护。

以 YGZ 系列灌封机为例，如图 11-20 所示。该机操作方式分为手动、自动两种，由操作台上的钥匙开关控制。手动方式用于设备调试和试运行，自动方式用于机器连线自动生产。有些先进的进口联动线配有包装材料自动检测机构，对尺寸不符合要求的包装瓶和瓶盖能够从生产线上自动剔出，而我国包装材料一致性较差，不适合配备自动检测机构，这样，开机前应对包装瓶和瓶盖进行人工目测检查。启动机器以前还要检查机器润滑情况，确保运转灵活。手动 4~5 个循环后，对灌药量进行定量检查，调整药量调整机构，保证灌药量准确性。这时就可将操作方式改为自动，使机器连线工作。操作人员在连线工作中的主要职责就是随时观察设备，处理一些异常情况，如走瓶不顺畅或碎瓶、下盖不通畅等，并抽检轧盖质量。如有异常情况或出现机械故障，可按动装在机架尾部或设备进口处操作

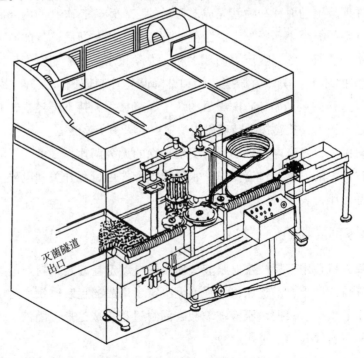

灭菌隧道
出口

图 11-20 YGZ 系列灌封机外形图

台上的紧急制动开关，进行停机检查、调整。在联动线中，机器运转速度是无级调速，使灌封机与洗瓶机、灭菌干燥机的转速相适应，以实现全线联运。

易拉瓶的形状如图 11 - 21 所示。它由易拉瓶铝盖（含有密封胶垫）和易拉瓶体两部分组成。

如图 11 - 22 所示为旋转式口服液瓶轧盖机示意图。工作时，下顶杆推动加铝盖后的易拉瓶和中心顶杆向上移动，同时，中心顶杆带动装有轧封轮杆的圆轮上移。当易拉瓶上升了一定的高度，轧封轮接近铝盖的封口处时，在轴向固定的圆台轮的作用下，轧封轮逐渐向中心收缩。工作时，皮带轮始终带动轴转动，圆轮和圆台轮都跟随着轴转动，铝盖在轧封轮转动和向中心施以收缩压力的作用下被轧紧在易拉瓶口上。有的旋转式轧盖机上装有两个轧封轮，有的装有三个轧封轮，即为三爪三刀式口服液封口机。它们的工作原理是相同的。

图 11 - 21　易拉瓶

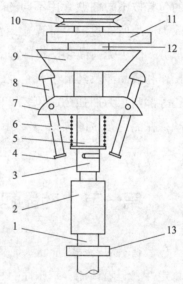

图 11 - 22　旋转式口服液瓶轧盖机

1—下顶杆；2—易拉瓶；3—铝盖；4—轧封轮；

5—中心顶杆；6—复位弹簧；7—圆轮；8—轧封轮杆；

9—圆台轮；10—皮带轮；11—轴架；

12—轴；13—下顶杆架

扫码"练一练"

第十二章　药品包装与包装设备

药品是一种特殊的商品，在生产过程中生产出来的药品需采用适当的材料、容器进行包装，使药品在到达患者之前的运输、保管、装卸、供应或销售的整个流通过程中保证质量。包装是为在流通过程中保护产品，方便贮运，促进销售，按一定技术方法而采用的容器、材料及辅助物的总称；是指为了达到上述目的而采用容器、材料和辅助物的过程中，施加一定技术方法等的操作活动。

药品包装不但需具备一切商品包装的共性，还应具有保证药品安全有效和使用方便的特殊要求。药品的包装按不同剂型采用不同的包装材料、容器和各种包装形态。药品的包装是指待包装品成为成品所经过的全部操作，包括灌装、贴标等操作，但无菌灌装通常不认为是包装的一部分，因为无菌灌装操作是将待包装品灌至初级容器中，不进行最后包装。

药品包装的操作和成品涉及药品生产企业、生产包装材料企业、药品流转过程的交通运输、仓储、销售等部门。为加强药品包装管理工作，提高包装机械化水平，提高包装质量，保护药品及减少在流通领域的损失，实现合理包装，我国已颁布一批有关包装的国家标准和行业标准。

第一节　药品包装材料与容器

扫码"学一学"

药品包装中，包装材料对药品的质量、有效期、包装形式、销售、成本等起重要作用。包装材料应具有稳定性、阻隔性能、结构性能和加工性。药品的内包装容器也称直接容器，常采用塑料、玻璃、金属、复合材料等；中包装一般采用纸板盒等；外包装一般采用内加衬垫的瓦楞纸箱、塑料桶、胶合板桶等。药品包装容器按密封性能可分为：密闭容器、气密容器及密封容器。密闭容器可防止固体异物侵入（如纸箱、纸袋等）；气密容器可防止固体异物、液体侵入（如塑料袋、玻璃瓶等）；密封容器可防止气体、微生物侵入（如安瓿、直管瓶等）。

一、纸包装材料与容器

纸是植物纤维和其他纤维经过加工制造而成的材料。制剂生产中，几乎所有的中包装和外包装均采用纸包装材料。

纸可按包装方式、定量、用途进行分类。纸的包装方式可分为平板纸、卷筒纸及卷盘纸。纸的定量指单位面积的质量（g/m^2）。依据定量的大小，纸包装材料可分为纸（定量在 $8 \sim 150 g/m^2$）、厚纸或薄纸板（$150 \sim 250 g/m^2$）、纸板（$250 \sim 500 g/m^2$）、厚纸板或薄板纸（$500 \sim 600 g/m^2$）、板纸（$> 600 g/m^2$）。按用途分类，纸可分为包装用纸、工农业技术用纸、生活用纸、文化用纸；纸板可分为包装纸板、滤过纸板、衬垫纸板等。用于药品的纸包装材料一般可分为包装用原纸和包装加工纸两大类。包装原纸包括纸张（如包装纸、玻璃纸、滤过纸等）和纸板（如白纸板、牛皮箱纸板等）；包装加工纸包括防潮纸和瓦楞纸板等。

药品包装用纸常用的有如下几种。

1. 蜡纸 蜡纸具有防潮、防止气味渗透等特性，多作防潮纸，可用于蜜丸等的内包装。药用蜡纸主要采用亚硫酸盐纸浆生产的纸为基材，再涂布食品级石蜡或硬脂酸等而成。

2. 玻璃纸（PT） 玻璃纸又称纤维素膜，具有质地紧密、无色透明等特点，多用于外皮包装或纸盒的开窗包装。玻璃纸要与其他材料复合，如在其上涂一层防潮材料，可制成防潮玻璃纸，也可涂蜡，制成蜡纸。

3. 滤过纸 滤过纸有一定的湿强度和良好的滤过性能，无异味，符合食品卫生要求，可做袋泡茶类药品的包装，滤过纸是卷筒纸。

4. 可溶性滤纸 它是由棉浆、化学浆抄制，经羧甲基化后制得。其特性是匀度好，具有对细小微粒的保留性和对液体的滤过性。若将一定剂量药物吸附在一定面积的可溶性滤纸上，即可制得纸型片，可供内服药剂用。

5. 包装纸 即由多种配料抄制、用于包装目的纸张的总称。其特点是强度及韧性较好。普通食品包装纸是用漂白化学浆抄制，有单面光和双面光两种，可用于散剂裹包或投药用纸袋等。

6. 白纸板 白纸板常用于药品包装的一般折叠盒，其结构由面层、芯层和底层组成。面层由漂白的木浆制成，芯层和底层由机械浆管制成。白纸板的面层有单面和双面之分。白纸板具有较好的耐折性、挺度、表面强度和印刷性。白纸板的面层可涂布由白土、高岭土等白色颜料与干酪素、淀粉等黏合剂等组成的涂料，可制成涂布白纸板，具有较高的印刷适应性和白度，常用于较高级的中包装折叠盒。

7. 牛皮箱纸板 牛皮箱纸板具有较高的耐折性、耐破性、挺度和抗压性。它是用硫酸盐木浆、竹浆挂面，再用其他纸浆挂底制成。多用于外贸商品及珍贵药品的包装纸箱。

8. 瓦楞纸板 瓦楞纸板是由瓦楞芯和纸板用黏合剂黏结而成的加工纸板，具有较高的强度和一些优良性质。瓦楞纸板结构可分为单面、双面瓦楞纸板和双瓦楞纸板、三瓦楞纸板等。根据瓦楞芯形可分为 U、V 和 UV 形三种。U 形板强度较高，弹性及缓冲性能好，V 形板成本较低，UV 形兼具两者之优点，使用较广泛。根据一定长度上瓦楞的数目、峰高及纸厚，瓦楞纸可分为 A～E 五种。前者楞较宽和较高，抗压强度较高；后者具有良好的印刷表面。

纸容器指纸袋、纸盒、纸箱等纸质包装。纸盒一般以纸板制成，多作为销售包装。纸盒有固定式及折叠式二种，前者的式样有天地罩式、抽屉式等，后者有插扣和压扣形式等。纸箱一般以瓦楞纸板折合而成，多作为运输包装。药品纸箱常用一整块纸板制成，通过黏合或钉合将接缝封合制成纸箱，外盖一般对接，为保证安全和卫生，外盖也可以完全搭叠。

二、塑料与容器

合成树脂经过加工形成塑料材料或固化交联形成刚性材料称为塑料，其中有的需加入某些填充剂与添加剂。塑料按热性能可分为热塑性塑料及热固性塑料；按使用范围可分为工程塑料及通用塑料。

填充剂主要用于热固性塑料，可使成本降低，并可以改善塑料物理性能和力学性能，常用的有无机物、石墨、金属粉等。添加剂包括增塑剂、稳定剂、抗静电剂、着色剂及其他一些添加剂等。增塑剂可提高塑料的柔软性和韧性、降低加工温度、改善加工性能，增塑剂应是该聚合物的优良溶剂，如邻苯二甲酸二辛酯（DOP）等；稳定剂可防止塑料在加工使用过程中由于受热、光或氧的作用发生分解、变色、脆化，如热稳定剂、抗氧剂、紫外线吸收剂等；抗静电剂可从空气中吸收水汽而消除塑料表面的静电作用，如聚乙二醇等；着色剂常用染料与颜料，颜料比染料稳定、不易褪色；其他添加剂如为减少聚合物加热熔融时分子间内摩擦的内润滑剂，为减少其与加工设备间摩擦的外润滑剂，以及催化剂、硬化剂等。

1. 常用塑料包装材料

（1）聚乙烯（PE） 聚乙烯生产方法，可分为高压法、中压法和低压法。依产品性能可分为低密度聚乙烯（LDPE）、中密度聚乙烯（MDPE）、高密度聚乙烯（HDPE）、线型低密度聚乙烯（LLDPE）等。聚乙烯无毒、抗潮湿性能良好，耐低温、耐化学品侵蚀和耐辐射性良好，但缺少透明性能，耐热性不强，薄膜气密性差，制品印刷性不良。低密度聚乙烯主要制造包装薄膜、片材等，高密度聚乙烯主要用作包装容器，线型低密度聚乙烯主要用于制造薄膜。

（2）聚丙烯（PP） 聚丙烯是无色、无毒的可燃性树脂，能耐一般无机化合物侵蚀，但不耐氧化性化学品和非极性溶剂。耐热性、密封性、柔韧性好，但不耐低温。聚丙烯多制作为包装容器及薄膜。由于聚丙烯的高熔点，可作为需灭菌和煮沸的包装材料。

（3）聚氯乙烯（PVC） 聚氯乙烯为白色或微黄色粉末，与前两种塑料相比，聚氯乙烯机械强度较好，抗水性、气密性、热封性能好，但热稳定性差，在138℃开始降解。聚氯乙烯可制造透明硬质包装容器，加入增塑剂可制造薄膜。聚氯乙烯无毒，但其合成的单体氯乙烯有致肝癌作用，故规定了其含量应低于1mg/kg（ppm）。

（4）聚偏二氯乙烯（PVDC） 聚偏二氯乙烯是由偏二氯乙烯（VDC）和氯乙烯（VC）聚合而成，不透气性、耐热性、透明性、耐化学品性等好，主要用于复合材料的涂复层，可应用于对水和氧气敏感、需长期保存的医药品等的包装。

（5）聚酯（PET） 聚酯通常指聚对苯二甲酸乙二醇酯。聚酯无毒、透明，具有优良的力学性能，耐热、耐寒性好（$-70\sim150℃$），耐水、耐油，但水蒸气阻隔性较差，价格较高。聚酯主要用于生产包装容器及薄膜。

（6）聚碳酸酯（PC） 聚碳酸酯无毒、透明，耐热、耐寒，气体透过性低，对稀酸、稀碱及一般有机溶剂比较稳定，但价格很高。一般只供作特殊容器之用，如注射器、小瓶等。

（7）聚苯乙烯（PS） 聚苯乙烯是一种硬而透明、无味的树脂，并且具有容易着色及价格低等优点。缺点是不耐有机溶剂，耐热性差，性脆不耐冲击。聚苯乙烯具有较高的水蒸气可透性及较高的氧渗透性。聚苯乙烯作为药品包装材料已淘汰。

2. 热塑性塑料的加工方法 药品包装所用中空容器、薄膜、片材等多采用热塑性塑料。将塑料加热软化以加工所需制品，多采用注射机或挤出机。将粒状塑料由料斗送入到加热的料筒，软化后用柱塞（或定量螺杆）将塑料通过喷嘴定量地压入模具中，可得不同形状制品，这种机器称为注射机；将塑料由料斗连续加入加热的料筒，软化后用螺杆将料推向机头的模具缝隙连续地挤出，可得管、棒等制品，这种加工机器称为挤出机。

（1）中空塑料容器 药品包装中，塑料瓶等中空容器的制造多采用吹塑成形。吹塑成形分注射吹塑和挤出吹塑，近年来发展的拉伸吹塑对聚丙烯中空容器的制造显示出了明显的优越性。

注射吹塑时，由注射机将熔融塑料注入注射模内形成管坯，然后合拢吹塑模，压缩空气通过芯模吹入，将型坯吹胀形成中空容器，冷却后得制品。此法宜于制造小型精致的塑料瓶。挤出吹塑时，由挤出机挤出的管坯逐个连续夹入多个吹塑模，分别吹入压缩空气以形成中空容器，冷却后得制品。此法宜于制造大型容器。将以上两法的管坯先用延伸棒进行纵向拉伸，然后引入压缩空气进行吹胀而达到横向拉伸，这种方法称为拉伸吹塑，所得制品的质量有很大提高。

（2）塑料薄膜　塑料薄膜生产的方法有挤出法和压延法，其中挤出法又可分为使用圆口机头的吹塑法和使用狭缝机头的流涎法。其中流涎法所产薄膜幅宽较宽，但需使用溶剂，故成本较高。

压延法是将配好的经混炼机塑炼的软化塑料送到加热的多辊辊筒式压延机上压延，随后在冷却辊筒上冷却，可生产薄片或稍厚的薄膜。压延薄膜厚度均匀、质量好、生产率高。吹塑法薄膜是将塑料经过挤出机机头的模口成薄壁管状物，导入牵引装置，在机头引入压缩空气，将塑料吹胀成圆筒，经冷却由导辊卷取制品，然后加工成袋或剖开成薄膜。根据不同原料和要求，吹塑机有上吹法、平吹法和下吹法。吹塑法生产的薄膜厚度不如压延法均匀、透明度也差，但生产成本低、生产率高、薄膜强度好。

3. **复合包装材料与金属化塑料薄膜**　复合包装材料由两种或数种不同材料组合而成。复合材料改进了单一材料的性能，并能发挥各组合材料的优点。薄膜和塑料瓶均可复合。复合薄膜的基材除塑料薄膜外，尚可用纸、玻璃纸、铝箔等。例如由纸和聚乙烯组成的复合薄膜，可写成：纸/PE，前者代表外层，提供了拉伸强度和印刷表面，后者代表内层，提供了阻隔性能和热合性能。

复合薄膜的制造方法可分为胶粘复合、熔融涂布复合和共挤复合三种。胶粘复合是将两种或两种以上的基材借胶粘剂将它们复合为一体。熔融涂布复合是通过挤出机将热塑性塑料熔融塑化成膜，立即与基材相贴合、压紧，冷却后即成为一体的复合薄膜。共挤复合是采用数个挤出机将塑料塑化，按层次挤出，利用吹塑法或流涎法制成复合膜。

在塑料薄膜表面利用真空金属蒸镀可在其表面镀上一层极薄的金属膜，即可成金属化塑料薄膜，如在 PET、PP、PE、PVC 等表面镀铝或其他一些金属，可形成金属膜。由于金属化塑料薄膜可提高防湿性、密封性、遮光性、卫生性，并提高表面装潢作用，故应用日益广泛。

4. **药品包装的塑料选择**　药品包装的塑料选择的主要考虑因素如下。

（1）塑料的性质　防湿性、气密性、保香性、遮光性、耐内装物性、耐久性、卫生性、封口性、耐热性、耐寒性、透明性、成形性、带电性、印刷性、强度等，另外还需考虑价格、废物处理的环保等因素。

（2）药品与塑料间的相互作用　药品与塑料间的关系可分为渗透、溶出、吸着、反应、变性等五方面。

外界气体、蒸汽、液体对塑料的渗透，可对药品产生有害影响。水蒸气或氧透入塑料可引起药品的水解或氧化。药品中的挥发组分也能透过塑料容器而挥发损失。对于不同塑料其渗透性可能有很大不同，如亲水性材料对水蒸气的阻隔不良，而疏水性材料却非常优良。

多数塑料包装容器在加工中都加入了添加剂，如增塑剂、着色剂等，药品包装中这些添加剂可能从容器中溶出而严重影响药品质量。药品成分可能被包装材料吸着，药品中的主药成分或添加的防腐剂等如被吸着，可能引起主药成分的损失或影响药品质量。

塑料配方中所用的一些组分可能与药物制剂中的某种成分起化学反应而影响药品质量。

药品使塑料发生物理的或化学的变化可使塑料发生变性，如塑料的降解、变形、脆化等。如油类对聚乙烯有软化作用；溶剂可能使增塑剂溶出，而使聚氯乙烯变硬等。

(3) 塑料的卫生性　药品包装常用塑料属于高分子化合物，本身无毒，均属于最安全的塑料。其毒性主要来自单体和添加剂。

在合成一些塑料的单体如聚氯乙烯的氯乙烯、苯乙烯类聚合物的苯乙烯、聚偏二氯乙烯的偏二氯乙烯等均有一定毒性，各国均制订了严格的单体含量。添加剂包括增塑剂、稳定剂、着色剂等。一些塑料制品（如聚氯乙烯、聚偏二氯乙烯、醋酸乙烯等）加入一定量的增塑剂，增塑剂与树脂是相溶的，在接触到物料溶剂时可溶出其中的增塑剂。含增塑剂高的塑料容器不适合于盛装液体，此外增塑剂必须是无毒的。稳定剂包括热稳定剂、光稳定剂和防氧剂。聚氯乙烯和氯乙烯共聚物在加工时加入热稳定剂。聚乙烯、聚丙烯、聚酯等也要加入防氧化剂、防紫外线的稳定剂。药品包装的塑料中所加的稳定剂必须是无毒的，如硬脂酸钙、硬脂酸锌等。

根据所包装药品的性质及不同的包装方式可选用适当的塑料种类，如泡罩包装常用PVC 或 PP，带状包装材料常用 PE、PP 或 PE/PT、PVDC/PT、PE/PET 等，药瓶常用 LDPE、HDPE、PP 等，软管常用 LDPE、HDPE、PP 等，塑料输液瓶可用 PP 等，输液袋常用 PVC、PET/PE/PP 等。

三、玻璃与容器

玻璃是一种过冷液体以固体状态存在的非晶态物质，其外观类似固体，但从微观结构来看，又有些像液体。玻璃容器由于性能优良、价格低廉，所以在制药工业仍得到大量使用。

玻璃的性质与玻璃的组成和结构有密切的关系。玻璃的主要成分是二氧化硅及一些金属氧化物，其中二氧化硅在溶剂中形成硅氧四面体的结构网而成为玻璃的骨架，氧化铝可增加玻璃的弹性、硬度和化学稳定性，氧化硼可增加玻璃的光洁度、强度、化学稳定性和耐热性，氧化钠可降低黏度使玻璃容易成形等。制造玻璃的辅料有澄清剂、着色剂、脱色剂、乳浊剂等。依玻璃的成分可分为钠钙玻璃、硼硅酸盐玻璃、铝玻璃及高硅氧玻璃，其中前两种在药品的包装中使用最多。钠钙玻璃的主要成分是$SiO_2—CaO—Na_2O$，其特点是容易熔制和加工、价廉，多用于制造对耐热性、化学稳定性没有特殊要求的瓶罐器皿等；硼硅酸盐玻璃又称硬质玻璃，其主要成分是$SiO_2—B_2O_3—Na_2O$，这种玻璃化学稳定性好、耐热性好，多用于制造有较高要求的瓶罐容器和玻璃管等。

药用玻璃容器多由经拉管机拉延的玻璃管制成或由制瓶机在成形模中吹制而成，前者如安瓿、管制西林瓶等，后者如模制西林瓶、黄圆瓶、输液瓶等。

玻璃不耐氢氟酸和强碱，一些强酸能缓慢地腐蚀玻璃。玻璃中的钠离子可以被水浸析出来生成 NaOH，另外玻璃中的 Na_2O 也可能在大气中析出而产生脱片，但硼硅玻璃可减少上述作用。

美国药典将容器玻璃分为 4 类：Ⅰ类是硼硅酸盐玻璃，Ⅱ类是经过处理的钠钙玻璃，Ⅲ类是钠钙玻璃，Ⅳ类是非注射用普通钠钙玻璃。为评价玻璃的化学抵抗力，美国药典规定了玻璃粉末和水侵蚀试验，测定玻璃在纯水中处于控制的升温条件下白玻璃溶出的碱量。

在玻璃原料中加入不同的着色剂，可制成各种颜色，如琥珀色玻璃可屏蔽 200 ~ 450nm 的光线，祖母绿色可屏蔽 400 ~ 450nm 的光线。

四、金属包装材料与容器

金属包装容器分为桶、罐、管、筒四大类，其中后两种在药物制剂的包装应用较多。包装用金属材料常用的有铁基包装材料、铝质包装材料。按金属的使用形式分为板材和箔材，板材用于制造包装容器，箔材多是复合包装材料的主要部分。

铁基包装材料有镀锡薄钢板、镀锌薄钢板等。镀锡板俗称马口铁，是将低碳薄钢板在锡液中浸镀或利用电解法镀锡。为避免金属进入药品中，容器内壁常涂复一层保护层，多用于药品包装盒、罐等。镀锌板俗称白铁皮，是将基材浸镀而成，多用于盛装溶剂的大桶等。

铝由于易于压延和冲拔，可制成更多形状的容器，如气雾剂容器、软膏剂软管等。铝箔具有优良特性，广泛应用于铝塑泡罩包装与双铝箔包装等。泡罩包装用铝箔内外均有涂层，依次是黏合层、铝箔基材、印刷层和保护层。黏合层作用是覆盖铝箔并起到与 PVC 硬片的封合作用，其主要成分是变性聚烯烃类。保护层用于覆盖印刷层和铝箔，其主要成分是硝化纤维素。泡罩包装用铝箔宽度依包装机要求而定，长度有 1000m 或 1500m，允许偏差 0 ~ +3m，每 1000m 的接头不多于 4 个。

金属软管是包装软膏剂的容器，多由铝质制成，铅锡管已淘汰。金属软管是由金属锭轧成板材并制成小料块，再冲压挤出成管，经印刷、内涂树脂而成。目前一部分膏体采用了塑料或复合材料管，但金属管无"回吸"现象，管内药物不易被回吸污染，挤出剂量容易控制，而且适用于高速灌封，故应用仍很广泛。

第二节 药品包装技术

扫码"学一学"

一、防湿包装与隔气包装

在一定温度和相对湿度空气中，固体均有其特定的平衡含水量。平衡含水量随空气的相对湿度增大而增加，随温度的升高而减小。在一定温度下，用空气的相对湿度对药品的平衡含水量作图，可得此药品的等温吸湿或脱湿曲线。通常此二曲线并非吻合。若空气相对湿度较高，可引起药品的氧化分解、配伍变化、滋生霉菌，甚至影响剂型的稳定。若平衡含水量较大的药品置于较干燥空气中，可引起收缩脱水或失去结晶水，引起质量下降。液态药剂表面空气相对湿度几乎近饱和，若容器密封不良，可导致液体的溶剂挥发，使内装药品受损或变质。

空气中的氧或二氧化碳也能与某些药物发生反应：氧可引起药物自身氧化变质，如鱼肝油变红、维生素 C 水溶液分解、乳剂变质等；二氧化碳可被一些药品吸收，如氨茶碱反应生成茶碱，氧化镁生成碳酸镁等。

为保证容器内药品不受外界湿气或气体影响而变质的包装方法，称为防湿包装或隔气包装。药品的防湿与隔气一般需从包装材料、容器的密封、采用真空、充气包装技术等措施来解决。也可采用硅胶、分子筛等吸湿剂或一些脱氧剂来解决。

1. 包装材料的防湿、隔气性能 除具有一定厚度的金属、玻璃、塑料外，许多薄膜材料都有一定的透湿性或透气性。设某材料的面积为 A，厚度为 L，材料两侧水蒸气压或气体压差为 ΔP，经过时间 t，透过此材料的湿气量或气体量 Q 为

$$Q = \frac{K\Delta PAt}{L} \qquad (12-1)$$

式中，K 为透湿系数或透气系数，$g \cdot cm/(cm^2 \cdot s \cdot Pa)$。

对复合材料，设两种薄膜的系数分别为 K_1 与 K_2，厚度分别为 L_1 与 L_2，则透过量 Q 为

$$Q = \frac{\Delta PAt}{\dfrac{L_1}{K_1} + \dfrac{L_2}{K_2}} \qquad (12-2)$$

在实际应用中，通常用透湿度或透气度来衡量材料的透湿或透气性能。透湿度 R 指在规定温度和材料两侧湿度条件下，材料的单位面积、单位时间透过的湿气质量，$g/(m^2 \cdot d)$。透气度指在单位压差、单位面积、单位时间内所透过气体标准状态下的体积，$cm^3/(m^2 \cdot d \cdot Pa)$。透湿度或透气度与气体种类有关，与材料厚度成反比，一般与温度和环境湿度成正比，但也有例外，如 PVDC 隔气性基本不随温度变化，故常和各种塑料膜复合。对复合薄膜的透湿度，设各层基膜的透湿度为 R_1、R_2……R_n，则复合薄膜的透湿度 R 为：

$$\frac{1}{R} = \frac{1}{R_1} + \frac{1}{R_2} + \cdots + \frac{1}{R_n} \qquad (12-3)$$

2. 防湿隔气包装的密封 防湿、隔气包装除要求包装材料有优良的性能外，并要求容器具有良好的密封性。

瓶类容器的透湿与透气主要与瓶口的密封程度有关，如衬垫材料的透湿度、瓶口端面的平滑程度、瓶口周边长度、瓶盖的透湿度、瓶盖与瓶子间的压紧程度等，也与塑料瓶体厚度的均一性有关。对衬垫材料的要求是透湿度与透气度低、富有弹性、柔软、复原性能良好等。

近年来有采用复合铝箔，利用电磁感应式瓶口封口机将铝箔粘着于塑料瓶或玻璃瓶的瓶口，使瓶口密封质量得到很大提高。

电磁感应是一种非接触式加热方法，位于药瓶上方的电磁感应头内置有线圈，线圈内通以 20～100kHZ 频率交变电流，于是线圈产生的交变磁力线穿过瓶口的铝箔，并在铝箔上感应出环绕磁力线的电流——涡流，涡流直接在铝箔上形成一个闭合电路，使电能转化成热能，铝箔（用于药瓶封口的铝箔复合层由纸板/蜡层/铝箔/聚合胶组成）受热后，使铝箔与纸板黏合的蜡层熔化，蜡层被纸板吸收，于是纸板与铝箔分离，纸板起垫片作用；同时，聚合胶层也受热熔化，将铝箔与瓶口粘合起来。

也有采用纸塑复合材料封口，使防湿、隔气性能比已淘汰的软木塞提高很多。

带状包装与泡罩包装防湿隔气性能与黏合剂有关，也与黏合剂涂敷的均匀性、黏结密封长度、黏结条件等有关。塑料的黏结方法有热熔封接法、脉冲法、超声波法、高频法等。带状、双铝箔、泡罩包装多采用热封。塑料薄膜中 PE、PP、PVC 等均可采用热封，其中

PE 的热封性能良好，常用来组成复合薄膜。热封时黏结条件对封合质量影响较大，如封合温度、加热时间、封合压力等需根据薄膜种类决定。

3. 真空包装 将包装容器内的气体抽出后再加以密封的方法可避免内部的湿气、氧气对药品的影响，并可防止霉菌和细菌的繁殖。用于真空包装的薄膜多为复合膜，如聚酯/聚乙烯、尼龙/聚乙烯、聚酯/铝箔/聚乙烯、玻璃纸/铝箔/聚乙烯等。真空包装多在腔室式真空包装机内进行。先将充填物料后的塑料袋置于包装机中，然后合盖、抽真空、封口。这种包装机有的还附有充氮装置。

4. 充气包装 用惰性气体置换包装容器内部的空气可避免药品的氧化变质和霉变。常用的气体有氮气、二氧化碳或它们的混合气体。如安瓿、输液等多充氮气，可防止药品氧化。气体的置换可采用腔室式真空充气包装机或喷嘴式充气装置。前者多用于塑料袋，系分批操作，作业效率较低，但气体置换率高。喷嘴式是在容器灌装前后通入惰性气体将空气置换出，然后进行容器的封口，其特点是作业效率高，但气体置换率差。

二、遮光包装

一些药品在受到光辐射后可引起光化学反应而产生分解或变质，如生物碱、维生素等可引起变色、含量下降，光也可引起糖衣片的褪色。光是电磁波的一种，波长在 400 ~ 700nm 范围是可见光，波长小于 400nm 即为紫外线。波长越短，光子的能量越大，对药品影响也越大。固体药物的光化分解通常是由于吸收了日光中的紫蓝光、紫光和紫外线引起的。药品的破坏程度与光的照射剂量有关。照射剂量 = 光强 × 照射时间。

为防止光敏药物受光分解，应采用遮光容器包装或在容器外再加避光外包装。遮光容器可采用遮光材料如金属或铝箔等，或采用在材料中加入紫外线吸收剂或遮断剂等方法。可见光遮断剂有氧化铁、氧化钛、酞菁染料、蒽醌类等；紫外线吸收剂有水杨酸衍生物、苯并三唑类等。

琥珀色玻璃已大量应用于黄圆瓶及安瓿、口服液瓶等。经测定，琥珀色玻璃能屏蔽 290 ~ 450nm 的光线，而无色玻璃可透过 300nm 以上的光线，故前者能滤出有害的紫外线，较好地防止日光对容器内药品的破坏。琥珀色玻璃的制法是在玻璃原料中加入硫化物、氧化铁为着色剂、碳为还原剂熔制而成。有些药品对光极不稳定，采用琥珀色容器还不能确保其质量，如维生素 B_{12} 注射剂等，应在容器之外再加避光外包装如黑色或红色遮光纸、带色玻璃纸、黑色片材的泡罩包装等。

白色高密度聚乙烯塑料瓶和琥珀色塑料瓶的遮光效果都比较好，故常用来包装片剂、胶囊剂等。

塑料薄膜中 PVC、PE 及 PT 等对紫外线透过率均非常高，可采用的遮光措施有：采用双铝箔复合膜包装，在制膜时或在黏合剂中加入紫外线吸收剂，通过印刷在膜外用适当色彩遮光等。

三、无菌包装

无菌包装是在洁净环境中将无菌的药品充填并密封在事先灭过菌的容器中，以达到在有效期内保证药品质量的目的。污染药品的微生物有细菌、酵母菌、霉菌、病毒等。药品受到微生物污染后可引起药品质量变化，使用后甚至危及生命，如药品有效成分的破坏，药品外观和形态的改变，并且可产生毒素、引起继发感染、过敏反应。污染药品的微生物主要来源于大气环境、厂房环境、原料、包装材料与容器、包装设备、操作人员和工具等。对包装材料的灭菌可采用物理和化学方法。物理方法有干热灭菌法、湿热灭菌法、紫外线灭菌法、辐射灭菌法、电子束灭菌法。化学灭菌剂有环氧乙烷、β–丙内酯、有效氯和双氧水等。制剂工业所用的安瓿、输液瓶、铝管、铝箔等玻璃材料及金属材料的抗菌性较优，可有效地阻止微生物生长繁殖和侵入。塑料材料的长期抗菌性较差，但因其质轻、便于使用，是当前使用较多的包装材料。药品中包装和外包装常用的纸、纸板等包装材料的抗菌性不良，故对用纸、纸板等材料做内包装时应有严格的防菌、灭菌要求。制剂生产所用的直接接触药品的容器在灌装前大多需经洗涤灭菌，对不需清洗的直接接触药品的容器在签订购买合同时需明确包装材料的卫生要求。生产包装材料的企业的加工环境需满足 GMP 要求，所生产的包装材料产品需进行防菌包装。

四、热收缩包装

将物品用热收缩薄膜进行包封，再经过加热室使薄膜收缩而包装的方法称热收缩包装。热收缩薄膜是根据热塑性塑料在加热条件下能复原的特性而制得。在制膜过程中，预先对薄膜进行加热拉伸，再经强制冷却而定形。根据薄膜拉伸及其热收缩方式不同，可分为二轴式和一轴式延伸收缩薄膜；前者制造时经纵横两个方向拉伸，包封后加热时，可纵横两个方向紧固包装物品，应用较广；后者制造时只有一个方向拉伸，加热时只有一个方向收缩，常用于管状包装、标签包装及瓶口封套等。热收缩薄膜常用的有 PE、PVC、PP、PVDC、PS 等，根据膜的种类不同，其收缩率为 30% ~ 80%。热收缩包装适应不同形状物品的包装，也可将数件物品集积捆束起来包装，具有透明性和密封功能，并可防止物品启封失窃。

五、安全包装

安全包装包括防偷换安全包装和儿童安全包装。

1. 防偷换安全包装　为保证药品贮运和使用的安全，药品包装必须加封口、封签、封条或使用防盗盖、瓶盖套等。防偷换包装是具有识别标志或保险装置的一种包装，如包装被启封过，即可从识别标志或保险装置的破损或脱落而识别。包装容器的封口、纸盒的封签和厚纸箱用压敏胶带的封条等都起到防偷换目的。另外还可采取如下措施。

（1）采用防盗瓶盖　这种瓶盖与普通螺旋瓶盖的区别是在它的下部有较长的裙边，此裙边超过螺纹部分形成一个保险环，保险环内下侧有数个棘齿被限定于瓶颈的固定位置。保险环内上侧有数个连结条联于盖的下部。当拧转瓶盖时，连结条断裂，由此从保险环是否脱落来判断瓶盖是否被开启，起到防偷换目的。此外，对金属盖可采用易开的拉攀开启盖，既方便了开启，又明示了容器是否被开启过。

（2）内部密封箔　在盛装固体药剂广口瓶的瓶口粘接一层铝箔或纸塑膜可起到密封和显示是否被启封的作用。

（3）单元包装　采用带状包装和泡罩包装可以方便使用，而且可起到防偷换目的。

（4）透明薄膜外包装　利用透明薄膜将药品包装盒进行包装。

（5）热收缩包装。

（6）瓶盖套　利用单向热收缩薄膜对瓶盖进行封口

2. 儿童安全包装　儿童安全包装是为了防止幼儿误服药物而带有保护功能的特殊包装形态。通过各种封口、封盖使容器的开启有一种复杂顺序，以有效地防止好奇的幼儿开启，但对成人使用时不会感到困难。儿童安全包装可采取如下措施。

（1）采用安全帽盖。对玻璃瓶或塑料瓶的封盖在没有示范情况下，儿童不能试图开封；在详细示范情况下，至少有一半不能开封。安全帽盖按其开启方式可分为：按压旋开盖、挤压旋开盖、锁舌式嵌合盖（结合盖）、制约环盖等。

（2）采用高韧性塑料薄膜的带状包装。

（3）采用撕开式的泡罩包装。PVC泡罩部分的膜较厚，盖层材料韧性很强，如PVC/AL/PET复合材料等。取药时，需从打孔线撕开，然后从未热合的一角撕开背层材料取出药片。

（4）对生化作用强烈的药品采用不透明或遮饰性包装材料。

六、缓冲包装

为防止商品在运输中的振动、冲击、跌落的影响而受损，采用缓冲材料吸收冲击能，使势能转变成形变能，然后缓慢释放而达到保护商品的技术，称为缓冲包装技术。按缓冲材料的来源可分为两大类：天然缓冲材料与合成缓冲材料。前者有瓦楞纸板、皱纹纸、纸丝、植物纤维等，后者有泡沫塑料、气囊塑料薄膜等。泡沫塑料常用的有发泡聚苯乙烯、发泡聚乙烯、发泡聚氨酯等，可制成片状、板状、块状，也可现场发泡。

医药品的外包装主要采用开槽型瓦楞纸箱，由一片瓦楞纸板通过黏合或钉合形成箱体，其上部及下部折片折合形成上下箱盖。纸箱的内部尺寸应根据中盒的个数及其外部尺寸、中盒的间隙、箱内所置衬垫厚度等确定。瓦楞纸箱内部加一些衬板或格挡等附件，寒冷地区箱内常衬有防寒纸等。

药品内包装的缓冲材料与制剂有关，如盛装片剂的瓶内可充棉花、纸、聚乙烯弹性缓冲垫、泡沫塑料等，瓶外可衬泡沫塑料、气囊塑料薄膜、纸等，安瓿采用皱纹纸间隔盒、泡罩包装等，玻璃瓶采用内加格挡等。

第三节　铝塑泡罩包装机

扫码"学一学"

铝塑包装机是指利用透明塑料薄膜及薄铝箔将片剂、胶囊剂、丸剂等成形药物夹固在它们中间，而构成的一种包装形式。由于塑料膜多具有热塑性，当在成形模具上使其加热变软，再利用真空或正压，将其吸（吹）塑成与待装药物外形相近的形状及尺寸的凹泡，再将单粒或双粒药物置于凹泡中，以铝箔覆盖后，利用压辊将无药物处（即无凹泡处）的塑料膜及铝箔挤压粘接成一体。根据药物的常用剂量，将若干粒药物构成的部分（多为长方形）切割成一片，就完成了铝塑包装的过程。

一、包装材料

铝塑包装机所使用的塑料膜多为0.25~0.35mm厚的无毒聚氯乙烯（简称PVC）膜，又常称为硬膜。包装成形后的坚挺性取决于硬膜，有时在真空吸塑成形中用0.2mm厚的塑料膜。

铝塑包装机上的铝箔多是用 0.02mm 厚的特制铝箔（又称为 PT 箔）。使用铝箔的目的：一是利用其压延性好，可制得最薄的、密封性又好的包裹材料；其二是由于它极薄，遇到稍锋利的锐物时比较易撕破，以便取药；其三是铝箔光亮美观，易于防潮。用于铝塑包装的铝箔在与塑料膜黏合的一侧需涂敷无毒的树脂胶以用于与塑料膜之间的密合。也有时用一种特制的透析纸代替铝箔，纸的厚度多为 0.08mm。这种浸涂过树脂的纸不易吸潮，又具有在压辊作用下能与塑料膜黏合的能力。

有些药物避光要求严格时，也有利用两层铝箔包封的，即利用一种厚度为 0.17mm 左右的稍厚的铝箔代替塑料（PVC）硬膜，使药物完全被铝箔包裹起来。利用这种稍厚的铝箔时，由于铝箔较厚具有一定的塑性变形能力，可以在压力作用下，利用模具形成凹泡。

二、铝塑包装机

1. 工艺过程　在铝塑包装机上需要完成成形、加料、密封、打批号、压痕、冲裁等工艺过程。在工艺过程中对各工位是间歇过程，就整体讲则是连续的。

（1）成形　塑料硬膜在通过模具板之前先经过加热，加热的目的是使塑料软化，提高其塑性。通常加热温度调控在 110～130℃，温度的调节视季节、环境及塑料的情况，通过电脑预选控制。

使塑料膜成形的动力有两种：一种是正压成形；一种是真空成形。正压成型是靠压缩空气形成 0.3～0.6MPa 的压力，将塑料薄膜吹向模具的凹槽底，使塑料膜依据凹槽的形状（如圆的、长圆的、椭圆的、方的、三角形的等）产生塑性变形。在模具的凹槽底设有排气孔，当塑料膜变形时，凹槽空间内的空气由排气孔排出，以防该封闭空间内的气体阻碍其变形。为使压缩空气的压力有效地施加于塑料膜上，加气板应设置在对应于模具的位置上，并且应使加气板上的通气孔对准模具的凹槽。如用真空吸塑时，真空管线应与凹槽底部的小孔相通。与正压吹塑相比，真空吸塑成形的压力差要小。正压成形的模具多制成平板，在板状模具上开有成排、成列的凹槽，平板的尺寸规格可根据生产能力要求确定。真空成形机上，模具多做成滚筒式，在滚筒的圆柱表面上开有成排成列的凹槽。相应地加热装置也做成半圆弧状吻合于模具的外圆，滚筒结构便于使真空线路最短。因此，铝塑包装机分有两大类型，即平板式正压成形机（图 12－1）及滚筒式真空成形机（图 12－2）。当然，正压成形也可做成滚筒式，真空成形也可做成平板式，只是相比较少使用。

（2）加料　向成形后的塑料凹槽中填充药物可以使用多种形式的加料器，并可以同时向一排（若干个）凹槽中装药。常用旋转隔板加料装置及弹簧软管加料器。可以通过严格的机械控制，间歇地向塑料凹槽中单粒下料；也可以一定速度均匀地铺撒式下料，同时向若干排凹槽中加料。在料斗与旋转隔板间通过刮板或固定隔板控制旋转隔板的凹槽或孔洞中只落入单粒药物。旋转隔板的旋转速度应与带泡塑料膜的移动速度匹配，即可保证膜上每排凹槽均落入单粒药物。塑料膜上有几列凹泡就需相应设置有足够旋转隔板长度或个数。对于塑料膜宽度上的两侧必须设置围堰及挡板，以防止药物落到膜外。

（3）检整　利用人工或光电检测装置在加料器后边及时检查药物填落的情况，必要时可以人工补片或拣取多余的丸粒。较普遍使用的是利用机械软刷，在塑料膜前进中，伴随着慢速推扫。由于软刷紧贴着塑料膜工作，多余的丸粒总是赶往未填充的凹泡方向，又由于软刷推扫，空缺的凹泡也必会填入药粒。

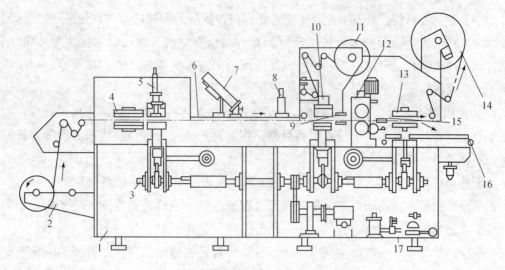

图 12-1　平板式泡罩包装机结构示意图

1—机体；2—成形模辊组；3—传动系统；4—预热装置；5—成形装置；6—导向平台；7—上料装置；

8—压平装置；9—冷却系统；10—热封装置；11—覆盖膜辊组；12—驱动装置；13—冲裁装置；

14—废料辊组；15—电控系统；16—输送机；17—气控装置

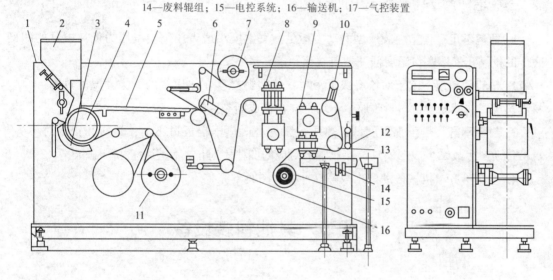

a.内部图　　　　　　　　　　　　　　b.外观图

图 12-2　DPA250 型滚筒式泡罩包装机示意

1—机体；2—上料装置；3—远红外加热器；4—成形装置；5—监视平台；6—热封合装置；7—薄膜卷筒（复合型）；

8—打字装置；9—冲裁装置；10—可调式导向辊；11—薄膜卷筒（成形膜）；12—压紧辊；13—间歇进给辊；

14—运输机；15—废料辊；16—游辊

（4）密封　当铝箔与塑料膜相对合以后，靠外力加压，有时还需伴随加热过程，利用特制的封合模具将二者压合。为确保压合表面的密封性，结合面上并不是面接触，而是以密点或线状网纹封合，使用较低压力即可保证压合密封。必要时，在此工序中尚需利用热冲打印批号。

（5）压痕　一片铝塑包装药物可能适于服用多次，为了使用方便，可在一片上冲压出易裂的断痕，用手即可方便地将一片断裂成若干小块，每小块可供一次的服用量。

（6）冲裁　将封合后的带状包装成品冲裁成规定的尺寸（即一片片大小）称为冲裁工

序。为了节省包装材料，希望不论是纵向还是横向冲裁刀的两侧均是每片包装所需的部分，尽量减少冲裁余边，因为冲裁余边不能再利用只能废弃。由于冲裁后的包装片边缘锋利，常需将四角冲成圆角，以防伤人。冲裁成品后所余的边角仍是带状的，在机器上利用单独的辊子将其收拢。

2. 传动机构简介　以平板式（正压）铝塑包装机为例，这类机器的布局多是将各种机构按垂直平面布置，利用一个垂直的面板将工作装置及传动机构分隔成前后两部分，以利于保证药物的卫生要求。

由于传动机构多，易有油污及噪声，故放置于面板后面，也利于维护外观。

铝塑包装机的主传动动力多采用变频无级调速电机。进给装置拖动气动夹头带动塑料膜右移，当塑料膜移动到位时，气动夹头松开，进给机构反转，气动夹头返回原位。由于气动夹头作用于封合后的铝塑带同时前进。进给装置还通过同步齿形胶带将运动传递给塑料膜辊、铝箔辊等，以保证整体输送同步。齿形胶带外形似皮带，由于内侧的胶齿受传动轮拨动，所以其传动兼有皮带及链的优点，平稳无噪声。

三、铝塑泡罩包装机易出现的故障

1. 凹泡不足　使塑料膜成型的动力不足，真空度小或者压缩空气压力低；模具的凹槽底部的排气孔气堵塞；温度低，塑料软化。

2. 塑料膜断裂　上下对不齐或不密封，使塑料暴露在热压辊的下方；温度过高，在塑料没有成形前就断裂；塑料膜厚薄不均也会在造成断裂。

3. 封合不好　热压辊温度低；热压辊压力小；热压辊板口不洁；塑料和铝箔对不齐；机械传动产生故障，成形模具与热压辊下对应的凹槽不对位，使药物被挤压破裂。

4. 冲切不齐　机械传动产生故障，冲切时图案不完整。

第四节　其他包装设备

扫码"学一学"

一、带状包装机

带状包装机又称条形热封包装机或条形包装机，它是将一个或一组药片或胶囊之类的小型药品包封在两层连续的带状包装材料之间，每组药品周围热封合成一个单元的包装方法。

每个单元可以单独撕开或剪开以便于使用和销售。带状包装还可以用来包装少量的液体、粉末或颗粒状产品。带状包装机是以塑料薄膜为包装材料，每个单元多为二片或单片片剂，具有压合密封性好、使用方便等特点，属于一种小剂量片剂包装。

图 12-3 为片剂热封包装机。该机采用机械传动，皮带无级调速，电阻加热自动恒温控制，其结构由贮片装置、控片装置、热压轮、切刀等组成，可以完成理片、供片、热合和剪裁工序。贮片装置是将料斗中的药片在离心盘作用下，向周边散开，进入出片轨道，经方形弹簧下片轨道进入控片装置。控片装置将药片经往复运动并且带有缺口的牙条逐片地供出，进入下片槽。热压轮有二个，相向旋转。热压轮的外表面均匀分布 64 个长凹槽，用以容纳药片，轮表面铣有花纹。热压轮由压轮、铝套、炉胆、电热丝等组成，如图 12-4

所示。其中铝套起均匀散热作用；炉胆内装有电阻丝，两端有绝缘云母片以防漏电。其中一个热压轮的铝套和压轮上并联一组热敏电阻，是控制回路的感温元件。另一压轮内装有半导体温度计的插头，用以显示热封温度。

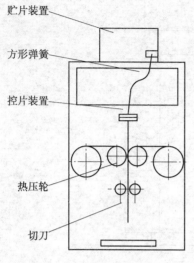

图 12 - 3　片剂热封包装机示意

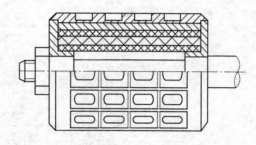

图 12 - 4　热压轮

二、双铝箔包装机

双铝箔包装机全称是双铝箔自动充填热封包装机。其所采用的包装材料是涂覆铝箔，热封的方式近似带状包装机，产品的形式为板式包装。由于涂覆铝箔具有优良的气密性、防湿性和遮光性，双铝箔包装对要求密封、避光的片剂、丸剂等的包装具有优越性，效果优于玻璃黄圆瓶包装。双铝箔包装除可包装圆形片外，还可包装异形片、胶囊、颗粒、粉剂等。

双铝箔包装机采用变频调速，裁切尺寸大小可任意设定，配置振动式整列送料机构与凹版印刷装置，能在两片铝箔外侧同时对版印刷，其充填、热封、压痕、打批号、裁切等工序连续完成。整机采用微机控制，液晶显示，可自动剔除废品、统计产量及协调各工序之间操作。双铝箔包装机也可用于纸/铝包装。

图 12 - 5 为双铝箔包装机。铝箔通过印刷器，经一系列导向轮、预热辊，在两个封口模轮间进行充填并热封，在切割机构进行纵切及纵向压痕，在压痕切线器处横向压痕、打批号，最后在裁切机构按所设定的排数进行裁切。

双铝箔包装机的封口模轮结构与带状包装机的热压轮相近，在其中一个模轮中心有感温线引出。压合铝箔时，温度在 130 ~ 140℃ 之间。封口模轮表面刻有纵模精密棋盘级，可确保封合严密。

三、装瓶机

许多固体成形药物，如片剂、胶囊剂、丸剂等常以几粒乃至几百粒不等的数量，装入玻璃瓶或塑料瓶中供应市场。以粒计的药物装瓶设备主要包括数粒计数机构及输瓶、装瓶机构以及塞纸、封蜡、旋盖等机构。

（一）计数机构

目前工厂广泛使用的数粒（片、丸）计数机构主要有两类，一类为传统的模板式计数机构，另一类为先进的光电计数机构。

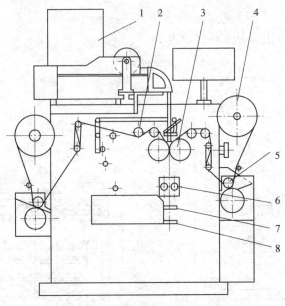

图 12-5 双铝箔包装机示意

1—振动上料器；2—预热辊；3—模轮；4—铝箔；5—印刷器；6—切割机构；7—压痕切线；8—裁切机构

1. 模板式计数机构 模板式计数机构是机械式的固定计数机构，也叫作转盘式数片机构，如图 12-6 所示。一个与水平成 30°倾角的带孔转盘，盘上开有几组（3~4 组）小孔，每组的孔数依每瓶的装量数决定。在转盘下面装有一个固定不动的托板，托板不是一个完整的圆盘，而具有一个扇形缺口，其扇形面积只容纳转盘上的一组小孔。缺口的下边紧连着一个落片斗，落片斗下口直抵装药瓶口。转盘的围墙具有一定高度，其高度要保证倾斜

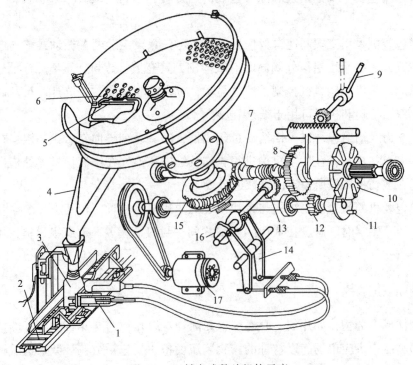

图 12-6 转盘式数片机构示意

1—定瓶器；2—输瓶带；3—药瓶；4—落片斗；5—托板；6—带孔转盘；7—蜗杆；8—直齿轮；9—手柄；
10—槽轮；11—拨销；12—小直齿轮；13—蜗轮；14—摆动杆；15—大蜗轮；16—凸轮；17—电动机

转盘内可存积一定量的药片或胶囊。转盘上小孔的形状应与待装药粒形状相同，且尺寸略大，转盘的厚度要满足小孔内只能容纳一粒药的要求。当转盘不停旋转时，其速度不能过高（0.5 ~ 2r/min），一则转速要与输瓶带上瓶子的移动频率匹配，不可能太快，二则太快的转速将产生过大离心力，不能保证转盘转动时，药粒在盘上靠自重而滚动。当每组小孔随转盘旋至最低位置时，药粒将埋住小孔，并滚满小孔。当小孔随转盘向高处旋转时，小孔上面叠堆的药粒靠自重将沿斜面滚落到转盘的最低处。为了保证各组小孔均落满药粒和使多余的药粒自动滚落，常需使转盘不是保持匀速旋转。为此利用图中的手柄扳向实线位置，使槽轮沿花键滑向左侧，与拨销配合，同时将直齿轮及时脱开。拨销轴受电机驱动匀速旋转，而槽轮则以间歇变速旋转，因此引起转盘抖动着旋转，以利于计数准确。为了使输瓶带上的瓶口和落片斗下口准确对位，利用凸轮带动一对撞针，经软线传输定瓶器动作，将到位附近的药瓶定位，以防药粒散落瓶外。当改变装瓶粒数时，则需更换带孔转盘（多用有机玻璃制作）即可。还可以将几个模板式数片机构并列安装，或错位安装，可以同时向数个输瓶带上的药瓶内装药。

2. 光电数粒（片）机构 光电数片机构是利用一个旋转平盘，将药粒抛向转盘周边，在周边围墙开缺口处，药粒将被抛出转盘。在药粒由转盘滑入药粒溜道时，溜道上设有光电传感器，如图 12 - 7 所示，通过光电系统将信号放大并转换成脉冲电信号，输入到具有"预先设定"及"比较"功能的控制器内。当输入的脉冲个数等于人为预选的数目时，控制器向磁铁发送脉冲电压信号，磁铁动作，将通道上的翻板翻转，药粒通过并引导入瓶。

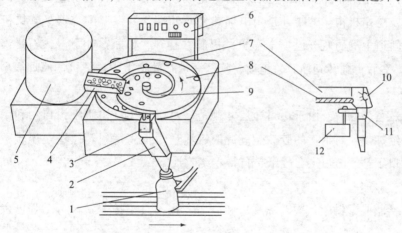

图 12 - 7 光电计数机构示意图

1—药瓶；2—药粒溜道；3—光电传感器；4—下料溜板；5—料桶；6—控制器面板；7—围墙；

8—旋转平盘；9—回形拨杆；10—光电传感器；11—翻板；12—磁铁

这种计数机构也可以制成双斗装瓶机构，药粒通道上的翻板对着分岔的两个出料口，翻板停在一侧，有一个出料口打开，另一个出料口关闭。当控制器发出的下一个脉冲电压使磁铁动作时，翻板翻动，关闭原来的出料口，打开另一个出料口。这样可以利用一个计数器控制向传送带上的两排间隔输送来的药瓶完成装瓶工作。

对于光电计数装置，根据光电系统的精度要求，只要药粒尺寸足够大（比如 >8mm），反射的光通量足以起动信号转换器就可以工作。这种装置的计数范围远大于模板式计数装置，在预选设定中，根据瓶装要求（如 1 ~ 999 粒）任意设定，不需更换机器零件，即可完成不同装量的调整。

此外也有手工操作的抄板法，即一块木板或有机玻璃板，形如乒乓球拍，在板面上加工有药片或丸粒形状的凹槽，当用手持抄板往容器中的药堆中插入和倾斜抄出时，板面上的凹槽中将落满药粒，多余的药粒则于倾斜时自动滚落回容器内。然后人工将抄板内的药粒倒入漏斗和装瓶，这适于小批量的药物试生产。

（二）输瓶机构

在装瓶机上的输瓶机构多是采用直线、匀速、常走的输送带，输送带的走速可调。由理瓶机送到输瓶带上的瓶子，各具有足够的间隔，因此送到计数器的落料口前的瓶子不应有堆积现象。在落料口处多设有挡瓶定位装置，间歇地挡住待装的空瓶和放走装完药物的满瓶。

也有许多装瓶机是采用梅花盘间歇旋转输送机构输瓶的，梅花盘间歇转位、停位准确，不再需定瓶器，详细结构不再介绍。

（三）塞纸机构

瓶装药物的实际体积均小于瓶子的容积，为防止贮运过程中药物相互磕碰，造成破碎、掉末等现象，常用洁净的碎纸条或纸团、脱脂棉等填充瓶中的剩余空间，在装瓶联动机或生产线上单设有塞纸机。

常见的塞纸机构有两类：一类是利用真空吸头，从裁好的纸摞中吸起一张纸，然后转位到瓶口处，由塞纸冲头将纸折塞入瓶；另一类是利用钢钎扎起一张纸后塞入瓶内。

（四）封蜡机构与封口机构

封蜡机构是指药瓶加盖软木塞后，为防止吸潮，常需用石蜡将瓶口封固的设备。它应包括熔蜡罐及蘸蜡机构，熔蜡罐是用电加热使石蜡熔化并保温的容器，蘸蜡机构是利用机械手将输瓶轨道上的药瓶（已加木塞的）提起并翻转，使瓶口朝下浸入石蜡液面一定深度（2~3mm），然后再翻转到输瓶轨道前，将药瓶放在轨道上。这类机构原理简单，但形式变化较多。

用塑料瓶装药物时，由于塑料瓶尺寸规范，可以采用浸树脂纸封口，利用模具将胶膜纸冲裁后，经加热使封纸上的胶软熔。此时，输送轨道将待封药瓶送至压辊下，当封纸带通过时，封口纸粘于瓶口上，废纸带自行卷绕收拢。

（五）拧盖机

无论玻璃瓶或塑料瓶，均以螺旋口和瓶盖连接，人工拧盖不仅劳动强度大，而且松紧程度不一致。

拧盖机是在输瓶轨道旁，设置机械手将到位的药瓶抓紧，由上部自动落下扭力扳手（俗称拧盖头）先衔住对面机械手送来的瓶盖，再快速将瓶盖拧在瓶口上，当旋拧至一定松紧时，扭力扳手自动松开，并回升到上停位，这种机构当轨道上没有药瓶时，机械手抓不到瓶子，扭力扳手不下落，送盖机械手也不送盖，直到机械手抓到瓶子时，下一周期才重新开始。

四、多功能充填包装机

对于颗粒、粉末等药物以质量（容积）计量的包装，现多采用袋装。药物装袋的多功能充填包装机发展很快，型号、种类极多。

（一）工作原理与过程

多功能充填包装机的结构原理如图 12-8 所示。成卷的可热封的复合包装带通过两个带密齿的挤压辊将其拉紧，当挤压辊相对旋转时，包装带往下拉送。挤压辊间歇转动的持续时间，可依不同的袋长尺寸调节。平展的包装带经过成形器（图12-9所示）时，于幅宽方向对折而成袋状。成形器后部与落料溜道紧连。每当一段新的包装带折成袋后，落料溜道里落下计量的药物。挤压辊可同时作为纵缝热压辊，此时热合器中只有一个水平热压板，当挤压辊旋转时，热压板后退一个微小距离。当挤压辊停歇时，热压板水平前移，将袋顶封固，又称为横缝封固（同时也作下一个袋底）。如挤压辊内无加热器时，在挤压辊下方另有一对热压辊，单独完成纵缝热压封固。其后在冲裁器处被水平裁断，一袋成品药袋落下。

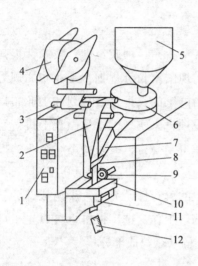

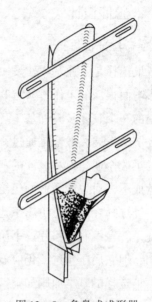

图12-8　多功能充填包装机结构原理　　　　图12-9　象鼻式成形器

1—控制箱；2—包装带；3—张紧辊；4—包装带辊；

5—料筒；6—计量加料器；7—落料溜道；8—成形器；

9—挤压辊；10—热合器；11—冲裁器；12—成品药袋

（二）包装材料

多功能充填包装机可用的包装材料均是复合材料，它由纸、玻璃纸、聚酯（又称涤纶膜）膜镀铝与聚乙烯膜复合而成，利用聚乙烯受热后的黏结性能完成包装袋的封固功能。不同机型根据包装计量范围不同可有不同的用带尺寸规格：长度40~150mm不等；宽30~115mm不等，这种包装材料防潮、耐蚀、强度高，既可包装药物、食品，也可包装小五金、小工业品件，用途广泛。所谓"多功能"的含意之一是待包装物的种类多，可包装的尺寸范围宽。

（三）计量装置

由于这种机器应用范围广泛，因此可配置不同形式的计量装置。当装颗粒药物及食品时，可以容积代替质量计量，如量杯、旋转隔板等容积计量装置。当装片剂、胶囊剂时，可用旋转模板式计数装置，如装填膏状药物或液体药物及食品、调料等可用唧筒计量装置，还可用电子秤计量、电子计数器计量装置。

扫码"练一练"

第十三章　制剂工程设计

第一节　平面设计原则

扫码"学一学"

一、总体设计

（一）厂址选择

厂址选择是工业基本建设中的一个重要环节，是一项政策性、技术性很强、牵涉面很广、影响面很深的工作。从宏观上说，它是实现国家长远规划，工业布局规划，决定生产力布局的一个具体步骤和基本环节。这是因为国家的长远发展规划和工业布局、地区生产力、经济的发展一般都是通过许多具体的建设项目来实现的。从微观上讲，厂址选择又是具体的工业企业建设和设计的前提。厂址选择得当与否，关系到工厂企业的投入和建成后的运营成本，对工厂企业的经济效益影响极大。

厂址选择在阶段上讲属于建设前期工作中的可行性研究的一个组成部分，但在有条件的情况下，在编制项目建议书阶段即可开始选厂工作，选厂报告也可以先于可行性研究报告提出，但它属于预选，仍应看作可行性研究的一个组成部分。

厂址选择的基本原则如下。

（1）厂址位置必须符合国家工业布局，城市或地区的规划要求，尽可能靠近城市或城镇原有企业，以便于生产上的协作，生活上的方便。

（2）厂址宜选在原料、燃料供应和产品销售便利的地区，并在储存、机修、公用工程和生活设施等方面有良好基础和协作条件的地区。

（3）厂址应尽可能靠近原有交通线（水运、铁路、公路），即应有便利的交通运输条件。以避免为了新建企业需修建过长的交通线，增加新企业的建厂费用和运营成本。

（4）厂址应尽可能靠近热电供应地，应该考虑电源的可靠性，并应尽可能利用热电站的蒸汽供应，以减少新建工厂的热力和供电方面的投资。

（5）选厂应注意当地的自然环境条件，并对工厂投产后对于环境可能造成的影响作出预评价。工厂的生产区、排渣场和生活区的建设地点应同时选择。

（6）散发有害物质的工厂企业厂址，应位于城镇相邻工业企业和居住区全年最小频率风向的上风侧，且不应位于窝风地段。

（7）有较高洁净度要求的生产企业厂址，应选择在大气含尘量低，无有害气体，自然环境条件良好的区域，且应远离铁路、码头、机场、交通要道以及散发大量粉尘和有害气体的工厂、储仓、堆场等有严重空气污染、水污染、振动或噪声干扰的区域。如不能远离有严重空气污染区时，则应位于其最大频率风向上风侧，或全年最小频率风向的下风侧。

（8）厂址附近应有生产污水、生活污水排放的可靠排除地，并保证不因新厂建设致使当地受到污染和危害。

（9）厂址应具有满足建设工程需要的工程地质条件和水文地质条件。

（二）厂区划分和车间的分类

1. 厂区划分　厂区可按不同方式划分。如可按原料药生产区、制剂生产区、辅助车间区、动力设施区、仓库区、厂前区等划分；也可按行政、生活、生产、公用工程等划分。

2. 车间的分类

（1）主要生产车间（制剂生产车间、原料药生产车间等）。

（2）辅助生产车间（机修、仪表等）。

（3）其他设施　包括：仓库（原料、辅料、包装材料、成品库等）、动力（锅炉房、压缩空气站、变电所、配电间等）、公用工程（水塔、冷却塔、泵房、消防设施等）、环保设施（污水处理、绿化等）、全厂性管理设施和生活设施（厂部办公楼、中央化验室、研究所、计量站、食堂、医务所等）。

（三）总平面布置的原则

为满足制药生产的特点和工艺要求，在总平面布置设计时依据政府部门下发、批复的与建设项目有关的一系列管理文件，如建设地点厂区用地规划红线图等，并结合厂区地形、地质、气象、卫生、安全、防火、施工等要求，对建（构）筑物、堆场、管线等做出合理安排，以保证生产进行。为此，总平面布置时应考虑如下原则和要求。

（1）了解厂区外部城镇区域规划与本企业的总体规划，使之构成有机的整体。

（2）厂区布置应符合生产工艺流程的合理要求，应使厂区各生产环节具有良好的联系，保证它们间的径直和短捷的生产作业线，避免生产流程的交叉和迂回反复，使各种物料的输送距离为最小。

（3）生产性质相类似或工艺流程相联系的车间要靠近或集中布置。

（4）行政、生活区应位于厂前区，并处于全年最小频率风向的下风侧。

（5）生产厂房应考虑工艺特点和生产时的交叉污染，洁净厂房应位于最大频率风向的上风侧或全年最小频率风向下风侧。

（6）考虑防火防爆，注意防振防噪。

（7）运输量大的车间、仓库、堆场等布置在货运出入口及主干道附近，避免人、货流交叉。

（8）动力设施应接近负荷量大的车间，锅炉房或对环境有污染的车间应布置在全年最小频率风向的上风侧；变电所的位置考虑电力线引入厂区的便利。

（9）危险品库应设于厂区安全位置；麻醉品及毒性药品应设专用仓库；动物房应设于僻静处，并有专用的排污与空调设施。

（10）考虑远期近期的关系，坚持"远近结合，以近为主，近期集中，远期外围，由近及远，自内向外"的布置原则，以达到近期紧凑，远期合理的目的。

（11）适应厂内外运输，道路短捷顺直。

（12）考虑施工条件，能适应建筑结构、设备基础及施工要求。

（13）考虑工厂建筑群体的空间处理及绿化环境布置，符合当地城镇规划要求。

二、车间平面布置

车间内平面布置是设计工作中很重要的一环。布置的好坏直接关系到车间建成后是否符合工艺要求，能否有良好的操作条件，使生产正常、安全的运行，设备的维护检修方便可行，以及对建设投资、经济效益等都有着很大影响。所以在进行车间布置前必须充分掌握有关生产、安全、卫生等资料，在布置时严格执行相关标准、规范，根据当地地形及气象条件，深思熟虑、仔细推敲、多方案比较，以取得最佳布置。

车间布置设计是以工艺、配管为主导专业，并在管道机械、总图、土建、电力、自控、冷冻、空调、给排水等有关专业的密切配合下完成，并征求建设单位的意见，最后工艺专业集中各方面意见完成此工作。

（一）药品生产车间平面布置的一般要求

1. 药品生产车间平面布置原则

（1）根据生产工艺流程及 GMP 要求对生产工序合理布局，以减少净化区面积。

（2）人、物流合理安排，避免交叉污染和混杂。

（3）按工艺流程单元操作集中成区，减少生产流程的迂回往返，便于生产管理。

（4）合理安排生产区和公用工程区，缩短通风和公用工程管线输送距离，以降低能耗。

2. 药品生产车间的组成 医药工业洁净厂房通常由生产区域、辅助生产区域、仓储区域、公用工程区域和办公生活区域组成。

（1）生产区域包括：按照工艺流程各生产工序所需的洁净区、一般生产区。

（2）辅助生产区域包括：物料净化室，原辅料外包装清洁室，灭菌室，称量室，配料室，设备容器具清洁室，清洁工具洗涤存放室，洁净工作服清洗室，中间分析控制室，废弃物出口，消毒液配制室，模具间，不合格品暂存间等。

（3）仓储区域包括：原料存放、辅料存放、取样、包材存放、不合格品存放和成品仓库等。

（4）公用工程区域包括：动力室（真空泵和压缩机室），变配电室，维修保养室，空调机房，冷冻机室，循环水制备室，工艺用水制备室等。

（5）办公生活区域包括：雨具存放间、管理间、换鞋室、存外衣室、人员净化用室、清洁室、办公室、会议室、卫生间、淋浴室与休息室等。

（二）药品生产车间布置要点

1. 生产区域布置要点

（1）车间应按一般生产区、洁净区的要求设计。

（2）为保证空气洁净度要求，应避免不必要的人员和物料流动。为此，平面布置时应考虑人流、物流要严格分开，无关人员和物料不得通过生产区。

（3）车间的厂房、设备、管线的布置和设备的安放，要从防止产品污染方面考虑，便于清扫。设备间应留有适当的便于清扫的间距。

（4）厂房必须能够防尘、防昆虫、防鼠类等的污染。

（5）不允许在同一房间内同时进行不同品种或同一品种、不同规格的操作。

（6）车间内应设置更换品种及日常清洗设备、管道、容器等必要的水池、上下水道等设施，这些设施的设置不能影响车间内洁净度的要求。

2. 洁净室的布置要点 在满足工艺条件的前提下，为提高洁净室的净化效果，宜按下列要求布局。

（1）空气洁净度高的房间或区域宜布置在人员最少到达的地方，并宜靠近空调机房。

（2）不同洁净等级的房间或区域宜按空气洁净度的高低由里及外布置。

（3）空气洁净度相同的房间或区域宜相对集中。

（4）不同空气洁净度房间之间相互联系要有防止污染措施，如气闸室或传递窗（柜）。

3. 辅助生产区域布置要点

（1）原材料、半成品存放室与生产区的距离要尽量缩短，以减途中污染。原材料、半成品存放室面积要与生产规模相适应。

（2）成品存放室所占面积要与生产规模相适应。

（3）称量室宜靠近原辅料存放室或原辅料库，其洁净级别与配料室相同。

（4）维修保养室不宜设在洁净生产区内。

清洗间：清洗对象有设备、容器、工器具，现国内很少对设备清洗采取运到清洗间清洗，故清洗对象主要是容器和工器具，为了避免清洗的容器发生再污染，故要求清洗间的洁净度与使用此容器的场地洁净度相协调。A级、B级洁净区的设备及容器应在本区域外清洗，清洗后经灭菌进入A、B级区域，工器具的清洗室的空气洁净度应为C级。与容器洗涤相配套的要设置清洁容器贮存室，工器件也需有专用贮存柜存放。

清洁工具间：此岗位专门负责车间的清洁消毒工作，故房间设有清洗、消毒用的设备，用于清洗揩抹用的拖把及抹布并进行消毒工作。此房间还要贮存清洁用的工具、器件。消毒液的配制应有专门的消毒液配制间。洁净区清洁工具间应设在洁净区内。

洁净工作服的洗涤、干燥室：D级及以上区域的洁净工作服，其洗涤、干燥、整理及必要时的灭菌的房间应设在洁净室内，其空气洁净度等级宜与使用工作服的洁净区相同。

4. 仓储区域布置要点　制剂车间的仓库位置的安排大致有二种，一种为集中式即原辅材料、包装材料、成品均在同一仓库区，这种形式是较常见的，在管理上较方便，但要求分隔明确，收存货方便。另一种是原辅材料与成品库（附包装材料）分开设置，各设在车间的两侧。这种形式在生产过程进行路线上较流畅，减少往返路线，但在车间扩建上要特殊安排。

仓储的布置现一般采用多层装配式货架，物料均采用托板分别贮存在规定的货架位置上，装载方式有全自动电脑控制堆垛机、手动堆垛机及电瓶叉车。

仓储内应分别采用严格的隔离措施，互不干扰，取存方便。仓库只能设一个管理出入口，若将进货与出货分设两个缓冲间，但由一个管理室管理是允许的。

仓库的设计要求室内环境清洁、干燥，并维护在认可的温度限度之内。仓库的地面要求耐磨、不起灰、足够的地面承载力、防潮。

（1）称量及前处理区　称量及前处理区的设置可设在仓库附近，也可设在仓库。设在仓库内，使全车间使用的原辅料集中加工、称量，然后按批号分别堆放待领用。这样可避免大批原料领出，也有利于集中清洗和消毒容器。也有将称量间设在车间内的情况，这种布置要设一原料存放区，使称量多余的料不倒回仓库而贮存在此区内。

原辅料的加工和处理、称量操作粉尘散发较严重，为了加强除尘措施，尽可能采用多间独立小空间，有利于排风、除尘效果，也有利于不同品种原料的加工和称量。这些加工小室，在空调设计中特别要注意保持负压状态。小室中需设置地漏，以便工毕清洗。设计中应特别注意减少积尘点，宜在操作岗位后侧设技术夹墙，以便管道暗敷。最新设计中大多采用称量罩形式。

（2）中贮区　中贮区无论是一个场地或一个房间，对 GMP 管理都是极为重要和必需的。不管是上下工序之间的暂存还是中间体的待检都需有序地暂存，中贮区的设置有几种方法，可将贮存、待检场地在生产过程中分散设置，也可将中贮区相对的集中。重要的是进出中贮区或中贮间的路线是顺工艺路线而设，不能来回交叉，更不要贮放在操作室内。

5. 生活区域布置要点

（1）人员净化用室和生活用室组成　人员净化用室包括雨具存放室、换鞋室、存外衣室、盥洗室、洁净工作室和气闸室或空气吹淋室等。人员净化用室洁净级别应从外到内逐步提高，洁净级别可低于生产区。对于要求严格分隔的洁净区，人员净化用室和生活用室布置在同一层。

（2）人员净化用室的入口应有净鞋设施。在 A 级、B 级洁净区的人员净化用室中，存外衣和洁净工作服室应分别设置，按最大班人数每人各设一外衣存衣柜和洁净工作服柜。盥洗室应设洗手和消毒设施，宜装烘干器龙头，按最大班人数每 10 人设一个，龙头开启方式以不直接接触为宜。有空气洁净度要求的生产区内不得设卫生间，卫生间宜设在人员净化室外。淋浴室可以不作为人员净化的必要措施，特殊需要设置时，可靠近盥洗室。为保持洁净区域的空气洁净和正压，洁净区域的入口处应设气闸室或空气吹淋室。气闸室的出入门应予联锁，使用时不得同时打开。设置单人空气吹淋室时，宜按最大班人数每 30 人一台，洁净区域工作人员超过 5 人时，空气吹淋室一侧应设旁通门。人员净化室和生活用室的建筑面积应合理确定。人员净化用室的净化程序如图 13-1 所示。进入无菌生产区的更衣需退更。

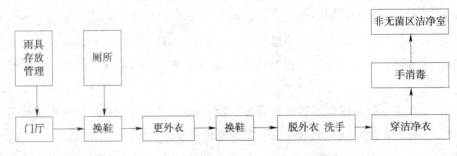

图 13-1　人员净化用室的净化程序

（三）车间内设备的布置

制剂车间要达到 GMP 的要求，工艺设备达标是一个重要方面，其中设备的安装是重要内容。首先设备布局要合理，其安装不得影响产品的质量；安装间距要便于生产操作、拆装、清洁和维修保养，并避免发生差错和交叉污染。同时，设备穿越不同洁净室（区）时，除考虑固定外，还应采用可靠的密封隔断装置，以防止污染。不同的洁净等级房间之间，如采用传送带传递物料时，为防止交叉污染，传送带不宜穿越隔墙，而应在隔墙两边分段传送，对送至无菌区的传动装置必须分段传送。应设计或选用轻便、灵巧的传送工具，如传送带、小车、流槽、软接管、封闭料斗等，以辅助设备之间的连接。对洁净室（区）内的设备，除特殊要求外，一般不宜设地脚步螺栓。对产生噪声、振动的设备，应分别采用消声、隔振装置，改善操作环境。动态操作时，洁净室内噪声不得超过 70dB。设备保温层表面必须平整、光洁，不得有颗粒性物质脱落，表面不得用石棉水泥抹面，宜采用不锈钢外壳保护。设备布局上要考虑设备的控制部分与安置的设备有一定的距离，以免机械噪声对人员的污染损伤，所以控制部分（工作台）的设计应符合人类工程学原理。

三、通风、空调与净化

（一）通风

1. 制药工业有害物的来源

（1）粉尘。

（2）有害蒸气和气体。

（3）余热和余湿。

（4）尘化作用 粉尘由静止状态变成悬浮于空气的过程。由静止到悬浮为一级一次尘化；由悬浮到扩散为二次尘化，造成整体空气的污染。

2. 通风种类

（1）自然通风。

（2）机械通风。

（二）空调与净化

1. 温度与湿度

（1）温度 应适宜，使人感到舒服。

（2）湿度 尽量降低。

2. 其他条件 气流速度、机械设备的温度、噪声、墙壁的装修等，都要进行控制。

3. 空气洁净度级别的确定 药品生产洁净室（区）空气洁净度分为四个等级，如表13-1所示。洁净室（区）微生物监测的动态标准如表13-2所示。

表13-1 洁净室（区）空气洁净度级别

洁净级别	悬浮粒子最大允许数（个/m³）			
	静态		动态	
	≥0.5μm	≥5.0μm	≥0.5μm	≥5.0μm
A级	3520	20	3520	20
B级	3520	29	352000	2900
C级	352000	2900	3520000	29000
D级	3520000	29000	不做规定	不做规定

表13-2 洁净室（区）微生物监测的动态标准

洁净级别	浮游菌（cfu/m³）	沉降菌（cfu/4h）	表面微生物	
			接触碟（直径55mm）cfu/碟	5指手套 cfu/手套
A级	<1	<1	<1	<1
B级	10	5	5	5
C级	100	50	25	—
D级	200	100	50	—

4. 空气净化系统的要求

（1）空气净化处理应采用初效、中效、高效空气过滤器三级过滤。

（2）洁净室内产生粉尘和有毒气体的工艺设备，应设局部除尘和排风装置。

（3）洁净室排风系统应有防倒灌或过滤措施，以免室外空气的流入。含有易燃、易爆物质局部排风系统应有防火、防爆措施。

（4）换鞋室、更衣室、洗刷室以及厕所、淋浴室等是产生灰尘、臭气和水汽的地方，应采取通风措施。

5. 洁净室的环境控制

（1）温度与相对湿度　洁净室（区）的温度和相对湿度应与药品生产工艺相适应，并满足人体舒适的要求。无特殊需要时温度控制在18~26℃，相对湿度控制在45%~65%。

易吸潮产品（硬胶囊、粉针等）：　　　45%~50%（夏季）；

片剂等固体制剂：　　　　　　　　　　50%~55%；

水针、口服液：　　　　　　　　　　　55%~65%。

过高的相对湿度易长真菌，过低的相对湿度易产生静电，使人体感觉不适。据计算，洁净室换气次数为20次/小时，室温25℃，当室内相对湿度由55%提高到60%时，可节省冷负荷15%。

（2）压力差　对保持室内洁净度，室内需保持正压，可通过使送风量大于排风量的办法达到，并应用指示压差的装置；对于工艺过程产生大量粉尘、有害物质、易燃易爆物质及生产青霉素类强致敏性药物，某些甾体药物，任何认为有致病作用的微生物的生产工序的洁净室，室内要保持相对负压。这时，可将走廊做成与生产车间相同的净化级别，并把静压差调高一些，使空气流向产生粉尘的车间。空气洁净度等级不同的相邻房间之间的静压差应大10Pa，洁净室（区）与室外大气的静压差应大于10Pa。

（3）新鲜空气量　洁净室内应保持一定的新鲜空气量，其数值应取下列风量中的最大值。

①非单向流洁净室总送风量的10%~30%，单向流洁净室风量的2%~4%。

②补偿室内排风和保持正压值所需的新鲜空气量。

③保证室内每人每小时的新鲜空气量不小于40m³。

一般洁净区空调系统空气处理流程如图13-2所示。

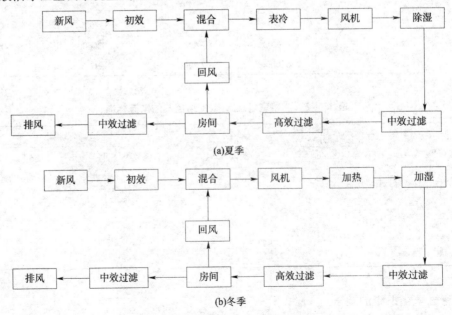

图13-2　一般洁净区空调系统空气处理流程

扫码"学一学"

第二节 车间设计

车间设计包括工艺设计和非工艺设计。它的主要内容有：①方案设计；②生产工艺流程设计；③物料衡算；④能量衡算；⑤设备选择；⑥车间布置；⑦工艺管路设计；⑧非工艺设计项目；⑨编制概算书；⑩编制工艺设计文件。

工艺设计主要由工艺人员进行，非工艺设计由各专业人员进行。非工艺设计的条件由工艺人员提出，配合各专业进行设计。

一、方案设计

必须要技术上先进，经济上合理，原材料来源方便及产品质量好，适合于今后的发展。在方案设计时，需对各种生产方法的技术经济进行比较。需要比较的项目大致有：①产品成本，经济效益，劳动生产率；②原材料的用量及供应，产品质量；③水、电、气用量及供应；④对生产环境的要求；⑤副产品的利用，"三废"的处理；⑥生产技术先进，设备合理；⑦自动化程度。⑧占地面积，建筑面积，基本建设投资等。

二、生产工艺流程设计

生产方法确定后，就要进行生产工艺设计。它表示生产过程中所用的设备以及物料和能量发生的变化及其流向，它是指导设计和施工安装的重要依据。

生产工艺设计可分三个阶段。第一阶段，编制生产工艺草图阶段，包括设备示意图、物料管线及流向、主要动力管线及图例等。第二阶段，物料流程图阶段，包括物料组成和物料量变化的流程图。第三阶段，工艺流程图阶段，包括全部工艺设备，物料管线、阀件、辅助管线、控制点等图例。

（一）片剂生产工艺流程

片剂生产工艺流程中粉碎、配料、混合、制粒、压片、包衣、分装等工序为洁净生产区域，其他工序为一般生产区域，洁净区洁净度要求 D 级。其工艺流程示意图及环境区域划分如图 13 - 3 所示。

（二）胶囊剂生产工艺流程

胶囊剂包括硬胶囊剂和软胶囊剂。二者生产工艺的主要区别在于：硬胶囊剂是将固体、半固体或液体药物由自动化胶囊灌装机灌装于胶壳中而成；软胶囊则是在成囊的胶皮中加入一定量的甘油增塑，使囊壳具有较大的弹性，然后将液体或半固体药物以压制法或滴制法填装于软胶囊壳中。

硬胶囊剂生产工艺流程图及环境区域划分如图 13 - 4 所示。

软胶囊剂生产工艺流程示意图及环境区域划分如图 13 - 5 所示。

（三）可灭菌小容量注射剂工艺流程

可灭菌小容量注射剂生产工艺过程包括原辅料的准备、安瓿处理、配液滤过、灌装封口、灭菌检漏、质量检查、印字包装等工序，其一般生产区、洁净区划分如图 13 - 6 示。

（四）可灭菌大容量注射剂工艺流程

大容量注射剂系指一次给药在 100ml 以上，借助静脉滴注方式进入体内的大剂量注射

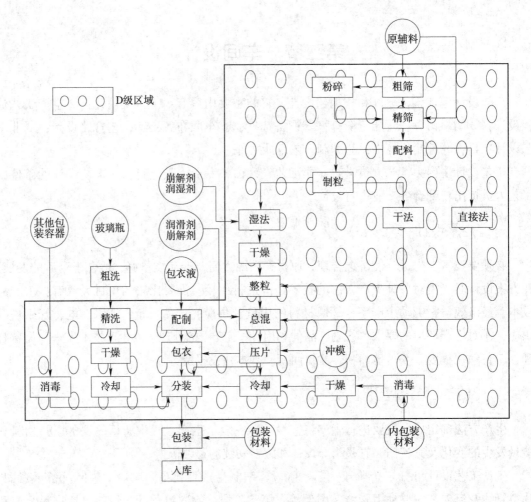

图 13 - 3　片剂生产工艺流程示意图及环境区域划分

液，又称输液、补液、大型输液。由于其用量大又直接进入血液，故质量要求较高，生产工艺及洁净级别要求与可灭小容量注射液有所不同，它包括输液剂的容器及附件（输液瓶或塑料输液袋、橡胶、衬垫薄膜、铝盖）的处理，配液、滤过、灌封、灭菌、质检、包装、包装等工序（图 13 - 7）。

（五）粉针剂生产工艺流程

粉针剂系统指无菌操作法将经过无菌精制的药物粉末分（灌）装于灭菌容器内的注射剂，其中原材料安瓿、小瓶和胶塞的预处理工区设计空气洁净在 D 级；无菌分装及分装瓶冷却等工区属 B + A 级洁净区；以保证产品的绝对无菌。此外，由于粉针剂较易吸潮，生产车间内应控制较低的相对湿度（据产品确定）。

（六）软膏剂生产工艺流程

软膏剂按其使用的基质不同分为油膏、乳膏和凝胶。市场上软膏剂绝大多数商品都是油膏和乳膏。

GMP 中对生产环境的一般要求同样也适用于软膏剂生产车间，其车间内供水系统、容器消毒、配料及灌装等生产工序列为洁净区域，要求洁净度普通外用软膏和直肠用软膏为 D 级，在条件许可的前提下，眼膏剂的灌装区域应安装局部层流装置，以达到无菌的环境。同时，所用的原料、生产工具、容器等应选用适宜的方法进行消毒与灭菌。

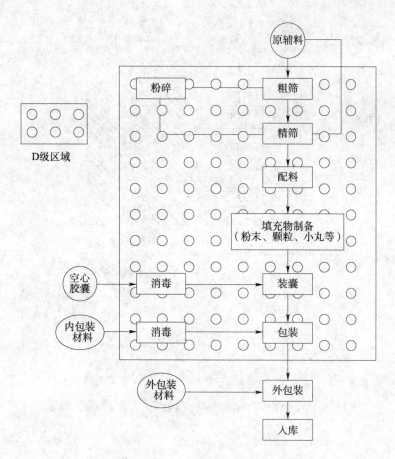

图 13 - 4　硬胶囊剂生产工艺流程示意图及环境区域划分

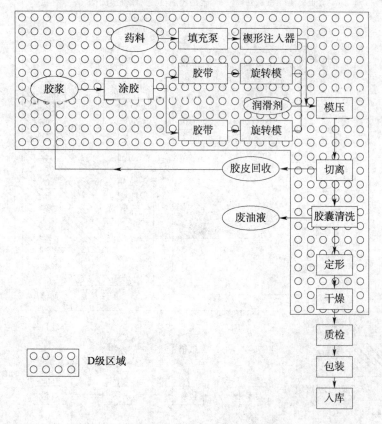

图 13 - 5　压制法制备软胶囊剂生产工艺流程示意图及环境区域划分

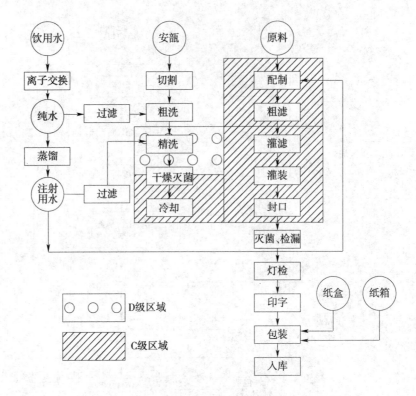

图 13-6 可灭菌小容量注射剂工艺流程示意图及环境区域划分

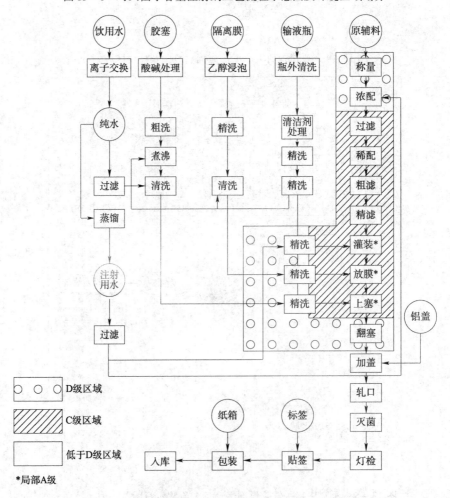

图 13-7 可灭菌大容量注射剂工艺流程示意图及环境区域划分

三、物料衡算

在生产工艺流程示意图确定以后，就可作车间物料衡算。通过衡算，使设计由定性转向定量。物料衡算是车间工艺设计中最先完成的一个计算项目，其结果是后续的车间热量衡算、设备工艺设计与选型、确定原材料消耗定额、进行管路设计等各种设计项目的依据。因此，物料衡算结果的正确与否将直接关系到工艺设计的可靠程度。为使物料衡算能客观地反映出生产实际状况，除对实际生产过程要作全面而深入的了解外，还必须要有一套系统而严密的分析、求解方法。

在进行车间物料衡算前，首先要确定生产工艺流程示意图，这种图限定了车间的物料衡算范围，指导工艺计算既不遗漏，也不重复。其次要收集必需的数据、资料，如各种物料的名称、组成及其含量；各种物料之间的配比等。具备了这些条件，就可以着手进行车间物料衡算。

四、能量衡算

当物料衡算完成后，可进行车间的能量衡算。能量衡算的主要目的是为了确定设备的热负荷。根据设备热负荷的大小、所处理物料的性质及工艺要求再选择传热面的形式，计算传热面积，确定设备的主要工艺尺寸。传热所需的加热剂或冷却剂的用量也是以热负荷的大小为依据而进行计算的。对已投产的生产车间，进行能量衡算是为了更加合理地用能。通过对一台设备能量平衡测定与计算可以获得设备用能的各种信息，如热利用效率、余热分布情况、余热回收利用等，进而从技术上、管理上制定出节能措施，以最大限度降低单位产品的能耗。

五、设备选择

制药设备可分为机械设备和化工设备两大类，一般说来，药物制剂生产以机械设备为主（大部分为专用设备），化工设备为辅。目前制剂生产剂型有片剂、针剂、粉针、胶囊、颗粒剂、口服液、栓剂、膜剂、软膏、糖浆等多种剂型，每生产一种剂型都需要一套专用生产设备。

制剂专用设备又有两种形式：一是单机生产，由操作者衔接和运送物料，使整个生产完成，如片剂、颗粒剂等基本上是这种生产形式；其生产规模可大可小，比较灵活，容易掌握，但受人为的影响因素较大，效率较低。另一种是联动生产线（或自动化生产线），基本上是将原料和包装材料加入，通过机械加工、传送和控制，完成生产。如输液剂、粉针剂等，其生产规模较大，效率高，但操作、维修技术要求较高，对原材料、包装材料质量要求高，一处出故障就会影响整个联动线的生产。

工艺设备设计与选型分两个阶段，第一阶段包括以下内容：①定型机械设备和制药机械设备的选型；②计量贮存容器的计算；③定型化工设备的选型；④确定非定型设备的形式、工艺要求、台数、主要规格。第二阶段是解决工艺过程中的技术问题，例如滤过面积、传热面积、干燥面积以及各种设备的主要规格等。

设备选型应按以下步骤：首先了解所需设备的大致情况，国产还是引进，使用厂家的使用情况，生产厂家的技术水平等；其次是搜集所需资料，目前国内外生产制剂设备的厂家很多，技术水平和先进程度也各不一样，要做全面比较；再次，核实与本设计所要求的是否一致；最后到设备制造厂家了解其生产条件和技术水平及售后服务等。总之，首先要考虑设备的适用性，使用能达到药品生产质量的预期要求，设备能够保证所加工的药品具有最佳的纯度、一致性。根据上述调查研究的情况和物料衡算结果，确定所需设备的名称、型号、规格、生产能力、生产厂家等，并列表登记。在选择设备时，必须充分考虑设计的要求和各种定型设备和标准设备的规格、性能、技术特征、技术参数、使用条件，设备特点、动力消耗、配套的辅助设施、防噪声和减震等有关数据以及设备的价格，此外还要考虑工厂的经济能力和技术素质。一般先确定设备的类型，然后确定其规格。

在制剂设计与选型中应注意用于制剂生产的配料、混合、灭菌等主要设备和用于原料药精制、干燥、包装的设备，其容量应与生产批量相适应；对生产中发尘量大的设备如粉碎、过筛、混合、制粒、干燥、压片、包衣等设备应附带防尘围帘和捕尘、吸粉装置，经除尘后排入大气的尾气应符合国家有关规定；干燥设备进风口应有过滤装置，出风口有防止空气倒流装置；洁净室（区）内应尽量避免使用敞口设备，若无法避免时，应有避免污染措施；设备的自动化或程控设备的性能及准确度应符合生产要求，并有安全报警装置；应设计或选用轻便、灵巧的物料传送工具（如传送带、小车等）；不同洁净级别区域传递工具不得混用，高级别洁净室（区）使用的传输设备不得穿越其他较低级别区域；不得选用可能释出纤维的药液滤过装置，否则须另加非纤维释出性滤过装置，禁止使用含石棉的滤过装置；设备外表不得采用易脱落的涂层；生产、加工、包装青霉素等强致敏性、某些甾体药物、高活性、有毒害药物的生产设备必须专用等。

六、车间布置

车间布置设计的目的是对厂房的配置和设备的排列做出合理的安排，是车间工艺设计的重要环节之一。一个布置不合理的车间，基建时工程造价高，施工安装不便；车间建成后又会带来生产和管理问题，造成人流和物流紊乱，设备维护和检修不便等问题。因此，车间布置设计时应遵守设计程序，按照布置设计的基本原则，进行细致而周密的考虑。

制剂车间设计除需遵循一般车间常用的设计规范和规定外，还需遵照医药工业洁净厂房设计规范、洁净厂房设计规范、药品生产质量管理规范、药品生产质量管理规范实施指南进行车间设计。

车间布置设计的任务：第一，确定车间的火灾危险类别，爆炸与火灾危险性场所等级及卫生标准；第二，确定车间建筑（构筑）物和露天场所的主要尺寸，并对车间的生产、辅助生产和行政生活区域位置做出安排；第三是确定全部工艺设备的空间位置。

七、工艺管路设计

（一）管路设计的内容

1. 管径的计算和选择　由物料衡算和热量衡算，选择各种介质管道的材料；计算管径和管壁厚度，然后根据管子现有的生产情况和供应情况做出决定。

2. 管道的配置　根据工艺流程图，结合设备布置图及设备施工图进行管道的配置，应注明如下内容：①各种管道内介质的名称、管子材料和规格、介质流动方向以及标高和坡度，标高以地平面为基准面或以楼板为基准面；②同一水平面或同一垂直面上有数种管道，安装时应予注明；③介质名称、管理材料和规格、介质流向以及管件、阀件等用代号或符号表示。

3. 提出资料 应包括：①将各种断面的地沟长度提供给土建；②将车间上水、下水、冷冻盐水、压缩空气和蒸汽等管道管径及要求（如温度、压力等条件）提供给公用系统；③各种介质管道（包括管子、管件、阀件等）的材料、规格和数量；④补偿器及管架等材料制作与安装费用；⑤做出管道投资概算。

4. 编写施工说明书 包括施工中应注意的问题，各种介质的管子及附件的材料，各种管道的坡度，保温刷漆等要求及安装时采用的不同种类的管件管架的一般指示等问题。

（二）管路布置原则

在管道布置设计时，首先要统一协调工艺和非工艺管的布置，然后按工艺流程并结合设备布置、土建情况等布置管道。在满足工艺、安装检修、安全、整齐、美观等要求的前提下，使投资最省、经费支出最小。

（1）为便于安装，检修及操作，一般管道多用明线敷设，且价格较暗线便宜。

（2）管道应成列平行敷设，尽量走直线，少拐弯，少交叉。明线敷设管子尽量沿墙或柱安装，应避开门、窗、梁和设备，应避免通过电动机、仪表盘、配电盘上方。

（3）操作阀高度一般为 0.8~1.5m，取样阀 1m 左右，压力表，温度计 1.6m 左右，安全阀为 2.2m。并列管路上的阀门、管件应错开安装。

（4）管道上应适当配置一些活接头或法兰，以便于安装、检修。管道成直角拐弯时，可用一端堵塞的三通代替，以便清理或添设支管。

（5）按所输送物料性质安排管道。管道应集中敷设，冷热管要隔开布置，在垂直排列时，热介质管在上，冷介质管在下；无腐蚀性介质管在上，有腐蚀介质管在下；气体管在上，液体管在下；不经常检修管在上，检修频繁管在下；高温管在上，低温管在下；保温管在上，不保温管在下；金属管在上，非金属管在下。水平排列时，粗管靠墙，细管在外；低温管靠墙，热管在外，不耐热管应与热管避井；无支管的管在内，支管多的管在外；不经常检修的管在内，经常检修的管在外；高压管在内，低压管在外。输送有毒或有腐蚀性介质的管道，不得在人行通道上方设置阀件、法兰等，以免渗漏伤人。输送易燃、易爆和剧毒介质的管道，不得敷设在生活间、楼梯间和走廊等处。管道通过防爆区时，墙壁应采取措施封固。蒸汽或气体管道应从主管上部引出支管。

（6）根据物料性质的不同，管道应有一定坡度。其坡度方向一般为顺介质流动方向（蒸汽管相反），坡度大小为：蒸汽 0.005，水 0.003，冷冻盐水 0.003，生产废水 0.001、蒸汽冷凝水 0.003，压缩空气 0.004，清净下水 0.005、一般气体与易流动液体 0.005，含固体结晶或黏度较大的物料 0.001。

（7）管道通过人行道时，离地面高度不少于 2m；通过公路时不小于 4.5m；通过工厂主要交通干道时一般应为 5m。长距离输送蒸汽的管道，在一定距离处应安装冷凝水排除装置，长距离输送液化气体的管道，在一定距离处应安装垂直向上的膨胀器。输送易燃液体或气体时，应可靠接地，防止产生静电。

（8）管道尽可能沿厂房墙壁安装，管与管间及管与墙间的距离以能容纳活接头或法兰，便于检修为度。一般管路的最突出部分距墙不少于 100mm；两管道的最突出部分间距离，对中压管道 40~60mm，对高压管道 70~90mm。由于法兰易泄漏，故除与设备或阀门采用法兰连接外，其他应采用对焊连接。但镀锌钢管不允许用焊接，DN≤50 可用螺纹连接。

（三）公用管路布置时应该注意的问题

（1）蒸汽管路内的冷凝水应能及时排除，用疏水器。

（2）上下水管路不允许布置在遇水分解、燃烧、爆炸等物料的贮存处，避免在电气设备、生产设备上方通过。不允许断水的供水管路至少应设两个供水系统，分别从室外环形管网的不同侧引入。

（3）为保证药品质量，车间饮用水、循环水、蒸馏水、去离子水等管路应单独安装；不得在任何地点串接。

（4）为减少气体的压力脉动及振动，压缩机须加缓冲罐，压缩空气进入洁净区之前要充分去油、去水、去除机械杂质，并须过滤及除臭等。

八、非工艺设计项目

由工艺人员向建筑设计部门和其他专业部门提出非工艺设计条件，并以此为依据进行非工艺部分的设计。非工艺设计的内容包括：①建筑设计（一般建筑工程、特殊建筑物）；②公用工程设计（上、下水道、采暖、通风）；③电气设计（动力电、照明电等）；④自动控制设计；⑤设备的机械设计；⑥相关的环境保护设施的设计；⑦技术经济设计等。

九、编制概算书

（一）编制原则

密切结合工程的结构性质和建设地区施工条件，合理地计算各项费用。必须贯彻设计与施工、理论与实际相结合的原则，有重点地提高主要工程项目的质量，以便更好地控制整个建设项目的概算，使概算在基本建设各个环节中发挥其应有的作用。

（二）编制依据

（1）建筑安装工程项目的可行性研究报告及已经批准的计划任务书。

（2）建设地点自然条件，其中包括气象、工程地质和水文地质条件等有关资料。

（3）建设地区技术经济条件，其中包括交通运输、能源供应、建筑工业企业等有关资料。

（4）初步设计或扩大初步设计图纸及其说明书、设备表、材料表等有关资料。

（5）标准设备（定型设备）与非标准设备价格资料。

（6）建设地区工资标准、材料预算价格等资料。

（7）概算定额或概算其指标。

（8）国家或省、市、自治区颁发的建筑安装工程间接费定额。

（9）有关其他工程和费用的收费标准等文件。

十、编制工艺设计文件

初步设计的开展必须有已批准的可行性研究报告和必要的基础资料及技术资料。对建设单位提出的可行性研究报告有重大不合理的问题时应与建设单位共同商议，提出解决办法，并报上级经批准后再继续进行初步设计。

初步设计根据建设规模，可分为总体工程设计、车间（装置）设计及概算书。总体工程设计适用于新建、改扩建的大中型项目的初步设计。对小型建设项目及部分较简单的项目，可适当简化或将部分内容合并。车间（装置）设计适用于大中型项目中的车间（装置）的初步设计或总体工程设计内容不多的车间（装置）项目的设计。

初步设计的总概算经批准后应是确定建设项目投资额，编制固定资产投资计划，签定建设工程总承包合同、贷款总合同，组织主要设备订货，进行施工准备等的依据。

总体工程设计内容包括：①总说明（包括设计依据、设计范围及分工、设计原则、工厂组成、产品方案及建设规模；生产方法及全厂工艺总流程、主要原材料、燃料的规格、消耗量及来源、公用系统主要参数及消耗量、厂址概况、全厂定员、建设进度、技术经济指标、存在问题及解决意见）；②总图运输；③公用工程（包括给排水、供电、电信、供热、压缩空气站、冷冻站、厂区室外管道）；④辅助生产装置设施（包括维修、中央化验室、动物房、仓库、贮运设施）；⑤仪表及自动控制；⑥土建；⑦采暖通风；⑧行政管理及生活设施；⑨环境保护；⑩消防；⑪职业安全卫生；⑫节能；⑬概算；⑭财务评价。

车间（装置）设计内容包括：①设计依据及设计范围；②设计原则；③产品方案与建设规模；④生产方法及工艺流程；⑤生产制度；⑥原料及中间产品的技术规格；⑦物料计算；⑧主要工艺设备选择说明；⑨工艺主要原材料及公用系统消耗；⑩生产分析控制；⑪车间布置；⑫设备；⑬仪表及自动控制；⑭土建；⑮采暖、通风及空调；⑯公用工程；⑰原材料及成品贮运；⑱车间维修；⑲环境保护；⑳消防；㉑职业安全卫生；㉒节能；㉓车间定员；㉔概算；㉕产品成本；㉖主要技术经济指标。

初步设计的深度应满足以下要求：①设计方案的比选和确定；②主要设备材料订货；③土地征用；④基建投资的控制；⑤施工图设计的编制；⑥施工组织设计的编制；⑦施工准备和生产准备等。

施工图设计是根据已批准的初步设计及总概算为依据，它是为施工服务的，其中包括施工图纸、施工文字说明、主要材料汇总表及工程量。施工图纸包括：土建建筑及结构图、设备制造图、设备安装图、管道安装图、供电、供热、给水、排水、电信及自控安装图等。对化工工艺设计施工图的内容有以下的统一规定：①管道及仪表流程图；②分区索引图；③设备布置图；④设备一览表；⑤设备安装图；⑥设备地脚螺栓表；⑦管道布置图；⑧软管站布置图；⑨管道轴测图；⑩管道轴测图和管段表索引；⑪管段表及管道特性表；⑫特殊管架图；⑬管架图索引；⑭管架表；⑮弹簧汇总表；⑯特殊管件图；⑰特殊阀门和管道附件表；⑱隔热材料表；⑲防腐材料表；⑳伴热管图和表；㉑综合材料表；㉒设备管口方位图。

施工图设计的深度应满足以下要求：①设备材料的安排和非标准设备的制作；②施工图预算的编制；③施工要求等。

第三节　中成药生产车间的工艺设计

中药厂一般都是综合性中成药生产厂，除了具有制药厂的共性外还具有自身的特点，例如从原药材前处理、提取、蒸发、干燥，直至各种制剂都是中药生产所特有的。因此在中药生产车间工艺设计时，必须根据具体生产情况及特点进行合理设计。

扫码"学一学"

一、中药生产工艺流程设计

（一）生产工艺的选择

一般说来，中药生产是在药材或饮片做原料的基础上，多数要经过粉碎、过筛、提取、滤过、蒸发、浓缩等工艺。然后再进行其他制剂工序。前处理、提取、精制的方法直接影响制剂原料和成品的质量。由于剂型不同，给药途径不同，即使同一味中药，提取的成分是同一种，采用的工艺路线和生产方法也不尽相同。例如，从黄芩中提取黄芩素，在牛黄解毒片中的提取方法是水煮、滤过，然后往滤液中加入饱和明矾水溶液，生成黄芩螯合物的沉淀，干燥后应用；在银黄注射液或清开灵注射液中，则采用水煮酸沉法，再经反复水溶加醇、过滤、酸沉法精制，提得相当纯的黄芩素后，才能供配制注射剂使用。因为前者是片剂，供口服用药，而后者是注射剂，供肌内注射或静脉点滴，对黄芩素的状态和纯度要求不同，故在保证药品质量的前提下，从生产实际考虑，应采取不同提取精制方法。由此可见，生产工艺的选择，对工艺设计来说是一个很重要的问题。

由于产品生产的工艺路线和生产方法是否先进、合理，对产品的质量和成本起着决定性的作用；因此，不论是设计已经大规模生产的产品，还是属于试生产或国内外首次生产的产品，在进行生产方法的选择时，都应广泛的进行调查研究，收集第一手资料，以了解国内外生产现状及发展趋势。对各种生产工艺，一定要作全面的分析比较，不仅要求技术上先进，还要经济合理。要考虑原料来源易得，产品质量稳定，流程简单，机械化水平高，便于生产控制，能量消耗少，"三废"治理措施落实，投资少，成本低等因素。例如黄芩素的提取、精制方法，得到黄芩素的制备方法不止一种，这时就必须从技术、经济、生产工艺等方面进行选择，看哪一种方法更经济合理、切实可行。由于产品的剂型不同，对黄芩素精制的质量要求也不同，因而从经济上考虑，就应根据各种剂型的要求，采用不同的方法进行精制。对于工艺与装置设计师来讲，可行性工艺论证已在设计前期完成，因此可以认为工艺路线的选择已经完成。

（二）生产工艺流程示意图的设计

流程图由物流与单元过程组合而成，若以每个方框标示单元过程，则必有各股输入物流指向过程方框，而又有若干股产出物流自过程方框引出。一个中药产品的流程示意图总是由若干个顺序的单元过程所组成，各个方框之间由物流线相联系，前一方框的输出物流可能是后一方框的输入物流。

中药的提取方法不同，其工艺流程图也不相同。以葛根粗粉提取葛根总黄酮的工艺为例，取经过粉碎的葛根粗粉，置于逆流滤浸出液器中，以70%乙醇逆流渗滤液浸出。高浓度的逆流浸出液，输入到减压蒸馏浓缩罐中。回收乙醇后的浓缩水溶液过滤除去水不溶物，并予以洗涤。合并滤液和洗涤液加入饱和碱性醋酸铅水溶液直到沉淀完全为止，滤过，沉淀物低温干燥。然后将其悬浮于乙醇中以硫化氢脱铅，至无黑色沉淀析出为止。滤过并向滤液加入氢氧化铵调 pH 6.5～7，减压浓缩或喷雾干燥得总黄酮。设计时要考虑实验与工业化生产之间的差异，涉及到工艺过程的一切物流，包括废水、废料，都应在图上标明。

二、中药生产工艺流程图的绘制

工艺流程图就是在图纸上具体真实地反映设备、管道与管件、仪表等实际情况。它与设备布置图、管道布置图一起构成了一整套化工类型的工艺施工图纸。

（一）生产工艺流程图的基本构成

1. 设备轮廓　需要画出代表设备特征的主、俯视图轮廓线，除封头、筒体外对减速机及搅拌器、夹套等传垫设施均应以其相应视图的轮廓表示。设备轮廓用细线画。

2. 工艺与动力　包括各种气、液物料、水蒸气、压缩空气、氮气、真空、废水、上下冷冻盐水、排气等管线。配置于管线上的各种阀门、仪表等。用实线表示。

3. 设备、管线的标注　设备标注是设备编号、名称两项；管线的标注则包括管线编号、物流名称、材质、规格等。

4. 仪表与控制　在工艺流程图上绘制的仪表符号，用文字表示仪表种类、指示及控制方式、仪表的安装标高等。

5. 标高　由于工艺流程图只在高度方向是真实的，因此图纸上一般不出现尺寸标注。一般可画出地坪、各楼层的水平线并标示其标高。对于设置有操作平台的部位，应画出操作平台的水平线并标示其标高。

6. 图例　为了使读图者方便地阅读工艺流程图，对阀门、管件、仪表（参量及功能代号）等以图例的形式标注在标题栏的上方。

7. 固体物料　可以形象地绘制，固体物料的输送移动可用粗实箭头加文字来表示。

（二）生产工艺流程图包含的信息

1. 组成生产工艺单元过程与设备　在生产工艺流程图上可以清楚地看到构成生产工艺过程的所有单元过程；各单元过程所选用的设备形式及台数，若对照设备一览表还可以知道设备的型号、尺寸、主要性能参数等。

2. 生产工艺中物流与能量流　各单元过程、设备通过管线的连接，组成了物料与能量流体系。清楚地表明了进、出每个单元过程、设备的物料与能量；表明了各单元过程之间、各设备之间的物料、能量流相互关系。例如，由于生产工艺流程图在高度方向上准确地反映实际情况，因此物流是如何从一台设备到达另一台设备应从图纸上一目了然：因位差自流、泵送、真空抽吸或压力气体压送。在工艺流程图上设备废气、废水的排出、副产品的回收、物流的循环套用等都能表达清楚。

3. 在生产过程中的控制点与控制方法　中药生产过程中的温度、压力、浓度、密度等的控制点与调控方法，在工艺流程图上应一目了然，控制阀门是手动、遥控或计算机自动控制也十分清楚。

4. 管线的规格　在生产工艺流程图上每一根工艺物料或动力管线的编号、流体名称、公称直径、壁厚、材质、流向等都已标示清楚。管线上的阀门，包括开停工时的辅助性阀门（如停工时的放水阀门）都已绘制清楚。只是读者需要记住的是：在工艺流程图上用比例尺量得的不代表该管线的真实尺寸。这是因为工艺流程图的水平方向不代表实际情况；此外工艺流程图是两维平面图纸，而管路的实际走向是 X、Y、Z 三维的。

5. 在生产工艺流程图上模拟操作　在图纸上模拟一个车间、工段或工序，包括从开工、正常运转、故障设置及处理、停车在内的生产操作很有必要。许多时候可以避免生产装置安装后试车时出现的问题，将设计中出现的错误控制在出图施工之间。对于复杂的工艺流程图，在图纸上模拟操作虽然繁琐，但十分必要；在方法上可以先分后合，即先一个个工序模拟通过，然后全工段至到全车间合成演练。

三、中药生产车间布置

（一）前处理车间布置

1. 布置原则　前处理车间主要包括药材的拣、漂洗、切、炒、灭菌、干燥等工序。其特点是品种多，批量大小不一，整理、炮制工艺不一，有些具有特殊加工工艺，在车间布置时应考虑以下原则。

（1）前处理厂房宜单独设置　药材前处理需人工较多，堆放面积大，车间粉尘较多，为减少对提取和制剂的相互影响，宜单独设置。若总体位置受限，可与仓库合并建设。

（2）切实做好防尘、防噪声措施　在药材前处理特别是粉碎、过筛过程中，粉尘量较多，应采取隔离、排风、袋滤等防尘措施。另外噪声较大的设备应采取减震、混音、隔音等防噪间措施。

（3）前处理车间的成品作为后一工段的原料，为保证最终成品的卫生质量，应对前处理药材的菌落数进行严格控制。除加强药材清洗灭菌外，在车间布置上应对药材灭菌后的各工序考虑净化空调措施。

（4）加强对本车间成品贮存的管理，成品贮存室应防止药粉混杂和交叉污染。

2. 前处理车间布置实例　本例所列前处理项目包括挑选、整理、洗润切片、煅炒、蒸熏和粉碎等工序。本例为初步设计阶段方案，布置不尽完善，在施工图阶段时，可进行适当调整。

此车间单独拥有一幢楼房，整个前处理生产即在该楼房内进行。这样就避免与其他生产车间相互影响、混杂。车间内用电梯运送各类药材。

由于车间为三层楼房，因此，进行车间布置，按照工艺操作顺序，在三层布置了风筛选、去毛壳、破碎和挑选整理等工序；在二层布置了洗药切药、润药灭菌干燥等工序；而在一层布置了酒醋制、浸漂离心、煅炒熏药和球磨水飞等工序，以便制得的成品直接进成品库存，减少污染。

（二）中药提取车间的布置

1. 提取的生产工序　中药提取方法有水提和醇提，其生产流程由投料、提取、排渣、滤过蒸发（蒸馏）、醇沉（水沉）、干燥和辅助等生产工序组合而成。

2. 提取车间工艺布置的要求

（1）各种药材的提取有些有似之处，又有独自的特点，故车间布置既要考虑到各品种提取操作之便，又需考虑到提取工艺的可变性。

（2）对醇提和溶媒回收等岗位采取防火，防爆措施。

（3）提取车间最后工序，其浸膏或干粉是最终产品，对这部分厂房，按原料药成品厂房的洁净级别与其制剂的生产剂型同步的要求，对这部分厂房也应按规范要求采取必要的洁净措施。

如流浸膏、浸膏制干膏、干粉、粉碎、过筛、包装等工序划为洁净区，其级别为 D 级，中药提取液浓缩以前为一般区域。

3. 中药提取车间布置

（1）在洁净区内，人流进入过道，分别进入男女更衣室更衣，经风淋进入洁净区人流通道，分别进入干燥、粉筛、包装等岗位。物流（如流浸膏、浸膏）通过物流通道，经传递门进入洁净区，经冷藏或送入干燥工序。干膏、干粉进入粉筛、包装室。另外，流浸膏（浓缩液）也可通过输送泵直接输送至冷藏间和干燥间。干燥间配备喷雾干燥器和真空干燥器。

（2）设备布置的平立面图形，设备布置图在绘制前可按比例剪出设备的平立面轮廓图形，然后在空白的建筑平立面图上移动摆放，直到满意为，然后再进行绘制。

（3）对于中小型规模的提取车间多采用单层厂房，并用操作台满足工艺设备的位差。这样可降低厂房投资，设备安装易适应生产工艺的可变性，较易采取防火。防爆措施及采取所需的洁净措施。

（4）对于大中型中药水提取多采用多层厂房垂直布置，将生产准备，投料工序布置在顶层，提取，蒸发、药渣输送工序布置在中间层，堆渣间、辅助设施布置在底层。其特点如下。

①投料工序隔离在顶层，可防止生产工序的粉尘飞扬。

②排渣口隔离在中间层，可防止气雾的扩散。

③可根据设备高度的需确定是各层层高，合理使用建筑利用。

④可压缩车间占地面积，使厂区空间得到合理有效利用。

⑤中药提取垂直布置时可采用多层工业厂房或层次混合工业厂房。多层工业厂房其主要设备两侧排列，中间为主通道及操作区。这种布置方法，操作区比较宽敞，但车间内罐区采光通风较差。

层次混合工业厂房其主要设备为贯通式布置。厂房两边跨为三层结构，中间跨为二层结构，顶部设天窗，其优点是采光通风较好，建筑面积较小，设备布置紧凑，公用管网容易布置。

扫码"练一练"

附　录

附录一　干空气的物理性质（$p = 101.33\text{kPa}$）

温度（℃）	密度 ρ （kg/m³）	比热容 C_p kJ/（kg℃）	导热系数 λ ×10⁻²W/（m·℃）	黏度 μ ×10⁻⁵Pa·s	运动黏度 v ×10⁻⁶m²/s	普朗特数 Pr
−50	1.584	1.013	2.034	1.46	9.23	0.728
−40	1.515	1.013	2.115	1.52	10.04	0.728
−30	0.453	1.013	2.196	1.57	10.80	0.723
−20	1.395	1.009	2.278	1.62	11.60	0.716
−10	1.342	1.009	2.359	1.67	12.43	0.712
0	1.293	1.005	2.440	1.72	13.28	0.707
10	1.247	1.005	2.510	1.77	14.16	0.705
20	1.205	1.005	2.591	1.81	15.06	0,703
30	1.165	1.005	2.673	1.86	16.00	0.701
40	1.128	1.005	2.754	1.91	16.96	0.699
50	1.093	1.005	2.824	1.96	17.95	0.698
60	1.060	1.005	2.893	2.01	18.97	0.696
70	1.029	1.009	2.963	2.06	20.02	0.694
80	1.000	1.009	3.044	2.11	21.09	0.692
90	0.972	1.009	3.126	2.15	22.10	0.690
100	0.946	1.069	3.207	2.19	23.13	0.688
120	0.898	1.009	3.335	2.29	25.45	0.686
140	0.854	1.013	3.136	2.37	27.90	0.684
160	0.815	1.017	3.637	2.45	30.09	0.682
180	0.779	1.023	3.777	2.53	32.49	0.681
200	0.746	1.026	3.928	2.6	34085	0.680
250	0.674	1.038	4.625	2.74	40.61	0.677
300	0.615	1.047	4.662	2.97	48.33	0.674
350	0.566	1.059	4.904	3.14	55.46	0.676
400	0.524	1.068	5.206	3.31	63.09	0.678
500	0.456	1.093	5.740	3.62	79.38	0.687
600	0.404	1.114	6.217	3.91	96.89	0.699
700	0.362	1.135	6.700	4.18	115.4	0.706
800	0.329	1.156	7.170	4.43	134.8	0.713
900	0.301	1.172	7.623	4.67	155.1	0.717
1000	0.277	1.185	8.064	4.9	177.1	0.719
1100	0.257	1.197	8.494	5.12	199.3	0.722
1200	0.239	1.210	9.145	5.35	233.7	0.724

附录二　水的物理性质

一、水在不同温度下的物理性质

温度（℃）	饱和蒸汽压 kPa	密度 ρ kg/m³	比焓 I kJ/kg	比热容 C_p kJ/kg·℃	导热系数 λ ×10⁻²W/（m·℃）	黏度 μ ×10⁻⁵Pa·s	体积膨胀系数 R ×10⁻⁴℃⁻¹	表面张力 σ ×10³N/m	普朗特数 Pr
0	0.6082	999.9	0	4.212	55.13	179.21	−0.63	77.1	13.66
10	1.2262	999.7	42.04	4.191	57.45	130.77	0.7	75.6	9.52
20	2.3346	998.2	83.90	4.183	59.89	100.5	1.82	74.1	7.01
30	4.2474	995.7	125.69	4.174	61.76	80.07	3.21	72.6	5.42
40	7.3766	992.2	167.51	4.174	63.38	65.60	3.87	71.0	4.32
50	12.34	988.1	209.30	4.174	64.78	54.94	4.49	69.0	3.54
60	19.923	983.2	251.12	4.178	65.94	46.88	5.11	67.5	2.98
70	31.164	977.8	292.99	4.178	66.76	40.61	5.7	65.6	2.54
80	47.379	971.8	334.94	4.195	67.45	35.65	6.32	63.8	2.22
90	70.136	965.3	376.98	4.208	67.98	31.65	6.95	61.9	1.96
100	101.33	958.4	419.10	4.220	68.04	28.38	7.52	60.0	1.76
110	143.31	951.0	461.34	4.233	68.27	25.89	8.08	58	1.61
120	198.64	943.1	503.67	4.250	68.50	23.73	8.64	55.9	1.47
130	270.25	934.8	546.38	4.266	68.50	21.77	9.17	53.8	1.36
140	361.47	926.1	589.08	4.287	68.27	20.10	9.72	51.7	1.26
150	476.24	917.0	632.20	4.312	68.38	18.63	10.3	49.6	1.18
160	618.28	907.4	675.33	4.346	68.27	17.36	10.7	47.5	1.11
170	792.59	897.3	719.29	4.379	67.92	16.28	11.3	46.2	1.05
180	1003.5	886.9	763.25	4.417	67.45	15.30	11.9	43.1	1.00
190	1255.6	876.0	807.63	4.460	66.99	14.42	12.6	40.8	0.96
200	1554.77	863.0	852.43	4.505	66.29	13.63	13.3	38.4	0.93
210	1917.72	852.8	897.65	4.555	65.48	13.04	14.1	36.1	0.91
220	2320.88	840.3	943.70	4.614	64.55	12.46	14.8	33.8	0.86
230	2798.59	827.3	990.18	4.681	63.73	11.97	15.9	31.6	0.88
240	3347.91	813.6	1037.49	4.756	62.8	11.47	16.8	29.1	0.87
250	3977.67	799.0	1085.64	4.844	61.76	10.98	18.1	26.7	0.86
260	4693.75	784.0	1135.04	4.949	60.48	10.59	19.7	24.2	0.87
270	5503.99	767.9	1185.28	5.070	59.96	10.20	21.6	21.9	0.88
280	6417.24	750.7	1236.28	5.229	57.45	9.81	23.7	19.5	0.89
290	7443.29	732.3	1289.95	5.485	55.82	9.42	26.2	17.2	0.93
300	8592.94	712.5	1344.80	5.736	53.96	9.12	29.2	14.7	0.97
310	9877.96	691.1	1402.16	6.071	52.34	8.83	32.9	12.3	1.02
320	11300.3	667.1	1462.03	6.573	50.59	8.53	38.2	10.0	1.11
330	12879.6	640.2	1526.19	7.243	48.73	8.14	43.3	7.82	1.22
340	14615.8	610.1	1594.75	8.164	45.71	7.75	53.4	5.78	1.38
350	16538.5	574.4	1671.37	9.504	43.03	7.26	66.8	3.89	1.60
360	18667.1	528.0	1761.39	13.984	39.54	6.67	109	2.06	2.36
370	20140.9	450.5	1892.43	40.319	33.73	5.69	264	0.48	6.80

二、水在不同温度下的黏度

温度 ℃	黏度 mPa·s	温度 ℃	黏度 mPa·s	温度 ℃	黏度 mPa·s
0	1.7921	34	0.7371	69	0.4117
1	1.7317	35	0.7225	70	0.4061
2	1.6728	36	0.7085	71	0.4006
3	1.6191	37	0.6947	72	0.3952
4	1.5674	38	0.6814	73	0.3900
5	1.5188	39	0.6685	74	0.3849
6	1.4728	40	0.6560	75	0.3799
7	1.4284	41	0.6439	76	0.3750
8	1.386	42	0.6321	77	0.3702
9	1.3462	43	0.6207	78	0.3655
10	1.3077	44	0.6097	79	0.3610
11	1.2713	45	0.5988	80	0.3565
12	1.2363	46	0.5888	81	0.3521
13	1.2028	47	0.5782	82	0.3478
14	1.1709	48	0.5683	83	0.3436
15	1.1403	49	0.5588	84	0.3395
16	1.1111	50	0.5494	85	0.3355
17	1.0828	51	0.5404	86	0.3315
18	1.0559	52	0.5315	87	0.3276
19	1.0299	53	0.5229	88	0.3239
20	1.0050	54	0.5146	89	0.3202
20.2	1.0000	55	0.5064	90	0.3165
21	0.9810	56	0.4985	91	0.3130
22	0.9579	57	0.4967	92	0.3095
23	0.9369	58	0.4832	93	0.3060
24	0.9142	59	0.4759	94	0.3027
25	0.8937	60	0.4688	95	0.2994
26	0.8737	61	0.4618	96	0.2962
27	0.8545	62	0.4550	97	0.2930
28	0.8360	63	0.4483	98	0.2899
29	0.8180	64	0.4418	99	0.2368
30	0.8007	65	0.4355	100	0.2838
31	0.7840	66	0.4293		
32	0.7679	67	0.4233		
33	0.7523	68	0.4174		

附录三　水蒸气的物理性质

一、饱和水蒸气压（−20～100℃）

温度 ℃	压力 mmHg	压力 Pa	温度 ℃	压力 mmHg	压力 Pa	温度 ℃	压力 mmHg	压力 Pa
−20	0.772	102.92	20	17.54	2338.43	60	149.4	19910.00
19	0.850	113.32	21	18.65	2486.42	61	156.4	20851.25
18	0.935	124.65	22	19.85	2646.40	62	163.8	21837.82
17	1.027	136.92	23	21.07	2809.05	63	171.4	22851.05
16	1.128	150.39	24	22.38	2983.70	64	179.3	23904.28
15	1.238	165.05	25	23.76	3167.68	65	187.5	24997.50
14	1.357	180.92	26	25.21	3361.00	66	196.1	26144.05
13	1.486	198.11	27	26.74	3564.98	67	205.0	27330.60
12	1.627	216.91	28	28.35	3779.62	68	214.2	28857.14
11	1.78	237.31	29	30.04	4004.93	69	223.7	29823.68
−10	1.946	259.44	30	31.82	4242.24	70	233.7	31156.88
9	2.125	283.31	31	33.70	4492.88	71	243.9	32516.75
8	2.321	309.44	32	35.66	4754.19	72	254.6	33943.27
7	2.532	337.57	33	37.73	5030.16	73	265.7	35423.12
6	2.761	368.10	34	39.90	5319.47	74	277.2	36956.30
5	3.008	401.03	35	42.18	5623.44	75	289.1	38542.81
4	3.276	436.76	36	44.56	5940.74	76	301.4	40182.65
3	3.566	475.42	37	47.07	6275.37	77	314.1	41875.81
2	3.876	516.75	38	49.65	6619.34	78	327.3	43635.64
−1	4.216	562.08	39	52.44	6691.30	79	341.0	45462.12
0	4.579	610.47	40	55.32	7375.26	80	355.1	47341.93
1	4.93	657.27	41	58.34	7777.89	81	369.7	49288.40
2	5.29	705.26	42	61.50	8199.18	82	384.9	51314.87
3	5.69	758.59	43	64.80	8639.14	83	400.6	53407.09
4	6.10	813.25	44	68.26	9100.42	84	416.8	55567.78
5	6.54	871.91	45	71.88	9583.04	85	433.6	57807.55
6	7.01	934.57	46	75.65	10085.66	86	450.9	60113.99
7	6.51	1001.23	47	79.60	10612.27	87	466.7	62220.44
8	8.05	1073.23	48	83.71	11160.22	88	487.1	64904.17
9	8.61	1147.89	49	88.02	11734.83	89	506.1	67473.25
10	9.21	1227.88	50	92.51	12333.43	90	525.8	70099.66
11	9.84	1311.87	51	97.20	12958.70	91	546.1	72806.05
12	10.52	1402.53	52	102.1	13611.97	92	567.0	75592.44
13	11.23	1497.18	53	107.2	14291.90	93	588.6	78472.15
14	11.99	1598.51	54	112.5	14998.50	94	610.9	81445.19
15	12.79	1705.16	55	118.0	15731.76	95	633.9	84511.55
16	13.63	1817.15	56	123.8	16505.02	96	657.6	87671.23
17	14.53	1937.14	57	129.8	17304.94	97	682.1	90937.57
18	15.48	2063.79	58	136.1	18144.85	98	707.3	94297.24
19	16.48	2197.11	59	142.6	19011.43	99	733.2	97750.22
						100	760.0	101325.00

二、饱和水蒸气表（以温度为准）

温度 ℃	绝对压力		蒸汽的密度 kg/m³	比熵				气化热	
	kgf/cm²	kPa		水		水蒸气			
				kcal/kg	kJ/kg	kcal/kg	kJ/kg	kcal/kg	kJ/kg
0	0.0062	0.6082	0.00484	0	0	595.0	2491.3	595.0	2491.3
5	0.0089	0.8730	0.00680	5.0	20.94	597.3	2500.9	592.3	2480.0
10	0.0125	102262	0.00940	10.0	41.87	599.6	2510.5	589.6	2468.6
15	0.0174	1.7068	0.01283	15.0	62.81	602.0	2520.6	587.0	2457.8
20	0.0238	2.3346	0.01719	20.0	83.74	604.3	2530.1	584.3	2446.3
25	0.0323	3.1684	0.02304	25.0	104.68	606.6	2538.6	581.6	2433.9
30	0.0433	4.2474	0.03036	30.0	125.60	608.9	2549.5	578.9	2423.7
35	0.0573	5.6207	0.03960	35.0	146.55	611.2	2559.1	576.2	2412.6
40	0.0752	7.3766	0.05114	40.0	167.47	613.5	2568.7	573.5	2401.1
45	0.0977	9.5837	0.06543	45.0	188.42	615.7	2577.9	570.7	2389.5
50	0.1258	12.340	0.0830	50.0	209.34	618.0	2587.6	568.0	2378.1
55	0.1605	15.743	0.1043	55.0	230.29	620.2	2596.8	565.2	2366.5
60	0.2031	19.923	0.1301	60.0	251.21	622.5	2606.3	562.5	2355.1
65	0.2550	25.014	0.1611	65.0	272.16	624.7	2615.6	559.7	2343.4
70	0.3177	31.164	0.1979	70.0	293.08	626.8	2624.4	556.8	2331.2
75	0.393	38.551	0.2416	75.0	314.03	629.0	2629.7	554.0	2315.7
80	0.483	47.379	0.2929	80.0	334.94	631.1	2642.4	551.2	2307.3
85	0.590	57.875	0.3531	85.0	355.90	633.2	2651.2	548.2	2295.3
90	0.715	70.136	0.4229	90.0	376.81	635.3	2660.0	545.3	2283.1
95	0.862	84.556	0.5039	95.0	397.77	637.4	2668.8	542.4	2371.0
100	1.033	101.33	0.5970	100.0	418.68	639.4	2677.2	539.4	2258.4
105	1.232	120.85	0.7036	105.1	439.64	641.3	2685.1	536.3	2245.5
110	1.461	143.31	0.8254	110.1	460.97	643.3	2693.5	533.1	2232.4
115	1.724	169.11	0.9635	115.2	481.51	645.2	2702.5	530.0	2221.0
120	2.025	198.64	1.1199	120.3	503.67	647.0	2708.9	526.7	2205.2
125	2.367	232.19	1.296	125.4	523.38	648.8	2716.5	523.5	2193.1
130	2.755	270.25	1.494	130.5	546.38	650.6	2723.9	520.1	2177.6
135	3.192	313.11	1.715	135.6	565.25	652.3	2731.2	516.7	2166.0
140	3.685	361.47	1.962	140.7	589.08	653.9	2737.8	513.2	2148.7
145	4.238	415.72	2.238	145.9	607.12	655.5	2744.6	509.6	2137.5
150	4.855	476.24	2.543	151.0	632.21	657.0	2750.7	506.0	2118.5
160	6.303	618.28	3.252	161.4	675.75	659.9	2762.9	498.5	2087.1
170	8.080	792.59	4.113	171.8	719.29	662.4	2773.3	490.6	2054.0
180	10.23	1003.5	5.145	182.3	763.25	664.6	2782.6	482.3	2019.3
190	12.80	1255.6	6.378	192.9	807.63	666.4	2790.1	473.5	1982.5
200	15.85	1554.77	7.84	203.5	852.01	667.7	2795.5	464.2	1943.5
210	19.55	1917.72	9.567	214.3	897.23	668.6	2799.3	454.4	1902.1
220	23.66	2320.88	11.6	225.1	942.45	669.0	2801.0	443.9	1858.5
230	28.53	2798.59	13.98	236.1	988.50	668.8	2800.1	432.7	1811.6
240	34.13	3347.91	16.76	247.1	1034.56	668.0	2796.8	420.8	1762.2
250	40.55	3977.61	20.01	258.3	1081.45	666.4	2790.1	408.1	1708.6
260	47.85	4693.75	23.82	269.6	1128.76	664.2	2780.9	394.5	1652.1
270	56.11	5563.90	28.27	281.1	1176.91	661.2	2760.3	380.1	1591.4
280	63.42	6417.24	33.47	290.7	1225.48	657.3	2752	364.6	1526.5
290	75.88	7443.29	39.00	304.4	1274.46	652.6	2732.3	348.1	1457.8
300	87.6	8592.94	46.93	316.6	1325.54	640.8	2708.0	330.2	1382.5
310	100.7	9877.96	55.59	329.3	1378.71	640.1	2680.0	310.8	1301.3
320	115.2	11300.3	65.95	343.0	1436.07	632.5	2648.2	289.5	1212.1
330	131.3	12879.6	78.53	357.5	1446.78	623.5	2610.5	266.6	1113.7
340	149.0	14615.8	93.98	373.3	1562.93	613.5	2568.6	240.2	1005.7
350	168.6	16538.5	113.2	390.8	1632.2	601.1	2516.7	210.3	880.5
360	190.3	18667.1	139.6	413.0	1729.15	583.4	2442.6	170.3	713.4
370	214.5	21040.9	171.0	451.0	1888.25	549.8	2301.9	98.2	411.1
374	225.0	22070.9	322.6	501.1	2098.0	501.1	2098	0	0

三、饱和水蒸气表（以压力为准）

绝对压力		温度	水蒸气的密度	比焓 （kJ/kg）		气化热
Pa	atm	℃	kg/m³	水	水蒸气	kJ/kg
1000	0.00987	6.3	0.00773	26.48	2503.1	2476.8
1500	0.0148	12.5	0.01133	52.26	2515.3	2463.0
2000	0.0197	17.0	0.01486	71.21	2524.2	2452.9
2500	0.0247	20.9	0.01836	87.45	2531.8	2444.3
3000	0.0296	243.5	0.02179	98.38	2536.8	2438.4
3500	0.0345	26.1	0.02523	109.30	2541.8	2432.5
4000	0.0395	28.7	0.02867	120.23	2546.8	2426.6
4500	0.0444	30.8	0.03205	129.00	2550.9	2421.9
5000	0.0498	32.4	0.03537	135.69	2554.0	2418.3
6000	0.0592	35.6	0.04200	149.06	2560.1	2411.0
7000	0.0691	38.8	0.04864	162.44	2566.3	2403.8
8000	0.0790	41.3	0.05514	172.73	2571.0	2398.2
9000	0.0888	43.3	0.06156	181.16	2574.8	2393.6
1×10^4	0.0987	45.3	0.06798	189.59	2578.5	2388.9
1.5×10^4	0.148	53.5	0.09956	224.03	2594.0	2370.0
2×10^4	0.197	60.1	0.13068	251.51	2606.4	2354.9
3×10^4	0.296	66.5	0.19093	288.77	2022.4	2333.7
4×10^4	0.395	75.0	0.24975	315.93	2634.1	2312.2
5×10^4	0.493	81.2	0.30799	339.8	2644.3	2204.5
6×10^4	0.592	85.6	0.36514	358.21	2652.1	2293.9
7×10^4	0.691	89.9	0.42229	376.61	2659.8	2283.2
8×10^4	0.799	93.2	0.47807	390.08	2665.3	2275.3
9×10^4	0.888	96.4	0.53384	403.49	2670.8	2267.4
1×10^5	0.987	99.6	0.58961	416.9	2676.3	2259.5
1.2×10^5	1.184	104.5	0.69868	437.51	2684.3	2246.8
1.4×10^5	1.382	109.2	0.80758	457.67	2692.1	2234.4
1.6×10^5	1.579	113.0	0.82981	473.88	2698.1	2224.2
1.8×10^5	1.776	116.6	1.0209	489.32	2703.7	2214.3
2×10^5	1.974	120.2	1.1273	493.71	2709.2	2204.6
2.5×10^5	2.467	127.2	1.3904	534.39	2719.7	2185.4
3×10^5	2.961	133.3	1.6501	560.38	2728.5	2168.1
3.5×10^5	3.454	138.8	1.9074	583.76	2736.1	2152.3
4×10^5	3.948	143.4	2.1618	603.61	2742.1	2138.5
4.5×10^5	4.44	147.7	2.4152	622.42	2747.8	2125.4
5×10^5	4.93	151.7	2.6673	639.59	2752.8	2113.2

续表

绝对压力		温度	水蒸气的密度	比焓 （kJ/kg）		气化热
Pa	atm	℃	kg/m³	水	水蒸气	kJ/kg
6×10^5	5.92	158.7	3.1686	670.22	2761.4	2091.1
7×10^5	6.91	164.7	3.6657	696.27	2767.8	2071.5
8×10^5	7.90	170.4	4.1614	720.96	2773.7	2052.7
9×10^5	8.88	175.1	4.6525	741.82	2778.1	2036.2
1×10^6	9.87	179.9	5.1432	762.68	2782.5	2019.7
1.1×10^6	10.86	180.2	5.6339	780.34	2785.5	2005.1
1.2×10^6	11.84	187.8	6.1241	797.92	2788.5	1990.6
1.3×10^6	12.83	191.5	6.6141	814.25	2790.9	1976.7
1.4×10^6	13.82	194.8	7.1038	829.06	2792.4	1963.7
1.5×10^6	14.80	198.2	7.5935	843.96	2794.5	1950.7
1.6×10^6	15.79	201.3	8.0814	857.77	2796.0	1938.2
1.7×10^6	16.78	204.1	8.5674	870.58	2797.1	1926.5
1.8×10^6	17.76	206.9	9.0533	883.39	2798.1	1914.8
1.9×10^6	18.75	209.8	9.5392	896.21	2799.2	1903.0
2×10^6	19.74	212.2	10.0338	907.32	2799.7	1892.4
3×10^6	29.61	233.7	15.0075	1005.4	2798.9	1793.5
4×10^6	39.48	250.3	20.0969	1082.9	2789.8	1706.8
5×10^6	49.35	263.8	25.3663	1146.9	2776.2	1629.2
6×10^6	59.21	275.4	30.8494	1203.2	2759.5	1556.3
7×10^6	69.08	285.7	36.5744	1253.2	2740.8	1487.6
8×10^6	79.95	294.8	42.5768	1299.2	2720.5	1403.7
9×10^6	88.82	303.2	48.8945	1343.4	2699.1	1356.6
1×10^7	98.69	310.9	55.5407	1384.0	2677.1	1293.1
1.2×10^7	118.43	324.5	70.3075	1463.4	2631.2	1167.7
1.4×10^7	138.17	336.5	87.302	1567.9	2583.2	1043.4
1.6×10^7	157.90	347.2	107.8010	1615.8	2531.1	915.4
1.8×10^7	177.64	356.9	134.4813	1699.8	2466.0	766.1
2×10^7	197.38	365.6	176.5961	1817.8	2364.2	544.9

附录四　IS 型单级单吸离心泵性能参数（摘录）

型号	流量 m³/h	扬程 m	轴功率 kW	电机功率 kW	转速 r/min	效率 %	气蚀余量 m
IS50 – 32 – 125	7.5	22	0.96	2.2	2900	47	2.0
	12.5	20	1.13	2.2	2900	60	2.0
	15	18.5	1.26	2.2	2900	60	2.0
	3.75	5.4	0.13	0.55	1450	43	2.0
	6.3	5	0.16	0.55	1450	54	2.0
	7.5	4.6	0.17	0.55	1450	55	2.0
IS50 – 32 – 160	7.5	34.3	1.59	3	2900	44	2.0
	12.5	32	2.02	3	2900	54	2.0
	15	29.6	2.16	3	2900	56	2.5
	3.75	8.5	0.28	0.55	1450	35	2.0
	6.3	8	0.28	0.55	1450	48	2.0
	7.5	7.5	0.28	0.55	1450	51	2.5
IS50 – 32 – 200	7.5	52.5	2.82	5.5	2900	38	2.0
	12.5	50	3.54	5.5	2900	48	2.0
	15	48	3.84	5.5	2900	51	2.5
	3.75	13.1	0.41	0.75	1450	33	2.0
	6.3	12.5	0.51	0.75	1450	42	2.0
	7.5	12	0.56	0.75	1450	44	2.5
IS50 – 32 – 250	7.5	82	5.67	11	2900	28.5	2.0
	12.5	80	7.16	11	2900	38	2.0
	15	78.5	7.83	11	2900	41	2.5
	3.75	20.5	0.91	15	1450	23	2.0
	6.3	20	1.07	15	1450	32	2.0
	7.5	19.5	1.14	15	1450	35	2.5
IS65 – 50 – 125	15	21.8	1.54	3	2900	58	2.0
	25	20	1.97	3	2900	69	2.0
	30	18.5	2.22	3	2900	68	2.0
	7.5	5.35	0.27	0.55	1450	53	2.0
	12.5	5	0.27	0.55	1450	64	2.0
	15	4.7	0.27	0.55	1450	65	2.0
IS65 – 50 – 160	15	35	2.65	5.5	2900	54	2.0
	25	32	3.35	5.5	2900	65	2.5
	30	30	3.71	5.5	2900	66	2.0
	7.5	8.8	0.36	0.75	1450	50	2.0
	12.5	8.0	0.45	0.75	1450	60	2.0
	15	7.2	0.49	0.75	1450	60	2.5

续表

型号	流量 m³/h	扬程 m	轴功率 kW	电机功率 kW	转速 r/min	效率 %	气蚀余量 m
IS65 - 40 - 200	15	63	4.42	7.5	2900	40	2.0
	25	50	5.67	7.5	2900	60	2.0
	30	47	6.29	7.5	2900	61	2.5
	7.5	13.2	0.63	1.1	1450	43	2.0
	12.5	12.5	0.77	1.1	1450	66	2.0
	15	11.8	0.85	1.1	1450	57	2.5
IS65 - 40 - 250	15	82	9.05	15	2900	37	2.0
	25	80	10.89	15	2900	50	2.0
	30	78	12.02	15	2900	53	2.5
	7.5	21	1.23	2.2	1450	35	2.0
	12.5	20	1.48	2.2	1450	46	2.0
	15	19.4	1.65	2.2	1450	48	2.5
IS65 - 40 - 315	15	127	18.5	30	2900	28	2.5
	25	125	21.3	30	2900	40	2.5
	30	123	22.8	30	2900	44	3.0
	7.5	32.2	6.63	4	1450	25	2.5
	12.5	32	2.94	4	1450	37	2.5
	15	31.7	3.16	4	1450	41	3.0
IS80 - 65 - 125	30	22.5	2.87	5.5	2900	64	3.0
	50	20	3.63	5.5	2900	75	3.0
	60	18	3.98	5.5	2900	74	3.5
	15	5.6	0.42	0.75	1450	55	2.5
	25	5	0.48	0.75	1450	71	2.5
	30	4.5	0.51	0.75	1450	72	3.0
IS80 - 65 - 160	30	36	4.82	7.5	2900	61	2.5
	50	32	5.97	7.5	2900	73	2.5
	60	29	6.59	7.5	2900	72	3.0
	15	9	0.67	1.5	1450	55	2.5
	25	8	0.79	1.5	1450	69	2.5
	30	7.2	0.86	1.5	1450	68	3.0
IS80 - 50 - 200	30	53	7.87	15	2900	55	2.5
	50	50	9.87	15	2900	69	2.5
	60	47	10.8	15	2900	71	3.0
	15	13.2	1.06	2.2	1450	51	2.5
	25	12.5	1.30	2.2	1450	65	2.5
	30	11.8	1.44	2.2	1450	67	3.0

续表

型号	流量 m³/h	扬程 m	轴功率 kW	电机功率 kW	转速 r/min	效率 %	气蚀余量 m
IS80 – 50 – 250	30	84	13.2	22	2900	52	2.5
	50	80	17.3	22	2900	63	2.5
	60	75	19.2	22	2900	64	3.0
	15	21	1.75	3	1450	49	2.5
	25	20	2.27	3	1450	60	2.5
	30	18.8	2.52	3	1450	61	3.0
IS80 – 50 – 315	30	128	25.5	37	2900	41	2.5
	50	125	31.5	37	2900	54	2.5
	60	123	35.3	37	2900	57	3.0
	15	32.5	3.44	5.5	1450	39	2.5
	25	32	4.19	5.5	1450	52	2.5
	30	31.5	4.6	5.5	1450	56	3.0
IS100 – 80 – 125	60	24	5.68	11	2900	67	4.0
	100	20	7.00	11	2900	78	4.5
	120	16.5	7.28	11	2900	74	5.0
	30	6	0.77	1	1450	64	2.5
	50	5	0.91	1	1450	75	2.5
	60	4	0.92	1	1450	71	3.0
IS100 – 80 – 160	60	36	8.42	15	2900	70	3.5
	100	32	11.2	15	2900	78	4.0
	120	28	12.2	15	2900	75	5.0
	30	9.2	1.12	2.2	1450	67	2.0
	50	8.0	1.45	2.2	1450	75	2.5
	60	6.8	1.57	2.2	1450	71	3.5
IS100 – 65 – 200	60	54	13.6	22	2900	65	3.0
	100	50	17.9	22	2900	76	3.6
	120	47	19.9	22	2900	77	4.8
	30	13.5	1.84	4	1450	60	2.0
	50	12.5	2.33	4	1450	73	2.0
	60	11.8	2.61	4	1450	74	2.5
IS100 – 65 – 250	60	87	23.4	37	2900	61	3.5
	100	80	30.0	37	2900	72	3.8
	120	74.5	33.3	37	2900	73	4.8
	30	21.3	3.16	5.5	1450	55	2.0
	50	20	4.00	5.5	1450	68	2.0
	60	19	4.44	5.5	1450	70	2.5

参考文献

［1］王志祥.制药化工原理［M］.北京：化学工业出版社，2009.

［2］姚玉英.化工原理（修订版）［M］.天津：天津科学技术出版社，2011.

［3］刘落宪.中药制药工程原理与设备［M］.北京：中国中医药出版社，2003.

［4］周长征.制药工程原理与机械［M］.北京：北京大学医学出版社，2012.

［5］张绪峤.药物制剂设备与车间工艺设计［M］.北京：中国医药科技出版社，2000.

［6］国家药典委员会.中华人民共和国药典［M］.北京：中国医药科技出版社，2015.

［7］曹光明.中药制药工程学［M］.北京：化学工业出版社，2004.

［8］张洪斌.药物制剂工程技术与设备［M］.北京：化学工业出版社，2010.

［9］朱盛山.药物制剂工程［M］.北京：化学工业出版社，2009.

［10］国家食品药品监督管理局药品认证管理中心.药品 GMP 指南［M］.北京：中国医药科技出版社，2011.

［11］蒋作良.药厂反应设备及车间工艺设计［M］.北京：中国中医药出版社，2008.